电工速成系列

DIANGONG CAOZUO
KUAISU RUMEN

电工操作
快速入门

杨清德 李 川 主编

U0387348

中国电力出版社
CHINA ELECTRIC POWER PRESS

内 容 提 要

针对电工技术初学者的学习需求，特组织电工专家和技术能手编写了《电工快速入门》系列，包括《电工基础知识快速入门》《电工操作快速入门》和《电工维修快速入门》。

本书为其中一本，共 7 章，主要介绍电工操作安全常识、电气工程简明计算、低压架空线路的安装、配电装置及其应用、电力电缆线路施工、室内电气照明安装、电力设备故障检测与处理等内容，帮助读者初步掌握电力工程施工的实用技能，并逐步形成技巧。

本书可作为电工培训教材，也可作为电工自学读物，也可作为职业院校学生的课外读物。

图书在版编目（CIP）数据

电工操作快速入门 / 杨清德，李川主编 . —北京：中国电力出版社，2019.5
ISBN 978-7-5198-2527-0

Ⅰ．①电⋯　Ⅱ．①杨⋯②李⋯　Ⅲ．①电工技术　Ⅳ．① TM

中国版本图书馆 CIP 数据核字（2018）第 235693 号

出版发行：中国电力出版社
地　　址：北京市东城区北京站西街 19 号（邮政编码 100005）
网　　址：http://www.cepp.sgcc.com.cn
责任编辑：马淑范（010-63412397）
责任校对：黄　蓓　　闫秀英
装帧设计：王红柳
责任印制：杨晓东

印　　刷：北京天宇星印刷厂
版　　次：2019 年 5 月第一版
印　　次：2019 年 5 月北京第一次印刷
开　　本：710 毫米 ×980 毫米　16 开本
印　　张：19.5
字　　数：561 千字
印　　数：0001—3000 册
定　　价：68.00 元

现在社会上最缺的是人才，尤其是技术、技能型人才。2018年3月，中共中央办公厅、国务院办公厅印发了《关于提高技术工人待遇的意见》，旨在让技术工人的劳动付出与回报相符合，实现技高者多得、多劳者多得，增强技术工人获得感、自豪感、荣誉感，激发技术工人积极性、主动性、创造性，为实施人才强国战略和创新驱动发展战略，实现"两个一百年"奋斗目标、实现中华民族伟大复兴的中国梦，提供坚实的人才保障。

自古以来男孩就被认为是一个家庭的顶梁柱，既然是顶梁柱就必须有养家的能力。学好一门技术是人生中很关键的一步。学什么技术呢？虽然电力行业工人的待遇可能比不了活力四射的IT行业和高帅富云集的金融业的精英们，但电力在可预见的未来仍然会保持能源系统的骨干地位，且未来的人才缺口将会越来越大。古语说"积财千万，不如薄技在身"，提高自身技能增加就业砝码是每个年轻人的共同目标。只有初中及以上文化程度的您，真正学好了电工技术，凭借自己的一技之长将日子过得有滋有味，那是水到渠成的事儿。

电工入门学习的有效途径主要有看书学习、拜师学习、培训班学习等，最适合于自学的途径是买一些专业的电工书籍，进行阅读学习。针对电工技术初学者的学习需求，我们组织一批电工专家和技术能手集体编写了《电工快速入门》丛书，包括《电工基础知识快速入门》《电工操作快速入门》和《电工维修快速入门》，如果您愿意静下心来认真阅读这3本书，专攻一业，电工技术就会有所成就。

《电工基础知识快速入门》，主要介绍了常用电工工具及仪表使用、常用电工材料及应用、常用电器元器件及应用、电工识图入门知识、电工基本操作技能、室内照明用电及安装、电力拖动与控制基础等内容，学用结合，帮助读者为今后从事电工技术工作打下坚实的基础。

《电工操作快速入门》，主要介绍了电工操作安全常识、电气工程工料计算、低压架空线路安装、配电装置及其应用、电力电缆的加工与敷设、电气照明工程安装、电力设备故障检测等内容，帮助读者为从事相关工程技术工作奠定良好的电工技术方面的基础，初步掌握在电力工程施工中的实用技能，并逐步形成技巧。

《电工维修快速入门》，主要介绍了电工维修入门基础、电气线路故障检修、常用高低压电器检修、常用电动工具维护与检修、交流电动机故障诊断与处理、交流电动机绕组重绕、变频器维护与故障检修、电力变压器故障诊断与检修等内容，让读者在工作中遇到电气系统发生故障时，能够及时地发现发生故障的位置及原因，及时有效地处理相应的故障，从而使电气设备能够进行正常的运行生产。

本丛书具有以下特点：

（1）贯彻精练理论，锻炼工程实践能力的原则，立足于技能型技术工人的工作实际需要，突出实用性，强调实践性。给出了一些典型的"维修实例"，并适当增加了新器件、新技术的内容。

（2）内容编排上简洁明快，版式设计图文并茂，以大量照片、示意图（表）形象直观地呈现内容。诊断方法介绍全面，讲解透彻通俗易懂，口诀归纳便于记忆，"特别提醒"防易误点，尽力做到好懂易学。

（3）知识及技能介绍择其重点，应用实例选择广泛并具有实际意义，对于入门学习和掌握电工技能的读者有较大帮助。讲解方式简单直接，内容全面，深度广度兼顾，提升读者独立思考和动手实践的能力。

本书由杨清德、李川担任主编，鲁世金、张川担任副主编，第 1 章由张川、孙红霞编写，第 2 章由鲁世金、郑汉声编写，第 3 章由李川、杨清德编写，第 4 章由冉洪俊、陆朝琼编写，第 5 章由康娅、李小琼编写，第 6 章由李翠玲、吴荣祥编写，第 7 章由程时鹏、吕盛成编写，全书由杨清德教授负责大纲编写和统稿。

由于编者水平有限，加之时间仓促，书中难免存在缺点和错误，敬请各位读者批评指正，以期再版时修改。

编者

电工操作安全常识

在电工操作过程中，必须特别注意电气安全，如果稍有麻痹或疏忽，就可能造成严重的人身触电事故，或者引起火灾或爆炸。人体是导电体，一旦有电流通过时，将会受到不同程度的伤害。如果对电能可能产生的危害认识不足，控制和管理不当，防护措施不利，在电能的传递和转换的过程中，将会给生产、生活带来不便，甚至会酿成事故和灾难。

1.1 电工安全用电常识

1.1.1 电流对人体的伤害

1. 人体触电的危险性

人体触及裸露的带电导体或触及因绝缘损坏而带电的电气设备的外壳，都会引起人身触电事故。触电对人体的危害有电击和电伤两类。

（1）电击是指电流通过人体时所造成的内伤。它可以使肌肉抽搐，内部组织损伤，造成发热发麻、神经麻痹等症状。严重时将引起昏迷、窒息，甚至心脏停止跳动而死亡。通常说的触电就是电击。触电死亡大部分由电击造成，所以是最危险的。

（2）电伤是指电流的热效应、化学效应、机械效应以及电流本身作用下造成的人体外伤。常见的有灼伤、烙伤和皮肤金属化等现象。例如电弧烧伤人体的皮肤，当烧伤面积不大时，一般容易治愈；严重时，可能使人残。

2. 造成人触电危险的因素

电流对人体伤害的严重程度与通过人体电流的大小、频率、持续时间、通过人体的路径及人体电阻的大小等多种因素有关。

（1）电流大小。电流通过人体时，由于每个人的体质不同，电流通过的时间有长有短，因而有着不同的后果。这种后果又和通过人体电流的大小有关系。但是要确实说出通过人体的电流有多少，才能发生生命危险是困难的。

对于50Hz工频交流电，按照通过人体电流的大小和人体所呈现的不同状态，大致分为三种，见表1-1。

表 1-1 触电电流大小的种类

种类	定义	说明
感觉电流	指引起人体感觉的最小电流	成年男性的平均感觉电流约为1.1mA，成年女性为0.7mA。 感觉电流不会对人体造成伤害，但电流增大时，人体反应强烈，可能造成坠落等间接事故
摆脱电流	指人体触电后能自主摆脱电源的最大电流	实验表明，成年男性的平均摆脱电流约为16mA，成年女性的约为10mA
致命电流	指在较短的时间内危及生命的最小电流	实验表明，当通过人体的电流达到50mA以上时，心脏会停止跳动，可能导致死亡

一般来说，通过人体的电流越大，人体的生理反应就越明显，感应越强烈，引起心室颤动所需的时间越短，致命的危险越大。

为确保人身安全，我国规定通过人体的最大安全电流为30mA。允许安秒值（电流与时间的乘积）为30mA·s。

（2）电流频率。一般认为40～60Hz的交流电对人体最危险。随着频率的增高，危险性将

1

降低。高频电流不仅不伤害人体，还能治病。

（3）通电时间。通电时间越长，电流使人体发热和人体组织的电解液成分增加，导致人体电阻降低，反过来又使通过人体的电流增加，触电的危险亦随之增加。

人体处于电流作用下，时间越短获救的可能性越大。电流通过人体时间越长，电流对人体的机能破坏越大，获救的可能性也就越小。

（4）电流路径。电流通过头部可使人昏迷；通过脊髓可能导致瘫痪；通过心脏造成心跳停止，血液循环中断；通过呼吸系统会造成窒息。因此，从左手到胸部是最危险的电流路径，从手到手从手到脚也是很危险的电流路径，从脚到脚是危险性较小的电流路径。由此可见，流过心脏的电流越多、电流路线越短的途径是电击危险性越大的途径。

综上所述，电流的大小和触电时间的长短是最主要的触电因素。

1.1.2 电工作业可能被触电的方式

低压电网中均采用 TT 系统供电，由于 380/220V 侧的中性点是直接接地的，因此发生以下五种触电方式。

1. 单相触电

人体的某一部分接触带电体的同时，另一部分又与大地或中性线相接，电流从带电体流经人体到大地（或中性线）形成回路，称为单相触电（220V）。这是最常见的触电方式，如图 1-1 所示。

2. 两相触电

人体的不同部分同时接触两相电源时造成的触电称为两相触电（380V），如图 1-2 所示。对于这种情况，无论电网中性点是否接地，人体所承受的线电压将比单相触电时高，危险更大。

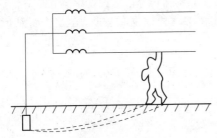

图 1-1 单相触电

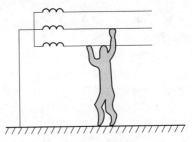

图 1-2 两相触电

当发生两相触电时，作用于人体上的电压等于线电压，这种触电是最危险的。

3. 跨步电压触电

雷电流入地或电力线（特别是高压线）断散到地时，会在导线接地点及周围形成强电场。当人畜跨进这个区域时，两脚之间会出现电位差，称为跨步电压。在这种电压作用下，电流从接触高电位的脚流进，从接触低电位的脚流出，从而形成触电，如图 1-3 所示。

图 1-3 跨步电压触电

跨步电压的大小取决于人体站立点与接地点的距离，距离越小，其跨步电压越大。当距离超过 20m（理论上为无穷远处），可认为跨步电压为零，不会发生触电危险。

4. 接触电压触电

当运行中的电气设备绝缘损坏或由于其他原因而造成接地短路故障时，接地电流通过接地点向大地流散，在以接地点为圆心的一定范围内形成分布电位。当人触及漏电设备外壳时，电流通过人体和大地形成回路，由此造成的触电称为接触电压触电。

在电气安全技术中接触电压是以站立在距漏电设备接地点水平距离为 0.8m 处的人，手触及的漏电设备外壳距地 1.8m 高时，手脚间的电位差作为衡量基准。接触电压值的大小取决于人体站立点与接地点的距离。此时，若人站在该设备旁，手接触到设备外壳，则人手与脚之间呈现出的电位差 U_2 称为"接触电压"。如图 1-4 所示。

5. 感应电压触电

是指当人触及带有感应电压的设备和线路时所造成的触电事故。一些不带电的线路由于大气变化（如雷电活动），会产生感应电荷，停电后一些可能感应电压的设备和线路如果未及时接地，这些设备和线路对地均存在感应电压。

6. 剩余电荷触电

是指当人体触及带有剩余电荷的设备时，对人体放电造成的触电事故。带有剩余电荷的

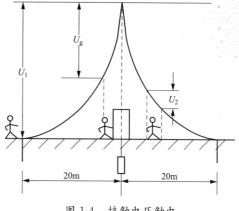

图 1-4　接触电压触电

设备通常含有储能元件，如并联电容器、电力电缆、电力变压器及大容量电动机等，在退出运行和对其进行类似摇表测量等检修后，会带上剩余电荷，因此要及时对其放电。

1.1.3　触电事故的规律

人体触电总是发生在突然的一瞬间，而且往往造成严重的后果。了解和掌握触电事故发生的一般规律，对防止事故的发生，做好用电安全工作是十分必要的。

1. 夏季触电事故多

一般来说，每年的夏季为触电事故的多发季节。就全国范围内，该季节是炎热季节，人体多汗、皮肤湿润，使人体电阻大大降低，因此触电危险性及可能性较大。

2. 低压电气设备触电事故多

在工农业生产及家用电器中，低压设备占绝大多数，而且低压设备使用者广泛，其中不少人缺乏电气安全知识，因此。发生触电的概率较大。

3. 携带式设备和移动式电气设备触电事故多

由于携带式、移动式设备经常移动，工作环境参差不齐，电源线磨损的可能性较大，同时，移动式设备一般体积较小，绝缘程度相对较弱，容易发生漏电故障。再者，移动式设备又多由人手持操作，故增加了触电的可能性。

4. 电气触头及连接部位触点事故多

电气触头及连接部位由于机械强度、电气强度及绝缘强度均较差，较容易出现故障，容易发生直接或间接触电。

5. 临时性施工工地触电事故多

现在我国正处于经济建设的高峰期，到处都在开发建设，因此临时性的工地较多。这些工地的管理水平高低不齐，有的施工现场电气设备、电源线路较为混乱，故触电事故隐患较多。

6. 合同工、临时工触电事故多，农村触电事故多

目前在电业行业工作的人员以年轻人员较多，特别是一些主要操作者，这些人员有不少往往缺乏工作经验、技术欠成熟，增加了触电事故的发生率。非电工人员由于缺乏必要的电气安全常识，盲目地接触电气设备，当然会发生触电事故。

据统计资料分析，农村触电事故多于城市。

7. 错误操作和违章作业的触电事故多

由于一些单位安全生产管理制度不健全或管理不严，电气设备安全措施不完备及思想教育不到位、责任人不清楚所致。

8. 特殊作业环境触电事故多

在潮湿、狭窄、线路密布、高空等场所作业，若安全措施不完备，很容易发生触电事故。

1.2 防止触电的技术措施

为了达到安全用电的目的，必须采用可靠的技术措施，防止触电事故发生。绝缘、安全间距、漏电保护、安全电压、遮栏及阻挡物等都是防止直接触电的防护措施。保护接地、保护接零是间接触电防护措施中最基本的措施。专业电工人员在全部停电或部分停电的电气设备上工作时，在技术措施上，必须完成停电、验电、装设接地线、悬挂标示牌和装设遮栏后，才能开始工作。

1.2.1 接地保护

电气设备的金属外壳都是与内部的带电体绝缘的，在正常情况下不带电，一旦金属外壳与内部带电体之间的绝缘损坏，就会导致金属外壳带电，人接触它便会触电。实践证明，采用接地保护是用电行之有效的安全保护手段，是防止人身触电事故、保障电气设备正常运行所采取的一项重要技术措施。

1. 接地保护的类型

所谓接地，一般是指电气装置为达到安全和功能的目的，采用包括接地极、接地母线、接地线的接地系统与大地做电气连接，即接大地；或是电气装置与某一基准电位点做电气连接，即接基准地。

接地保护的类型见表 1-2。

表 1-2　　　　　　　　　　　　　　　接 地 保 护 的 类 型

接地方式	说明	原理图
工作接地	在三相交流电力系统中，为供电的电源变压器低压中性点接地称为工作接地。采取工作接地，可减轻高压窜入低压的危险，减低低压某一相接地时的触电危险。 工作接地是低压电网运行的主要安全设施，工作接地电阻必须小于 4Ω	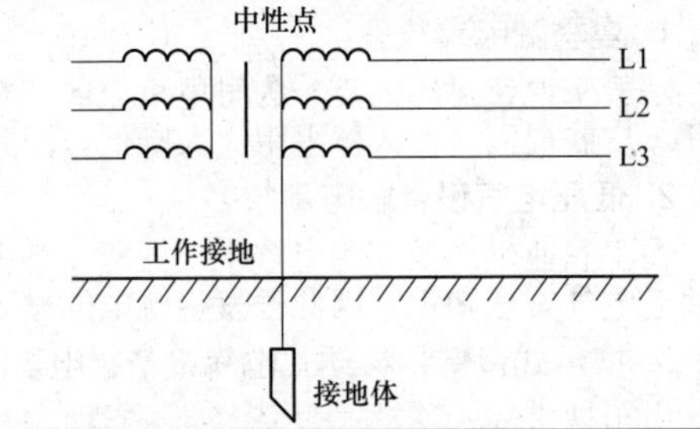
安全接地　保护接地	为了防止电气设备外露的不带电导体意外带电造成危险，将该电气设备经保护接地线与深埋在地下的接地体紧密连接起来的做法叫保护接地。 保护接地是中性点不接地低压系统的主要安全措施。在一般低压系统中，保护接电电阻应小于 4Ω	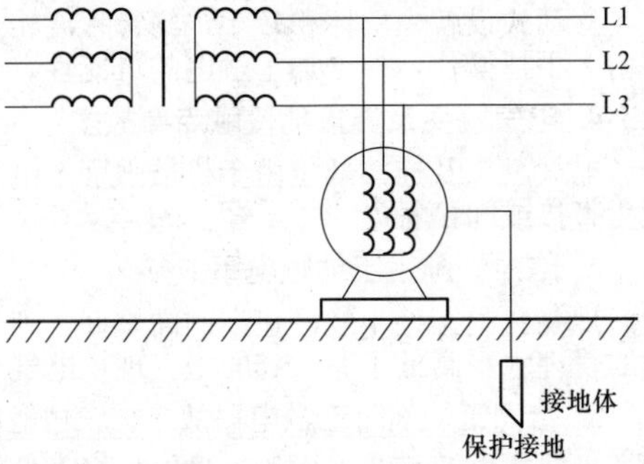
安全接地　防雷接地	为了防止电气设备和建筑物因遭受雷击而受损，将避雷针、避雷线、避雷器等防雷设备进行接地，叫作防雷接地	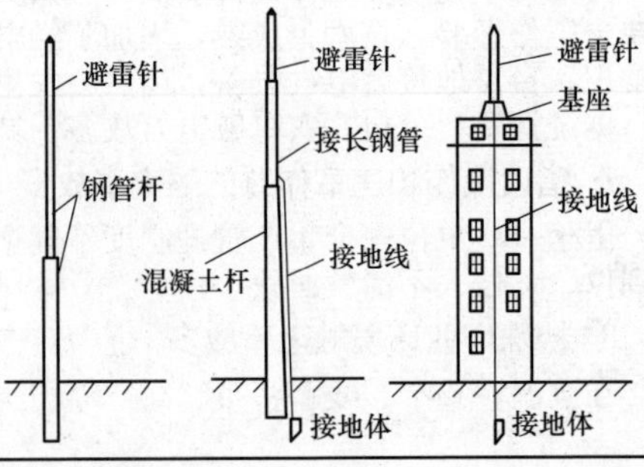

续表

接地方式		说明	原理图
安全接地	防静电接地	为消除生产过程中产生的静电而设置的接地，叫作防静电接地	
	屏蔽接地	为防止电磁感应而对电力设备的金属外壳、屏蔽罩、屏蔽线的外皮或建筑物金属屏蔽体等进行接地，叫作屏蔽接地	
	重复接地	三相四线制的中性线（或中性点）一处或多处经接地装置与大地再次可靠连接，称为重复接地	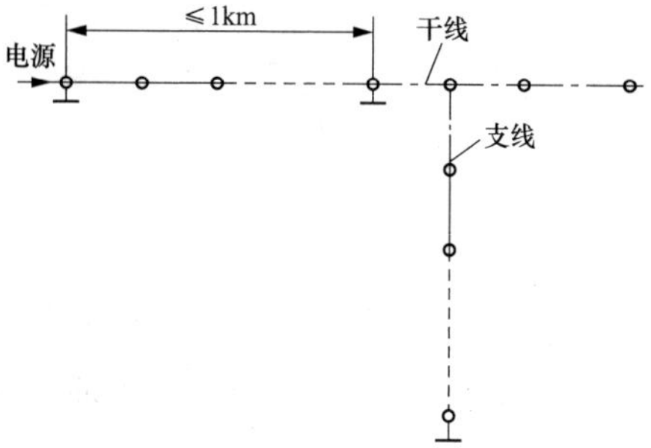
	共同接地	在接地保护系统中，将接地干线或分支线多点与接地装置连接，叫作共同接地	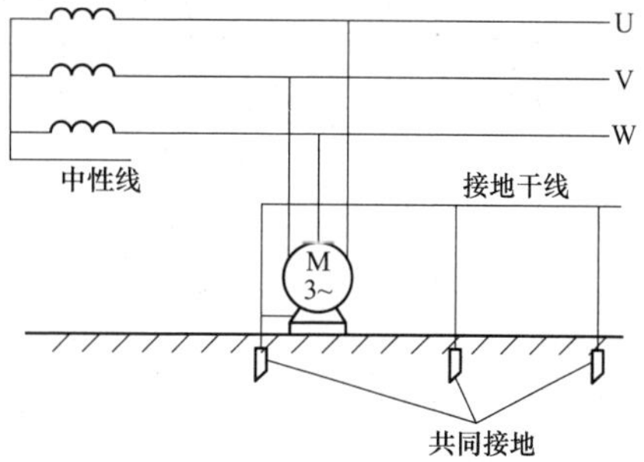

2. 保护接地的原理

保护接地是怎样实现保护人身安全的呢？如果是一台没有保护接地装置的电动机，当它的内部绝缘损坏致使外壳带电时，人体一旦接触，就通过人体连通了由带电金属外壳与大地之间的电流通路，金属外壳上的电流经人体流入大地而使人触电，如图 1-5（a）所示。

将电动机的金属外壳用导线与大地作可靠的电气连接后，如图 1-5（b）所示，如果这台电动机绝缘损坏使金属外壳带电，当人体接触它时，金属外壳与大地之间将形成两条并联电流通路：一条是通过保护接地线将电流泄放到大地，另一条是通过人体将电流泄放到大地。在这两条并联电路中，保护接地线电阻很小，通常只有 4Ω 左右，而人体电阻最小也在 500Ω 以上。根据并联电路中电流与电阻成反比的原理，人体所通过的电流就大大小于通过保护接地线的电流，这时人体就没有触电的感觉。再则，由于保护接地线电阻太小，对电动机与大地之间接近于短路，所以将有大电流通过保护接地线，这种大电流会使电路中的保护设备动作，自动切断电路，从另一层面上保护了人身与设备的安全。

3. 对接地装置的技术要求

为了保证接地装置起到安全保护作用，一般接地装置应满足以下要求：

（1）低压电气设备接地装置的接地电阻不宜超过 4Ω。

（2）低压线路中性线每一重复接地装置的接地电阻不应大于 10Ω。

（3）在接地电阻允许达到 10Ω 的电力网中，每一重复接地装置的接地电阻不应超过 30Ω，但重复接地不应少于 3 处。

（4）接地线与接地体连接处一般应焊接。如采用搭接焊，其搭接长度必须为扁钢宽度的 2 倍或圆钢直径的 6 倍。如焊接困难，可用螺栓连接，但应采取可靠的防锈措施。

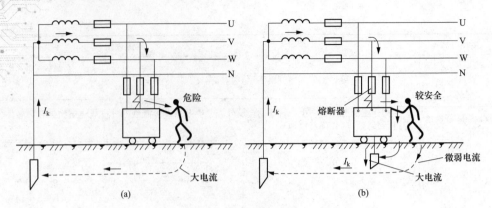

图 1-5　接地保护原理图

（a）没有接地保护措施导致触电；（b）接地保护后较安全

1.2.2　保护接零

把电气设备在正常情况下不带电的金属部分与电网的中性线紧密地连接起来，称为保护接零。

保护接零的方法适合于三相四线制供电系统（TN-C）和三相五线制供电系统（TN-S）。

1. 三相四线制供电系统的保护接零

在中性点接地的三相四线制供电系统（TN-C）中，保护中性线（PE）与工作中性线（N）合二为一，即工作中性线也充当保护中性线，如图 1-6 所示。

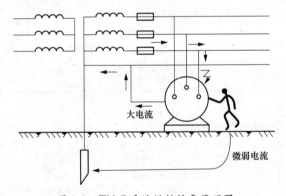

图 1-6　TN-C 系统保护接零原理图

当电气设备绝缘损坏，金属外壳带电时，由于保护接零的导线电阻很小，相当于对中性线短路，这种很大的短路电流将使线路的保护装置迅速动作，切断电路，既保护了人身安全又保护了设备安全。

必须指出，如图 1-7（a）所示 TN-C 系统单相回路接线，实际上这也是极不安全的。建筑物的配电线路由于接头松脱、导线断线等故障，很可能造成如图 1-7（b）所示 A 点处开路，此时当其中一台设备开关接通后，在 A 点后面所有中性线上，将出现相电压，这个高电压又被设备接地引到所有插入插座的用电设备外壳上，而且其后的设备即使并未开启，外壳上也有 220V 电压，这是十分危险的。

2. 三相五线制供电系统的保护接零

在三相五线制供电系统（TN-S）中，专用保护中性线（PE）和工作中性线（N）除在变压器中性点共同接地外，两根线不再有任何联系，严格分开，如图 1-8 所示。

TN-S 系统单相回路接线如图 1-9 所示。采用三相五线制供电方式，用电设备上所连接的工作中性线 N 和保护零线 PE 是分别敷设的，工作零线上的电位不能传递到用电设备的外壳上，这样就能有效隔离了三相四线制供电方式所造成的危险电压，使用电设备外壳上电位始终处在"地"电位，从而消除了设备产生危险电压的隐患。

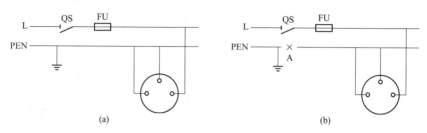

图 1-7　TN-C 系统单相回路与潜在危险
（a）单相回路接线；（b）潜在危险

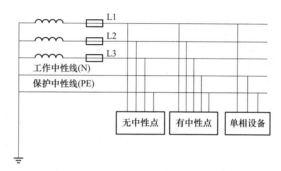

图 1-8　TN-S 系统的保护接零

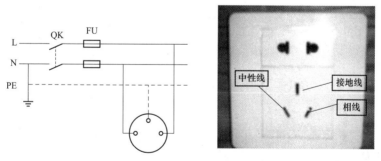

图 1-9　TN-S 系统单相回路示意图

必须指出，由低压公用电网或农村集体电网供电的电气设备应采用保护接地，不得采用保护接零。这是因为公用电网和农村集体电网，低压线路的维护水平较低，供电线路长，中性线断线的可能性存在，若采用保护接零，万一中性线断线，一台用电设备外壳带电，此低压系统的所有用电设备都带电非常危险。

单相负荷线路保护中性线不得借用工作中性线否则，如果接中性线路松落或折断，将会使设备金属外壳带电或当中性线与火线接反时使外壳带电。

【特别提醒】

保护接地与保护接零是两种既有相同点又有区别的安全用电技术措施，其比较见表 1-3。

表 1-3 保护接地与保护接零的比较

比较		保护接地	保护接零
相同点		都属于用来防止电气设备金属外壳带电而采取的保护措施	
		适用的电气设备基本相同	
		都要求有一个良好的接地或接零装置	
区别	适用系统不同	适用于中性点不接地的高、低压供电系统	适用于中性点接地的低压供用电系统
	线路连接不同	接地线直接与接地系统相连接	保护接中性线则直接与电网的中性线连接，再通过中性线接地
	要求不同	要求每个电器都要接地	只要求三相四线制系统的中性点接地
	优点	(1) 降低漏电设备的对地电压；(2) 减轻了零干线断线的危险；(3) 当线路、设备发生对地短路时，由于重复接地与工作接地并联，降低了接地电阻，增加短路电流，加速保护装置动作速度，缩短事故持续时间；(4) 因重复接地对雷电流的分流作用，改善了架空线路的防雷性能，有利于限制雷电过电压	只要合理选择保护装置的动作电流，当绝缘击穿造成单相短路，短路电流通常很大，足以使保护装置迅速切断电源，消除触电的危险。在接地电网中，为防止用电设备外壳带电伤人，采用保护接零比采用保护接地效果好得多
	缺点	现行的公用配电网络中，并没有采用统一专用的接地（或接零）线，再加上城镇居住条件的客观环境、房屋配电系统设计施工不规范、供电部门安全宣传管理不到位等因素的限制或影响，正确有效地实施保护接地不是件容易的事。因此很多用户使用保护接地线也很难达要求的技术标准，存在不安全因素，反而埋下事故隐患	采用保护接零，只能消除电器的外壳与电源的相线连接的严重故障，不能排除电器外壳的漏电故障，所以电器外壳在采用保护接零的同时，还应采取其他保护措施消除电器外壳的漏电故障，目前常用的方法是安装电流型漏电保护器。必须有可靠的短路保护或过电流保护装置相配合，各种保护装置必须按照安全要求选择和整定

1.2.3 绝缘

绝缘是指利用绝缘材料对带电体进行封闭和隔离。长久以来，绝缘一直是作为防止电事故的重要措施，良好的绝缘也是保证电气系统正常运行的基本条件。

1. 绝缘材料

绝缘材料的主要作用是用于对带电的或不同电位的导体进行隔离，使电流按照确定线路流动。绝缘材料的品种很多，常用绝缘材料见表 1-4。

表 1-4 常用绝缘材料

种类	绝缘材料
气体绝缘材料	空气、氮、氢、二氧化碳和六氟化硫等
液体绝缘材料	绝缘矿物油，十二烷基苯、聚丁二烯、硅油和三氯联苯等合成油，蓖麻油
固体绝缘材	树脂绝缘漆，纸、纸板等绝缘纤维制品；漆布、漆管和绑扎带等绝缘浸渍纤维制品；绝缘云母制品；电工用薄膜、复合制品和粘带；电工用层压制品；电工用塑料和橡胶、玻璃、陶瓷等

2. 绝缘破坏

在电气设备的运行过程中，绝缘材料会由于电场、热、化学、机械、生物等因素的作用，使绝缘性能发生劣化，称为绝缘破坏。

绝缘破坏可分为绝缘击穿、绝缘老化和绝缘损坏三种情况。

3. 绝缘电阻指标

绝缘电阻随线路和设备的不同，其指标要求也不一样。就一般而言，高压较低压要求高；

新设备较老设备要求高；室外设备较室内设备要求高；移动设备较固定设备要求高等。几种主要线路和设备应达到的绝缘电阻值见表 1-5。

表 1-5　　　　　　　　几种主要线路和设备的绝缘电阻值指标

线路或设备	绝缘电阻值指标
新装和大修后的低压线路和设备	不低于 0.5MΩ
运行中的线路和设备	每伏工作电压不小于 1000Ω
安全电压下工作的设备	同 220V 一样，不得低于 0.22MΩ（在潮湿环境，要求可降低为每伏工作电压 500Ω）
携带式电气设备	不应低于 2MΩ
配电盘二次线路	不应低于 1MΩ（在潮湿环境，允许降低为 0.5MΩ）
10kV 高压架空线路	每个绝缘子的绝缘电阻不应低于 300MΩ
35kV 及以上高压架空线路	每个绝缘子的绝缘电阻不应低于 500MΩ
运行中 6～10kV 电力电缆	不应低于 400～1000MΩ（干燥季节取较大的数值，潮湿季节取较小的数值）
运行中 35kV 电力电缆	不应低于 600～1500MΩ（干燥季节取较大的数值，潮湿季节取较小的数值）
电力变压器投入运行前	应不低于出厂时的 70%（运行中的绝缘电阻可适当降低）

1.2.4 屏护

屏护是一种对电击危险因素进行隔离的手段，即采用遮栏、护罩、护盖、箱匣等把危险的带电体同外界隔离开来，以防止人体触及或接近带电体而引起的触电事故。屏护还起到防止电弧伤人，防止弧光短路或便利检修工作的作用。屏护的种类见表 1-6。

表 1-6　　　　　　　　　　屏 护 的 种 类

种类	说明
屏蔽	属于一种完全的防护
障碍（或称阻挡物）	一种不完全的防护，只能防止人体无意识触及或接近带电体，而不能防止有意识移开、绕过或翻越该障碍触及或接近带电体
永久性屏护装置	配电装置的遮栏、开关的罩盖等
临时性屏护装置	检修工作中使用的临时屏护装置和临时设备的屏护装置等
固定屏护装置	母线的护网
移动屏护装置	天车的滑线屏护装置

1. 屏护的应用

（1）屏护装置主要用于电气设备不便绝缘或绝缘不足以保证安全的场合。如开关电器、仪表等均需要设置屏护，一般采用成品的箱体，如图 1-10 所示。

（2）对于高压设备，由于全部绝缘往往有困难，因此，不论高压设备是否有绝缘，均要求加装屏护装置，如图 1-11 所示。

图 1-10　用闸箱作为屏护

图 1-11　高压配电装置的屏护装置

（3）室内、外安装的变压器和变配电装置应装有完善的屏护装置，如图 1-12 所示。

（4）当作业场所邻近带电体时，在作业人员与带电体之间、过道、入口等处均应装设可移动的临时性屏护装置，如图 1-13 所示。

图 1-12 设置变压器护栏作为屏护

图 1-13 设置临时性围栏板作为屏护

2. 屏护设置注意事项

（1）屏护装置所用材料应有足够的机械强度和良好的耐火性能。为防止因意外带电而造成触电事故，对金属材料制成的屏护装置必须实行可靠的接地或接零。

（2）屏护装置应有足够的尺寸，与带电体之间应保持必要的距离。遮栏高度不应低于 1.7m，下部边缘离地不应超过 0.1m，网眼遮栏与带电体之间的距离不应小于表 1-7 所示的距离。栅遮栏的高度户内不应小于 1.2m，户外不应小于 1.5m，栏条间距离不应大于 0.2m。对于低压设备，遮栏与裸导体之间的距离不应小于 0.8m。户外变配电装置围墙的高度一般不应小于 2.5m。

表 1-7	网眼遮栏与带电体之间的距离		
额定电压（kV）	<1	10	20～35
最小距离（m）	0.15	0.35	0.6

（3）遮栏、栅栏等屏护装置上应有"止步，高压危险！"等标志，如图 1-14 所示。

（4）必要时，应配合采用声光报警信号和联锁装置。

1.2.5 间距

间距是指带电体与地面之间、带电体与其他设备和设施之间、带电体与带电体之间必要的安全距离。如图 1-15 所示为架空线路的间距。

图 1-14 屏护装置设置警告标志

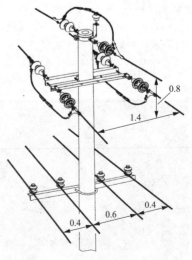

图 1-15 架空线路的间距（m）示例

1. 间距的作用

不同电压等级、不同设备类型、不同安装方式、不同的周围环境所要求的间距不同，主要有以下三个作用。

（1）防止人体触及或接近带电体造成触电事故。

（2）避免车辆或其他器具碰撞或过分接近带电体造成事故。

（3）防止火灾、过电压放电及各种短路事故，以及方便操作。

2. 线路间距的有关规定

（1）架空线路导线与地面的最小垂直距离见表 1-8。

表 1-8 架空线路导线与地面的最小垂直距离

线路经过的地区	线路电压	
	1kV 以下	1kV 以上
居民区（m）	6.0	6.5
非居民区（m）	5.0	5.5
交通困难地区（m）	4.0	4.5

（2）在最大风偏的情况下，导线与山坡、峭壁、岩石的最小净空距离见表 1-9。

表 1-9 导线与山坡、峭壁、岩石的最小净空距离

线路经过的地区	线路电压（kV）					
	35～110	220	330	500	1～10	1 以下
步行可到达的山坡（m）	5.0	5.5	6.5	8.5	4.5	3.0
步行不能到达的山坡、峭壁和岩石（m）	3.0	4.0	5.0	6.5	1.5	1.0

（3）架空线路经过街道时，与公园、街道、行道绿化树的最小距离见表 1-10。

表 1-10 导线与公园、街道、行道绿化树的最小距离

最大弧垂时的垂直距离（m）		最大风偏时的水平距离（m）	
1kV 以下	1～10kV	1kV 以下	1～10kV
1.0	1.5	1.0	2.0

（4）架空线路导线与公路、铁路、河流、索道和管道等交叉或接近时的最小垂直距离见表 1-11。

表 1-11 线路导线与公路、铁路、河流、索道和管道等交叉或接近的最小垂直距离

电压等级（kV）	铁路轨顶（m）	公路（m）	通航河道船桅顶（m）	索道（m）	特殊管道（m）
1～10	7.5	7.0	1.5	2.0	3.0
1.0 以下	7.5	6.0	1.0	1.5	1.5

说明：① 特殊管道指架设在地面上输送易燃、易爆物的管道；管、索道上的附属设施，应视为管、索道的一部分。

② 通航河流的距离是指架空线路与最高航行水位的最高船桅顶的距离。最高洪水位时，有抗洪抢险船只航行的河流，垂直距离应协调确定。

③ 公路等级应按国家现行标准《公路路线设计规范》的规定采用。

（5）架空线路导线与果树、经济作物或城市绿化灌木之间的最小垂直距离见表 1-12。

表 1-12 导线与果树、经济作物或城市绿化灌木之间的最小垂直距离

线路电压	3kV 以下	3～10kV	35～66kV
最小垂直距离（m）	1.5	1.5	3.0

(6) 海拔为1000m以下的地区，35kV和66kV架空电力线路带电部分与杆塔构件、拉线、脚钉的最小间隙，应符合表1-13的规定。海拔高度为1000m及以上的地区，海拔每增高100m，内过电压和运行电压的最小间隙应按表1-13所列数值增加1%。

表1-13 带电部分与杆塔构件、拉线、脚钉的最小间隙

工作状况	最小间隙（m）	
	线路电压35kV	线路电压66kV
雷电过电压	0.45	0.65
内过电压	0.25	0.50
运行电压	0.10	0.20

(7) 架空配电线路与各种架空电力线路交叉跨越时的最小垂直距离，在最大弧垂时不应小于表1-14的规定。并且要求高压线路架设在上方，低压线路应架设在下方。

表1-14 架空配电线路与各种架空电力线路交叉跨越时的最小垂直距离（m）

架空配电线路电压（kV）	电力线路（kV）				
	1.0以下	1～10	35～110	220	330
1～10	2	2	3	4	5
1.0以下	1	2	3	4	5

(8) 同杆架设的双回路或高、低同杆架设的配电线路、横担间的最小垂直距离见表1-15。

表1-15 同杆架设配电线路横担之间的最小垂直距离

导线排列方式	直线杆（mm）	耐张杆（mm）	绝缘线杆（mm）
高压与高压	800	600	500
高压与低压	1200	1000	1000
低压与低压	600	300	—

(9) 高、低压配电线路的最小档距见表1-16，耐张杆的长度禁忌大于2km。架空线路导线间的最小水平距离见表1-17。

表1-16 架空配电线路最小档距

地区	高压（10kV）	低压
城区（m）	40～50	30～45
居民区（m）	35～50	30～40
郊区（m）	50～100	40～60

表1-17 架空线路导线间的最小水平距离（mm）

档距电压		40m以下	50m	60m	70m	80m	90m	100m
高压（10kV）	裸线	600	650	700	750	850	900	1000
	绝缘线	500	500	500	—	—	—	—
低压		300	400	450	500	—	—	—

(10) 禁忌架空线路电杆的埋设深度应根据当地的地质条件进行计算。对一般土质，电杆埋深宜为杆长的1/6，并应符合表1-18的规定。对特殊土质或无法保证电杆的稳固时，应采取加卡盘、围桩、打人字拉线等加固措施。基坑回填土应分层夯实，地面宜设防沉土台。

表1-18 电杆埋设深度最小值

电杆长度（m）	8	9	10	11	12	13	15
埋设深度（m）	1.5	1.6	1.7	1.8	1.9	2.0	2.5

（11）拉线盘的埋深和方向应符合设计要求。拉线棍与拉线盘应垂直，连接处应加专用垫和双螺母，拉线棍露出地面部分长度宜为 500～700mm。拉线与地面的夹角宜为 45°，且不得大于 60°。拉线的具体规格与埋设深度见表 1-19。拉线绑扎应采用直径 2.0mm，或 2.6mm 的镀锌铁线。绑扎应整齐、紧密，拉线最小绑扎长度见表 1-20。

表 1-19 　　　　　　　　　　　　　拉线规格与埋设深度

拉线棍规格（mm）	拉线盘（长×宽）（mm×mm）	埋设深度（mm）
$\phi16\times(2000\sim2500)$	500×300	1300
$\phi19\times(2500\sim3000)$	600×400	1600
$\phi19\times(3000\sim3500)$	800×600	2100

表 1-20 　　　　　　　　　　　　　拉线最小绑扎长度

钢绞线截面积（mm²）	上段（mm）	下段（mm）		
		下端	花缠	上端
25	200	150	250	80
35	250	200	250	80
50	300	250	250	80

3. 检修间距

检修间距是指在维护检修中人体及所带工具与带电体之间必须保持的足够的安全距离。在低压工作中，人体及所携带的工具与带电体距离不应小于 0.1m。高压作业时，各种作业类别所要求的最小距离见表 1-21。

表 1-21 　　　　　　　　　　　　高压作业的最小距离（m）

类别	电压等级	
	10kV	35kV
无遮拦作业，人体及所携带工具与带电体之间①	0.7	1.0
无遮拦作业，人体及所携带工具与带电体之间，用绝缘杆操作	0.4	0.6
线路作业，人体及所携带工具与带电体之间②	1.0	2.5
带电水冲洗，小型喷嘴与带电体之间	0.4	0.6
喷灯或气焊火焰与带电体之间③	1.5	3.0

① 距离不足时，应装设临时遮栏。
② 距离不足时，邻近线路应当停电。
③ 火焰不应喷向带电体。

1.2.6 漏电保护器

1. 漏电保护器的作用

漏电保护器俗称漏电开关，是防止低压配电系统中相线和电气装置的外露可导电部分（包括冷冻机组、生活泵房设备、消防泵房设备、敷设管槽等）、装置外可导电部分（包括水、暖管和建筑物构架等）以及大地之间因绝缘损坏引起的电气火灾和电击事故的有效措施。

常用漏电保护器的外形如图 1-16 所示。

当电路或用电设备漏电电流大于装置的整定值，或人、动物发生触电危险时，它能迅速动作，切断事故电源，避免事故的扩大，从而保障人身、设备的安全。

2. 漏电保护装置的种类

漏电保护装置的种类见表 1-22。

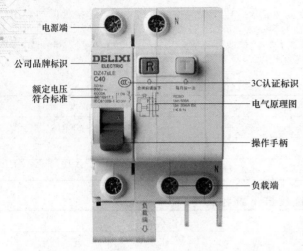

电源端

公司品牌标识

额定电压
符合标准

3C认证标识

电气原理图

操作手柄

负载端

图 1-16　漏电保护器

表 1-22		漏电保护装置的种类
分类标准	种类	说明
按中间环节结构特点分类	电磁式漏电保护装置	中间环节为电磁元件，有电磁脱扣器和灵敏继电器两种类型。 耐过电流和过电压冲击的能力较强，但灵敏度不高，且制造工艺复杂，价格较高
	电子式漏电保护装置	中间环节使用了由电子元件构成的电子电路。 灵敏度高、动作电流和动作时间调整方便、使用耐久。但对使用条件要求严格，抗电磁干扰性能差；当主电路缺相时，可能会失去辅助电源而丧失保护功能
按结构特征分类	开关型漏电保护装置	当检测到触电、漏电后，保护器本身即可直接切断被保护主电路的供电电源。这种保护器有的还兼有短路保护及过载保护功能
	组合型漏电保护装置	当发生触电、漏电故障时，由漏电继电器进行信号检测、处理和比较，通过其脱扣器或继电器动作，发出报警信号；也可通过控制触点去操作主开关切断供电电源
按安装方式分类	固定位置安装的漏电保护装置	
	带有电缆的可移动使用的漏电保护装置	
按极数和线数分类	单极二线漏电保护装置、二极漏电保护装置、二极三线漏电保护装置、三极漏电保护装置、三极四线漏电保护装置和四极漏电保护装置	
按动作时间分类	快速动作型漏电保护装置	
	延时型漏电保护装置	
	反时限型漏电保护装置	
按动作灵敏度分类	高灵敏度型漏电保护装置	
	中灵敏度型漏电保护装置	
	低灵敏度型漏电保护装置	

3. 开关型漏电保护装置的种类

按保护功能和用途，漏电保护器一般可分为漏电保护继电器、漏电保护开关和漏电保护插座三种。目前，开关型漏电保护装置应用最为广泛，市场上的漏电保护开关根据功能常用的有以下几种类别：

（1）只具有漏电保护断电功能，使用时必须与熔断器、热继电器、过流继电器等保护元件配合。

（2）同时具有过载保护功能。

（3）同时具有过载、短路保护功能。

（4）同时具有短路保护功能。

（5）同时具有短路、过负荷、漏电、过压、欠压功能。

4. 漏电保护器的选用

选用漏电保护装置应根据保护对象的不同要求进行选型，既要保证在技术上有效，还应考虑经济上的合理性。不合理的选型不仅达不到保护目的，还会造成漏电保护装置的拒动作或误动作。正确合理地选用漏电保护装置，是实施漏电保护措施的关键。

（1）在浴室内、广场水池、强电井等触电危险性很大的场所，工程中选用高灵敏度、快速型漏电保护装置（动作电流不宜超过 10mA）。

（2）在安装的场所发生人触电事故时，能得到其他人的帮助及时脱离电源，则漏电保护装置的动作电流可以大于摆脱电流，如地下一层、首层、二层商业区；在安装的场所得不到其他人的帮助及时脱离电源，则漏电保护装置动作电流不应超过摆脱电流，如地下室、库房等人员稀少区域。

（3）在施工现场的电气机械设备、暂时临时线路的用电设备、金属构架上等触电危险性大的场合、Ⅰ类携带式设备或移动式设备，可配用高灵敏度漏电保护装置。

（4）工程正式电源采用漏电保护器做分级保护，应满足上、下级开关动作的选择性。上一级漏电保护器的额定漏电电流，应不小于下一级漏电保护器的额定漏电电流。安装在电源端的漏电保护器可采用是低灵敏度延时型漏电保护器。例如：对工程中照明线路，根据泄漏电流的大小和分布，采用分级保护的方式。支线上选用高灵敏度的保护器，干线上选用中灵敏度保护器。

（5）酒店客房内家用电器的插座，优先选用额定漏电动作电流不大于 30mA 快速动作的漏电保护器。

（6）漏电保护器作为直接接触防护的补充保护时（不能作为唯一的直接接触保护），选用高灵敏度、快速动作型漏电保护器。一般环境选择动作电流不超过 30mA，动作时间不超过 0.1s；在触电后可能导致二次事故的场合，可选用额定动作电流为 6mA 的漏电保护器。

（7）公共场所的通道照明、应急照明，消防设备的电源，用于防盗报警的电源等，应选用报警式漏电保护器接通声、光报警信号，通知管理人员及时处理故障。

5. 漏电保护装置的安装

漏电保护装置应严格符合有关标准和生产厂产品说明书的要求。

漏电保护装置在 TN-C 供电系统的接线方法如图 1-17 所示。

安装漏电保护装置的注意事项如下：

（1）标有电源侧和负荷侧的漏电保护器确保不接反。如果接反，会导致漏电保护器的脱扣线圈无法随电源切断而断电，以致长时间通电而烧毁。

（2）安装漏电保护器后应严格执行不拆除或放弃原有的安全防护措施，可将漏电保护器作为电气安全防护系统中的附加保护措施。

（3）安装时严格区分中性线和保护线（设备外壳接地线）。漏电保护器的中性线接入漏电保护回路，接零保护线接入漏电保护器的中性线电源侧，确保不接至负荷侧，经过漏电保护器后的中性线不接设备外露部分，保护线（设备外壳接地线）单独接地。

（4）采用漏电保护器的支路，其工作零线只能作为本回路的中性线，禁止与其他回路工作中性线相连，其他线路或设备也不能借用已采用漏电保护器后的线路或设备的工作中性线。

（5）安装完成后，要求对完工的漏电保护器进行试验，以保证其灵敏度和可靠性。试验时可操作试验按钮三次，带负荷分合三次，确认动作正确无误，方才正式投入使用。

（6）不需要安装漏电保护装置的设备或场所：

1）使用安全电压供电的电气设备，一般情况下使用的具有双重绝缘或加强绝缘的电气设备；

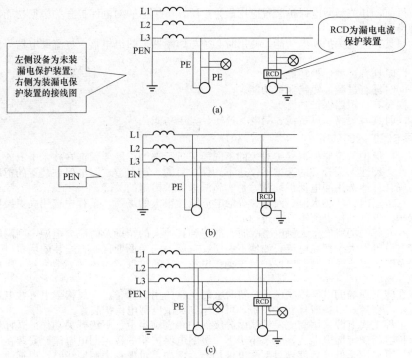

图 1-17　TN-C 系统漏电保护装置接线方法

(a) 单相（单级或双极）；(b) 三相三线（三极）；(c) 三相四线（三极或四极）

2）使用了隔离变压器供电的电气设备；
3）采用了不接地的局部等电位连接安全措施的场所中使用的电气设备；
4）其他没有间接接触电击危险场所的电气设备。

1.3　防止触电的组织措施

为了防止电工作业触电，必须有严密的保证安全的组织措施。这些措施主要包括工作票制度、工作许可制度、工作监护制度、工作间断、转移和终结制度。

1.3.1　工作票制度

工作票是准许在电气设备上工作的书面命令，也是执行保证安全技术措施的书面依据。《国家电网公司电力安全工作规程》中规定：在电气设备上的工作，应填用工作票或事故应急强修单。工作班组在作业前要整齐列队，清点人数，由工作负责人宣读工作票；严肃、认真、详细地交代工作任务、安全措施及注意事项，如图 1-18 所示。

图 1-18　宣读工作票

工作票填写的内容包括：工作票编号、工作负责人、工作班成员、工作地点和工作内容，计划工作时间、工作终结时间，停电范围、安全措施，工作许可人、工作票签发人、工作票审批人、送电后评语等。

工作票可分为第一种工作票和第二种工作票两大类，见表 1-23。

表 1-23　　　　　　　　　　　　　电 工 作 业 工 作 票

工作票	适用范围
第一种工作票	（1）高压设备上工作需要全部停电或部分停电。 （2）高压室内的二次接线和照明等回线上的工作，需要将高压设备停电或做安全措施
第二种工作票	（1）带电作业和在带电设备外壳上的工作。 （2）控制屏的低压配电屏、配电箱、电源干线上的工作。 （3）在二次回路上工作，未将高压设备停电。 （4）在转动中的发电机，同期调相机的励磁回路或高压电动机转子电阻回路上的工作。 （5）非当班值班人员用绝缘棒和电压互感器定相或用钳型电流表测量高压回路的电流

工作票签发人应由熟悉现场电气系统设备情况、熟悉安全规程并具备相应技术水平的人员担任。工作票签发人必须对工作人员的安全负责，应在工作票中填明应拉开开关、应装设临时接地线及其他所有应采取的安全措施等。

办理工作票的基本流程如图 1-19 所示。

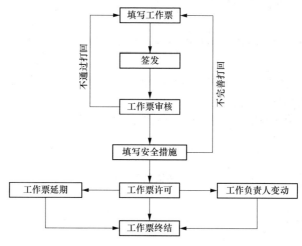

图 1-19　办理工作票的基本流程

1.3.2　工作许可制度

工作许可制度是确保电气检修作业安全所采取的一种重要措施。履行工作许可手续的目的是为了在完成安全措施以后，进一步加强工作责任感。确保万无一失所采取的一种必不可少的"把关"措施。因此，必须在完成各项安全措施之后再履行工作许可手续。

工作许可人在接到检修工作负责人交来的工作票后，应审查工作票所列安全措施是否正确完善，然后应按工作票上所列要求，采取施工现场的安全技术措施，并会同工作负责人再次检查必要的接地、短路和标示牌是否装设齐备，最后才许可工作小组开始工作。

1.3.3　工作监护制度

工作监护制度是保证人身安全及操作正确的主要措施。执行工作监护制度为的是使工作人员在工作过程中有人监护、指导，以便及时纠正一切不安全的动作和错误做法，特别是在靠近有电部位及工作转移时更为重要，如图 1-20 所示。

图 1-20 工作监护

工作监护制度的主要内容及要求见表 1-24。

表 1-24 工作监护制度的主要内容及要求

序号	内容及要求
1	部分停电时，监护所有工作人员的活动范围，使其与带电部分保持规定的安全距离
2	带电作业时，监护所有工作人员的活动范围，使其与不同相的带电设备保持安全距离
3	监护所有工作人员工具使用是否正确，工作位置是否安全，操作方法是否恰当，是否正确穿戴个人防护用品
4	监护所有工作人员为保证电气的安全正常运行而采取的技术措施是否符合规范要求；监护工作人员在作业中为保证安全而设置的安全设施是否有效可靠

【特别提醒】

在工作地点分散，有若干个工作小组同时进行工作，工作负责人必须指定工作小组监护人。

1.3.4 工作间断、转移和终结制度

坚持工作间断、转移和终结制度，可以有效地提高工作效率，减少施工隐患，更好地明确工作职责，保证安全生产。

工作间断、转移和终结制度的主要内容及要求见表 1-25。

表 1-25 工作间断、转移和终结制度的主要内容及要求

序号	内容及要求
1	工作间断时，所有的安全措施应保持原状。当天的工作间断后又继续工作时，无须再经许可
2	在同一电气连接部分用同一张工作票依次在几个工作地点转移工作时，全部安全措施由值班员在开工前一次做完，无须再办理转移手续
3	全部工作完毕后，工作人员应清理现场，并向值班人员讲清所修项目、发现问题、试验结果和存在问题等，然后在工作票上填上工作终结时间，经双方签名后，工作票才告终结

1.4 电工安全操作程序与基本规程

1.4.1 电工操作程序及要求

电工操作和作业的内容一般有安装、维修、调整试验、送电试车、吊装运输和焊接等。为了保证作业的正确性、完整性、系统性和安全性，电工操作和作业应按程序进行并满足一定的要求。这里有两点是最基本的要求，一是必须保证功能性，二是必须保证安全性，否则你的操作和作业是没有任何意义的，详细内容见表 1-26。

表1-26   电工操作程序及要求

类别	程序	要求
安装	(1) 熟悉设计图样及要求或用户要求，掌握工程量及主要设备材料； (2) 准备工具、器械及元件、设备及原材料并检查其完好性、安全性且确定工期； (3) 勘察现场、安全条件及设置安全措施并准备安全用具，编制作业指导书或工艺卡指导作业； (4) 检查安全用具及仪器仪表，检测/试验电气设备、元件、导线、材料； (5) 设置固定构件，敷设线路或母线，基础检查或设置基础； (6) 安装和接线； (7) 调整和试验； (8) 通电试验； (9) 试车或试运行； (10) 检查运行状况，清理现场，整理安装记录及报告，交工验收	(1) 满足设计要求，实现功能； (2) 符合国家电气工程施工验收规范的相关要求； (3) 满足安全要求； (4) 每天下班时清理现场、清点工具和材料并做好成品、半成品的防护工作和状态的标识； (5) 冬季、雨季施工要满足季节的要求； (6) 安装日志、各类记录齐全，日期及签字符合要求，真实及时
维修	(1) 现场勘察，掌握修理部位、作业内容项目、掌握工作量； (2) 准备工具、器械及元件、设备、原材料并检查完好性安全性，确定停电日期及工期，报有关部门批准，制订安全措施及维修方案； (3) 切断电源、验电、设置安全措施，检查安全用具及仪器仪表； (4) 检查/试验被检修的设备、元件、材料，可不拆卸的及时排除故障，或拆卸原来部件、更换安装、接线，最后清点工具材料； (5) 检查试验，解除安全措施； (6) 通电试验，仍有故障按3～5执行； (7) 送电、恢复运行或使用； (8) 检查/监视运行状况，清理现场，清点工具材料，填写施工日志、检修记录，撤离现场	(1) 满足用户要求，尽快恢复送电或使用； (2) 满足安全要求； (3) 安装部位应符合上述标准要求； (4) 严格执行安全操作规程； (5) 当天不能完成的作业，夜间应临时恢复送电或采用替换应急措施供用户使用； (6) 恢复送电前，必须清点人员、工具、材料，以免遗忘在设备或线路之上，必须拆除临时接线、接地部位； (7) 按季节及现场条件做好防护工作； (8) 做好记录，为下次检修提供依据
调整/试验	(1) 熟悉设计图样并勘察现场，掌握作业内容及项目，核对设备元件应与图样相符； (2) 准备工具器材仪器仪表，编制调整/试验方案和安全措施； (3) 现场安全措施的设置并布置试验设备及仪器； (4) 检查安装接线，核对图样并做好标记，然后拆除有关接线； (5) 单体测试元件并核对安装记录，及时填写单体测试记录； (6) 试验接线并经非接线人员核对正确无误； (7) 空投试验设备应正确无误，检查有无不妥并再次核对接线； (8) 接通试验设备正式试验，监视人员应及时通报试验状态； (9) 试验完毕，将试验设备回零，然后关掉电源； (10) 整理记录并判断试验，填写试验报告单； (11) 拆除试验接线，恢复原来接线并检查无误； (12) 清理现场，清点工具材料，撤离现场	(1) 满足设计和试验规程要求； (2) 满足安全要求并严格执行安全操作规程； (3) 当天不能完成或间断试验时应设专人看护，否则试验应从头开始； (4) 潮湿天气及雨雪天不宜进行调试作业； (5) 调整和试验必须在单体试验合格后进行； (6) 试验电容器、电缆、大型变压器及电动机时，试验前后必须放电，放电时间不小于2min； (7) 升流升压试验必须从零位开始； (8) 高压试验时必须有人监护，非工作人员不得靠近； (9) 对于变配电装置，推荐进行零起升压倒送电试验

类别	程序	要求
送电试运行	(1) 送电时，先送母线后送变压器，先站用变压器后主变压器，先35kV变压器后10kV变压器，先单台运行后并列运行，先总闸后分闸； (2) 闭合回路时，先合隔离开关，后合断路器或负荷开关；断开回路时，先分断断路器或负荷开关，后分断隔离开关； (3) 操作时，先发命令，后进行操作，且监护与操作同步； (4) 接入变压器时，先合高压侧，后合低压侧；切除时，先断低压，后断高压； (5) 送出回路时，先送负荷小的回路，后送负荷较大回路，切除时相反； (6) 变压器投入后，先空载运行后负载运行，并测电流、听声音、查油路； (7) 有直控高压电机时，先试高压电机，后送输出回路	(1) 送电试运行必须先经调整试验合格； (2) 送电前必须将负载侧的所有开关断开； (3) 送电前必须进行系统检查，特别是要注意开关内外、设备上下、母线前后有无遗漏的材料工具及其他物品，避免短路发生； (4) 送电前必须复查送出回路和受电单位相符，包括电压等级、导线或电缆截面积等； (5) 容量较大、电压35kV及以上、系统较复杂的应先编制送电方案后进行试运行； (6) 送电试车一般应编制安全措施或安全作业指导书
试车	(1) 先送电后试车； (2) 先单机后联动； (3) 先空载后负载； (4) 先照明后动力； (5) 先强电后弱电； (6) 先总路后分路	
吊装/运输	(1) 勘察作业现场及道路状况，掌握作业内容及项目； (2) 根据设备重量、提升高度、运输距离准备作业器械工具，并编写作业指导书、确定主持人、人员分工、信号制定； (3) 现场设置安全措施，安全员进入现场； (4) 现场设置吊装/运输器械，并检查无误； (5) 试吊及正式起吊，试吊高度一般为0～2m，时间10min； (6) 就位后的固定及防护，运输中的防护、监视及报警； (7) 卸车及就位； (8) 拆除器械，检查器械工具，撤离现场	(1) 作业应由起重工主持，电工协助； (2) 雨天、大风天禁止电气设备的吊装/运输作业； (3) 勘察现场及器械设置时必须注意土质情况，必要时应有防护措施并设监护人； (4) 拉线桩、绞磨桩的设置必须牢固可靠，并有专人看管或监视； (5) 吊装作业时，重物及吊臂之下不得有人，起吊后重物上不得有人，有情况时必须放下重物进行检查或重作
焊接	(1) 勘察现场，熟悉被焊接工件及其部位； (2) 准备工具器械及现场安全条件的设置，清理现场的易燃物； (3) 试焊→调节电流→正式施焊（先点焊后施焊，保证不变形）； (4) 成形后的测量及保护； (5) 清点工具，清理现场	(1) 作业应由电焊工主持，电工协助； (2) 焊接作业前应办动火证，必要时应备有灭火器； (3) 焊接时要采取措施，保证不得发生火灾，若发生火灾，应立即切断电源，用四氯化碳粉质灭火器或黄砂扑救，严禁用水扑救； (4) 焊缝饱满、光洁、无裂纹、毛刺、砂眼、气泡等

1.4.2　电工操作基本规程

在电气作业中，工作人员应明确工作任务、工作范围、安全措施、带电部位等安全注意事项。监护人应认真负责、精力集中，随时提醒工作人员应注意的事项，以防止可能发生的意外事故。进行全部停电和部分停电的检修工作应按停电→验电→挂接地线→装保安线→挂标示牌→装遮栏等的操作步骤，做好电气作业的安全技术措施。检修完毕应及时做好恢复工作。

1. 停送电联系牌制度

（1）按照停送电联系牌制度，严格执行"谁停电，谁送电"的规定，严禁"约时送电"。送电时，凭送电联系牌才能送电。

（2）在高压设备和线路上工作及倒闸操作时，执行电气工作票和倒闸操作票制度。

（3）低压回路部分停电时，执行停送电申请单和停送电联系牌制度。

（4）所有停送电联系工作必须做好详细记录。

（5）停送电必须由专业值班员、班长及主管负责，其他人不得下令停送电。

（6）严格执行"谁停电，谁送电"的制度，严禁"约时送电"。

2. 检修工作终结后的送电步骤

（1）工作负责人应会同值班员对设备进行检查，特别要核对断路器、隔离开关的分、合位置是否符合工作票规定的位置。核对无误后，双方在工作票上签字，宣布工作终结。

（2）工作负责人必须检查施工现场，认真检查有无工具、材料等遗留在杆塔、吊线和设备上。

（3）检修线路工作终结，应检查线路相序及断路器、隔离开关的分合位置是否符合工作票规定的位置。

（4）拆除临时遮栏、标示牌，恢复永久遮栏、标示牌等，同时清点全体工作人员的人数无误。

（5）拆除临时接地线，所拆的接地线组应与挂接的接地线组数相同，接地隔离开关的分合位置与工作票的规定相符。此时即认为线路或设备已经带电，严禁再登杆塔和接触电气设备。

（6）由工作负责人通知保管钥匙的操作人员打开配电室门，取下警告牌，准备送电。送电时，应先合刀开关，然后再合负荷开关。负荷开关、刀开关合闸后，应进行检查，无异常情况即证明设备已经带电。送电后，工作负责人应查明电设备运行情况，正常后方可离开现场。

3. 停送电操作顺序

（1）主变压器停送电操作顺序。

主变压器停电操作的顺序是：先停负荷侧，后停电源侧。

主变压器送电操作的顺序是：先送电源侧，再送负荷侧。

（2）10kV 配电变压器停送电操作顺序。在一般情况下，停电时，应先拉开负荷侧的低压开关，再拉开电源侧的高压跌落式熔断器。送电顺序则相反。

（3）变压器跌落式开关停送电操作。

1）分闸时，用专用绝缘杆操作鸭嘴，顺序为先分中间相，再分两边相，如图 1-21 所示。

鸭嘴

绝缘杆

图 1-21 分闸操作

2）合闸时，用专用绝缘杆操作熔丝管的上环，对准鸭嘴用力快速合拢。顺序为先中间相，后两边相，如图 1-22 所示。

4. 验电操作要领

（1）在停电线路工作地段装设接地线前，要先验电，验明线路确无电压。验电应使用相应

鸭嘴

上环

绝缘杆

图 1-22 合闸操作

电压等级、合格的接触式验电器。

(2) 验电时，绝缘棒验电部分应逐渐接近导线，根据有无放电声和火花来判断线路是否确无电压。高压验电时应戴绝缘手套，如图 1-23 所示。

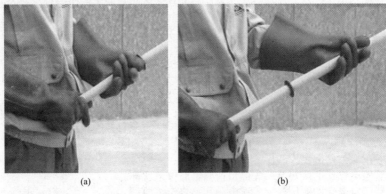

(a)　　　　　　　　　　　　　　　(b)

图 1-23 高压验电器的握法
(a) 正确握法；(b) 错误握法

(3) 验电前，宜先在有电设备上进行试验，确认验电器良好。

(4) 验电时，人体应与被验电设备保持安全距离，并设专人监护。

(5) 对无法进行直接验电的设备，可以进行间接验电。

(6) 对同杆架设的多层电力线路进行验电时，先验低压、后验高压，先验下层、后验上层、先验近侧、后验远侧。

5. 装设接地线要领

(1) 线路验明却无电压后，应立即装设接地线并将三相短路，如图 1-24 所示。

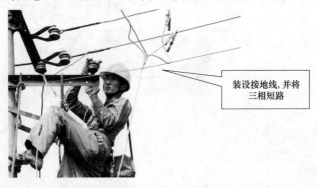

装设接地线,并将
三相短路

图 1-24 装设接地线

（2）同杆架设的多层电力线路挂接地线时，应先挂低压、后挂高压、先挂下层、后挂上层、先挂近侧、后挂远侧。拆除时次序相反。

（3）成套接地线应用有透明护套的多股软铜线组成，其截面积不得小于 25mm²，同时应满足装设地点短路电流的要求。接地线应使用专用的线夹固定在导线上，严禁用缠绕的方法进行接地或短路。

（4）装设接地线应先接接地端，后接导线端，接地线应接触良好，连接可靠。拆接地线的顺序与此相反。装、拆接地线均应使用绝缘棒或专用的绝缘绳。

（5）电缆及电容器接地前应逐项充分放电，星形接线电容器的中性点应接地，串联的电容器及与整组电容器脱离的电容器应逐个放电，装在绝缘支架上的电容器外壳也应放电。

6. 装设个人保安线要领

（1）工作地段如有邻近、平行、交叉跨越及同杆架设线路，为防止停电检修线路上感应电压伤人，在需要接触或接近导线工作时，应使用个人保安线，如图 1-25 所示。

（2）个人保安线应在杆塔上接触或接近导线的作业开始前挂接，作业结束脱离导线后拆除。装设时，应先接接地端，后接导线端，且接触良好，连接可靠。拆个人保安线的顺序与此相反。

（3）个人保安线应使用有透明护套的多股软铜线，截面积不得小于 16mm²，且应带有绝缘手柄或绝缘部件。严禁以个人保安线代替接地线。

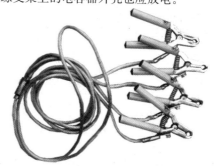

图 1-25 个人保安线

（4）在杆塔或横担接地通道良好的条件下，个人保安线接地端允许接在杆塔或横担上。

7. 电工低压带电作业注意事项

（1）带电工作应由经过培训、考试合格的人员担任，作业现场至少要有两个；两个同杆工作时，只许一人接触带电部分。

（2）要有专人监护，在带电工作过程中监护人不得离开工作现场或委托他人监护；若发现作业人胆怯或有其他不正常身心状态，应令其停止工作。

（3）要戴绝缘手套和安全帽，穿长袖紧口工作服；严禁穿背心、短裤工作。

（4）应使用有完好绝缘手柄的工具；严禁使用锉刀、金属尺和带有金属物的毛刷或毛掸等工具。

（5）在室外地面上进行作业时，要站在干燥的绝缘台（架）上操作，人体对地必须保持可靠绝缘。

（6）如果高低压线路同杆架设，在低压带电线路上工作时，应先检查与高压线的距离，采取防止误碰带电高压线的措施。

（7）如果对低压带电导线未采取绝缘措施，作业人员不得穿越；在带电低压配电装置上工作时，应采取防止相间短路和单相接地的隔离措施。

（8）作业前应分清相线和地线，选好工作的位置；断开导线时，应先断开相线，后断开地线；搭接导线时，顺序相反。

（9）只能在作业人的一侧有电；若其他侧还有带电部分而又无法采取安全措施，则必须将其他侧的电源切断。

（10）由于低压相间距离很小，检修作业中要防止同时接触两根导线。

（11）在操作中作业人员必须精神集中，特别在接触某一导线的过程中，再也不许与其他导线和接地部分相碰。

（12）在邻近带电导线位置作业时，对有无必要设置绝缘遮拦和隔离用具不得做出错误判断，不得任意地省略设置绝缘防护。

（13）带电工作时间不宜过长。

1.5　雷　电　防　护

雷云电位可达 1 万～10 万 kV，雷电流可达 500kA，若以 0.00001s 的时间放电，其放电能量约为107J（107W·s）。雷击房屋、电力线路、电力设备等设施时，会产生极高的过电压和极大的过电流，在所波及的范围内，可能造成设施或设备的毁坏，可能造成大规模停电，可能造成火灾或爆炸，还可能直接伤及人畜。

1.5.1 雷电的产生和种类

雷电是雷云层接近大地时，地面感应出相反电荷，当电荷积聚到一定程度，产生云和云间以及云和大地间放电，迸发出光和声的现象。雷电的种类见表1-27。

表1-27 　　　　　　　　　　　　雷 电 的 种 类

分类标准	种类
根据雷电的不同形状分	片状、线状和球状
从危害角度分	直击雷、感应雷（包括静电感应和电磁感应）和球形雷
从雷云发生的机理分	热雷、界雷和低气压性雷

1.5.2 电气装置的防雷措施

1. 常用防雷装置

雷电危害大，雷电防护一般采用避雷针、避雷器、避雷网、避雷线等装置将雷电直接导入大地，见表1-28。

表1-28 　　　　　　　　　　　常用防雷装置的用途

防雷装置	主要用途
避雷针	主要用来保护露天变配电设备、建筑物和构筑物
避雷线	主要用来保护电力线路
避雷网和避雷带	主要用来保护建筑物
避雷器	主要用来保护电力设备

2. 架空线路防雷措施

架空线路的防雷一般有5种措施，见表1-29，可根据实际情况选择其中的一种或数种措施。

表1-29 　　　　　　　　　　　架 空 线 路 防 雷 措 施

防雷措施	说明
架设避雷线	在架空线路的上方架设避雷线（又称为架空地线），这是防雷的有效措施，但造价高，一般在35kV及以上的线路采用（可在进入变电所的1～2km线路上架设）
提高线路绝缘水平	在10kV及以下的架空线路上，可采用瓷横担，或高一电压级的绝缘子来提高线路本身的绝缘水平
利用三角形排列的三相线路顶线兼作避雷线	对于3～10kV架空线路，可在其三角形排列的三相线路顶线绝缘子上装设保护间隙，如图1-26所示。在线路上出现雷电过电压时，顶线绝缘子上的保护间隙被击穿，通过其接地引下线对地泄放雷电流，从而保护下面两根导线不受雷击，一般也不会引起线路断路器跳闸
装设自动重合闸装置	在线路上装设自动重合闸装置，使线路断路器经约0.5s时间后自动重合闸，线路即可恢复供电，这对一般用户不会有太大影响，可大大提高供电可靠性
个别绝缘薄弱地点加装避雷器	在跨越杆、转角杆、分支杆及带拉线杆等处线路中，可装设排气式避雷器或保护间隙

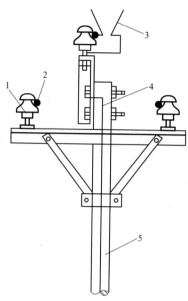

图 1-26 在架空三相线路顶线绝缘子上附加保护间隙
1—绝缘子；2—架空导线；3—保护间隙；4—接地引下线；5—高压电杆

3. 变配电所防雷措施

变配电所防雷措施见表 1-30。

表 1-30   变 配 电 所 防 雷 措 施

防雷措施	说明
装设避雷针或避雷带（网）	变配电所及其室外配电装置，应装设独立避雷针以防直击雷，如果没有室外配电装置，则可在变配电所屋顶装设避雷针或避雷带（网）
装设避雷线	对处于峡谷地区的变配电所，可装设避雷线来防止直击雷（见表 1-25 中的说明）
装设避雷器	装设避雷器，是用来防止雷电波侵入对变配电所电气装置特别是对主变压器的危害。一般有三个方法：在高压架空线路的终端杆装设阀式或排气式避雷器；每组高压母线上应装设阀式避雷器或金属氧化物避雷器；在 3~10kV 配电变压器低压侧中性点不接地的 IT 系统中，可在中性点装设击穿保险器

4. 避雷器巡视检查

（1）检查瓷套是否完整。
（2）检查导线与接地引线有无烧伤痕迹和断股现象。
（3）检查水泥接合缝及涂刷的油漆是否完好。
（4）检查避雷器上帽引线处密封是否严密，有无进水现象。
（5）检查瓷套表面有无严重污秽。
（6）检查放电动作记录器指示数有无变化，判断避雷器是否动作。

1.6 电 火 灾 与 防 火

由电气故障而引起的爆炸和火灾事故，不仅直接造成建筑物和设备的损坏、人身伤亡，还可能危及电网，造成大面积停电，带来严重的、难以估量的间接损失，有时还会造成一定的政治影响。因此，必须认真对待，严加防范。

1.6.1 电火灾的原因及特点

1. 电火灾的原因

引起电火灾的原因见表1-31。

表 1-31 　　　　　　　　　　　　　引 起 电 火 灾 的 原 因

类型	原因
电气设备或线路过热	电气设备或线路长期过载。这主要由于电气设备容量过小或线路的导线截面过细，属于设计或选择不当
	电气设备或线路发生短路故障。可能是长期过载引起，也可能是绝缘老化或产品质量存在问题，也可能是误操作引起短路。此外，小动物误入带电间隔或咬坏设备绝缘，或跨在裸露的两不同电位的导体上造成短路
	电源插头、插座或开关触头接触不良，或导线接头松动，致使接触电阻增大，引起过热或电火花
	电气设备的铁心过热。例如铁心压得不紧，或者外施电压过高，或者线路中的高次谐波电流造成铁心过热
	电气设备散热不良，从而使设备温度升高
	热设备使用不当，例如电热元件紧靠易燃物品，就可能引发火灾
电火花和电弧	开关操作可能产生电火花，静电放电也会产生电火花
	短路故障和带负荷拉闸还会产生电弧
	漏电、接地故障及雷电都会产生电火花和电弧
	周围空气中存在有可燃性气体、粉尘或油雾，或存在有爆炸性混合气体

2. 电火灾的特点

电火灾与其他火灾相比，具有以下特点：

(1) 失火的电气设备可能带电。火场周围可能存在接触电压和跨步电压。因此扑灭电气火灾时要同时防止触电，应尽可能地快速切断失火设备的电源。

(2) 失火的电气设备内可能充有大量的可燃油，因此扑灭电气火灾时，要防止喷油和爆炸，危及灭火人员安全，并防止火势蔓延。

(3) 电气火灾产生的大量浓烟和有毒气体弥漫在室内，会对电气设备产生二次污染，影响电气设备的安全运行。因此在扑灭火灾后，必须仔细清除这种二次污染。

1.6.2 电气线路及设备的防火措施

电气防火措施是综合性的措施。由于电气故障引起火灾、爆炸事故的原因是多方面的，因此，电气防爆、防火的措施也应从多方面考虑。

1. 电气线路的防火措施

(1) 防止线路短路和过负荷引起火灾的措施见表1-32。

表 1-32 　　　　　　　　　防止线路短路和过负荷引起火灾的措施

序号	措施	举例说明
1	认真检查线路的安装是否符合电气装置规程	导线之间的距离，前后支持物的距离，受损绝缘的修理等均应符合安全设计规程
2	定期测试线路的绝缘性能	如发现线路相间或相对地的绝缘电阻小于规定值，必须找出绝缘破损的地方，并及时加以修理。对于过分陈旧和破损的导线应进行更换

序号	措施	举例说明
3	导线与熔断器的选择应相互配线	严禁任意调大熔体截面或用其他金属导线随意替代
4	严禁乱拉、乱接临时线路	临时线路应有专人负责，定期检查，按期拆除
5	加强线路巡视检查	定期检查线路，杜绝过载或短路的隐患

（2）防止线路接触电阻过大引起起火的措施见表1-33。

表 1-33　　　　　　　防止线路接触电阻过大引起起火的措施

序号	措施
1	连接导线的时候，必须将线芯擦干净，并按规范的方法绞合。然后在连接处用锡焊焊接，再在裸露部用绝缘布带缠包几层
2	导线接到断路器、熔断器、电动机或其他电气设备时，导线端必须焊上特制的接头（俗称接线鼻子）。单股导线或截面积较小（如 2.5mm² 以下）的多股导线，可不用特制的接头，而将已削去绝缘层的线头弯成小环套，放在设备的接线端子上，加垫圈后再用螺帽旋紧。对木槽板内的导线，不允许有接头
3	经常对运行中的线路和设备进行巡视检查，如发现接头松动或发热，应及时处理

2. 电气设备的防火措施

电气设备的防火措施见表1-34。

表 1-34　　　　　　　电气设备的防火措施

电气设备	防火措施
电动机	安装在潮湿、多尘的场所的电动机，应选用封闭式的电动机；在干燥、清洁的场所，可选用防护型电动机；在易燃易爆的场所应采用防爆型电动机
	电动机不允许安装在可燃的基础上或结构内。电动机与可燃物应保持一定的安全距离
	电动机应安装短路、过载、过电流、断相等保护装置
	电动机的机械转动部分应保持润滑和良好的状态
油断路器	选用遮断容量与电力系统短路容量相适应的油断路器
	加强油断路器的运行管理和检修工作，定期做好预防性试验。发现油质老化、污秽或绝缘强度不够时，应及时滤油或调换
	油断路器因短路故障在断开多次后，应提前检修
	在有条件情况下，少油断路器可以用真空断路器代替。这样既可以减少维护的工作量，又可以防止漏油和因燃烧而起火
油浸变压器	变压器上层油温达到或超过 85℃时，应立即减轻负荷。若温度继续上升，则表明内部有故障，应断开电源，进行检查
	装设继电器保护装置
	变压器应符合防火要求。装在室外的变压器其油量超过 600kg 以上时，应有卵石层作为储油池
	两台变压器之间应有防火隔墙，不能连通
	加强运行管理和检修测试工作
电力电容器	装设防止电容器内部故障的保护装置，如采用有熔丝保护的高低压电容器
	应对电容器室定期清扫、巡视检查，尤其是电压、电流和环境温度不得超过制造厂和安全规程规定的范围，发现元件有故障应及时更好或处理
	电容器室应符合防火要求，并备有防火设施

续表

电气设备	防火措施
低压配电柜	配电柜应固定安装在干燥清洁的地方，便于操作和确保安全
	电气设备应根据电压等级、负荷容量、用电场所和防火要求等进行设计或选定
	配线应采用绝缘导线和合适的截面积
	配电柜的金属支架和电气设备的金属外壳，必须进行保护接地或接零
照明和加热设备	照明装置和加热设备的安装，必须符合低压安全规程的要求
	导线的安全载流量与熔断器的额定电流应配合
	根据环境的特点，应安装适合的灯具和开关。如仓库里不能装高温灯具，易燃易爆的场所应装防爆灯具和开关
	加热设备要有专人负责保管，不能擅自使用大功率的电加热设备，否则会超出导线的安全载流量

1.6.3 电气火灾的扑救方法

按《电业安全工作规程》要求，带电设备着火，应使用干式灭火器进行灭火。干粉灭火器是干式灭火器中的一种常用灭火器具，其灭火范围广，对气体、液体及带电设备着火均有良好的灭火效果，且价格也较便宜，因此被广泛推广使用。但干粉灭火器也有缺点，若灭火后不将其尽快清除干净，将对电器设备的绝缘产生严重影响。

1. 断电灭火

电气设备发生火灾时，由于带电燃烧，所以十分危险。现场抢救人员首先应千方百计地设法立即切断有关电源，然后进行灭火。断电灭火的注意事项如下：

(1) 切断电源的位置要选择适当，防止切断电源后影响扑救工作的进行。

(2) 在离配电室或动力配电箱较近时，可断开油断路器、空气断路器或其他可带负荷拉闸的负荷开关，但不能带负荷拉隔离开关，以免电弧短路而发生危险。

(3) 剪断电源线的位置选择在电源方向有支持物的附近，不同部位应分别剪断，以防止线路发生短路或导线剪断后跌落在地上造成接地短路，危及人身安全。

(4) 在火灾现场，由于开关设备受潮或受烟熏，其绝缘性能会下降，因此在切断电源时，应使用绝缘操作棒或戴橡胶绝缘手套进行操作。

(5) 若燃烧情况对临近运行设备有严重威胁时，应迅速断开相应的断路器和隔离开关。

2. 带电灭火

电气设备发生火灾时，一般应先切断电源后再进行扑救，这样可减少触电危险。但如果火势迅猛，来不及断电，或因某种原因不可能断电，为了争取灭火时机，防止灾情扩大，则可进行带电灭火。带电灭火的注意事项如下：

(1) 带电灭火要使用不导电的灭火剂进行灭火，如二氧化碳、1211、干粉灭火器等。严禁使用导电的灭火剂，如喷射水流、泡沫灭火器等。

(2) 必须注意周围环境情况，防止身体、手、足或者使用的消防器材等直接与有电部分接触，或与带电部分过于接近而造成触电事故。带电灭火时，应戴橡胶绝缘手套。

(3) 在灭火中若电气设备发生故障，如电线断落于地，在局部地域将产生跨步电压，扑救人员进入该区域进行灭火时，必须穿好橡胶绝缘靴。

3. 干黄沙灭火

对注油的电气设备，如油浸式变压器、油断路器等设备的油燃烧时，可用干燥的黄沙铺盖燃烧面，以使设备隔绝空气，让火焰熄灭。

发电机和电动机均属于旋转电机，为防止设备的轴与轴承变形，可用喷雾水流扑救，也可用二氧化碳、1211、干粉灭火器等进行扑救，但绝对不能用黄沙扑救，否则会严重损坏机件。

4. 配电装置灭火

(1) 高压断路器室内的设备着火燃烧时，必须将有关母线及引线全部断开电源后，方可使用泡沫灭火器灭火。

（2）变压器、油断路器、油浸式互感器着火燃烧时，应使用干式灭火器进行灭火。在不得已时，也可采用干黄沙直接投向设备，覆盖住燃烧面而将火扑灭。

（3）电力电缆着火燃烧时，应使用干燥的黄沙或干土覆盖扑灭，不允许用水或泡沫灭火器喷射。

（4）变（配）电所发生火灾，值班人员无法自行扑灭时，除按规定切断火灾区域及临近受威胁设备的电源外，还应迅速报警，设法联系消防队前来灭火。当消防人员到达现场时，应向消防负责人说明周围环境情况，明确交代带电设备位置，并按消防负责人的要求做好安全措施，始终在现场严密监护。

第2章 电气工程简明计算

2.1 电气工程预结算计算

2.1.1 电气安装工程预算造价计算法

1. 电气安装工程预算造价的组成及计算

电气安装工程预算造价由直接费用、间接费用、税金、利润等组成。

(1) 直接费用。电气安装工程直接费用的计算方法见表 2-1。

表 2-1　　　　　　　　　　　　直接费用的计算方法

费用项目		计算方法
直接工程费	人工费材料费	人工费=∑（工日消耗量×日工资单价）
		材料费=∑（材料消耗量×材料基价）+检验试验费
		材料基价=｛（供应价格+运杂费）×[1+运输损耗率（%）]｝×[1+采购及保管费率（%）]
	机械使用费	检验试验费=∑（单位材料量检验试验费×材料消耗量）
		机械使用费=∑（机械台班消耗量×机械台班单价）
		台班单价=台班折旧费+台班大修费+台班经常修理费+台班安拆费及场外运费+台班人工费+台班燃料动力费+台班养路费及车船使用税
	脚手架搭拆费	人工费×规定费率（%）
	高层建筑增加费	人工费×不同层次费率（%）
	有害身体健康环境施工增加费	人工费×10（%）
其他直接费		人工费×规定费率（%）
现场经费	临时设施费	人工费×规定费率（%）
	现场管理费	

(2) 间接费用。电气安装工程间接费用包括企业管理费、财务费用和其他费用三类，其计算方法为：

$$间接费用=人工费×规定费率（%）$$

(3) 税金。税金含营业税、城市维护建设税及教育费附加等，其计算方法为：

$$税金=（直接费+间接费+利润）×综合税率（%）$$

按照有关规定，纳税地点在市区的企业，其综合税率约为 3.41%；纳税地点在县城、镇的企业，其综合税率约为 3.35%；纳税地点不在市区、县城、镇的企业，其综合税率约为 3.22%。

(4) 利润。利润的计算有以下两种方法：

1) 以人工费为计算基础：

$$利润=人工费合计×相应利润率（%）$$

2) 以人工费与机械使用费合计为计算基础：

$$利润=（人工费+机械使用费）×相应利润率（%）$$

2. 直接工程费的计算

直接工程费是指电气安装过程中直接消耗在工程项目上的活劳动和物化劳动。包括人工费、材料费、施工机械使用费三个项目。计算公式为：

$$直接费＝\sum（分项工程量×相应分项工程预算单价）$$

（1）人工费。人工费包括基本工资、工资性补贴、生产工人辅助工资、职工福利费、生产工人劳动保护费等，见表 2-2。

表 2-2　　　　　　　　　　　　　人 工 费 的 组 成

序号	费用项目	说明
1	基本工资	指按国家工资制度发放生产工人的基本工资
2	工资性质补贴	指按规定标准发放的物价补贴，煤、燃气补贴，流动施工津贴，地区津贴等
3	生产工人辅助工资	指生产工人年有效施工天数以外非作业天数的工资，包括职工学习、培训期间的工资，调动工作、探亲、休假期间的工资，因气候影响的停工工资，女工哺乳期的工资，病假在六个月以内的工资及产、婚、丧假期的工资
4	职工福利费	指按规定标准计提的职工福利费
5	生产工人劳动保护费	指按规定标准发放的劳动保护用品的购置费及修理费，服装补贴，防暑降温费，在有碍身体健康环境中施工的保健费用等

（2）材料费。为完成某一份项工程施工过程中耗用的构成工程实体的原材料、辅助材料、构配件、零件、半成品的费用和周转使用材料的摊销（或租赁）费用。包括：材料原价（或供应价）；供销部门手续费；包装费；运输费；采购及保管费等。

（3）施工机械使用费。使用施工机械作业所发生的费用，包括：折旧费；大修理费；维修费；安拆费及场外运输费；燃料动力费；人工费；运输机械养路费、车船使用税及保险费等。

（4）其他直接费用。其他直接费是指直接费和间接费规定内容以外而施工过程中又必须支出的有关费用。包括：①冬雨季施工增加费；②夜间施工增加费；③现场材料二次搬运费；④仪器仪表使用费（指通信、电子等设备安装工程所需安装、测试仪器仪表摊销及维修费用）；⑤生产工具用具使用费；⑥检验试验费；⑦特殊工种培训费；⑧工程定位复测、工程点交、场地清理等费用；⑨特殊地区施工增加费。

其他直接费的计算方法是：以单位工程预算直接费中的人工费总和为基数，乘以其他直接费费率计算。

其他直接费率各地区都有具体规定，编制电气工程预算时，按工程所在地区或所属部门的具体规定执行。

（5）现场费。现场费是为施工准备、组织施工生产和管理所需支出的费用，主要由临时设施费和施工现场管理费组成。

临时设施费的内容包括临时设施的搭设、维修、拆除费或摊销费。

现场管理费包括：

1）现场管理人员的基本工资、工资性质补贴、职工福利费、劳动保护费等。

2）办公费，指现场管理办公用的文具、纸张、账表、印刷、邮电、书报、会议、水电、烧水和集体取暖（包括现场临时宿舍取暖）用煤等费用。

3）差旅交通费，系指职工因公出差期间的旅费、住勤补助费，市内交通费和误餐补助费，职工探亲路费，劳动力招募费，职工离退休、退职一次性路费，工伤人员就医路费，工地转移费以及现场管理使用的交通工具的油料、燃料、养路费及牌照费。

4）固定资产使用费，是指现场管理及试验部门使用的属于固定资产的设备、仪器等的折旧、大修、维修费或租赁费等。

5）工具用具使用费，是指现场管理使用的不属于固定资产的工具、器具、家具、交通工具和检验、试验、测绘、消防用具等的购置、维修和摊销费。

6）保险费，是指施工管理费，财产、车辆保险、高空、井下、海上作业等特殊工种安全保险等。

7）工程保修费，指工程竣工交付使用后，在规定保修期以内的修理费用。

8）工程排污费，指施工现场按规定交纳的排污费。

9）其他费用。

3. 间接工程费的计算

间接工程费是安装企业为组织和管理安装施工所发生的各项经营管理费用，是企业为完成建设项目生产任务的共同性费用（人力、物力的消耗）。间接工程费包括企业管理费、财务费和其他费用，见表2-3。

表 2-3　　　　　　　　　　　　　间 接 工 程 费 的 组 成

序号	费用项目	说明
1	企业管理费	①管理人员工资（包括基本工资、工资性补贴及职工福利费）；②差旅交通费；③办公费；④固定资产使用费；⑤工具用具使用费；⑥工会经费（按企业职工工资总额2%计提）；⑦职工教育经费（按职工工资总额15%计提）；⑧劳动保险费——企业支付离退休职工的退休金（包括提取的离退休职工劳保统筹基金）、价格补贴、医药费、易地安家补助费、职工退职金、6个月以上的病假人员工资、职工死亡丧葬补助费、抚恤金，按规定支付离休干部的各项费用；⑨职工养老保险费及待业保险费；⑩保险费——指企业财产保险、管理用车辆等保险费用；⑪税金——指企业按规定交纳的房产税、车船使用税、土地使用税、印花税及土地使用费等
2	财务费	企业为筹集资金而发生的各项费用，包括企业经营期间发生的短期贷款利息净支出、汇兑净损失、调剂外汇手续费、金融机构手续费，以及企业筹集资金发生的其他财务费用
3	其他费用	按规定支付工程造价（定额）管理部门的定额编制管理费及劳动定额管理部门的定额测定费，以及按有关部门规定支付的上级管理费

间接工程费的计算是按直接工程费内的人工费总和为基数乘以间接费率计算。其公式为：

$$Y = J \times i \tag{2-1}$$

式中　Y——单位工程间接费总额，元；

　　　J——单位工程人工费总额，元；

　　　i——间接费率，%。

其中的间接费率（i），各省、自治区、直辖市和中央各工业部（委）都有具体规定，编制工程预算时应根据建设项目的所在地区或隶属部门的规定选用即可。

2.1.2　电气安装工程施工定额计算法

1. 预算定额的编制

预算定额的编制见表2-4。

表 2-4　　　　　　　　　　　　　预 算 定 额 的 编 制

项目		说明
编制准备		确定预算定额的计量单位；确定按典型设计图纸和资料计算工程的数量；确定预算定额各项目人工、材料和机械台班消耗的指标；编制定额表及拟定有关说明
人工的工日消耗量计算	确定方法	一种是以劳动定额为基础确定；一种是以现场观察测定资料为基础计算
	基本用工	完成单位合格产品所必须消耗的技术工种用工
	其他用工	(1) 超运距用工：指预算定额的平均水平运距超过劳动定额规定水平运距部分： 　　超运距＝预算定额取定运距－劳动定额已包括的运距 (2) 辅助用工：指技术工种劳动定额内不包括而在预算定额内又必须考虑的用工： 　　辅助用工＝∑（材料加工数量×相应的加工劳动定额） (3) 人工幅度差：指在劳动定额作业时间之外在预算定额应考虑的在正常施工条件下所发生的各种工时损失： 　　人工幅度差＝（基本用工＋辅助用工＋超运距用工）×人工幅度差系数

项目		说明
材料消耗量的计算	一般原则	凡有标准规格的材料，按规范要求计算定额计量单位耗用量。凡设计图纸标注尺寸及下料要求的按设计图纸尺寸计算材料净用量
	测定法	(1) 材料损耗量＝材料净用量×损耗率 或　材料损耗率＝(损耗量/净用量)×100% (2) 材料消耗量＝材料净用量＋损耗量 或　材料消耗量＝材料净用量×(1＋损耗率)
机械台班消耗量的计算		(1) 根据施工定额确定机械台班消耗量的计算： 预算定额机械耗用台班＝施工定额机械耗用台班×(1＋机械幅度差系数) (2) 以现场测定资料为基础确定机械台班消耗量

2. 预算定额册说明

预算定额册说明见表2-5。

表 2-5　　　　　　　　　　　预 算 定 额 册 说 明

项目	说明
适用范围	用于工业与民用新建、扩建工程中 10kV 以下变配电设备及线路安装工程、车间动力电气设备及电气照明器具、防雷及接地装置安装、配管配线、电梯电气装置、电气调整试验等的安装工程
人工工日消耗量的确定	本定额的人工工日不分列工种和技术等级，一律以综合工日表示，内容包括基本用工、超运距用工和人工幅度差
材料消耗量的确定	(1) 定额中的材料量包括直接消耗在安装工作内容中的主要材料、辅助材料和零星材料等，并计入了相应损耗，其内容和范围包括：从工地仓库、现场集中堆放地点或现场加工地点到操作或安装地点的运输损耗、施工操作损耗、施工现场堆放损耗； (2) 凡定额内未注明单价的材料均为主材，基价中不包括其价格，应根据"( )"内所列的用量，加上损耗数量以后，按各地区的材料预算价格计算； (3) 主要材料损耗率，参见表2-6
材料损耗的说明	(1) 导线及电缆损耗率不包括连接配电箱、柜、盘及电动机等处的预留长度； (2) 硬母线及电缆损耗率中不包括因各种弯曲而增加的长度，这些长度应计算在工程量的基本长度中去； (3) 裸软母线的损耗率中，包括因弧垂及杆位高低差而增加的长度； (4) 拉线用的镀锌铁线损耗率中，不包括制作拉线上、中、下把所需的预留长度 计算式：预留头数×每头预留长度×股(根)数 预留头数：上把、中把和下把各 2 个头； 每个头预留长度：上把 1~1.5m；中把 1~1.5m；下把 0.5~1m 计算拉线用量的基本长度时，应以整根拉线的展开长度为准

各项费用的计算法如下：

(1) 脚手架搭拆费：
　　脚手架搭拆费＝定额人工费×4%（其中人工费占脚手架搭拆费的25%）

(2) 工程超高增加费。超高增加费全部为人工费，已考虑了超高因素的定额项目除外；操作物高度离楼地面 5m 以上 20m 以下的电气安装工程的计算式：
　　　　工程超高增加费＝超高部分人工费×33%

(3) 施工降效增加费。施工降效增加费全部为降效而增加的人工费，指在有害人身健康的环境（包括高温、多尘、噪声超过标准阳有害气体等有害环境）中施工时而增加的费用，计算式为：

$$施工降效增加费 = 安装工程的总人工费 \times 10\%$$

（4）安装与生产同时进行增加费。安装与生产同时进行增加费是指扩建工程现场有障碍等使人工降效而增加的费用，计算式为：

$$安装与生产同时进行增加费 = 安装工程的总人工费 \times 10\%$$

表2-6   材 料 损 耗 率 表

序号	材料名称	损耗率（%）	序号	材料名称	损耗率（%）
1	裸软导线（铜、铝、钢线、钢芯铝线）	1.3	12	紧固件（螺栓、螺母、垫圈、弹簧垫圈）	2.0
2	绝缘导线（橡皮铜、塑料铅皮、软花）	1.8	13	木螺钉、圆钉	4.0
3	电力电缆	1.0	14	绝缘子类	2.0
4	控制电缆	1.5	15	照明灯具及辅助器具（镇流器、电容器）	1.0
5	硬母线（钢、铝、铜）（带、管、棒及槽形）	2.3	16	荧光灯、高压水银、氙气灯等	1.5
6	拉线制料（钢绞线、镀锌铁线）	1.5	17	白炽灯泡	3.0
7	管材、管件（无缝、焊接钢管及电线管）	3.0	18	玻璃灯罩	5.0
8	板材（钢板、镀锌薄钢板）	5.0	19	胶木开关、灯头、插销等	3.0
9	型钢	5.0	20	低压电瓷制品（绝缘子、瓷夹板、瓷管）	3.0
10	管体（管箍、护口、锁紧螺母、管卡子等）	3.0	21	低压保险器、瓷闸盒、胶盖闸	1.0
11	金具（耐张、悬垂、并沟、吊接线夹及连板）	1.0	22	塑料制品（塑料槽板、塑料板、塑料管）	5.0

表2-7   高层建筑增加费系数表

层数（高度）	≤9 (30m)	≤12 (40m)	≤15 (50m)	≤18 (60m)	≤21 (70m)	≤24 (80m)	≤27 (90m)	≤30 (100m)	≤33 (110m)
按人工费的百分数（%）	1	2	4	6	7	10	13	16	19
层数（高度）	≤36 (120m)	≤39 (130m)	≤42 (140m)	≤45 (150m)	≤48 (160m)	≤51 (170m)	≤54 (180m)	≤57 (190m)	≤60 (200m)
按人工费的百分数（%）	22	25	28	31	34	37	40	43	46

注 为高层建筑供电的变电所和供水等动力工程，如装在高层建筑的底层或地下室的，均不计取高层建筑增加费；装在6层以上的变配电工程和动力工程则同样计取高层建筑增加费。

2.1.3 电气施工工程量计算法

1. 工程量计算的一般原则

工程量是编制施工图预算的基础数据，同时也是施工图预算中最烦琐、最细致的工作。而且工程量计算项目是否齐全，结果准确与否，直接影响着预算编制的质量和进度。为快速准确的计算工程量，计算时应遵循以下原则：

（1）熟悉基础资料。在工程量计算前，应熟悉现行预算定额、施工图纸、有关标准图、施工组织设计等资料，因为它们都是计算工程量的直接依据。

（2）计算工程量的项目应与现行定额的项目一致。工程量计算时，只有当所列的分项工程项目与现行定额中分项工程的项目完全一致时，才能正确使用定额的各项指标。尤其当定额子目中综合了其他分项工程时，更要特别注意所列分项工程的内容是否与选用定额分项工程所综合的内容一致，不可重复计算。

（3）工程量的计量单位必须与现行定额的计量单位一致。现行定额中各分项工程的计量单位是多种多样的。有的是 m³、有的是 m²、还有的是延长米 m、t 和个等。所以，计算工程量时，所选用的计量单位应与之相同。

（4）必须严格按照施工图纸和定额规定的计算规则进行计算。计算工程量必须在熟悉和审查图纸的基础上，严格按照定额规定的工程量计算规则，以施工图所标注尺寸（另有规定者除外）为依据进行计算，不能随意加大或缩小构件尺寸，以免影响工程量的准确性。

（5）工程量的计算宜采用表格形式。为计算清晰和便于审核，在计算工程量时常采用表格形式。

2. 电气安装工程量的计算规则

（1）变压器安装工程量的计算。

1）变压器安装及干燥，按不同电压等级、不同容量分别以"台"为计量单位。

2）变压器油过滤，以"t"为单位。计算公式为：

$$油过滤数量（t）＝设备油重（t）×（1＋损耗率）$$

3）变压器安装，定额内未包括绝缘油的过滤。需过滤时，可按制造厂提供的油量计算。

4）油断器及其他充油设备的绝缘过滤，可按制造厂规定的充油量计算。

（2）配电装置安装工程量的计算。

1）断路器、负荷开关、电流互感器、电压互感器、耦合电容器、阻波器、电力电容器的安装以"台"为计量单位。

2）隔离开关、熔断器、避雷器、电抗器的安装，以"组"为计量单位，每组按三相计算。

3）结合滤波器的安装，以"套"为计量单位。每套包括结合滤波器和隔离开关安装；不包括抱箍、钢支架、紫铜母线的安装。

4）支持电容器、阻波器等高压设备的安装，定额内均不包括绝缘台的安装。

5）成套高压配电柜的安装，以"台"为计量单位，未包括基础槽钢、母线及引下线的配制安装。

6）配电设备安装的支架，抱箍及延长轴、轴套、间隔板和配电箱（板），按施工图设计的需要量计算。

7）若采用半高型、高型布置的隔离开关，均套用"安装高度超过 6m 以上"的定额。

（3）母线及绝缘子安装工程量的计算。

1）悬绝缘子串装，指垂直安装的提挂跳线、引线或阻波器等设备用的绝缘子串，按单、双串分别以"串"为计量单位。耐张绝缘子串的安装，已包括在软母线安装定额内。

2）软母线安装，指直接由耐张绝缘子串悬挂的部分，以"跨/三相"为计量单位。设计跨距不同时，不得调整。导线、绝缘子、线夹、弛度调节金具、均压环、间隔棒等，均按施工图设计用量计算。

3）软母线引下线安装，以"组"为计量单位，每三相为一组；软母线经终端耐张线夹引下（不经 T 形线夹或并槽线夹引下）与设备连接的部分均执行引下线定额，不得换算。

4）两跨软母线间的跳引线安装，以"组"为单位，每三相为一组。不论两侧的耐张线夹是螺栓形式或压接式，均执行软母线跳线定额，不得换算。

5）设备连接线安装，指两设备间的连接部分。不论引下线、跳线、设备连接线，均应分开导线截面，按三相为一组计算。

6）组合软母线安装，按三相为一组计算。跨度以 45m 以内为准，如设计长度超过 45m 时可按日增加定额材料量，但人工和机械不得调整。导线、绝缘子、线夹，按施工图设计需用量加定额规定损耗量计算，计价后列入材料费内。

7）软母线安装预留长度计算见表 2-8。

表 2-8   软母线安装预留长度表   单位：m/根

项目	35kV	110kV	220kV	330kV	500kV
耐张	3.0	3.0	2.0	1.5	1.0
跳线	1.0	1.5	1.1	1.0	0.8
引下线、设备连接线	0.8	1.0	1.1	1.2	1.3

8）硬母线包括带型、槽型、管型母线安装，以"m/单相"为计量单位。管型母线引下线的配制，按三相为一组计算。

9）钢带型母线安装，按相同规格的铜母线定额执行，不作换算。

10）封闭母线安装，以"m/单相"为计量单位；重型母线，以"t"为计量单位。

11）硬母线配制安装预留长度计算见表2-9。

表 2-9   电气工程线路安装架设导线预留长度表

项目		预留长度（m/根）	说明
硬母线安装	带形母线终端	1.3	从最后一个支持点算起
	槽形母线终端	1.0	从最后一个支持点算起
	带形母线与分支线连接	0.5	分支线预留
	槽形母线与分支线连接	0.8	分支线预留
	带形母线与设备连接	0.5	从设备端子接口算起
	多片重型母线与设备连接	1.0	从设备端子接口算起
	槽形母线与设备连接	0.5	从设备端子接口算起
盘、箱、柜外部进出线	各种箱、柜、盘、板、盒	高+宽	盘面尺寸
	单独安装的铁壳开关、自动开关、隔离开关、启动器、箱式电阻器、变阻器	0.5	从安装对象中心算起
	继电器、控制开关、信号灯、按钮、熔断器等小电器	0.3	从安装对象中心算起
	分支接头	0.2	分支线预留
电缆敷设	电缆敷设弛度、弯度、交叉	2.5%	按全长计算
	电缆进入建筑物	2.0	规范规定最小值
	电缆进入沟内或吊架时引上余值	1.5	规程规定最小值
	变电所进线、出线	1.5	规程规定最小值
	电力电缆终端头	1.5	检修余量
	电缆中间接头盒	两端各 2.0	检修余量
	电缆进控制及保护屏	高+宽	按盘面尺寸
	高压开关柜及低压动力盘	2.0	盘下进出线
	电缆至电动机	0.5	不包括接线盒至地坪距离
	厂用变压器	3.0	从地坪起算
	车间动力箱	1.5	从地坪起算
	电梯电缆与电缆固定点	每处 0.5	规范最小值
10kV 以下架空配电线路导线架设	转角	2.5	高压
	分支、分段	2.0	高压
	分支、终端	0.5	低压
	交叉、跳线、转角	1.5	低压
	与设备连接	0.5	—
	进户线	2.5	—

项目		预留长度（m/根）	说明
配管、配线	各种开关箱、柜、板	高＋宽	盘面尺寸
	单独安装（无箱、盘）的铁壳开关、隔离开关、启动器、母线槽进出线盒等	0.3	以安装对象中心算
	由地坪管子出口引至动力接线箱	1.0	以管口计算
	电源与管内导线连接（管内穿线与软、硬母线接头）	1.5	以管口计算
	出户线	1.5	以管口计算

12）固定母线用的金具已包括在母线安装定额内，但均未包括钢托架制作安装。

（4）控制设备及低压电器安装工程量的计算。

1）控制、继电保护屏及动力，照明控制设备安装，均以"台（块）"为计量单位。

2）铁构件制作安装，均按施工图设计尺寸，以"t"为计量单位。

3）网门、保护网制作安装，按网门或保护网设计图示的框外围尺寸，以"m²"为计量单位。

4）箱柜绝缘导线配线均以"m"为计量单位。

5）盘、箱、柜的外部连线预留长度见表2-10。

表 2-10   电气工程线路安装架设导线预留长度表

项目		预留长度（m/根）	说明
硬母线安装	带形母线终端	1.3	从最后一个支持点算起
	槽形母线终端	1.0	从最后一个支持点算起
	带形母线与分支线连接	0.5	分支线预留
	槽形母线与分支线连接	0.8	分支线预留
	带形母线与设备连接	0.5	从设备端子接口算起
	多片重型母线与设备连接	1.0	从设备端子接口算起
	槽形母线与设备连接	0.5	从设备端子接口算起
盘、箱、柜外部进出线	各种箱、柜、盘、板、盒	高＋宽	盘面尺寸
	单独安装的铁壳开关、自动开关、隔离开关、启动器、箱式电阻器、变阻器	0.5	从安装对象中心算起
	继电器、控制开关、信号灯、按钮、熔断器等小电器	0.3	从安装对象中心算起
	分支接头	0.2	分支线预留
电缆敷设	电缆敷设弛度、弯度、交叉	2.5%	按全长计算
	电缆进入建筑物	2.0	规范规定最小值
	电缆进入沟内或吊架时引上余值	1.5	规程规定最小值
	变电所进线、出线	1.5	规程规定最小值
	电力电缆终端头	1.5	检修余量
	电缆中间接头盒	两端各 2.0	检修余量
	电缆进控制及保护屏	高＋宽	按盘面尺寸
	高压开关柜及低压动力盘	2.0	盘下进出线
	电缆至电动机	0.5	不包括接线盒至地坪距离
	厂用变压器	3.0	从地坪起算
	车间动力箱	1.5	从地坪起算
	电梯电缆与电缆固定点	每处 0.5	规范最小值

续表

项目		预留长度（m/根）	说明
10kV 以下架空配电线路导线架设	转角	2.5	高压
	分支、分段	2.0	高压
	分支、终端	0.5	低压
	交叉、跳线、转角	1.5	低压
	与设备连接	0.5	—
	进户线	2.5	—
配管、配线	各种开关箱、柜、板	高＋宽	盘面尺寸
	单独安装（无箱、盘）的铁壳开关、隔离开关、启动器、母线槽进出线盒等	0.3	以安装对象中心算
	由地坪管子出口引至动力接线箱	1.0	以管口计算
	电源与管内导线连接（管内穿线与软、硬母线接头）	1.5	以管口计算
	出户线	1.5	以管口计算

6）配电板制作安装及包铁皮，按配电板图示外形尺寸，以"m²"为计量单位。

7）配电盘（箱）安装的工程量，应区别动力和照明，分别以"台（块）"为单位计算。

8）可控硅柜的安装工程量应按不同功率；模拟盘的安装工程量应按其不同宽度，均以"台"为单位计算。

9）控制开关安装的工程量应按不同种类和名称；组合控制开关应区别普通型和防爆型，分别以"个"为单位计算。

10）熔断器安装应按不同形式，限位开关应区别普通型和防爆型，分别以"个"为单位计算。

11）控制器安装应区别主令、鼓型、凸轮不同类型；起动器应区别磁力起动器和自耦减压起动器；以及交流接触器的工程量，分别以"台"为单位计算。

12）电阻器安装的工程量以箱为单位计算；变阻器安装的工程量以"台"为单位计算。

13）盘柜配线的工程量应按导线的不同截面积，分别以"10m"为单位计算。

14）端子板的外部接线，应按导线的不同截面积，并区别有端子和无端子，分别以"10个"为单位计算。

15）焊、压接线端子安装的工程量，应按不同材质，区别导线的不同截面积．分别以10个为单位计算。

（5）电缆敷设工程量的计算。

1）电缆沟铺砂、盖砖、盖保护板安装应区别不同根数，分别以"100m"为单位计算。电缆沟揭盖盖板，应区别不同板长，分别以"100m"为单位计算。

2）电缆保护管、顶管敷设，电缆保护管安装，应按不同材质，区别不同管径，分别以"10m"为单位计算。顶管敷设工程量，应区别每根不同长度，分别以"根"为单位计算。

3）电缆敷设的工程量应按不同安装方式，区别电缆不同截面积，分别以"100m"为单位计算。

4）电力电缆终端头、中间头制作安装，应按不同电压，区别不同截面积，分别以"个"为单位计算。

5）控制电缆头制作安装，应区别控制电缆的终端头和中间头，按控制电缆的芯数划分子目，分别以"个"为单位计算。

6）电缆保护管长度计算，横穿道路，按路基宽度两端各加2m；垂直敷设管口距地面加2m；穿过建筑物外墙者，按基础外缘以外加1m；穿过排水沟，按沟壁外缘以外加0.5m。

7）电缆保护管埋地敷设时，其土方量的计算，凡施工图有注明的，按施工图规定计算；未注明的一般按沟深0.9m，沟宽按导管两侧边缘各加0.3m工作面计算。

8）直埋电缆的挖、填土（石）方，除特殊要求外，可按1～2根时，电缆沟每米挖方量为0.45m³。每增1根，增加挖方量0.153m³计算土方量。

9）单芯电缆敷设，可按同截面的三芯电缆敷设定额基价乘系数0.66计算。

10）电缆敷设长度应根据敷设路径的距离，另按表2-10规定增加附加长度。

11）电缆支架、吊架、槽架制作安装，以"t"为计量单位。

12）吊电缆的钢索及拉紧装置，分别执行相应的定额。钢索的计算长度，以两端固定点的距离为准，不扣除拉紧装置的长度。

（6）防雷及接地装置安装工程量的计算。

1）户外接地母线敷设，按图示长度以"m"为计量单位。定额内已包括挖土、填土、夯实。

2）接地母线、避雷线敷设，其长度按施工图设计水平和垂直规定长度另加3.9%的附加长度（指转弯、上下波动、避绕障碍物、搭接头所占长度），按"延长米"计算。

3）避雷针、独立避雷针安装，分别按"每根或每基"为单位计算。针体的加工，按"铁构件制作"定额相应项目以"t"计算。接地极以"根"为计量单位，其长度按设计长度计算，设计无规定时，每根长度按2.5m计算。如设计有管帽时，另按加工件计算。

4）一般避雷针制作执行"轻构件"制作定额；独立避雷针制作执行"一般构件"制作定额。

5）户外接地母线敷设包括的土方量是按沟深750mm，每米沟长的土方量按0.34m²考虑，如设计要求深度不同时，可按实际土方量计算其增（减）土方量。

（7）10kV以下架空配电线路安装工程量的计算。

1）工地运输分人工运输和汽车运输，以"t·km"为单位计算。运输量计算公式为：工程运输量＝施工图用量×（1＋损耗率），预算运输重量＝工程运输量＋包装物重量（不需要包装的可不计算包装物重量）。

2）无底盘、卡盘的电杆坑，其挖方体积V为：$V=0.8\times0.8\times h$　式中，h为坑深（m）

3）有底盘、卡盘的电杆坑，其挖方体积见表2-11。

表2-11　　　　　　　　　　　有底盘、卡盘的电杆坑挖土方量表

放坡系数	杆高（m）	7	8	9	10	11	12	13	15
	埋深（m）	1.2	1.4	1.5	1.7	1.8	2.0	2.2	2.5
	底盘（长×宽）（m×m）	600×600			800×800			1000×1000	
1：0.25	混凝土杆土方量（m³）	1.36	1.78	2.02	3.39	3.76	4.60	6.87	8.76
	木杆土方量（m³）	0.82	1.07	1.21	2.03	2.26	2.76	4.12	5.28

4）一个杆坑土质按坑的主要土质而定，如一个坑大部分为普通土，少量为坚土，则按普通土计算。

5）底盘、卡盘、拉线盘，按设计用量以"块"为计量单位。电杆组立，以"根"为单位计算。

6）拉线制作安装按施工图设计规定，区别不同形式以"组"为计量单位。

7）横担安装按施工图设计规定，区别不同形式和截面以"根"为单位计算。

8）拉线制作按拉线不同截面区分定额项目，以"根"为计量单位，定额按单根拉线考虑，若安装V形拉线，按2根计算。定额中不包括拉线材料费，应另行计算。

9）拉线长度见表2-12。水平拉线间距以15m为准，如实际长度增加1m，则拉线长度相应增加1m。

表2-12　　　　　　　　　　10kV以下架空配电线路拉线长度表

项目	杆高（m）						
	8	9	10	11	12	13	15
普通拉线（m）	11.47	12.61	13.74	15.10	16.14	18.69	19.68
V形拉线（m）	22.94	25.22	97.43	30.20	32.28	37.38	39.36
弓形拉线（m）	9.33	10.10	10.92	11.82	12.62	13.42	15.12

10）导线架设，区别导线类型和不同截面以"m/单线"为单位计算（总长度和预留长度）。

11）导线预留长度见表 2-10。计算主材费时应另增加规定的损耗率。

12）跨越线架的搭、拆和运输以及因跨越（障碍）施工难度增加而增加的工作量，以"处"为单位计算。每个跨越间距按 50m 以内考虑，大于 50m 而小于 100m 时按 2 处计算，以此类推。

13）杆上变配电设备安装以"台"或"组"为单位计算，定额内包括钢支架、横担、撑铁安装，设备安装固定等的安装工作，但钢支架主材、连引线、线夹、金具等应按设计规定另行计算。

14）线路一次施工工程量 5 根电杆以内时，其全部工程定额人工、机械费增加 30%。

15）在丘陵、市区施工时，人工和机械费增加费率 20%；在一般山地、泥沼地带施工时，人工和机械费增加费率 60%。

（8）配管配线安装工程量的计算。

1）各种配管应区别不同敷设方法、敷设位置、管材材质、规格，以"延长米"为单位计算。不扣除管路中间的接线箱（盒）、灯头盒、开关盒所占长度。

2）定额中未包括钢索架设及拉紧装置、接线箱（盒）、支架的制作安装，其工程量应另行计算。

3）管内穿线的工程量，应区别导线材质、导线截面，以单线"延长米"为计量单位计算，线路分支接头线的长度已综合在定额中，不得另行计算。

4）线槽配线工程量应区别导线截面，以单根线路"延长米"为单位计算。

5）配管配线，连接设备导线预留长度见表 2-10。

6）钢索架设工程量应区别圆钢、钢索直径（ϕ6mm、ϕ9mm），按图示墙（柱）内缘距离，以"延长米"为单位计算，不扣除拉紧装置所占长度。

7）母线拉紧装置及钢索拉紧装置制作安装工程量，应区别母线截面、花篮螺栓直径以"套"为单位计算。

8）车间带形母线安装工程量，应区别母线材质、母线截面、安装位置，以"延长米"为单位计算。

9）接线箱安装工程量，应区别安装形式（明装、暗装）、接线箱半周长，以"个"为单位计算。

10）接线盒安装工程量，应区别安装形式（明装、暗装、钢索上）以及接线盒类型，以"个"为计量单位计算。

11）灯具，明、暗开关，插座，按钮等预留线，已分别综合在相应定额内，不应另计算。

（9）照明器具安装工程量的计算。

1）普通灯具的安装工程量应区别灯具的种类、型号、规格，以"套"为单位计算。

2）吊式艺术装饰灯具的安装工程量，应区别不同装饰物以及灯体直径和灯体垂吊长度，以"10 套"为单位计算。

3）吸顶式艺术装饰灯具的安装工程量，应区别不同装饰物、吸盘的几何形状、灯体直径、灯体周长和灯体垂吊长度，以"10 套"为单位计算。

4）对于荧光艺术装饰灯具，组合荧光灯光带的安装工程量，应区别安装形式、灯管数量，以延长米"10m"为单位计算。灯具的设计数量与定额不符时，可以按设计数量加损耗量调整主材。

5）内藏组合式灯的安装工程量，应区别灯具组合形式，以延长米"10m"为单位计算，灯具的设计数与定额不符时可根据设计数量加损耗量调整主材。

6）发光棚的安装工程量，应以"10m²"为单位计算工程量，发光棚灯具按设计用量加损耗量计算。

7）立体广告灯箱、荧光灯光沿的安装工程量，应以延长米"10m"为单位计算，灯具设计用量与定额不符时可根据设计数量加损耗量调整主材。

8）几何形状组合艺术灯具、标志、诱导装饰灯具、水下艺术装饰灯具、点光源艺术装饰灯具、草坪灯具的安装工程量应，区别不同安装形式及灯具的不同形式、不同灯具直径，以"10 套"为单位计算。

9）歌舞厅灯具的安装工程量，应区别不同灯具形式，分别以"10 套""10m""台"为单位计算。

10）荧光灯具的安装工程量应区别灯具的安装形式、灯具种类、灯管数量，以"10 套"为单位计算。

11）工厂灯及防水防尘灯的安装工程量应区别不同安装形式，以"10 套"为单位计算。

12）工厂其他灯具的安装工程量应区别不同灯具类型、安装形式、安装高度，以"10 套""10 个"为单位计算。

13）医院灯具的安装工程量应区别灯具种类，以"10 套"为单位计算。

14）工厂区内、住宅小区内路灯安装工程量应区别不同臂长、不同灯数，以"10 套"为单位计算。

15）断路器、按钮的安装工程量应区别开关、按钮的安装形式、种类、开关极数以及单控或双控，以"10 套"为单位计算。

16）插座的安装工程量应区别电源相数、额定电流、安装形式以及插孔个数，以"10 套"为单位计算。

17）安全变压器的安装工程量应区别安全变压器的容量，以"台"为单位计算。

18）电铃、电铃号码牌箱的安装工程量，应区别电铃直径、电铃号牌箱规格，以"套"为单位计算。

19）门铃的安装工程量应区别门铃安装形式，以"10 个"为单位计算。

20）风扇的安装工程量应区别风扇种类，以"台"为单位计算。

（10）电梯电气装置安装工程量的计算。

1）电梯电气装置安装应区别自动控制或半自动控制，交流信号或直流信号，自动快速或自动高速，集选控制电梯或小型杂物电梯及电厂专用电梯，按不同规格（层/站），分别以"部"为单位计算。

2）电梯增加厅门和自动轿厢门的安装工程量均以"个"为单位计算。

3）电梯增加提升高度的工程量，以"米"为单位计算。

2.1.4 施工图预算和施工预算法

1. 施工图预算

施工图预算是根据施工图、预算定额、各项取费标准、建设地区的自然及技术经济条件等资料编制的安装工程预算造价文件。施工图预算是企业和建设单位签订承包合同、实行工程预算包干、拨付工程款和办理工程结算的依据；也是施工企业控制施工成本、实行经济核算和考核经营成果的依据；还是施工单位进行施工准备的依据，是施工单位在施工前组织材料、机具、设备及劳动力供应的重要参考，是施工单位编制进度计划、统计完成工作量、进行经济核算的参考依据。

施工图预算编制有两种方法，第一种单价法，第二种实物量法，不管用那种方法都需要依循预算编制程序及步骤，见表 2-13。

表 2-13 施工图预算的编制方法和步骤

项目	说明
阅读施工图纸和施工说明，熟悉工程内容	弄清施工图的内容，注意电气施工图与系统图的电气联系，读懂电气施工说明
工程项目整理	根据施工图所包括的分项工程的内容，按所选预算定额中的分项工程项目，划分排列分项工程项目。 例如，一般民用多层住宅室内照明工程，其划分的分项工程项目大体排列如下： （1）暗装照明配电箱； （2）敷设钢管（暗敷）； （3）敷设 UPVC 管（暗敷）； （4）管内穿线； （5）安装接线盒； （6）安装半圆球吸顶灯； （7）安装吊灯； （8）安装单管成套荧光灯； （9）安装板式开关（暗装），其中有单联、双联和三联； （10）安装单相三孔插座

项目	说明
逐项计算工程量	(1) 严格按定额规定进行计算，其工程量单位应与定额一致。 (2) 按一定的顺序进行计算。在一张电气平面图上有时设计有多种工程内容，这时应对图纸中的内容进行分解，一部分一部分地按一定顺序计算。如果图纸中只有一种工程内容，比如电气照明工程，应从引入电源处开始，按照事先划分的分项工程项目计算。 (3) 计算过的工程项目应在图纸上作出标记。 (4) 平面图中线路各段长度的计算均以轴线尺寸或两个符号中心为准，严禁估算。 (5) 所列分项工程项目应包括工程的全部内容
整理工程量	线管工程量是在平面图上逐段计算和根据供电系统图计算出来的，这样在不同管段，不同的位置上会有种类、规格相同的线管。同样在各张平面图上统计出的各种工程量也有种类、规格相同的。 因此，要将单位工程中型号相同、规格相同、敷设条件相同、安装方式相同的工程量汇总成一笔数字，这就是套用定额计算定额直接费时所用的数据
套定额并采用填表法计算直接费	(1) 根据选用的预算定额套用相应项目的预算单价，计算出定额直接费。 (2) 将顺序号、定额编号、分项工程名称或主材名称、单位、换算成定额单位以后的数量抄写在表格中相应栏目内；再按定额编号，查出定额基价以及其中的人工费、材料费、机械费的单价，也填入定额直接费计算表中相应栏目内。用工程量乘以各项定额单价，即可求出该分项工程的预算金额。 (3) 凡是定额单价中未包括主材费的，在该分项工程项目下面应补上主材费的费用，定额直接费表中的安装费加上材料费，才是该安装项目的全部费用。 (4) 在定额直接费中，还包括各册定额说明中所规定的按系数计取的费用及由定额分项工程子目增减系数而增加或减少的费用。 (5) 在每页定额直接费表下边最后一行进行小计（页计），计算该页各项费用，便于汇总计算。在最后一页小计下面，写出总计，即工程基价、人工费、材料费、机械费各项目的总和，为计取工程各项间接费等提供依据
计取工程各项费用，计算工程造价	在计算出单位工程定额直接费后，应按各省规定的安装工程取费标准和计算程序表计取各项费用，并汇总出单位工程预算造价
编写施工图预算的编制说明	编制说明应简明扼要，书写工整。 (1) 编制依据：说明所用施工图纸名称、设计单位、图纸数量、是否经过图纸会审；说明采用何种预算定额；说明采用何种地方预（结）算单价表；说明采用何地区工程材料预算价格；说明执行何种工程取费标准。 (2) 其他费用计取的依据：施工图预算以外发生的费用计取方法；说明材料预算价格是否调差以及调差时所采用的主材价格。 (3) 其他需要说明的情况：本工程的工程类别；本工程的施工地点；本工程的开竣工时间；施工图预算中未计分项工程项目和材料的说明
编制主要材料表	(1) 定额直接费计算表中各分项工程项目下所补的主要材料数量，就是表中每一项目的主要材料需要量。把各种材料按材料表各栏要求逐项填入表内，材料数额小数点后一位采用四舍五入的方法以整数形式填写。 (2) 主要材料表包含的内容栏目有材料名称、单位、规格型号、数量、单价、金额，表中金额最后进行总计。 (3) 较小的工程可不编制主要材料表，规模较大或重点工程必须编制，便于预算的审核
填写封面、装订送审	(1) 预算封面应采用各地规定的统一格式。 (2) 封面需填写的内容一般包括：工程名称、建设单位名称、施工单位名称、建筑面积、经济指标、建设单位预算审核人专用图章以及建设单位和施工单位负责人印章及单位公章、编制日期等。 (3) 把预算封面、编制说明、费用计算程序表、工程预算表等按顺序编排并装订成册。 (4) 装好后的工程预算，经过认真的自审，确认准确无误后，即可送交主管部门和有关人员审核，并签字加盖公章，签字盖章后生效

2. 施工预算

施工预算是施工单位根据施工图纸、施工定额、施工及验收规范、标准图集、施工组织设计（或施工方案）编制的单位工程（或分部分项工程），施工所需的人工、材料和施工机械台班数量，是施工企业内部文件，是单位工程或分部分项工程施工所需的人工、材料和施工机械台班消耗数量的标准。

施工预算是企业进行劳动调配，物资技术供应，反映企业个别劳动量与社会平均劳动量之间的差别，控制成本开支，进行成本分析和班组经济核算的依据。

施工预算内容包括：

（1）分层、分部位、分项工程的工程量指标。

（2）分层、分部位、分项工程所需人工、材料、机械台班消耗量指标。

（3）按人工工种、材料种类、机械类型分别计算的消耗总量。

（4）按人工、材料和机械台班的消耗总量分别计算的人工费、材料费和机械台班费，以及按分项工程和单位工程计算的直接费。

施工预算根据已会审的图纸和说明书及施工方案，按下列步骤编制：

（1）收集编制施工预算的基础资料，包括全套施工图纸，经过批准的单位工程施工组织设计或施工方案，平面布置图等。

（2）计算工程实物数量。尽量摘用编制施工图预算时的各项计算成果，避免重复计算。

（3）工程量汇总。工程量计算完毕核对无误后，根据施工定额内容和计量单位，按分部分项工程的顺序，分层分段逐项汇总。

（4）套施工定额。由于目前没有一套全国统一的施工定额，因此，可按所在地区或企业内部自行编制的材料消耗定额及全国统一劳动定额套用，但是套用的施工定额必须与施工图纸要求的内容相适应。

（5）工料分析和汇总。

（6）编制说明。

2.1.5 竣工结算与审核

1. 竣工结算

竣工结算是指单位工程或单项建筑安装工程竣工后，经建设单位及有关部门验收点交后，按规定程序施工单位向建设单位收取工程价款的一项经济活动。竣工结算是在施工图预算的基础上，根据实际施工中出现的变更、签证等实际情况由施工单位负责编制的。

竣工结算是施工单位与建设单位结清工程费用的依据，是施工单位考核工程成本，进行经济核算的依据，是编制概算定额和概算指标的依据。

（1）竣工结算编制依据。

1）经审批的原施工预算。

2）工程承包合同或甲乙双方协议书。

3）设计单位修改或变更设计的通知单。

4）建设单位有关工程的变更、追加、削减和修改通知单。

5）图纸会审记录。

6）现场经济签证。

7）全套竣工图纸。

8）现行预算定额、地区预算定额单价表、地区材料预算价格表、取费标准及调整材料价差等有关规定。

9）材料代用单。

（2）竣工结算编制原则。

1）凡编制竣工结算的项目，必须是具备结算条件的工程，也就是必须经过交工验收的工程项目，而且要在竣工报告的基础上，实事求是地对工程进行清点和计算。

2）凡属未完的工程、未经交工验收的工程和质量不合格的工程，均不能进行竣工结算，需要返工的工程或需要修补的工程，必须在返工和修补后并经验收检查，合格后方能进行竣工结算。

3）对跨年度的工程，可按当年完成的工程量办理年终结算，待工程竣工后，再办理竣工结算。

4）坚持"实事求是"原则。工程竣工结算一般是在施工图预算的基础上，按照施工中的更改变动后的情况编制的。

5）要严格按照国家和所在地区的预算定额、取费规定和施工合同的要求进行编制。

6）施工图预算等结算资料必须齐全，并严格按竣工结算编制程序进行编制。

（3）竣工结算编制方法。

1）如果工程变动较大，按照施工图预算的编制方法重新编制。

2）如果工程变动不大，只是局部修改，竣工结算一般采用以原施工图预算为基础，加减工程变更的费用。计算竣工结算直接费的方法为：

$$竣工结算直接费＝原预算直接费＋调增小计－调减小计$$

计算调增（减）部分的直接费，按调增（减）部分的工程量分别套定额，求出调增（减）部分的直接费，以"调增（减）小计"表示。

3）根据竣工结算直接费，按取费标准，计算出竣工结算工程造价。

4）竣工预算经过认真的自审并装订好后，送交主管部门和有关人员审核，并签字加盖公章，签字盖章后生效。

（4）竣工结算方法。

竣工结算的具体方法见表 2-14。

表 2-14　　　　　　　　　　竣 工 结 算 的 方 法

方法	说明
加 签 证 的 结 算 方式	（1）加签证的结算方式是常用的结算方式。 （2）在编制原施工图预算时，已按费用定额的规定把预算包干费考虑在工程总造价内。 （3）工程中预算包干费之外发生的费用，按现场经济签证的形式计入竣工结算
加系数包干结算 方式	（1）由甲乙双方共同商定施工图预算包干费之外的包干范围和系数，在编制施工图预算时乘上一个不可预见费的包干系数。 （2）如果发生包干范围以外的增加项目，必须由双方协商同意后方可变更，并随时填写工程变更结算单，经双方签证作为结算工程价款的依据
平方米造价包干 的结算方式	适用范围具有一定的局限性，对于可变因素较多的项目不宜采用
招、投标的结算 方式	（1）招标的标底，投标的标价，都是以施工图预算为基础核定的，投标单位根据实际情况合理确定投标价格。中标后双方签订承包合同，承包合同确定的工程造价就是结算造价。 （2）包干范围之外发生的费用，应另行计算

（5）竣工结算步骤。

竣工结算的具体步骤见表 2-15。

表 2-15　　　　　　　　　　竣 工 结 算 步 骤

步骤	说明
了解原始资料	竣工结算的原始资料是编制竣工结算的依据，必须收集齐全，在了解时要深入细致，并进行必要的归纳整理，一般按分部分项工程的顺序进行
观察和对照	（1）根据原有施工图纸、结算的原始资料，对竣工工程进行观察和对照，必要时应进行实际测量和计算，并做好记录。 （2）如果工程的做法与原设计施工要求有出入时，也应做好记录，以便在竣工结算时调整
计算工程量	（1）根据原始资料和对竣工工程进行观察的结果，计算增加和减少的工程量。 （2）如果设计变更及设计修改的工程量较多且影响又大时，可将所有的工程量按变更或修改后的设计重新计算工程量

步骤	说明
计算工程费用	**直接费为基数的计算方法**
	竣 工 结 算 计 算 表（一）

序号	项目名称	计算公式	金额
（1）	直接费	含其他直接费、现场管理费	
（2）	调价金额	（1）×调价系数	
（3）	小计	（1）+（2）	
（4）	企业管理费	（3）×相应工程类别费率	
（5）	利润	（3）×相应工程类别费率	
（6）	税金	（3）×相应工程类别税率系数	
（7）	指导价差价	差价×（1+3.4%）	
（8）	工程照价	（3）+（4）+（5）+（6）+（7）	

人工费为基数的计算方法

竣 工 结 算 计 算 表（二）

序号	项目名称	计算公式	金额
（1）	直接费	含其他直接费、现场管理费	
（2）	其中：人工费		
（3）	其中：设备费		
（4）	调价金额	［（1）-（3）］×调价系数	
（5）	小计	（1）+（4）	
（6）	企业管理费	（2）×相应工程类别费率	
（7）	利润	（2）×相应工程类别费率	
（8）	指导价差价	差价×（1+3.4%）	
（9）	设备差价	差价×（1+3.4%）	
（10）	税金	［（5）+（6）+（7）］×3.4%	
（11）	工程照价	（5）+（6）+（7）+（8）+（9）+（10）	

2. 施工图预（结）算的审核

（1）审核的目的。

1）工程预、结算审核是建设工程造价管理的重要环节，是更好地获得基本建设投资效益的一项有力措施。

2）施工前工程概预算的审核阶段，主要审定工程概预算造价的准确性，为确定工程投资总额，为工程招投标、工程项目贷款以及建设单位拨款等工作确定可靠依据。

3）竣工时工程结算审查阶段，主要审定工程竣工造价的准确性，为建设单位与施工单位办理竣工结算，为建设单位与国家主管部门办理竣工决算以及固定资产的入账提供可靠的依据。

（2）审核部门。

1）工程预、结算的审核工作已经走向社会化，由过去政府职能部门审定改为发包方和承包方之间的中介机构来审核。

2）中介机构必须是取得工程造价咨询单位资质证书、具有独立法人资格的企事业单位。

3）我国造价工程师注册考核制度的执行，使得社会中介机构的审核有更广泛的基础。

（3）审核依据。

施工图预（结）算审核依据具体见表 2-16。

表 2-16 施工图预（结）算审核的依据

审核依据	说明
设计资料	设计资料主要指施工图。包括设计说明、选用的标准图、图纸会审记录、设计变更通知等
经济合同书	建设单位和施工单位，根据国家合同法和建筑安装工程合同管理条例，经双方协商确定承发包方式，承包内容，工程预、结算编制原则和依据，费用和费率的取定，工程价款结算方式等具有法律效力的重要经济文件
概预算定额和地区预（结）算单价表	现行的概预算定额和地区预（结）算单价表，主要用于确定定额直接费
工程费用定额	主要用于确定工程直接费、其他直接费、间接费、计划利润和税金等
建设工程材料预算价格表	电气安装工程造价中；材料费的比重较大。掌握好材料预算价格，是审核工程预、结算的重要环节
国家及地方主管部门颁发的有关经济文件	由主管部门颁发的有关工程价款结算、材料价差调整、人工费和机械费调整等规定的文件

（4）审核形式。

施工图预（结）算审核的形式见表 2-17。

表 2-17 施工图预（结）算审核的形式

审核形式	说明
单独审核	（1）按次序分别由施工单位内部自审、建设单位复审、工程造价中介机构审定； （2）主要特点是：审核专一，时间和地点比较灵活，不易受外界干扰
联合会审	（1）建设单位、设计部门、工程造价管理部门及中介机构联合起来共同会审； （2）主要特点是：涉及的部门多，出现的问题容易解决，质量能够得到保证
委托审核	（1）在不具备会审条件、建设单位不能单独审查，或者需权威机构进行审核裁定等原因情况下，由建设单位委托工程造价管理部门或中介机构进行审查； （2）主要特点是：审核费用较低，审核结果有效

（5）审核内容。

施工图预（结）算审核的内容见表 2-18。

表 2-18 施工图预（结）算审核的内容

审核内容		说明
工程量	完整程度	（1）在审核工程量项目时，看所列分项工程项目是否包括工程全部内容，是否超出设计范围，有无重复列项或漏项。 （2）如果所列工程项目是已计算的分项工程项目工作内容的一部分，就称为重复列项（简称重项）。对于所列工程项目不能包括工程全部内容，称为漏项。 （3）如发现有重项和漏项问题，应合理解决
	准确性	（1）审核工程量计算的准确性，主要依据工程量计算规则和施工图进行。 （2）在审核工程量的准确性时，看工程量计算是否符合计算规则和定额规定，对列入工程量计算表中工程量应逐一审查。 （3）如果发现所列计算式有误，计算过程有错，重复计算、错算和漏算的，应与编制人员研究并进行更正，必要时共同计算查正
	定额套用	（1）主要审查定额套用是否正确，有无错套、高套现象。 （2）审查换算的定额单位数量是否与定额单位一致，套用是否准确

续表

审核内容	说明
材料预算价格	应依据地区材料预算价格及地区主管部门的有关规定，对补充的材料预算价格应按照材料预算价格组成的方法计算并应取得建设单位的同意
直接费、间接费、税金的计算	主要包括每一个分项工程项目的直接费是否正确，各页直接费小计是否准确，各页直接费小计相加是否与合计中的定额直接费相等
工程费用审核	主要审核整个数据计算过程是否正确。工程费用计取是否符合费用定额、经济合同条款和预（结）算文件有关规定等

（6）审核方法。

施工图预（结）算审核的方法见表 2-19。

表 2-19　　　　　　施工图预（结）算审核的方法

审核方法	说明
全面审查法	（1）对施工图的内容进行全面、细致的审查，其做法与编制工程预算相同，相当于重编一次预算。这种方法全面、细致，能纠正错误，所以审核质量高。 （2）特点是：审查全面，造价准确，工作量大，时间长
重点审查法	（1）对施工图预算中的重点项目进行审查。重点项目指数量多、单价高、占造价较大的分项工程项目，工程量计算复杂，定额缺项多，对工程造价有明显影响的和容易出错误或容易弄虚作假地方。而对价值低的项目可粗略审查。审查中发现问题，应经协商解决后才能定案。 （2）特点是：时间短，也能保证工程造价的准确性
分析对比审核法	（1）所审查的预算项目价值与收集、掌握的现行同类项目或相似项目进行对比的审查方法。做法是按已掌握的同类相似工程项目价值与被审查的预（结）算造价进行分析、比较，对其中的问题，经共同协商更改后定案。 （2）特点是：速度快，简单易行，但建设地点、材料供应施工等级及管理水平等不同，均会影响预（结）算的结果

（7）审核程序。

施工图预（结）算审核的程序见表 2-20。

表 2-20　　　　　　施工图预（结）算审核的程序

审核程序	说明
准备工作	（1）熟悉送审预、结算和承包合同； （2）收集并熟悉有关设计资料，核对与工程预、结算有关的图纸和标准图； （3）了解施工现场情况，熟悉施工组织设计或技术措施方案，掌握与编制预、结算有关的设计变更、现场签证情况； （4）熟悉送审工程预、结算所依据的预算定额、费用标准和有关文件
确定审核方法	根据实际情况，确定采用哪一种审核方法
审核计算	（1）核对工程量，根据施工图纸进行核对； （2）核对所列的分项工程项目，根据施工图纸及工程量计算规则进行核对； （3）核对所选的定额项目，根据预算定额进行核对； （4）核对定额直接费计算； （5）核对工程费用计算； （6）在审核过程中，将审核出的问题做出详细记录
交换意见	审核单位与工程预算编制单位交换审核意见，作进一步核对，以便更正预、结算项目和费用

（8）审核结果。

1）根据交换意见确定的结果，将更正后的项目进行计算汇总，填制工程预、结算审核调整表。

2）由编制单位负责人签字加盖公章，审核人签字加盖资格证印章，审核单位加盖公章。

（9）形成工程预结算审核定案。

2.2 电气施工现场计算

2.2.1 电力线路施工现场计算

1. 架空线路损失的估算

（1）口诀。

线路损失概算法

铝线压损要算快，输距流积除截面，

三相乘以一十二，单相乘以二十六。

功率因数零点八，十上双双点二加，

铜线压损较铝小，相同条件铝六折。

（2）解说。380/220V 低压架空线路的线路损失可根据以下公式计算：

$$\Delta U_{3+N}\% = \frac{PL}{CA} \times 100\% = \frac{0.6I_mL\times10^3}{50A} = 12I_mL/A$$

$$\Delta U_{1+N}\% = \frac{PL}{CA} \times 100\% = \frac{0.22I_mL\times10^3}{8.4A} = 26I_mL/A$$

式中　$\Delta U_{3+N}\%$——三相四线制 380/220V 线路电压损失百分数；

$\Delta U_{1+N}\%$——单相 220V 线路电压损失百分数；

I_m——测得相线的电流，A；

L——线路输距，km；

A——线路导线截面积，mm^2；

C——常数（三相时，取 50；单相时，取 8.4）；

P——线路输送的有功功率，kW。

1）对于感性负载，功率因数小于1，压损要比电阻性负载大一些，它与导线截面积大小及线间距离有关。对于 $10mm^2$ 及以下导线影响较小，可以不再考虑。当 $\cos\varphi=0.8$ 时，$16mm^2$ 及以上导线，压损可按 $\cos\varphi=1$ 算出后，再按线号顺序，两个一组增加 0.2 倍。即 $16mm^2$、$25mm^2$ 导线按 $\cos\varphi=1$ 算出后，再乘 1.2；$35mm^2$、$50mm^2$ 导线按 $\cos\varphi=1$ 算出后，再乘 1.4，依此类推。这就是"功率因数零点八，十上双双点二加"的意思。

2）若低压架空线路采用 TJ 型铜绞线架设时，其电压损失较相同条件（同截面积、同负载等）下铝绞线要小一些。对此可用以上计算铝线压损的方法计算出来，然后再乘以 0.6，就是铜绞线线路的电压损失，即口诀"铜线压损较铝小，相同条件铝六折"。

比较严格的说法是：电压损失以用电设备的额定电压为准（如 380/220V），允许低于额定电压的 5%。但是配电变压器低压侧母线端的电压规定又比额定电压高 5%（400/230V），因此从配电变压器开始至用电设备的整个线路中，理论上共可损失 5%＋5%＝10%，但通常却只允许 7%～8%。这是因为还要扣除变压器内部的电压损失以及变压器功率因数低的影响。

一般来说，低压架空线路上电压损失 7%～8% 质量就不好了。7%～8% 是指从配电变压器低压侧轩始至计算的那个用电设备为止的全部线路。

2. 低压电缆负荷电流的估算

（1）口诀。

负荷电流估算口诀

电力加倍，电热加半。

单相千瓦，四点五安。

单相 380，电流两安半。

（2）口诀解说。电流的大小直接与功率有关，也与电压、相别、力率（又称功率因数）等有关。一般有公式可供计算。由于工厂常用的都是 380/220V 三相四线系统，因此，可以根据功率的大小直接算出电流。

本口诀是以 380/220V 三相四线系统中的三相设备的功率（千瓦或千伏安）为准，计算每千瓦的安数。对于某些单相或电压不同的单相设备，其每千瓦的安数，口诀另外做了说明。

1）口诀中的"电力"专指电动机。在 380V 三相时（功率因数 0.8 左右），电动机每千瓦的电流约为 2 安。即将"千瓦数加一倍"（乘 2）就是电流（安）。该电流又称电动机的额定电流。

例如：6kW 电动机按"电力加倍"算得电流为 12A。

30kW 水泵电动机按"电力加倍"算得电流为 60A。

2）口诀中的"电热"是指用电阻加热的电阻炉等。三相 380V 的电热设备，每千瓦的电流为 1.5A。即将"千瓦数加一半"（乘 1.5）就是电流安（A）。例如：①3kW 电加热器按"电热加半"算得电流为 4.5A；②15kW 电阻炉按"电热加半"算得电流为 23A。

"电热加半"不仅指电热，对于照明也适用。虽然照明的灯泡是单相而不是三相，但对照明供电的三相四线干线仍属三相。只要三相大体平衡也可这样计算。此外，以"kVA"为单位的电器（如变压器或整流器）和以 kvar 为单位的移相电容器（提高力率用）也都适用。也就是说，这句口诀虽然说的是电热，但包括所有以 kVA、kvar 为单位的用电设备，以及以 kW 为单位的电热和照明设备。例如：①12kW 的三相（平衡时）照明干线按"电热加半"算得电流为 18A；② 30kVA 的整流器按"电热加半"算得电流为 45A（指 380V 三相交流侧）；③320kVA 的配电变压器按"电热加半"算得电流为 480A（指 380/220 伏低压侧）；④100kvar 的移相电容器（380V 三相）按"电热加半"算得电流为 150A。

3）在 380/220V 三相四线系统中，单相设备的两条线，一条接相线而另一条接中性线的（如照明设备）为单相 220V 用电设备。这种设备的功率因数大多为 1，因此，口诀便直接说"单相（每）千瓦四点五安"。计算时，只要"将千瓦数乘 4.5"就是电流（安）。同上面一样，它适用于所有以 kvar 为单位的单相 220V 用电设备，以及以 kW 为单位的电热及照明设备，而且也适用于 220V 的直流。例如：①500VA（0.5kVA）的行灯变压器（220V 电源侧）按"单相 kW、四点五安"算得电流为 2.3A；②1000W 投光灯按"单相千瓦、四点五安"算得电流为 4.5A。

4）对于电压更低的单相，口诀中没有提到。可以取 220V 为标准，看电压降低多少，电流就反过来增大多少。比如 36V 电压，以 220V 为标准来说，它降低到 1/6，电流就应增大到 6 倍，即每千瓦的电流为 6×4.5＝27A。例如 36V、40W 的行灯每只电流为 0.04×27＝1.08A。

5）在 380/220V 三相四线系统中，单相设备的两条线都是接到相线上的，习惯上称为单相 380V 用电设备（实际是接在两相上）。这种设备当以 kW 为单位时，功率因数大多为 1，口诀也直接说："单相 380，电流两安半"。它也包括以千伏安为单位的 380V 单相设备。计算时，只要"将千瓦或千伏安数乘 2.5"就是电流（安）。例如：①32kW 钼丝电阻炉接单相 380V，按"电流两安半"算得电流为 80A；②2kVA 的行灯变压器，初级接单相 380V，按"电流两安半"算得电流为 5A；③21kVA 的交流电焊变压器，初级接单相 380V，按"电流两安半"算得电流为 53A。

3. 根据电流来选导线截面积的估算

通常是根据电流大小来选电缆截面。导线的安全载流量是根据所允许的线芯最高温度、冷却条件、敷设条件来确定的。一般铜导线的安全载流量为 $5\sim 8A/mm^2$，铝导线的安全载流量为 $3\sim 5A/mm^2$。

各种导线的截流量通常可以从手册中查找。也可以利用下面介绍的口诀直接算出，不必查表。

（1）口诀。

10 下五，100 上二；

25、35，四三界；

70、95，两倍半。

穿管温度八九折。

裸线加一半。

铜线升级算。

（2）口诀解说。本口诀是以铝芯绝缘线、明敷在环境温度 25℃ 的条件为准。若条件不同，口诀另有说明。绝缘线包括各种型号的橡皮绝缘线或塑料绝缘线。

口诀对各种截面积的截流量（电流，安）不是直接指出，而是用"截面乘上一定倍数"来表示。为此，应当先熟悉导线截面积（mm²）的排列方式：

1、1.5、2.5、4、6、10、16、25、35、50、70、95、120、150、185……

生产厂制造铝芯绝缘线的截面积通常从 2.5mm² 开始，铜芯绝缘线则从 1mm² 开始；裸铝线从 16mm² 开始，裸铜线则从 10mm² 开始。

1）"10下五，100上二；25、35，四三界；70、95，两倍半。"这句口诀指出：铝芯绝缘线截流量（A），可以按"截面数的多少倍"来计算。口诀中阿拉伯数字表示导线截面（mm²），汉字数字表示倍数。

"10下五"是指截面积从 10mm² 以下，截流量都是截面积的 5 倍。"100上二"是指截面积 100mm² 以上，截流量都是截面积的 2 倍。截面积 25mm² 与 35mm² 是 4 倍和 3 倍的分界处。这就是口诀"25、35四三界"。即 16mm² 和 25mm²，载流量是截面积的 4 倍；35mm² 和 50mm² 是截面积的 3 倍。截面 70mm² 和 95mm²，则载流量为截面积的 2.5 倍。

从上面导线截面积的排列可以看出：除 10mm² 以下及 100mm² 以上之处，中间的导线截面积是每两种规格属同一种倍数。常用铝芯绝缘导线载流量与截面的倍数关系见表 2-21。

表 2-21　　　　　　　　　铝芯绝缘导线载流量与截面的倍数关系

截面积（mm²）	1	1.5	2.5	4	6	10	16	25	35	50	70	95	120
倍数	9	9	9	8	7	6	5	4	3.5	3	3	2.5	2.5
电流（A）	9	14	23	32	48	60	90	100	123	150	210	238	300

下面以明敷铝芯绝缘线，环境温度为 25℃ 举例说明：①6mm² 的绝缘铝芯线，按"10下五"算得截流量为 30A；②150mm² 的绝缘铝芯线，按"100上二"算得截流量为 300A；③70mm² 的绝缘铝芯线，按"70、95两倍半"算得截流量为 175A。

从上面的排列还可以看出：倍数随截面的增大而减小。在倍数转变的交界处，误差稍大些。比如截面积 25mm² 与 35mm² 是 4 倍与 3 倍的分界处，25mm² 属 4 倍的范围，但靠近向 3 倍变化的一侧，它按口诀是 4 倍，即 100A，但实际不到 4 倍（按手册是 97A），而 35mm² 则相反，按口诀是 3 倍，即 105A，实际则是 117A，不过这对使用的影响并不大。当然，若能"胸中有数"，在选择导线截面积时，25mm² 的不让它满到 100A，35mm² 的则可以略为超过 105A便更准确了。同样，2.5mm² 的导线位置在 5 倍的最始（左）端，实际便不止 5 倍（最大可达 20A 以上），不过为了减少导线内的电能损耗，通常都不用到这么大，手册中一般也只标 12A。

2）"穿管温度八九折"，从这以下，口诀便是对条件改变的处理。若是穿管敷设（包括槽板等敷设，即导线加有保护套层，不明露的），按口诀"10下五，100上二；25、35，四三界；70、95，两倍半"计算后，再打八折（乘 0.8）。若环境温度超过 25℃，计算后再打九折（乘 0.9）。

关于环境温度，按规定是指夏天最热月的平均最高温度。实际上，温度是变动的，一般情况下，它影响导体截流并不很大。因此，只对某些高温车间或较热地区超过 25℃ 较多时，才考虑打折扣。

还有一种情况是两种条件都改变（穿管又温度较高），则按明敷设计算后打八折，再打九折。或者简单地一次打七折计算（即 0.8×0.9＝0.72，约为 0.7）。例如：①10mm² 的绝缘铝芯线，穿管（八折），40A（10×5×0.8＝40）；高温（九折），45A（10×5×0.9＝45）；穿管又高温（七折），35A（10×5×0.7＝35）；②95mm² 的绝缘铝芯线，穿管（八折），190A（95×2.5×0.8＝190）；高温（九折），214A（95×2.5×0.9＝213.8）；穿管又高温（七折），166A（95×2.5×0.7＝166.3）。

3）对于裸线的截流量，口诀指出"裸线加一半"，即按口诀"10下五，100上二；25、35，四三界；70、95，两倍半"计算后再一半（乘 1.5）。这是指同样截面积的铝芯绝缘芯与裸铝线比较，截流量可加一半。例如：①16mm² 裸铝线，96A（16×4×1.5＝96），高温时 86A（16×4×1.5×0.9＝86.4）；②35mm² 裸铝线，158A（35×3×1.5＝157.5）；③120mm² 裸铝线，360A（120×2×1.5＝360）。

4）对于铜导线的截流量，口诀指出"铜线升级算"，即将铜导线的截面积按截面积排列顺序提升一级，再按相应的铝线条件计算。例如：①35mm² 裸铜线 25℃，升级为 50mm²，再按 50mm² 裸铝线，25℃计算为 225A（50×3×1.5＝225）；②16mm² 铜芯线 25℃，按 25mm² 铝绝缘线的相同条件，计算为 100A（25×4＝100）；③95mm² 铜芯线 25℃穿管，按 120mm² 铝绝缘线的相同条件，计算为 192A（120×2×0.8＝192）；

【提示】

用电流估算截面的适用于近电源（负荷离电源不远）。

对于电缆，口诀中没有介绍。一般直接埋地的高压电缆，大体上可采用口诀"10 下五，100 上二；25、35，四三界；70、95，两倍半"中的有关倍数直接计算。例如：

④35mm² 高压铠装铝芯电缆埋地敷设的截流量约为 105A（35×3）；95mm² 的高压铠装铝芯电缆埋地敷设约为 238A（95×2.5）。

下面这个估算口诀和上面的有异曲同工之处：

> 二点五下乘以九，往上减一顺号走。
> 三十五乘三点五，双双成组减点五。
> 条件有变加折算，高温九折铜升级。

该口诀对各种绝缘线（橡皮和塑料绝缘线）的载流量（安全电流）不是直接指出，而是"截面积乘上一定的倍数"来表示，通过心算而得。倍数随截面积的增大而减小。

"二点五下乘以九，往上减一顺号走"说的是 2.5mm² 及以下的各种截面积铝芯绝缘线，其载流量约为截面积的 9 倍。如 2.5mm² 导线，载流量为 2.5×9＝22.5（A）。从 4mm² 及以上导线的载流量和截面积的倍数关系是顺着线号往上排，倍数逐次减 1，即 4×8、6×7、10×6、16×5、25×4。

"三十五乘三点五，双双成组减点五"，说的是 35mm² 的导线载流量为截面积的 3.5 倍，即 35×3.5＝122.5（A）。从 50mm² 及以上的导线，其载流量与截面积之间的倍数关系变为两个两个线号成一组，倍数依次减 0.5。即 50mm²、70mm² 导线的载流量为截面积的 3 倍；95mm²、120mm² 导线载流量是其截面积的 2.5 倍，依次类推。

"条件有变加折算，高温九折铜升级"。上述口诀是铝芯绝缘线、明敷在环境温度 25℃的条件下而定的。若铝芯绝缘线明敷在环境温度长期高于 25℃的地区，导线载流量可按上述口诀计算方法算出，然后再打九折即可；当使用的不是铝线而是铜芯绝缘线，它的载流量要比同规格铝线略大 些，可按上述口诀方法算出比铝线加大 个线号的载流量。如 16mm² 铜线的载流量，可按 25mm² 铝线计算。

4. 根据荷矩选择导线截面积的估算

（1）口诀。

> 三相荷矩三十八，单相六个负荷矩。
> 架空铝线选粗细，先求送电负荷矩，
> 三相荷矩乘个四，单相改乘二十四。

三相荷矩指的是三相送电负荷矩。所谓负荷矩就是负荷（千瓦）乘上线路长度（线路长度是指导线敷设长度"米"，即导线走过的路径，不论线路的导线根数。），单位就是"kW·m"。

（2）口诀解说。低压架空线路采用裸铝绞线供电时，为保证电压降不低于 5％，三相送电负荷矩（M）38kW·km；单相负荷矩（M）为 6kW·km。

导线截面积的选择，一般是按允许电压损耗确定，同时满足发热条件和机械强度的要求。还应根据负荷情况留有发展的裕度。

架空线路导线截面积 S（单位为 mm²）计算选择，三相截面 $S=4M$；单相截面 $S=6M$。

例如，新建一条 380V 三相架空线，长 850m，输送功率 10kW，允许损失电压 5％。则：

导线截面积 $S=4M=4×10×0.85=34$（按导线规格选 35mm²）。

又例如，某村需架一条 220V 的单相线路，照明负荷为 5kW，线路长 290m，允许电压损失 5％。则：

导线截面积 $S=24M=24×5×0.29=34.8$（选导线规格为 35mm²）。

按照有关规定，为了确保线路运行质量和安全，要求 10kV 线路及 0.4kV 主干线路截面积不小于 35mm²，三相四线的中性线截面积不宜小于相线截面积的 50％，其余 0.4kV 分支线、接户线均按实际用电设备容量具体确定。

5. 三相四线制线路中性线截面积的估算

（1）口诀。

> 中性线截面积估算
> 三相四线制线路，中线截面积估算：

相线铝线小七十，中相导线同规格。
相线铝线大七十，零选相线一半值。
线路架设铜绞线，相线三十五为界，
小于中相同规格，大于零取一半值。

（2）口诀解说。在三相四线制低压配电线路中，由于单相负载占一定的比重，且加上用电时间的差异，各相负载经常处于不平衡状态，所以中性线（零线）上常有电流通过。如果中性线的截面积过小，就很容易发生烧断事故。因此，一般情况下，中性线截面积应不小于相线截面积的 50%。有条件的话，最好使中性线的截面积与相线截面积相同。这样可保证回路畅通，有利于安用使用。

在三相四线制线路中，负载平衡时，中性线电流的矢量和等于零。当使用三相晶闸管调压器后，在不同的相位触发导通时（全导通除外），中性线的电流矢量和不为零。如果在某一相中使用单相晶闸管调压器而其余两相未使用时，由于其中一相在不同相位触发，产生的电流波形是断续截波而非连续的正弦波，所以中性线的电流矢量和也不可能是零。在某些相位触发条件下，有时中性线的电流还会大于相线电流。

（3）口诀中将规定三相四线制的中性线截面积，不宜小于相线截面积的 50% 具体化，即确定中性线截面积时，既要看相线粗和细，还要看导线的材质。以相线截面积为铝绞线（含钢芯铝绞线）70mm² 和铜绞线 35mm² 为界线，在界线以下时，中性线和相线的型号规格相同；在界线以上时，中性线截面积可取相线截面积数值的 1/2 及以上的同材质导线。例如，某条架空线路算选 LJ-70 型铝绞线架设，其中性线可选定为 LJ-35 型铝绞线。某条低压架空线路选 TJ-35 型铜绞线架设，其中性线可选定用 TJ-25 型铜绞线。由此可见，用本口诀速算零线截面积，其数值完全能满足架空导线最小截面积的规定（裸铝绞线为 16mm²，裸铜绞线为 6mm²）。

选择中性线截面积时，如果是三相设备，正常工作时中性线上的电流比较小，从节约有色金属和投资方面考虑，中性线截面积可减半；若是单相设备，因流过相线和中性线的电流相等，相线和中性线就必须等截面积。

6. 架空导线载流量的估算

（1）口诀。

低压架空铝绞线，知道电流好架设。
架空铝线流估算，二五裸线一百安，
逐级增加五十算，百五导线四百安。
铜线铝算升一级，环温高时九折算。

（2）口诀解说。有经验的电工只要站在架空线路的下边，一般都能说出导线的粗细，即可说出裸绞线的标称截面积，能很快地回答出导线的安全载流量。

架空铝导线规格级别，是按导线的截面积（mm²）而定的。导线安全载流量计算是以 25mm²、100A 为基准，每增加一个规格级别加 50A，反之减 50A。

例如，16mm² 为 50A，35mm² 导线为 150A，50mm² 为 200A，70mm² 为 250A，以此类推。

在实际应用时，对于高压线最关心的是机械强度；对于低压线则注重的是载流量。

架空线路一般最大铝绞线截面积为 150mm² 时，其载流为 400A。因为再大截面积的导线架设比较困难，通常只有在高压线路中采用。由此可见，低压线路（380/220V）送电的容量和距离都比较小。

低压架空线路的铝绞线，最小截面积规定为 16mm²。口诀中没有提到它，这是因为导线截面积为 25mm² 以上，电流才刚好从 100A 开始按 50A 递增；16mm² 铝绞线一般可载负荷电流 96A，若距离按 100m 计算，仍可载负荷 80A 左右。这比 50A 大，若对它取得安全些，也可参加到"逐级增加五十算"的行列。也就是说 16mm² 铝绞线可按载流量 50A 考虑。

架空线路采用的是铜绞线，其安全载流量可按铝线升一级（大一个线号）计算。如 16mm² 的铜绞线，可视为 25mm² 的铝绞线，即安全载流量为 100A。

上述导线安全载流量，均是按环境温度 25℃ 情况下计算的。若架空线路的环境温度长期高于 25℃，计算出结果后再乘以 0.9，就是导线的安全载流量。

7. 水泥电杆埋设深度的计算

（1）口诀。

电杆埋深怎样求？杆的长度除以六。
特殊情况可加减，最浅应保一米五；
杆高八米一米五，递增点一依次走，
十三米杆整两米，十八最浅两米六，
十五米杆两米三，以上数据要熟记。

（2）口诀解说。环形钢筋混凝土电杆俗称水泥电杆，在城镇、工矿、农村遍地皆是，其杆长分为 8～18m 多个等级。关于电杆的埋深数据，不同的土壤、地势、气候、接线方式等均会使埋深有一些不同。本口诀提供的理论数据。

电杆埋设深度应根据电杆的长度、承受力的大小和土质情况来确定，一般为杆长的 1/6，即口诀"杆的长度除以六"，但最浅不得小于 1.5m；变台杆不应小于 2m。具体电力施工的深度还得看现场的需求而定。一般有经验的电工都会以 1/6 的杆长为基准来确定埋设深度。

挖好的杆坑，其深度不可避免地会存在一定的偏差，但该偏差值要符合下列要求：单杆坑深的允许偏差为 +10mm。

8. 电杆拉线设定的估算

（1）口诀。

拉线角度放多大，四十五度为标准，
若受地形来限制，不小于 30°打角拉。
30 度坑位咋放定，垂高除以根号 3，
直角拉长 1.5 倍算，30 度坑距两倍拉。

（2）口诀解说。平衡张力杆装设的拉线一般角度选 45°，这种垂直等边拉线稳定性好，又省材料，这是最佳拉线角度。

当地形受限时，可打撑杆、自身拉或高桩跨越拉，若能打 30°拉线，这也是允许的。30°拉线放定，计算公式为：

$$\angle 30°拉线\ a = b/\sqrt{3}$$

b 为接线包箍至地面距离，由实测可得。拉线长度 $C = 2a$（a 为杆根至接线坑的距离）。$\angle 45°$拉线 $a = b$，拉线长度 $C = 1.414 \times a$ 或 b（1.414 近似 1.5 倍）。

拉线采用钢绞线时，固定可采用直径为 3.2mm 的铁线缠绕。缠绕应整齐、紧密，其长度的最小值见表 2-22。

表 2-22　　　　　　　　　　　拉线缠线长度的最小值

镀锌钢绞线截面积（mm²）	上端（mm）	中端（有绝缘子时的上、下端）（mm）	与拉线棒连接处（mm）		
			下端	花缠	上端
25	200	200	150	350	80
35	250	250	200	300	80
50	300	300	250	250	80

9. 电杆抱箍直径与重心的估算

（1）口诀。

抱箍直径怎么设，点到杆梢除以百。
乘四除三加梢径，求出杆径包可得。
锥杆重心怎么量，零点四来乘杆长。
加上系数零点三，即为重心杆底长。

（2）口诀解说。

1）锥形电杆直径的计算方法为：

$$d = L/100 \times 4/3 + d_1$$

例如：一电杆长（L）12m，杆梢径（d_1）为 190mm，求距杆梢 0.8m 处的直径。

根据公式得：$d = L/100 \times 4/3 + d_1 = 0.8/100 \times 4/3 + 0.19 = 0.2m$。

即，距杆梢顶 0.8m 处，直径为加 200mm。据此，可确定抱箍直径。

2）锥形（又称拔杆）电杆在起吊搬运过程中要掌握起吊点，锥形电杆重心计算方法为：

$$L_2 = 0.40 \times L_1 + 0.3$$

例如：8m 锥形电杆，求其重心距离杆底（根）的长度 L_2。

根据公式得：$L_2 = 0.40 \times L_1 + 0.3 = L_2 = 0.40 \times 8 + 0.3 = 3.5$（m）

即，该锥形电杆重心距离杆底的长度为 3.5m。

10. 架空线路每千米导线的重量估算

（1）口诀。

千米导线有多重？要看截面和品种；

截面单位毫米方，乘以系数值不同。

硬铝最轻二点八，纯铝次之把三乘。

钢芯铝绞乘以四，七点八铁比较重。

再重纯铜八点八，钢绞最重九点零。

考虑弧垂和绑扎，再把一点零三乘。

（2）口诀解说。在进行架空线路导线重量 m（严格地讲应该称为质量，单位为 kg）的估算时，主要应考虑的是导线的截面积、长度，并结合导线的材质的密度，其计算结果可以作为设计用量也可以作为施工用量的参考。即

$$M = SL\rho$$

式中　M——导线的质量，kg；

　　　S——导线的截面积，mm^2；

　　　L——导线的长度，km；

　　　ρ——导线所用材料的密度，kg/m^3。

实际上，查阅不同导线的密度比较麻烦，口诀中的系数（该系数与导线的品种有关，具体系数在口诀中已经给出）相当于导线所用材料的密度。这样计算就方便了。例如："硬铝最轻二点八"，这里的 "2.8" 就是估算时要应用到的系数。

"考虑弧垂和绑扎，再把一点零三乘。"在实际施工计算时，由于要考虑架空线路的弧垂、绑扎等需要增加导线的长度，因此总长度乘以 1.03，即增加 3%。

例如：假设一条 2km 长的三相三线高压线路，计划采用 $50mm^2$ 的钢芯铝绞线（型号 LGJ-50）。请问需要购买电视千克的导线？

由于是三相三线高压线路，则导线的总长度为：

$$3 \times 2km = 6km$$

根据口诀 "考虑弧垂和绑扎，再把一点零三乘" 后总长度为：

$$1.03 \times 6km = 6.18km$$

根据口诀 "钢芯铝绞乘以四"，则每千米导线的重量为：

$$50 \times 4 = 200kg$$

6.18km 导线的总重量为：

$$6.18 \times 200 = 1236kg$$

2.2.2　电力变压器估算

1. 已知变压器容量，求各电压等级侧额定电流

（1）口诀。

容量除以电压值，其商乘六除以十。

（2）口诀解说。本口诀适用于任何电压等级的变压器，我们可以以下速算公式表示：

$$I = \frac{P}{U} \times \frac{6}{10} = \frac{P}{U} \times 0.6$$

式中　P——变压器的额定容量，kVA；

　　　U——额定电压值，kV。

例如：某 S9-1000/10 型电力变压器，求其高压 10kV 侧和低压 0.4kV 侧的额定电流？

根据口诀 "容量除以电压值，其商乘六除以十" 进行计算。

1）10kV 侧的额定电流为：

$$I = \frac{P}{U} \times 0.6 = \frac{1000}{10} \times 0.6 = 60A$$

2) 0.4kV 侧的额定电流为：

$$I = \frac{P}{U} \times 0.6 = \frac{1000}{0.4} \times 0.6 = 1500A$$

实际上，10kV 侧的实际电流为 57.7A；0.4kV 侧的实际电流为 1443.4A。

2. 已知变压器容量，求一、二次熔断体的电流值

（1）口诀。

<blockquote>
配变高压熔断体，容量电压相比求。
配变低压熔断体，容量乘以一点八。
得出电流单位安，再靠等级减或加。
</blockquote>

（2）口诀解说。正确选用熔断体对变压器的安全运行关系极大。按照有关规定，电力变压器的高、低压侧均要用熔断体作为保护措施。熔体的正确选用更为重要。

"配变高压熔断体，容量电压相比求。"用于估算变压器高压熔断体的电流值，可用以下公式进行估算：

$$I = \frac{P}{U}$$

式中 P——变压器的额定容量，kVA；

U——额定电压值，kV。

"配变低压熔断体，容量乘以一点八。"用于估算变压器低压熔断体的电流值，可用以下公式进行估算：

$$I = P \times 1.8$$

"得出电流单位安，再靠等级减或加。"由于按照本口诀计算电流得出的结果不一定刚好为熔断体应有的电流规格，所以可以加一点或者减一点使其接近熔断体电流规格的额定值。

例如：某型号 S7-315/6 的电力变压器，求其一、二次熔断体的电流值？

该电力变压器高压侧的额定容量为 315kVA，高压侧的额定电压为 6kV，低压侧的额定电压为 0.4kV，根据口诀"配变高压熔断体，容量电压相比求。配变低压熔断体，容量乘以一点八"，计算出高压侧（一次侧）熔断体的额定电流为：

$$315 \div 6 = 52.5A$$

低压侧（二次侧）熔断体的额定电流为：

$$315 \times 1.8 = 567A$$

根据口诀"得出电流单位安，再靠等级减或加"，结合熔断体的电流规格，一次侧的熔断体的电流值选用 50A，二次侧的熔断体的电流值选用 500A。

3. 已知电力变压器二次侧电流，求其所载负荷容量

（1）口诀。

<blockquote>
已知配变二次压，测得电流求千瓦。
电压等级四百伏，一安零点六千瓦。
（$U_2 = 400V$ 1A = 0.6kW）
电压等级三千伏，一安四点五千瓦。
（$U_2 = 3kV$ 1A = 4.5kW）
电压等级六千伏，一安整数九千瓦。
（$U_2 = 6kV$ 1A = 9kW）
电压等级十千伏，一安一十五千瓦。
（$U_2 = 10kV$ 1A = 15kW）
电压等级三万五，一安五十五千瓦。
（$U_2 = 35kV$ 1A = 55kW）
</blockquote>

（2）口诀解说。电工在日常工作中，常会遇到上级部门、管理人员等问及电力变压器运行情况，负荷是多少？电工本人也常常需知道变压器的负荷是多少？负荷电流易得知，直接看配电装置上设置的电流表，或用相应的钳型电流表测知，可负荷功率是多少，不能直接看到和测知。这就需靠该口诀求算，否则用常规公式来计算，既复杂又费时间。

"电压等级四百伏，一安零点六千瓦。"只要测量到电力变压器二次侧（电压等级 400V）负荷电流，安培数值乘以系数 0.6 便得到负荷功率千瓦数。

例如：测得某电力变压器二次侧（电压等级 400V）的负荷电流为 500A，根据"电压等级四百伏，一安零点六千瓦"，得负荷功率为：

$$500A \times 0.6 = 300kW$$

4. 已知电力变压器容量，求算其二次侧自动断路器瞬时脱扣器整定电流值

（1）口诀。

> 配变二次侧供电，最好配用断路器；
> 瞬时脱扣整定值，三倍容量千伏安。
> 笼形电动机较大，配变容量三倍半。

（2）口诀解说。当采用断路器作为电力变压器二次侧供电线路开关时，断路器脱扣器瞬时动作整定值，一般可以按照"三倍容量千伏安"来估算，即：

$$I_z = 3P(kVA)$$

当断路器用在 100kVA 及以下小容量的变压器二次侧供电线路上时，若其负荷主要是笼形电动机，最大一台电动机的容量又与电力变压器容量接近时，我们可以将断路器脱扣器瞬时动作整定值放大一些，取 3.5 倍变压器容量。即：

$$I_z = 3.5P(kVA)$$

2.2.3 车间电气设备的估算

1. 车间常用电力设备电流负荷的估算

根据车间内用电设备容量的大小（千瓦），估算电流负荷的大小（安），可作为选择供电线路的依据。

（1）口诀。

> 冷床 50，热床 75；
> 电热 120，其余 150。
> 台数少时，两台倍数。
> 几个车间，和乘 0.8。

（2）口诀解说。本口诀是对三相 380V 机械工厂不同加工车间配电的经验数据，按车间内不同性质的工艺设备，每 100kW 设备容量给出相应的估算电流。

车间负荷电流在生产过程中是不断变化的。一般计算较复杂。但也只能得出一个近似的数据。因此，利用口诀估算，同样有一定的实用价值，而且比较简单。为了使方法简单，口诀所指的设备容量（kW），只按工艺用电设备统计（统计时，不必分单相、三相、kW 或 kVA 等，可以统统看成 kW 而相加）。对于一些辅助用电设备如卫生通风机、照明以及吊车等允许忽略，因为在估算的电流中已有适当余裕，可以包括这些设备的用电。有时，统计资料已包括了这些辅助设备。那也不必硬要扣除掉。因为它们参加与否，影响不大。口诀估出的电流，是三相或三相四线供电线路上的电流。

"冷床 50"，指一般车床，刨床等冷加工的机床，每 100kW 设备容量估算电流负荷约 50A。

"热床 75"指锻、冲、压等热加工的机床，每 100kW 设备容量估算电流负荷约 75A。

"电热 120"（读"电热百二"）指电阻炉等电热设备，也可包括电镀等整流设备，每 100kW 设备容量，估算电流负荷约 120A。

"其余 150"（读"其余百五"）指压缩机、水泵等长期运转的设备，每 100kW 设备容量估算电流负荷约 150A。

口诀用于估算一条干线的负荷电流时，若干线上用电设备台数很少时，估算电流应以满足其中最大两台设备的电流为好。这就是口诀中提出"台数少时，两台倍数"的原因。即对于设备台数较少的情况，可取其中最大两台容量的千瓦数加倍（千瓦数乘 2），作为估算的电流负荷。

"几个车间，和乘 0.8"，是指当一条干线供两个及以上的车间时，可将各个车间估算出的电流负荷相加之后，再乘 0.8，就是这条干线上的电流负荷。

例如：机械加工车间机床容量等共 240kW，则估算电流负荷为（240÷100）×50＝120A；锻压车间空气锤及压力机等共 180kW，则估算电流负荷为（180÷100）×75＝135A。

又如：热处理车间各种电阻炉共 280kW，则估算电流负荷为（280÷100）×120＝336A。电阻炉中有一些是单相用电设备，而且有的容量很大。一般应平衡分布在三相线路中，如果无法平衡（最大相比最小相大一倍以上）时，则应改变设备容量的统计方法，即取最大相的千瓦数乘 3。以此数值作为车间的设备容量，再按口诀估算其电流。例如某热处理车间三相电阻炉共 120kW（平均每相 40kW），另有一台单相 50kW，无法平衡，使最大的一相负载达到 50＋40＝90kW。这比负荷小的那相大一倍以上。因此，车间的设备容量应改为 90×3＝270kW，再估算电流负荷为（270÷100）×120＝324A。

再如：空压站压缩机容量共 225kW，则估算电流负荷为（225÷100）×150＝338A。对于空压站、泵房等装设的备用设备，一般不参加设备容量统计。某泵房有 5 台 28kW 的水泵，其中一台备用，则按 4×28＝112kW 计算电流负荷为 168A。估算出电流负荷后，再选择它送电给这个车间的导线规格及截面积。这口诀对于其他工厂的车间也适用。其他生产性质的工厂大多是长期运转设备，一般可按"其余 150"的情况计算。也有些负荷较低的长期运转设备，如运输机械（皮带）等，则可按"电热 120"采用。

机械工厂中还有些电焊设备，对于其他车间的少数容量不大的设备，同样可看作辅助设备而不参加统计。若是电焊车间或大电焊工段，则可按"热床 75"处理，不过也要注意单相设备引起的三相不平衡。这可同前面电阻炉一样处理。

2. 已知三相电动机容量，估算电动机的额定电流

（1）通用口诀。

容量除以千伏数，商乘系数点七六。

该口诀可以用以下公式来表述：

$$I = \frac{P}{U} \times 0.76$$

式中　P——电动机容量，kW；

　　　U——额定电压等级，kV；

　　　I——估算电动机额定电流，A。

口诀中的系数 0.76 是考虑电动机功率因数和效率等计算而得的综合值。功率因数为 0.85，效率为 0.9，计算得出的综合值为 0.76。

口诀适用于任何电压等级的三相电动机额定电流计算。由公式及口诀均可说明容量相同的电压等级不同的电动机的额定电流是不相同的，即电压千伏数不一样，去除以相同的容量，所得"商数"显然不相同，不相同的商数去乘相同的系数 0.76，所得的电流值也不相同。

（2）专用口诀。若把以上口诀称为通用口诀，则可推导出计算 220kV、380kV、660kV、3kV、6kV 电压等级电动机的额定电流专用计算口诀，用专用计算口诀计算某台三相电动机额定电流时，容量 kW 与电流 A 关系直接倍数化，省去了容量除以千伏数，商数再乘系数 0.76。即：

低压二百二电机，千瓦三点五安培。

（电机 220V：　1kW＝3.5A）

低压三百八电机，一个千瓦两安培。

（电机 380V：　1kW＝2A，这是最常用电动机）

低压六百六电机，千瓦一点二安培。

（电机 660V：　1kW＝1.2A）

高压三千伏电机，四个千瓦一安培。

（电机 3000V：　4kW＝1A）

高压六千伏电机，八个千瓦一安培。

（电机 6000V：　8kW＝1A）

高压十千伏电机，十三千瓦一安培。

（电机 6000V：　8kW＝1A）

（3）口诀解说。使用上述口诀时，容量单位为 kW，电压单位为 kV，电流单位为 A。

口诀"容量除以千伏数，商乘系数点七六。"比较适用于几十千瓦以上的电动机，对常用的 10kW 以下的电动机则其估算值稍微偏大一点，按照估算的电动机额定电流值来选择开关、电线、接触器等影响较小。

在计算电流时，当电流达十多安或几十安时，则不必到小数点以后。可以四舍而五不入，只取整数，这样既简单又不影响实用。对于较小的电流也只要算到一位小数即可。

例如：估算额定电压为 3kV，额定功率为 110kW 的三相电动机的额定电流。

根据口诀"高压三千伏电机，四个千瓦一安培。"可计算出该电动机的额定电流为：

$$I = \frac{110}{4} = 27.5$$

按照"四舍而五不入"的方法，额定电流为27A。

3. 已知三相电动机容量，求算电动机的空载电流

(1) 口诀。

电动机空载电流，容量八折左右求；
新大极数少六折，旧小极多千瓦数。

(2) 口诀解说。异步电动机空载运行时，三相绕组中通过的电流称为空载电流。绝大部分的空载电流用来产生旋转磁场，称为空载激磁电流，是空载电流的无功分量。还有很小一部分空载电流用于产生电动机空载运行时的各种功率损耗（如摩擦、通风和铁心损耗等），这一部分是空载电流的有功分量，因占的比例很小，可忽略不计。因此，空载电流可以认为都是无功电流。从这一观点来看，它越小越好，这样电动机的功率因数提高了，对电网供电是有好处的。如果空载电流增大，因定子绕组的导线截面积是一定的，允许通过的电流是一定的，则允许流过导线的有功电流就只能减小，电动机所能带动的负载就要减小，电动机出力降低，带过大的负载时，绕组就容易发热。但是，空载电流也不能过小，否则又要影响到电动机的其他性能。一般小型电动机的空载电流约为额定电流的30%～70%，大中型电动机的空载电流约为额定电流的20%～40%。具体到某台电动机的空载电流是多少，在电动机的铭牌或产品说明书上，一般不标注。可电工常需要知道此数值是多少，以此数值来判断电动机修理的质量好坏，能否使用。

口诀是现场快速求算电动机空载电流具体数值的口诀，它是众多的测试数据而得。它符合"电动机的空载电流一般是其额定电流的1/3"，同时它也符合实践经验"电动机的空载电流，不超过容量千瓦数便可使用"的原则（指检修后的旧式、小容量电动机）。

口诀"容量八折左右求"是指一般电动机的空载电流值是电动机额定容量千瓦数的0.8倍左右。中型、4或6极电动机的空载电流，就是电动机容量千瓦数的0.8倍；新系列、大容量、极数偏小的2级电动机，其空载电流计算按"新大极数少六折"；对旧的、老式系列的、较小容量的、极数偏大的8极以上电动机，其空载电流，按"是小极多千瓦数"计算，即空载电流值近似等于容量千瓦数，但一般是小于千瓦数。

运用口诀计算电动机的空载电流，算值与电动机说明书标注的、实测值有一定的误差，但口诀算值完全能满足电工日常工作所需求。

4. 已知电动机空载电流，估算电动机的额定容量

(1) 口诀。

无牌电机的容量，测得空载电流值；
乘十除以八求算，近靠等级千瓦数。

(2) 口诀解说。口诀是对无铭牌的三相异步电动机，不知其容量千瓦数是多少，可按通过测量电动机空载电流值，估算电动机容量千瓦数的方法。一般电动机的空载电流是电动机额定容量千瓦数的0.8倍左右，即：

$$P = I_{空载} \times \frac{10}{8}$$

5. 已知三相电动机容量，估算电动机过载保护热继电器元件额定电流和整定电流

(1) 口诀。

电机过载的保护，热继电器热元件。
热元件的额电流，号流容量两倍半；
热元件的整定流，等于两倍千瓦数。

(2) 口诀解说。容易过负荷的电动机，由于启动或自启动条件严重而可能启动失败，或需要限制启动时间的，应装设过载保护。长时间运行无人监视的电动机或3kW及以上的电动机，也宜装设过载保护。过载保护装置一般采用热继电器或断路器的延时过电流脱扣器。目前我国生产的热继电器适用于轻载启动、长时期工作或间断长期工作的电动机过载保护。

热继电器过载保护装置，结构原理均很简单，可选调热元件却很微妙，若等级选大了就得调至低限，常造成电动机偷停，影响生产，增加了维修工作。若等级选小了，只能向高限调，往往电动机过载时不动作，甚至烧毁电动机。

正确算选 380V 三相电动机的过载保护热继电器，尚需弄清同一系列型号的热继电器可装用不同额定电流的热元件。同一系列的热继电器有不同的电流等级（如 NR2-25 有 25，36 等电流等级），有不同的额定整定电流规格（比如 NR2-25 规格有 0.1～0.16，4～6，17～25 等整定电流规格）。在选用热继电器时，可根据被保护设备（电动机）的额定电流来选择热元件的编号，并通过调节旋钮的调节达到其整定电流所需的数值。

热继电器热元件的整定电流按"两倍千瓦数整定"；热继电器热元件的额定电流按"号流容量两倍半"算选；热继电器的型号规格，即其额定电流值应大于等于热元件额定电流值。即：

$$I_{额定} = I_e(电动机) \times 2.5$$
$$I_{整定} = P(电动机) \times 2$$

6. 已知小型三相笼型电动机容量，求电动机负荷开关、熔断器的电流值

（1）口诀。

直接启动电动机，容量不超十千瓦。
供电设备千伏安，三倍千瓦配电源。
六倍千瓦选开关，五倍千瓦配熔体。

（2）口诀解说。口诀"直接启动电动机，容量不超十千瓦。"是指小型 380V 鼠笼型三相电动机启动电流很大（一般是额定电流的 4～7 倍），用负荷开关直接启动的电动机容量最大不应超过 10kW，一般以 4.5kW 以下为宜。开启式负荷开关（胶盖瓷底隔离开关）一般用于 5.5kW 及以下的小容量电动机作不频繁的直接启动；封闭式负荷开关（铁壳开关）一般用于 10kW 以下的电动机作不频繁的直接启动。两者均需有熔体作为短路保护，而且电动机功率不大于供电变压器容量的 30%。口诀"三倍千瓦配电源"，即电源容量为电动机额定功率的 3 倍。

熔断器的额定电流与熔体的额定电流不同，某一额定电流等级的熔断器中可以装入几个不同额定电流等级的熔体。所以选择熔断器作为线路和设备的保护时，首先要明确选用熔体的规格，然后再根据熔体去选定熔断器。

负荷开关均由简易隔离开关和熔断器或熔体组成。为了避免电动机启动时的大电流，负荷开关的额定电流（A）以及作短路保护的熔体额定电流（A）应分别按"六倍千瓦选开关，五倍千瓦配熔体"来算选。

用口诀估算出来的电流值，还需要靠近开关规格。熔断体也应按照产品规格来选择。

7. 已知鼠笼型电动机容量，求算电动机断路器的脱扣器整定电流

（1）口诀。

断路器的脱扣器，整定电流容量倍；
瞬时一般是二十，较小电机二十四；
延时脱扣三倍半，热脱扣器整两倍。

（2）口诀解说。断路器常用在对鼠笼型电动机供电的线路上作为不经常操作的开关使用。如果操作频繁，可加串联一只接触器来操作。断路器利用其中的电磁脱扣器（瞬时）作为短路保护，利用其中的热脱扣器（或延时脱扣器）作为过载保护。断路器的脱扣器整定电流值计算是电工常遇到的问题，口诀给出了整定电流值和所控制的笼型电动机容量千瓦数之间的倍数关系。

"瞬时一般是二十，较小电机二十四"说的是断路器作为短路保护时，瞬时脱扣器的整定电流一般为电动机容量的 20 倍；容量较小的电动机选择瞬时脱扣器的整定电流可以取电动机容量的 24 倍。即：

$$I_s = 20P$$
$$I_M = 24P$$

"延时脱扣三倍半"说的是作为过载保护的断路器，其延时脱扣的电流整定值可按所控制电动机额定电流的 1.7 倍选择，即 3.5 倍千瓦数选择。即：

$$I_Y = 3.5P$$

"热脱扣器整两倍"说的是热脱扣器电流整定值，应等于或略大于电动机的额定电流，即按电动机容量千瓦数的 2 倍选择。即：

$$I_R = 2P$$

8. 车间照明设施负荷的估算

(1) 口诀。

照明电压二百二，一安二百二十瓦。

(2) 口诀解说。照明供电线路指从配电盘向各个照明配电箱的线路，照明供电干线一般为三相四线，负荷为 4kW 以下时可用单相。照明配电线路指从照明配电箱接至照明器或插座等照明设施的线路。

在 220V 单相照明电路中，负载的电功率可根据以下公式计算：

$$P = UI = 220I$$

式中　P——220V 照明电路所载负荷容量，W；

　　　U——220V 电压，V；

　　　I——实测电流，A。

不论是供电还是配电线路，只要用钳型电流表测得某相线电流值，然后乘以系数 220，积数就是该相线所载负荷容量。

例如，采用钳形电流表从配电箱处测量某照明电路相线的电流为 21A，根据口诀，该电路此时所载的照明负荷量：

$$P = 220 \times 21A = 4620W$$

测电流求线路的负荷容量数，可帮助电工迅速调整照明干线三相负荷容量不平衡问题，可帮助电工分析配电箱内保护熔体经常熔断的原因，配电导线发热的原因等。

本口诀介绍的估算方法主要适用于白炽灯照明电路。对于设置有荧光灯、节能灯及其他家用电器的照明电路，其计算结果误差较大，但也有一定的参考价值。

2.2.4　电气设备配线的估算

1. 电动机配线的估算

(1) 口诀。

多大电线配电机，截面系数相加知。
2.5 加三；4 加四；
6 加六，25 加五记仔细
百二反配整一百，顺号依次往下推。

(2) 口诀解说。说明此口诀是对三相 380V 电动机配线的。导线为铝芯绝缘线（或塑料线）穿管敷设。为了理解本口诀，先要了解一般电动机容量（千瓦）的排列。

旧的容量（千瓦）排列为：0.6、1、1.7、2.8、4.5、7、10、14、20、28、40、55、75、100、125…

新的容量（千瓦）排列为：0.8、1.1、1.5、2.2、3、4、5.5、7.5、10、13、17、22、50、40、55、75、100…

"多大电线配电机，截面系数相加知。"即用该导线截面积加上一个系数，是它所能配电动机的最大千瓦数。

"2.5 加三"，表示 2.5mm² 的铝芯绝缘线穿管敷设，能配 "2.5 加三" kW 的电动机，即最大可配备 5.5kW 的电动机。

"4 加四"，是 4mm² 的铝芯绝缘线穿管敷设，能配 "4 加四" kW 的电动机。即最大可配 8kW（产品只有相近的 7.5kW）的电动机。

"6 加六"是说铝芯绝缘线从 6mm² 开始，及以后都能配 "加大六" kW 的电动机。即 6mm² 可配 12kW，10mm² 可配 16kW，16mm² 可配 22kW。

"25 加五"，是说从 25mm² 开始，加数由六改变为五了。即 25mm² 可配 30kW 电动机，35mm² 可配 40kW，50mm² 可配 55kW，70mm² 可配 75kW。

"百二反配整一百，顺号依次往下推"，是说电动机大到 100kW，导线截面积便不是以 "加大" 的关系来配电动机，而是 120mm² 的铝芯绝缘线只能配 100kW 的电动机。顺着导线截面积规格号和电动机容量顺序排列，依次类推。

例如：7kW 电动机配截面积为 4mm² 的铝芯绝缘线（"4 加四"）。

17kW 电动机配线截面积为 16mm² 的铝芯绝缘线（"6 加六"）。

28kW 电动机配线截面积为 25mm² 的铝芯绝缘线（"25 加五"）。

以上配线稍有余裕，因此即使容量虽不超过但环境温度较高也都可使用，但大截面积的导线，当环境温度较高时，仍以改大一级为宜，比如 70mm² 本体可配 75kW，若环境温度较高则以改大为 95mm² 为宜，而 100kW 则改配 150mm² 为宜。

2. 吊车配线的估算

（1）口诀。

配电开关，按吨计算：

2 吨三十，5 吨六十；

15 一百，75 二百。

导线截面，按吨计算。

桥式吊车，增大一级。

（2）口诀解说。本口诀适用于工厂中一般使用的电压为 380V 三相吊车配线的计算。

"配电开关，按吨计算：2 吨三十，5 吨六十；15 一百，75 二百。"口诀说的是按吨位决定吊车配电开关额定电流的大小（A），前面的阿拉伯字码表示吊车的吨位，后面的汉字数字表示相应的开关大小（A），即：

2t 及以下吊车配开关的额定电流为 30A；

5t 吊车配开关的额定电流为 60A；

15t 吊车配开关的额定电流为 100A；

75t 吊车配开关的额定电流为 200A。

上述吨位中间的吊车，如 10t 吊车，可按相近的大吨位的开关选择，即选 100A。

"导线截面，按吨计算。"这口诀表示按吨位决定供电导线（穿于管内）截面积的大小。即按吊车的吨位数选择相近（或稍大）规格的导线。

例如：3t 吊车可选相近的 4mm² 的导线。

5t 吊车可取 6mm² 的导线。

"桥式吊车，增大一级"，说的是 5t 桥式吊车则不取 6mm² 的导线，而宜取 10mm² 的导线。

以上选择的导线都比吊车电动机按"对电动机配线"的口诀应配的导线小些。如 5t 桥式吊车，电动机约 23kW，按口诀"6 后加六"，应配 25mm² 或 16mm² 的导线，而这里只配 10mm² 的导线。这是因为吊车通常使用的时间短，停车的时间较长，属于反复短时工作制的缘故。类似的设备还有电焊机。用电时间更短的还有磁力探伤器等。对于这类设备的配线，均可以取小些。

3. 电焊机配线的估算

（1）口诀。

电焊支路要配电，容量降低把流算。

电弧八折阻焊半，二点五倍得答案。

（2）口诀解说。电焊机属于反复短时工作负荷，决定了电焊机支路配电导线可以比正常持续负荷小一些。而电焊通常分为电弧焊和电阻焊两大类，电弧焊是利用电弧发出的热量，使被焊零件局部加热达到熔化状态而起到焊接的一种方法；电阻焊则是将被焊的零件接在焊接机的线路里，通过电流达到焊接温度时，把被焊的地方压缩而达到焊接的目的，电阻焊可分为点焊、缝焊和对接焊，用电时间更短些。所以，利用电焊机容量计算其支路配电电流时，先把容量降低来计算。

一般估算方法是：电弧焊机类将容量打八折（乘 0.8），电阻焊机类打对折（乘 0.5），这就是"电弧八折阻焊半"的意思，然后再按改变的容量乘 2.5 即为该支路电流。

该口诀适用于接在 380V 电源上的焊机。

例如：32kVA 交流弧焊机，接在 380V 电源上，求电焊机支路配电电流。

按"弧焊八折"，则 32×0.8＝25.6，即配电时容量可改为 26kVA。当接用 380V 电源时，可按 26×2.5＝65A 配电。

又例如：50kVA 点焊机，接在 380V 电源上，求电焊机支路配电电流。

按"阻焊半"，则 50×0.5＝25，即可按 25kVA 配电。当为 380V 电源时，按 25×2.5＝62.5 即 63A 配电。

2.3 常用电工计算公式

2.3.1 电工最常用公式

电工常用公式汇总见表 2-23。

表 2-23   电 工 常 用 公 式 汇 总

名称	公式	单位	说明
有功功率公式	$P=UI\cos\varphi$	W	P 是有功功率、U 是电压、I 是电流、$\cos\varphi$ 是功率因数、W 是瓦特、这公式用于交流电路里
视在功率公式	$S=UI$ 或者 $S=P/\cos\varphi$	VA 或者 kVA	S 是视在功率、U 是电压、I 是电流、P 是有功功率、$\cos\varphi$ 是功率因数。这是交流电路里用的公式
功率公式 (有功功率)	$P=UI$	W	直流电路里是用这公式计算，因为它的电压、电流相位差等于零，功率因数等于一；交流电负载是纯电阻可用这公式
	$P=\dfrac{U^2}{R}$	W	P 是功率、U^2 是电压的平方、R 是电阻、W 是瓦特。（直流电路里用的公式）
	$P=I^2R$	W	P 是功率、I^2 是电流的平方、R 是电阻、W 是瓦特。（直流电路里用的公式）
无功功率公式	(1) $Q=IU\sin\varphi$ (2) $Q=W_总-W_有$	var	Q 是无功功率、单位是 var，φ 是相角差
额定功率公式	额定功率$\approx S\times 0.8$	VA	S 是视在功率、VA 是伏安要求一天用 12 小时
功率因数公式	$\cos\varphi=\dfrac{P}{S}$		φ 是相角差、P 是有功功率、S 是视在功率
最大功率公式	最大功率$\approx$额定功率$\times$1.25 倍		12 小时内限于用 1 小时、$\times$是乘号
经济功率公式	经济功率$\approx$额定功率$\times$(0.5~0.75)		这时发电机最节约能源、$\times$是乘号
效率公式	$\eta=\dfrac{输出功率}{输入功率}\times 100\%$		η 是效率、公式也可用 $\eta=\dfrac{W_有}{W_总}\times 100\%$
用电量公式	用电量=功率（kW）$\times$使用时间（h）	kWh（度）	k=1000、W 是瓦特、h 是小时、1 千瓦时=1 度电
变压器绕组匝数与输出电压、电流的关系的公式	$E_1=N_1\dfrac{\Delta\Phi_m}{\Delta T}$ $E_2=N_2\dfrac{\Delta\Phi_m}{\Delta T}$	VA 或 W	$\Delta\Phi_m$ 是磁通的变化量、ΔT 是变化的时间、E_1E_2 是一、二次绕组的感应电动势、N_1N_2 是一、二次绕组。
	$\dfrac{U_1}{U_2}=\dfrac{N_1}{N_2}$		U_1U_2 是一、二次绕组的电压比、N_1N_2 是一、二次绕组的扎数比
	$\dfrac{I_1}{I_2}=\dfrac{U_2}{U_1}$		I_1I_2 是一、二次绕组的电流比 U_2U_1 是二次绕组的电压比
	$\dfrac{U_1}{U_2}=\dfrac{N_1}{N_2}=\dfrac{I_2}{I_1}$		
全电路欧姆定律公式	$I=\dfrac{E}{R+r}$	A	I 是电流、E 是电动势、R 是外电阻、r 是内电阻、A 是安培。这公式是在直流在纯电阻的电路里使用

名称	公式	单位	说明
欧姆定律公式	$I = \dfrac{U}{R}$	A	I 是电流、U 是电压、R 是电阻、A 是安培
频率公式	$f = \dfrac{1}{2\pi\sqrt{LC}}$	Hz	f 是频率、$\pi = 3.14159\cdots$、L 是电感、C 是电容。$\sqrt{\ }$ 是开方根、Hz 是赫兹
周期公式	$T = \dfrac{1}{f}$	s	T 是周期、f 是频率、1 是数量 1、s 是秒
波长公式	$\lambda = \dfrac{c}{f}$	m	λ 是波长，发音叫拉母打、C 是波速为 30 万 km/s、f 是频率、m 是米
容抗公式	$X_C = \dfrac{1}{2\pi fC}$	Ω	X_C 是容抗、$\pi = 3.14159\cdots$、f 是频率、C 是电容、电容单位是（F）、Ω 是欧姆
感抗公式	$X_L = 2\pi fL$	Ω	X_L 是感抗、$\pi = 3.14159\cdots$、f 是频率、L 是电感、Ω 是欧姆
电感量公式	$L = \dfrac{\Psi}{I} = \dfrac{N\Phi}{I}$	H	L 是电感量、Ψ 是磁链、I 是电流、N 是扎数、Φ 是磁通量、H 是享利、有豪享（mH）、微享（μH）
磁通量公式	$\Phi = BS$	wb	Φ 是磁通量、B 是磁感应强度、S 是面积、wb 是韦伯、这公式用于 B 的磁感线方向与 S 面积要垂直
	$\Phi = BS\cos\theta$	wb	Φ 是磁通量、B 是磁感应强度、S 是面积、$\cos\theta$ 是夹角、wb 是韦伯
电感串联公式	$L_总 = L_1 + L_2 + L_3 + \cdots + L_n$	H	$L_总$ 是总电感量、H 是享利；电感串联公式计算，电感与电感之间不互相干扰才比较准确
电感并联公式	$\dfrac{1}{L_总} = \dfrac{1}{L_1} + \dfrac{1}{L_2} + \dfrac{1}{L_3} + \cdots + \dfrac{1}{L_n}$	H	$L_总$ 是总电感量、H 是享利，电感并联公式计算，电感与电感之间不互相干扰才比较准确
电容量公式	$C = \dfrac{Q}{U}$ 或者 $C = \dfrac{\varepsilon_r \varepsilon_0 S}{d}$	F	F 是法拉，1 法拉 $= 1 \times 10^6$ 微法拉（μF）$= 1 \times 10^{12}$ 皮法拉（PF）。Q 为任一极板的所带电量；U 为两极板间电压。ε_0 为真空中的介电常数，$\varepsilon_0 = 8.85 \times 10^{-12}$ F/m；ε_r 为物质的相对介电常数；$\varepsilon_0\varepsilon_r = \varepsilon$，$\varepsilon$ 称为某种物质的介电常数；C 表示电容器的电容（F）；d 表示两极板间的距离（m）；s 表示两极板的正对面积（m²）

名称	公式	单位	说明
电容串联公式	(1) $\dfrac{1}{C_总}=\dfrac{1}{C_1}+\dfrac{1}{C_2}+\dfrac{1}{C_3}+\cdots+\dfrac{1}{C_n}$ (2) $Q=Q_1=Q_2=Q_3$ (3) $U=U_1+U_2+U_3$ $\quad=Q\left(\dfrac{1}{C_1}+\dfrac{1}{C_2}+\dfrac{1}{C_3}\right)$ (4) $U_1:U_2:U_3=\dfrac{1}{C_1}:\dfrac{1}{C_2}:\dfrac{1}{C_3}$	F	C 是电容，Q 是电量，U 是电压
电容并联公式	(1) $C_总=C_1+C_2+C_3+\cdots+C_n$ (2) $Q=Q_1+Q_2+Q_3$ (3) $Q_1:Q_2:Q_3=C_1:C_2:C_3$ (4) $U=U_1=U_2=U_3$	F	C 是电容，Q 是电量，U 是电压
电阻串联公式	(1) $R_总=R_1+R_2+R_3+\cdots+R_n$ (2) $I=I_1=I_2=I_3=\cdots I_n$ (3) $U=U_1+U_2+U_3+\cdots+U_n$ (4) $U_1:U_2:U_3\cdots U_n=R_1:R_2:R_3\cdots R_n$ (5) $P_1:P_2:P_3\cdots P_n=R_1:R_2:R_3\cdots R_n$	Ω	R 是电阻、U 是电压、P 是功率、I 是电流
电阻并联公式	(1) $\dfrac{1}{R_总}=\dfrac{1}{R_1}+\dfrac{1}{R_2}+\dfrac{1}{R_3}+\cdots+\dfrac{1}{R_n}$ 特例：1）两个电阻并联时的等效电阻值为： $\quad R=\dfrac{R_1R_2}{R_1+R_2}$ 2）3个电阻并联，则等效电阻值为： $\quad R=\dfrac{R_1R_2R_3}{R_1R_2+R_1R_3+R_2R_3}$ (2) $I=I_1+I_2+\cdots+I_n$ (3) $U=U_1=U_2=\cdots=U_n$ (4) $I_1:I_2:\cdots:I_n=\dfrac{1}{R_1}:\dfrac{1}{R_2}:\cdots:\dfrac{1}{R_n}$ (5) $R_1P_1=R_2P_2=\cdots=R_nP_n=RP$	Ω	R 是电阻、U 是电压、P 是功率、I 是电流
电池串联公式	$E_串=E_1+E_2+E_3+E_n$ $r_串=r_1+r_2+r_3+\cdots+r_n$		E 是电池的电动势，单位 V；r 是电池的内阻，单位是 Ω
电池并联公式	$E_并=E_1=E_2=E_3=\cdots=E_n$ $\dfrac{1}{r_总}=\dfrac{1}{r_1}+\dfrac{1}{r_2}+\dfrac{1}{r_3}+\cdots+\dfrac{1}{r_n}$		E 是电池的电动势，单位 V；是电池的内阻，单位是 Ω

续表

名称	公式	单位	说明
功率 db 公式	$db=10\log\left(\dfrac{p_1}{p_2}\right)$		log 是对数、P_1 是测试数据、P_2 是参考标准数
电压 db 公式	$db=20\log\left(\dfrac{v_1}{v_2}\right)$		log 是对数、v_1 是测试数据、v_2 是参考标准数
电流 db 公式	$db=20\log\left(\dfrac{I_1}{I_2}\right)$		log 是对数、I_1 是测试数据、I_2 是参考标准数

2.3.2 交流电机的计算

1. 电动机电流的计算

在三相四线供电线路中，电动机一个绕组的电压就是相电压，导线的电压是线电压（指 A 相 B 相 C 相之间的电压），一个绕组的电流就是相电流 I_Φ，导线的电流是线电流 I_L。

（1）当电动机星形连接时：

$$I_L = I_\Phi$$
$$U_L = \sqrt{3}U_\Phi$$

三个绕组的尾线相连接时，电动势为零，所以绕组的电压是 220V。

（2）当电动机三角形连接时：

$$I_L = \sqrt{3}I_\Phi$$
$$U_L = U_\Phi$$

绕组直接与 380V 电源连接，流过导线的电流是两个绕组电流的矢量之和。

（3）电动机的启动电流不是一个定值（一般是一个平均值）。不同的电动机、不同的负荷、不同的启动方式，所需启动的时间是不相同的，其平均电流就有很大区别。

三相电动机直接启动时，启动电流为额定电流（电动机铭牌上面有注明）的 4～7 倍。

用星—三角减压启动时的电流是直接启动电流的 1/3（一般为额定电流的 2.4 倍左右），即：

$$I_Y = \frac{1}{3}I_\triangle$$

2. 电动机功率、效率及功率因数的计算

电动机从电源得到的电功率称为输入功率，用 P_1 表示；拖动负载的机械功率，称为输出功率或额定功率，用 P_N 表示。

（1）电动机输入功率计算公式：

$$P_1 = \sqrt{3}U_L I_L \cos\varphi$$

式中　P——电动机的额定输出功率，kW；

　　　U_L——额定线电压，V；

　　　I_L——额定线电流，A；

　　$\cos\varphi$——电动机的功率因数，是指电动机消耗的有功功率占视在功率的比值。

（2）电动机额定功率计算公式为：

$$P_N = P_1 - \Delta P$$

其中，ΔP 为损坏，包括电动机运行时定子和转子绕组中的铜损、铁芯中的铁损、机械损耗以及附加损耗等。

（3）电动机效率计算公式。电动机是指额定功率与输入功率之比的百分数，即：

$$\eta = \frac{P_N}{P_1} \times 100\%$$

效率高，说明损耗小，节约电能。一般异步电动机在额定负载下其效率为 75%～92%。

（4）电动机功率因数计算公式。电动机属于既有电阻又有电感的电感性负载。电感性负载的电压和电流的相量间存在着一个相位差，通常用相位角 φ 的余弦 $\cos\varphi$ 来表示。$\cos\varphi$ 称为功率因数，又叫力率，其值为输入的有功功率 P_1 与视在功率 S 之比。即：

$$\cos\varphi = \frac{P_1}{S}$$

电动机应避免空载运行，防止"大马拉小车"现象。当电动机在额定负载下运行时，功率因数达到最大值，一般约为 0.7～0.9。

3. 电动机转速、转矩、极对数的计算

（1）异步电动机转速的计算公式为：

$$n = \frac{60f}{P}$$

式中　n——转速，r/min；

f——电源频率，Hz；

P——旋转磁场的磁极对数。

（2）转差率的计算公式。异步电动机的同步转速 n_1 与转子转速 n_2 之差叫作转速差。它与同步转速之比，叫作异步电动机的转差率，用 S_n 表示，即

$$S_n = \frac{n_1 - n_2}{n_1} \times 100\%$$

转差率可以表明异步电动机的运行速度，其变化范围为：$0 < S_n \leqslant 1$。

为了便于计算异步电动机转子的转速，转差率公式也可改写为：

$$n_2 = (1 - S_n)n_1 = (1 - S_n)\frac{60f}{P}$$

（3）电磁转矩的计算公式。电动机电磁转矩简单地说就是转动的力量的大小，为电动机的基本参数之一。其计算公式为：

$$T_N = 9550\frac{P_N}{n_N}$$

式中　T_N——电磁转矩，N·m；

P_N——电动机的电磁功率，kW；

n_N——电动机的额定转速，r/min。

第3章 低压架空线路的安装

3.1 低压架空线路基础知识

3.1.1 低压架空线路简介

1. 架空线路的结构

电力线路按照架设方式可分为架空电力线路（以下简称架空线路）和电缆线路两大类。目前我国输电线路基本上是架空线路为主；电缆线路一般只应用在城市中心地带、线路走廊狭窄和变、配电所进出困难的地段，或因过电压保护需要而设置的一段线路。

架空线路的主要由电杆、横担、绝缘子、导线和拉线等组成，如图 3-1 所示。

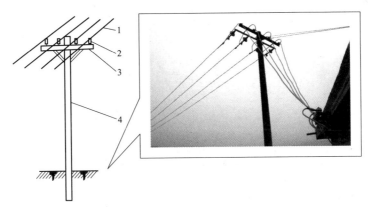

图 3-1 架空线路的结构
1—低压导线；2—针式绝缘子；3—横担；4—低压电杆

（1）电杆用来支持和架设导线。电杆要有足够的机械强度，并保证导线对地有足够的距离。低压架空线路一般采用水泥杆。两根电杆之间的距离称为档距。

（2）横担用来固定绝缘子以支承导线，并保持各相导线之间的距离。目前常用的横担有铁横担和瓷横担。

（3）绝缘子俗称瓷瓶，用来固定导线并使导线于电杆绝缘。在低压架空线路上通常采用的是蝶式绝缘子。

（4）拉线用来平衡电杆，不使电杆因导线的拉力或风力等的影响而倾斜，其结构如图 3-1 所示。拉线多采用钢绞线制成，埋入地下；拉线底盘采用预制混凝土拉线盘。

（5）导线是架空线路的主要组成部分，它担负着传递电能的作用，低压架空线路一般采用裸导线，多采用钢心铝绞线。在容易受到金属器件钩碰的场所，为了避免发生短路和触电事故，应采用绝缘导线。

导线的规格可根据线路计算负荷电流按安全载流量选用，选择导线截面积必须满足架空导线最小截面积规定：架空导线裸铜绞线最小截面积为 $6mm^2$，裸铝绞线最小截面积为 $16mm^2$。如果采用单股裸铜线，其最大截面积不应超过 $16mm^2$。

2. 低压架空线路的特点

（1）低压架空线路通常都采用多股绞合的裸导线来架设，由于导线的散热条件很好，所以导线的载流量要比同截面积的绝缘导线高出 30%～40%，从而降低了线路成本。

（2）低压供电线路我国规定采用三相四线制，电压等级规定为380V/220V。

（3）低压架空线路一般用于低压电网中作为低压供电线路，其范围自配电变压器二次侧至每个用户的接户点。

【重要提醒】

架空线路具有结构简单、安装和维修方便等特点，但低压架空线路应用在城市中有碍城市的整洁和美观，应用在农村田间，电杆须占用农田。同时，架空线路易受如洪水、大风和大雪等自然灾害的影响，这对架空线路的安全运行十分不利。另外，线路维护管理不善，也易发生人畜触电事故。

3. 线路的结构形式

（1）低压架空线路常用的结构形式有如图3-2所示的几种，各种结构形式的应用范围见表3-1。

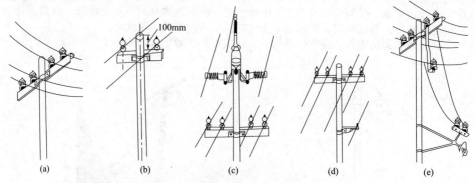

图 3-2 低压架空线路各种结构形式

（a）三相四线线路；（b）单相两线线路；（c）高低床同杆架伞线路；
（d）电力、通信同杆架伞线路；（e）与路灯线同杆架伞线路

表 3-1　　　　　　　　　　低压架空线路各种结构形式的应用范围

结构类型	应用范围
三相四线线路	（1）城镇中负载密度不大的区域的低压配电； （2）工矿企业内部的低压配电； （3）农村及田间的低压配电
单项两线线路	（1）城镇、农村居民区的低压配电； （2）工矿企业内部生活区的低压配电
高低压同杆架空线路	（1）城镇中负载密度较大的区域的低压配电； （2）用电量较大，没有高压用电设备或分设车间变电室的工矿企业的高低压配电
电力、通信同杆架空线路	小城镇、农村或田间的低压配电
与路灯线同杆架空线路	（1）沿街道的配电线路； （2）工矿企业内部的架空线路

（2）低压架空线路常用杆型如图3-3所示，各种杆型的应用范围和作用见表3-2，常用杆型的应用如图3-4所示。

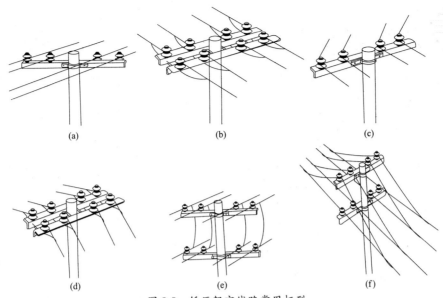

图 3-3 低压架空线路常用杆型
（a）直线杆；（b）耐张杆；（c）转角杆；（d）耐张转角杆；（e）分支杆；（f）跨越杆

表 3-2   各种杆型的应用范围和作用

杆型	受力方向示意	应用范围和作用
直线杆	←○→	（1）电杆两侧受力基本相等且受力方向对称； （2）作为线路直线部分的支持点
耐张杆（直线耐张杆）	←○→	（1）电杆两侧受力基本相等且受力方向对称； （2）作为线路分段的支持点； （3）具有加强线路机械强度的作用
转角杆	←○↘	（1）电杆两侧受力基本相等或不相等，受力方向不对称； （2）作为线路转折的支持点
分支杆	○→	（1）电杆三向或四向受力； （2）作为线路分支出不同方向支线路
跨越杆	←○→	（1）电杆两侧受力不相等，但受力方向对称； （2）作为线路跨越较大河面、山谷或重大地面设施的支持点； （3）具有加强导线支持强度的作用
终端杆	←○→	（1）电杆单向受力； （2）作为线路起始或终末端的支持点

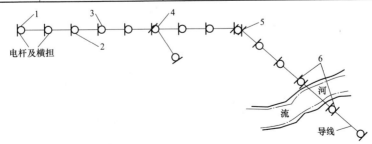

图 3-4 常用杆型应用示意图
1—终端杆；2—直线杆；3—耐张杆；4—分支杆；5—转角杆；6—跨越杆

4. 金具

凡用于架空线路的所有金属构件（除导线外），均称为金具。金具主要用于安装固定导线、横担、绝缘子、拉线等。常用金具结构和用途如图 3-5 所示。

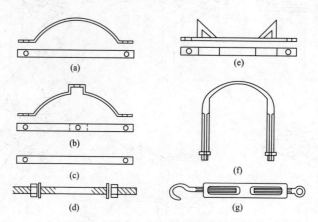

图 3-5　低压架空线路常用金具
(a) 圆形抱箍；(b) 带凸抱箍；(c) 支撑扁铁；(d) 穿心螺栓；
(e) 横担垫铁；(f) 横担抱箍；(g) 花篮螺栓

【重要提醒】

圆形抱箍用于把拉线固定在电杆上；花篮螺栓可调节拉线的松紧度；横担垫铁和横担抱箍可以把横担固定在电杆上；支撑扁铁从下面支撑横担，防止横担歪斜；支撑扁铁可用带凸抱箍进行固定；穿心螺栓用来把木横担固定在木电杆上。

5. 架空线路的相序排列

架空线路的相序排列见表 3-3。

表 3-3　　　　　　　　　　　　架空线路的相序排列

供电系统	相序排列
TT 系统	面向负荷，从左向右为 L1、L2、L3
TN-S 系统或 TN-C-S 系统，与保护中性线在同一横担架设时	面向负荷，从左至右为 L1、N、L2、L3、PE
TN-S 系统或 TN-C-S 系统，动力线与照明线同杆架设上下两层横担	上层横担，面向负荷，从左至右为 L1、L2、L3；下层横担，面向负荷，从左至右为 L1、L2、L3、N、PE 当照明线在两个横担上架设时，最下层横担面向负荷，最右边的导线为保护中性线 PE

6. 架空线路的导线排列

（1）高压配电线路的导线应采用三角排列或水平排列。

（2）双回路线路同杆架设时，宜采用三角排列，或采用垂直三角排列。

（3）低压配电线路的导线宜采用水平排列。

（4）同一地区低压配电线路的导线在电杆上的排列应统一。中性线应靠电杆或靠建筑物；同一回路的中性线，不应高于相线。

（5）低压路灯线在电杆上的位置，不应高于其他相线和中性线。

（6）沿建（构）筑物架设的低压配电线路应采用绝缘线，导线支持点之间的距离不宜大于 15m。

3.1.2 架空线路的几个重要概念

1. 档距

同一线路上两相邻电杆的水平距离称为档距。

高压配电线路档距一般为：在集镇和村庄为 40～50m，在田间为 60～100m；低压配电线路使用铝绞线时，在集镇和村庄档距一般为 40～50m，在田间为 50～70m；低压配电线路使用绝缘导线时的档距一般为 30～40m，最大不超过 50m。

2. 弧垂

弧垂指在平坦地面上，相邻两基电杆上导线悬挂高度相同时，导线最低点与两悬挂点间连线的垂直距离。如果导线在相邻两电杆上的悬挂点高度不相同，此时，在一个档距内将出现两个弧垂，即导线的两个悬挂点至导线最低点有两个垂直距离，称为最大弧垂和最小弧垂。架空线路的弧垂和档距如图 3-6 所示。

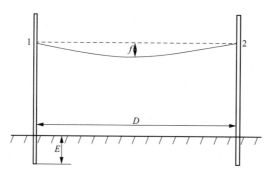

图 3-6 架空线路的弧垂和档距示意图
1、2—导线悬挂点；f—弧垂；D—档距；E—埋深

导线弧垂与档距、导线重量、架线松紧、热胀冷缩、风速、冰雪等条件均有关系。在导线截面积一定的条件下，档距越大，弧垂越大，导线所受到的拉力越大，所以对导线弧垂必须有一定的限制，以防拉断导线或造成倒杆事故。另外，弧垂还需考虑到安全距离。对各种导线在不同档距、不同温度下的导线弧垂已制成表格、曲线，在配电线路设计时可参照有关规程、规定或手册中的有关表格、曲线。同一档距内的导线弧垂必须相同，否则，导线被风吹动时易发生碰线而造成相间短路。

架空线路导线的弧垂应根据计算确定。导线架设后塑性伸长对弧垂的影响，宜采用减小弧垂法补偿，弧垂减小的百分数为：铝绞线为 20%；钢芯铝绞线为 12%；铜绞线为 7%～8%。

架空线路中导线的弧垂与档距有关，同样的导线档距越大则弧垂越大；同样的档距弧垂越小则应力越大。大档距架空线弧垂计算见表 3-4。

表 3-4 大档距架空线弧垂计算表

类别	名称	符号	公式	结果	单位
设计参数	导线每米质量	ω		0.28	kg/m
	导线实际截面积	S		79.39	mm²
	铝部截面积	S_l		68.05	mm²
	钢部截面积	S_g		11.34	mm²
	铝部比重	r_l	$t/m^3 = g/cm^3$	2.70	t/m³
	钢部比重	r_g	$t/m^3 = g/cm^3$	7.80	t/m³
	导线外径	d		11.40	mm

类别	名称	符号	公式	结果	单位
设计参数	冰层厚度	b		5.00	mm
	空气动力系数	k	$d<17$mm 时 $k=1.2$；$d>17$mm 时 $k=1.1$；覆冰 $k=1.2$	1.10	1
	风速不均匀系数	α	10kV 取 $\alpha=1$	1.00	1
	最大风速	v	Ⅳ类气象区	25.00	m/s
	覆冰时风速	v_1	Ⅳ类气象区	10.00	m/s
导线比载	自重比载	g_1	$g_1=\omega/S=1.025\times(r_1\times S_1+r_g\times S_g)/(1000\times S)$	0.00352	kg/m·mm²
	覆冰比载	g_2	$g_2=0.00283\times b\times(d+b)/S$	0.00292	kg/m·mm²
	自重、覆冰总比载	g_3	$g_3=g_1+g_2$	0.00644	kg/m·mm²
	风压比载（最大风时）	g_4	$g_4=\alpha\times k\times v^2\times d/(16\times S\times1000)$	0.00617	kg/m·mm²
	风压比载（覆冰时）	g_5	$g_5=\alpha\times k\times v_1^2\times(d+2\times b)/(16\times S\times1000)$	0.00202	kg/m·mm²
	综合比载（最大风时）	g_6	$g_6=\sqrt{(g_1^2+g_4^2)}$	0.00710	kg/m·mm²
	综合比载（覆冰时）	g_7	$g_7=\sqrt{(g_3^2+g_5^2)}$	0.00675	kg/m·mm²
档距高差	档距	l		870.00	m
	最大风等值档距	l_{dA}	$l_{dA}=l+2\times\sigma_0\times h/(g_6\times l)$	1178.34	m
	最大风等值档距	l_{dB}	$l_{dB}=l-2\times\sigma_0\times h/(g_6\times l)$	561.66	m
	覆冰等值档距	l_{dA1}	$l_{dA1}=l+2\times\sigma_{01}\times h/(g_7\times l)$	1178.52	m
	覆冰等值档距	l_{dB1}	$l_{dB1}=l-2\times\sigma_{01}\times h/(g_7\times l)$	561.48	m
	悬挂点高差	h		9.00	m
	任意X点至悬挂点A距离	x		100.00	m
	临界档距	l_j	$l_j=\sigma_m\sqrt{[24\times(t_m-t_n)/(v_m-v_n)]}$		
最大风时应力	安全系数	K		2.50	>2
	瞬时破坏应力	σ_p	$\sigma_p=264.6$	264.60	N/mm²
	强度许用应力	$[\sigma]$	$[\sigma]=\sigma_p/K$	105.84	N/mm²
	架空线最低点应力（最大风速）	σ_0	将许用应力视为最大风速时水平应力（设计条件：最大风速）	105.84	N/mm²（MPa/m）
	导线任一点应力	σ_x	$\sigma_x=\sigma_0+g_6\times f_y$	105.86	N/mm²
	悬挂点等高时悬挂点A/B应力	σ_A	$\sigma_A=\sigma_B=\sigma_0+g_6^2\times l^2/(8\times\sigma_0)$	105.89	N/mm²
	悬挂点不等高时悬挂点A应力	σ_A	$\sigma_A=\sigma_0+g_6^2\times l_{dA}^2/(8\times\sigma_0)$	105.92	N/mm²
	悬挂点不等高时悬挂点B应力	σ_B	$\sigma_B=\sigma_0+g_6^2\times l_{db}^2/(8\times\sigma_0)$	105.86	N/mm²

类别	名称	符号	公式	结果	单位
覆冰时应力	安全系数	K_1		2.63	
	瞬时破坏应力	σ_p	$\sigma_p = 264.6$	264.60	N/mm²
	架空线最低点应力（覆冰时）	σ_{01}	覆冰时水平应力	100.65	N/mm²（MPa/m）
	导线任一点应力	σ_{x1}	$\sigma_x = \sigma_{01} + g_7 \times f_y$	100.67	N/mm²
	悬挂点等高时悬挂点 A/B 应力	σ_{A1}	$\sigma_{A1} = \sigma_{B1} = \sigma_{01} + g_7^2 \times l^2 / (8 \times \sigma_{01})$	100.69	N/mm²
	悬挂点不等高时悬挂点 A 应力	σ_{A1}	$\sigma_{A1} = \sigma_{01} + g_7^2 \times l_{dA1}^2 / (8 \times \sigma_{01})$	100.73	N/mm²
	悬挂点不等高时悬挂点 B 应力	σ_{B1}	$\sigma_{B1} = \sigma_{01} + g_7^2 \times l_{db_1}^2 / (8 \times \sigma_{01})$	100.67	N/mm²
最大风时弧垂	悬挂点等高时弧垂	f_x	$f_x = g_6 \times x \times (1-x) / (2 \times \sigma_0)$	2.58	m
	中点对悬挂点弧垂	f_0	$f_0 = g_6 \times l^2 / (8 \times \sigma_0)$	6.35	m
	悬挂点不等高时 X 点弧垂	f_x	$f_x = g_6 \times x \times (l_{dA} - x) / (2 \times \sigma_0)$	3.62	m
	最低点对悬挂点 A 弧垂	f_{0A}	$f_{0A} = g_6 \times l_{dA}^2 / (8 \times \sigma_0)$	11.65	m
	最低点对悬挂点 B 弧垂	f_{0B}	$f_{0B} = g_6 \times l_{dB}^2 / (8 \times \sigma_0)$	2.65	m
覆冰时弧垂	悬挂点等高时弧垂	f_{x1}	$f_{x1} = g_7 \times x \times (1-x) / (2 \times \sigma_{01})$	2.58	m
	中点对悬挂点弧垂	f_{01}	$f_{01} = g_7 \times l^2 / (8 \times \sigma_{01})$	6.34	m
	悬挂点不等高时 X 点弧垂	f_{x1}	$f_{x1} = g_7 \times x \times (l_{dA1} - x) / (2 \times \sigma_{01})$	3.62	m
	最低点对悬挂点 A 弧垂	f_{0A1}	$f_{0A1} = g_7 \times l_{dA1}^2 / (8 \times \sigma_{01})$	11.64	m
	最低点对悬挂点 B 弧垂	f_{0B1}	$f_{0B1} = g_7 \times l_{dB1}^2 / (8 \times \sigma_{01})$	2.64	m

3. 限距

架空线路的导线与地面之间的最小距离，称为限距。

4. 导线应力

导线应力是指导线单位横截面积上的内力，一般架空线提到这个概念比较多。悬挂于两根塔柱之间的一段导线，在导线自重、冰重和风压等负荷载重作用下，任一横截面积上均有一内力存在。

因导线上作用的荷载是沿导线长度均匀分布的，所以一档导线中各点的应力是不相等的，且导线上某点应力的方向与导线悬挂曲线该点的切线方向相同，从而可知，一档导线中其导线最低点应力的方向是水平的。导线使用应力计算见表 3-5。

表 3-5 　　　　　　　　　　　　　　　导线使用应力计算表

气象	名称	符号	公式	结果	单位
气象条件1：最大风速	导线综合比载	g_m	无冰综合比载	0.00710	kg/m·mm²
	环境温度	t_m	Ⅳ类气象区最大风速时温度	−5	℃
	导线应力	σ_m	视为许用应力	105.84	N/mm²
气象条件2：导线覆冰	导线综合比载	g	有冰综合比载	0.00675	kg/m·mm²
	环境温度	t	Ⅳ类气象区覆冰时温度	−5	℃
	导线应力	σ	用插值渐进试探法求取	求取	N/mm²
导线参数	瞬时破坏应力	σ_p		264.6	N/mm²
	弹性系数	E		78400	N/mm²
	线膨胀系数	α_z		0.000019	1/℃

悬挂点等高时，架空线状态方程

方程	$\sigma - E\times g^2\times l^2/(24\times\sigma^2) = \sigma_m - E\times g_m^2\times l^2/(24\times\sigma_m^2) - \alpha_z\times E\times(t-t_m)$	
设	$A = E\times g^2\times l^2/24$	10818565
	$B = \sigma_m - E\times g_m^2\times l^2/(24\times\sigma_m^2) - \alpha_z\times E\times(t-t_m)$	−963.35
则	$\sigma - A/\sigma^2 = B$	

	σ 取值	左$=\sigma-A/\sigma^2$	右$=B$	
插值渐进试探法	100	−981.8564787	−963.35	
	105	−876.2757176	−963.35	
	101.5	−948.6167014	−963.35	
	100.65	−967.2782909	963.35	σ 取值正确

5. 导线张力

导线本身是有重量的，导线在架空状态时，就会对两端产生收拢的趋势，这个收拢的力就是导线张力。

6. 电晕现象

电晕现象就是带电体表面在气体或液体介质中局部放电的现象，常发生在不均匀电场中电场强度很高的区域内（例如高压导线的周围，带电体的尖端附近）。其特点为：出现与日晕相似的光层，发出"嗞嗞"的声音，产生臭氧、氧化氮等。

7. 跳线

跳线是连接承力杆塔（耐张、转角和终端杆塔）两侧导线的引线，又称引流线或弓子线，如图 3-7 所示。

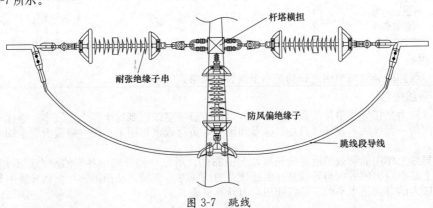

图 3-7　跳线

8. 导线 （地线） 振动

在线路档距中，当架空线受到垂直于线路方向的风力作用时，在其背风面会形成按一定频率上下交替的稳定涡流，在涡流升力分力作用下，架空线在其垂直面内产生周期性振荡，称为架空线振动。

9. 导线换位

送电线路的导线排列方式，除正三角形外，三根导线的线间距离不相等，而导线的电抗取决于半径及线间距离，因此，导线如不进行换位，三相阻抗是不平衡的，线路越长这种不平衡越严重，因而会产生不平衡的电流和电压，对发电机的运行及无线电通信产生不良影响。

《架空送电线路设计规程》规定：在中性点直接接地的电力网中，长度超过 100km 的送电线路均应换位。一般在换位塔进行导线换位，如图 3-8 所示。

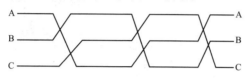

图 3-8　导线换位示意图

3.1.3　架空线路的导线

1. 导线截面积的规定

确定高、低压线路的导线截面时，除根据负荷条件外，尚应与地区配电网的发展规划相结合。当无地区配电网规划时，架空线路导线的最小截面积见表 3-6。

表 3-6　架空线路导线截面积的规定

导线种类	高压线路			低压线路		
	主干线 （mm²）	分干线 （mm²）	分支线 （mm²）	主干线 （mm²）	分干线 （mm²）	分支线 （mm²）
铝绞线及铝合金线	120	70	35	70	50	35
钢芯铝绞线	120	70	35	70	50	35
铜绞线	—	—	16	50	35	16

2. 三相四线制的零线截面积的规定

（1）LJ、LCJ，相线截面积在 70mm² 以下，与相线截面积相同。

（2）LJ、LGJ，相线截面积在 70mm² 以上，不小于相线截面积 50%。

（3）TJ-35 以下，与相线截面积相同。

（4）TJ-35 以上，不小于相线截面积 50%。

（5）单相制的中性线截面积应与相线截面积相同。

3. 导线连接的要求

（1）不同金属、不同规格、不同绞向的导线，严禁在档距内连接。

（2）在一个档距内，每根导线不应超过一个接头。

（3）接头距导线的固定点，不应小于 0.5m。

4. 导线接头的要求

（1）钢芯铝绞线在档距内的接头，宜采用钳压或爆压。

（2）铜绞线在档距内的接头宜采用绕接或钳压。

（3）铜绞线与铝绞线的接头宜采用铜铝过渡线夹、铜铝过渡线，或采用铜线搪锡插接。

（4）铝绞线、铜绞线的跳线连接宜采用钳压、线夹连接或搭接。

（5）铝绞线、钢芯铝绞线或铝合金线在与绝缘子或金具接触处，应缠绕铝包带。

导线接头的电阻，不应大于等长导线的电阻。档距内接头的机械强度不应小于导线计算拉断力的 90%。

3.2 电线杆的安装

3.2.1 前期准备工作

1. 杆位测量与定位

测量时，应尽量选用直线段，避免转角，最好地势较为平坦，避开树木等障碍物。测量时一般采用目测直线法，也可以借助于经纬仪进行测量，如图 3-9 所示。

各点定好后，应及时做出标记，一般方法是钉一个木桩，如图 3-10 所示。

图 3-9　用经纬仪测量杆位

图 3-10　钉桩

杆位测量时，如人手够用，应每一点处立一标杆；人少时，可一人立标杆一人观察。观察时标杆必须垂直立于地面，以减少误差。

2. 画线和挖坑

画线就是在地面用白灰画出开挖的尺寸。如果采用人工立杆，坑应为带马道的坑型，如图 3-11 所示。机械立杆的坑位画线为一个圆圈。画线时，应注意机械立杆和人工立杆的尺寸有所不同。

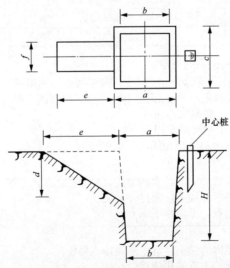

图 3-11　人工或半机械立杆坑型示意图

a—坑口宽度≥卡盘长度＋200mm；b—坑底边长＝底盘边长＋200mm；
c—坑口长度≥2 卡盘宽度＋200mm；H—坑深，见表 3-17 或由设计而定；
d—马道深度，一般为 2/3H；e—马道长度，一般为 1.0～1.5m；
f—马道宽度，一般稍大于杆径对准木桩即可；
a/b 视土质而定，坚硬土壤为 1.1，疏松砂质土为 1.5 以上

　　根据定测的中心桩及辅助桩准确开挖，采用人工开挖，杆坑垂直下挖，留出人力立杆马道，深度超过 2m 时边坡系数为 1∶0.25，坑深误差不得超过 +100～−50mm。预留坡度见表 3-7。

表 3-7　　　　　　　　　　　各类土质的坡度

土质类别	砂土、砾土、淤泥	砂质黏土	黏土、黄土	硬黏土
坡度（深∶宽）(m)	1∶0.75	1∶0.5	1∶0.3	1∶0.15

　　挖坑时，必须向挖坑人交代清楚挖坑尺寸，挖坑深度应不低于电杆埋设深度。电杆埋设深度见表 3-8。

表 3-8　　　　　　　　　　　电杆埋设深度表

杆型（m）	9	10	11	12	13	15
电杆埋深（m）	1.6	1.7	1.8	1.9	2.0	2.3
杆根宽度（mm）	310	323	337	350	363	390

　　画线、挖坑、立杆等工序，最好是在同一天完成。

　　基坑开挖完毕后，按设计要求及时浇制垫层。基坑垫层如图 3-12 所示。

3.2.2　立杆作业

　　立杆前，对电杆进行严格的外观检查，严禁电杆存在纵横裂纹，电杆封顶良好。同时，复测杆坑位置及深度，以便发现问题及时纠正。

　　立杆作业的方法有人工立杆、机械立杆和半机械立杆。

1. 人工立杆

　　人工立杆一般是采用架腿（俗称戗杆）立杆，其工具简单，不受地形限制，单杆双杆都可

图 3-12　基坑垫层示例

采用。因此，在吊车不能到达的地方或无条件使用吊车时，都采用架腿人工立杆。

　　人工立杆的操作方法见表 3-9。

表 3-9　　　　　　　　　　　人工立杆的操作方法

序号	操作方法及说明
1	将一块厚度大于 80mm、宽度约为 500mm、长度约为 3m 的硬木板（滑板）置于坑内靠木桩侧，宽面面向线路方向，在坑内稍倾斜一点即可，下部与底盘顶死
2	将杆置于坑口边马道侧，然后众人将杆上半部抬起，底部便留于木板并顶在木板上，这时将顶部系四根大绳，并按四个方向（顺线路前后左右）撒开，每绳一人，如图 3-13 所示
3	将铁棒置于杆下，尽力把杆抬起，另一铁棒再置于靠近杆根部一侧，尽力抬杆，轮番进行，尽量使杆与地平的角度大一点。同时两人抱住杆的根部，使其顺木板下滑而不移位（要避免使杆顶在坑边的土坡上），一直到杆立起为止，并保证使杆落于底盘中心上
4	两人各用一手扶小架腿上部，另手握住把手，将其两杆下部分开，用上部咬住已抬起的电杆，然后增加为四人，每两人持小架腿的一杆，四人同时用力向前并向上将杆支起，所有抬杆人撒掉，分散到大绳处并握住大绳，起立方向上的大绳要人多一些
5	四人再用力使杆抬得更高一点，直至架腿与地面基本垂直；另外四人以同样方法持大架腿并将下腿分开，将上部咬住小架脚支点上部的杆（两架腿不要咬在一起），这时大架腿用力支起，小架腿即松开，再将其移置于接近杆根的部位；然后两架腿同时用力，起立方向的大绳也一同用力，步调一致（可喊上号子），将杆支起更大的角度，直至大架腿与地面基本垂直；这时小架再稍用力支一点，大架腿即松开，并将其落于小架腿支点之上，再用力支起，小架腿即松开，再移置于杆根部位，同时用力，就这样轮番操作将杆支起；使杆与地面角度约为 80°，起立方向大绳用力撑紧
6	大架腿稍用力一点，小架松开，并延杆体转动 180°，与大架腿对称将杆夹住，这时大架腿和大绳同时用力，将杆立于垂直，这时四根大绳和两副架腿同时将杆撑住

序号	操作方法及说明
7	从大面小面将杆校正，大面如根部偏移较小，可用前述方法转杆使其位移；头部偏移用大绳调整，找正后将木板抬出即可埋土。如根部偏差较大时，应将石块置于坑中作为支点，然后用滑板当作杠杆撬动杆的根部移动，如图 3-14 所示
8	埋土至装上卡盘后，才允许将架腿松开撤掉，前移至另一基坑。架腿立杆如图 3-15 所示。人工立杆要不惜人力
9	双杆架腿立杆与单杆相同，只是需要四副架腿、两块滑板、两根大绳，人员要增加一倍，要用两块滑板同动撬动杆根，调整较大偏差

图 3-13　用架脚将杆端支起　　图 3-14　用木滑板撬动杆根部移位

(a)　　　　　　　　(b)　　　　　　　　(c)

图 3-15　架腿立杆

(a) 支架腿；(b) 倒架腿；(c) 立起后

2. 机械立杆

机械立杆一般用汽车吊，15m 以上的杆应用汽车液压吊，如图 3-16 所示。立杆的顺序通常从始端或终端开始，也可从某一耐张段或转角开始。

图 3-16　吊车立杆

吊车立杆作业工作流程及质量标准见表3-10。

表 3-10　　　　　　　　　　　吊车立杆作业工作流程及质量标准

工作流程	质量标准
开始 ↓ 吊车到位 ↓ 绑吊点 ↓ 起吊 ↓ 就位 ↓ 拆吊点 ↓ ↓ 工作结束	吊车应支在坚硬地面上，如遇疏松地面应加垫木，吊车停放位置应离所起吊杆3m以外，吊车司机检查各起吊部位状况。 　吊点要绑在重心以上1m处，用合格无毛刺的5分钢丝套，应绑牢固，起吊前认真检查吊点牢固情况，工作人员准备好控制绳绑在电杆尾部，由一名工作人员控制。 　起吊过程中，吊臂下严禁站人，电杆起立离地后，应对吊点进行全面认真检查，确无问题再继续起吊，监护人和吊车司机应配合一致，控制绳应控制好，防止电杆乱摆。 　就位时，吊车司机听从工作人员指挥，电杆应竖直放入杆坑，不得左右倾斜，工作人员应站在安全位置扶好电杆，防止电杆碰杆坑而落土，电杆偏斜轻微时，可用撬杠和绳套校正，同时填土并夯实。 　拆吊点，只有在杆基回填土牢固后（回填土每升高500mm，夯实一次，回填土高出地面300mm，如图3-17所示），检查杆根部，工作人员上杆拆除吊点，如图3-18所示。上杆前应检查登杆工具，系好腰带，上至吊点处，等吊车钩脱离电杆后，拆除吊点，下杆。 　工作负责人检查工作现场，无遗留物品，整理工器具，工作结束

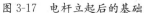

图 3-17　电杆立起后的基础

图 3-18　上杆拆除吊点

吊车立杆的危险点分析及控制措施见表3-11。

表 3-11　　　　　　　　　　　吊车立杆的危险点分析及控制措施

序号	危险点分析	控制措施
1	防止倒杆	（1）立、撤杆工作要设专人统一指挥，开工前讲明施工方法。在居民区和交通道路附近进行施工应设专人看守； （2）要使用合格的起重设备，严禁超载使用； （3）电杆起离地面后，应对各部吃力点做一次全面检查，无问题后再继续起立，起立60°后应减缓速度，注意各侧身拉绳，特别控制好后侧头部拉绳防止过牵引； （4）吊车起吊钢丝绳扣子应调绑在杆的适当位置，防止电杆突然倾倒
2	防止高空坠落	（1）攀登杆塔前检查脚钉是否牢固可靠； （2）杆塔上转移作业位置时，不得失去安全带保护，杆塔上有人工作时，不得调整或拆除拉线
3	防止坠落物伤人	现场人员必须戴好安全帽。杆塔上作业人员要防止掉东西，使用工器具、材料等应装在工具袋里，工器具的传递要使用传递绳，杆塔下方禁止行人逗留

序号	危险点分析	控制措施
4	防止砸伤	（1）吊车的吊臂下严禁有人逗留，立杆过程中坑内严禁有人，除指挥人及指定人员外，其他人远离电杆1.2倍杆高的距离以外； （2）修坑时，应有防止杆身滚动、倾斜的措施； （3）利用钢钎做地锚时，应随时检查钢钎受力情况，防止过牵引将钢钎拔出； （4）已经立起的电杆只有在杆基回填土全部夯实，并填起300mm的防沉台后方可撤去叉杆和拉绳

3. 半机械立杆

半机械立杆与机械立杆只是起吊方法不同，其他程序方法基本相同。

半机械立杆的方法很多，大都采用固定式人字抱杆，安全可靠。

注意：在选取抱杆时，要使材质和直径合理，安全系数要适当大一点，否则抱杆重量过大、给移动带来不便。

固定式人字抱杆吊装方法如图3-19所示，其他同机械立杆。

图3-19　固定式人字抱杆立杆操作施工图
（a）人力拉绞磨；（b）准备起吊；（c）起吊；（d）拉线桩

半机械立杆注意事项如下：

（1）抱杆根开（抱杆两底脚之间的中心距离）一般为其高度的1/3～1/2，两抱杆长度应相等且两脚应在一个水平面上，并用绳索连接在一起防止滑动。起吊较重杆时，可在抱杆倾斜的相反方向上再增设钢索拉线。绳索较多时，要排列上下顺序，以免起吊后发生混乱。

（2）摆放电杆时，电杆的吊点要处于基坑处，一般应在吊钩的正下方。必要时可在杆的根部加置临时重物，使电杆重心下移，以助起吊。

（3）抱杆最大倾斜角应不大于15°，以减少拉线的拉力，拉线与地面夹角不宜大于45°。

（4）固定式人字抱杆适用于15m及以下的混凝土杆，当起吊15m以上的水泥杆时，由于吊点仅为一点，使水泥杆吊点处承受弯矩过大，必须在吊点处绑扎加强木。一般用圆木或方木，用 8 号铁丝与水泥杆扎成一体，其长度可为水泥杆长的 1/3～1/2，直径至少 100mm。

（5）土质较差时，抱杆脚处应垫以枕木，防止受压下沉。

（6）设置的拉线桩、绞磨桩必须牢固可靠，并有人监视。

（7）抱杆立杆应有起重工配合作业，指挥者应具备有关起重吊装专业的技术，所有参加人员应步调一致，听从指挥。

3.3 混凝土电杆组装作业

混凝土电杆的组装分为地面组装和杆上组装。对于整体起吊的门杆、单杆可采取地面组装。受地形限制只能分开起吊的门杆，以及组装后起吊困难的单杆，则应当采取杆上组装。

3.3.1 混凝土电杆组装作业的技术要求

1. 紧固件安装技术要求

紧固件安装的技术要求见表 3-12。

表 3-12　　　　　　　　　　　紧固件安装技术要求

序号	技术要求及说明
1	螺杆应与构件面垂直，螺头平面与构件不应有间隙
2	螺栓紧好后，螺杆螺纹露出标准为：单螺母时露出不应少于 2 扣；双螺母时可平扣，螺头侧应加镀锌平光垫，不得超过 2 个，螺母侧应加镀锌平光垫和镀锌弹簧垫，平垫不得超过 2 个，弹垫 1 个
3	在立体结构中螺栓穿入的方向水平穿入应由内向外，垂直穿入应由下向上
4	平面结构中螺栓穿入的方向是：螺栓顺线路时，双面结构件（如双横担）由内向外，单面结构件（如单横担）由送电侧向受电侧或者相反，但必须统一；螺栓横线路方向（水平方向垂直线路）时，两侧由内向外，中间由左向右或方向统一；上下垂直线线路时，由下向上
5	组装时不要将紧固横担的螺栓拧得太紧，应留有调节的余量，待全部装好后，经调平找正后再全部一一拧紧

2. 横担安装技术要求

目前低压架空线路主要使用的是铁横担，也有的使用瓷横担。安装横担的技术要求如下。

（1）安装偏差。横担安装应平整，安装偏差不应超过下列数值的规定：横担端部上下歪斜：20mm；横担端部左右歪斜：20mm。双杆横杆，与电杆接触处的高差不应大于两杆距的 5‰，左右扭斜不大于横担总长的 1%。

（2）横担的上沿应装在离电杆顶部 100mm 处，如图 3-20 所示。多路横担上下档之间的距离应在 600mm 左右，分支杆上的单横担的安装方向必须与干线线路横担保持一致。

（3）安装方向。直线单横担安装于受电侧；90°转角杆或终端杆当采用单横担时，应安装于拉线侧，多层横担与单横担的安装方向相同。双横担必须由有拉板或穿钉连接，连接处个数应与导线根数对应。

（4）陶瓷横担安装时，应在固定处垫橡胶垫。垂直安装时，顶端顺线路歪斜不应大于 10mm；水平安装时，顶端应向上翘起 5°～15°，水平对称安装时，两端应一致，且上下歪斜或左右歪斜不应大于 20mm。

图 3-20　横担安装示例

（5）横担在电杆上的安装部位必须衬有弧形垫铁，以防倾斜。

（6）耐张杆、跨越杆和终端杆上所用的双横担，必须装对整齐。

（7）在直线段内，每档电杆上的横担必须互相平行。

3. 绝缘子安装技术要求

绝缘子安装技术要求见表 3-13。

表 3-13 绝缘子安装技术要求

序号	技术要求及说明
1	针式绝缘子应与横担垂直,顶部的导线槽应顺线路方向,紧固应加镀锌的平垫弹垫。针式绝缘子不得平装或倒装,绝缘子的表面清洁无污
2	悬式绝缘子使用的平行挂板、曲形拉板、直角挂环、单联碗头、球头挂环、二联板等连接金具必须外观无损、无伤、镀锌良好,机械强度符合设计要求,开口销子齐全且尾部已曲回。绝缘子与绝缘子连接成的绝缘子串应能活动,必要时要做拉伸试验,弹簧销子、螺栓的穿向应符合规定
3	蝶式绝缘子使用的穿钉、拉板的要求同序号2的内容,所有螺栓均应由下向上穿入
4	外观检查合格外,高压绝缘子应用5000V绝缘电阻表摇测每个绝缘子的绝缘电阻,阻值不得小于500MΩ;低压绝缘子应用500V绝缘电阻表摇测,阻值不得小于10MΩ 最后将绝缘子擦拭干净,绝缘子裙边与带电部位的间隙不应小于50mm

3.3.2 在地面上组装电线杆

1. 施工的准备工作

(1)技术准备:熟悉电杆结构图,施工手册及有关注意事项。

(2)组织准备:电线杆地面组装与立杆工序一起完成,无须另外组织人员。

(3)施工工器具及材料准备:吊绳、千斤顶、尖扳手、登高工具、钢卷尺、撬杠、组装的金具、横担、绝缘子等。

图 3-21 核对组装所需的材料

2. 施工工序

组装施工之前,应按电杆组装图仔细核对各部件的规格尺寸,有无质量缺陷,各构件所需的数量等,对组装所需的材料仔细清点,如图 3-21 所示。

混凝土电杆的地面组装,一般为先装导线横担,再装地线横担、叉梁、拉线包箍、爬梯包箍、爬梯及绝缘子串(绝缘子串也可以等电杆立起后再吊装,以免起吊电线杆时碰坏绝缘子串)。

3. 组装电杆

组装时,先安装导线横担,再安装避雷线横担,然后安装叉梁、拉线、绝缘子串等。

(1)组装横担时,应将两边的横担悬臂适当朝杆顶方向收紧,收紧尺寸一般是横担臂长的 1.2%,估计大约两端翘起 10~20mm,以便在导线放好后横担能保持水平。如是转角杆,要注意长短横担的安装位置。

线路单横担的安装方向应一致。直线杆应装于受电侧(至少在一个耐张段内要有一个统一的方向);分支杆、90°转角杆(上、下)及终端杆应装于拉线侧。

(2)组装叉梁时,先量出距离,装好四个叉梁抱箍,在叉梁十字中心处要垫高,与叉梁包箍平齐,然后先连接下叉梁,如图 3-22 所示。若组装不上,应按图纸检查叉梁,采取接板或对抱箍安装尺寸加以调正,直至安妥为止。

(3)拉线用的铁构件、拉线等应尽可能在地面组装并安装好,以减少高空作业时间,提高安装质量和进度。

图 3-22 组装叉梁抱箍

【特别提醒】

组装叉梁时，螺栓穿入方向的规定如下：

（1）对立体结构：水平方向由内向外；垂直方向由下向上。

（2）对平面结构：顺线路方向，双面构件由内向外，单面构件由送电侧穿入或按统一方向；横线路方向，两侧由内向外，中间由左向右（面向受电侧）或按统一方向；垂直方向，由下向上。

4. 电杆地面组装注意事项

（1）在安装时，要严格按照图纸的设计尺寸、位置和方向，拔正电杆，使两杆上下端的根开距离符合要求。如为单杆，应拔正在中心线上；如为双杆，应使各螺孔处在正确的位置上，测量双杆的长度是否相等，如不等，可从底盘的高低进行调正。拔正杆身、旋转电杆及起杆时，不得将铁撬杠插入眼孔里硬行转杆。必须用千斤顶和撬杠在电杆的两个以上（18m 以上的电杆三个以上）的部位进行旋转，移杆和走杆。

（2）组装时，若发现孔眼不正，或位置不对时要反复核对，查明原因，不要轻易扩孔。如有不易安装的情况，不得用锤猛击敲打，强行组装。如查不出原因，可向业主反映实情。根据业主或设计单位的处理意见进行处理。

（3）横担及叉梁所用的角钢构件应平直，一般弯曲度允许 1‰，如由于运输、装卸造成的变形未超出规定时，准许在现场用冷矫正法矫正。矫正后，不得有裂纹与硬伤。

（4）电杆组装所用螺栓规格应符合设计要求，安装的工艺应符合有关规定。各构件的组装应紧密牢固，交叉构件在交叉处留有空隙时，应装设相同厚度的垫圈或垫板。

（5）地面组装完毕后，应系统地检查混凝土杆（采用钢筋水泥制作而成的电线杆）的杆顶钢筋是否封好，杆身孔、接头、叉梁等处混凝土有无碰伤、掉皮，如有应用水泥砂浆补好。

3.3.3 在杆上组装电线杆

1. 登杆作业要领及方法

（1）登杆前，杆必须立稳夯实，埋深要符合要求。检查安全带和脚扣，不得有任何损伤裂纹。

（2）系好安全带，安全带的腰带不要系在腰上，要系在臀部的上部，并且松紧要适中。

（3）将工具袋装好工具，如榔头、扳手、板牙（要与线路用的螺栓对应）、螺母、平垫弹垫、钢卷尺等，跨在肩上；把绳子（其长度应大于杆长）系在安全带右侧的金属钩上（以右手有力为例），另端撒开；戴好线手套。总之，登杆作业一定要做好安全防护工作，如图 3-23 所示。

（4）登杆时必须做到，脚扣要与杆体蹬紧，臀部始终保持后倾，双手抱紧杆体。到达安装位置后，两脚蹬紧脚扣，左手抱杆臀部后倾，松开右手，右手解开右侧安全带的金属挂钩并手持挂钩抱住杆从杆后交于左手，这时右手紧抱杆身，

图 3-23 登杆作业要做好安全防护

左手松开杆体并持挂钩即可挂在左侧的环上；这时两腿受力蹬住脚扣，臀部向后用力并使安全带撑紧，安全带与杆体的接触部分要高于臀部的腰带，双手即可松开作业。调整在杆上的位置，面向送电方向。

（5）在杆上做好准备后，杆下的人即可将最下层的横担系好在绳子上（杆下的人应将 U 形抱箍装好、套上螺母及垫），然后离开杆 3m 以外，杆上的人即可用绳子将横担拉到作业位置。先把横担放在与杆撑紧的安全带上，解开绳扣并把绳子放下。

（6）双手将横担举起超过杆顶，把 U 形抱箍套在杆上并将其落至安装要求的位置（事先已用尺子量好），先将螺母稍紧，杆下的人即可在顺线路方向（离开杆 8m 以外）观测大面横担是否水平，并指挥杆上的人调整。然后杆下的人再到与线路垂直方向观测小面横担是否歪斜，并指挥杆上的人调整。最后杆下的人还应在大小面各复察一次，无误后，杆上的人即可用扳手将 U 形抱箍的螺母紧死。调整时可用榔头轻击横担。

（7）杆上的人可将安全带调整到横担上的上面，即右手抱杆（在横担下面），左手解开挂钩并从杆后交至右手，右手持挂钩后从横担上面交至左手，左手再把挂钩与左环挂好，这样做的目的是为了安全。同时可将工具袋挂在横担上。

图 3-24　两人在杆上作业

（8）杆上的人即可用上述的方法与杆下的人配合几次将中层横担、上层横担、杆顶铁头、拉线抱箍（带心形环）、直瓶、悬垂或绝缘子串等组装件安装好。

（9）杆上作业项目较多或金具横担较重时，可两人或三人同时在杆上作业，如图 3-24 所示。

2. 电杆的杆上组装

对于受条件限制不能在地面组装的电杆应采取杆上组装，杆上组装的工序和地面组装的工序大致相同。

杆上组装门杆横担时，一般需分别在两根电杆的头部系上麻绳，拉紧麻绳，调整杆头根开，使其满足横担安装的要求，有预留孔的混凝土杆，其地线横担、导线横担、拉线包箍、吊杆、拉杆都应预留孔安装。不设预留孔的混凝土杆，可以从杆顶往下量取相同的设计要求值，然后安装横担，并且应尽量使门杆横担安装水平。

对有吊杆的直线单杆，应先安装吊杆抱箍，再将吊杆与横担头相连，将横担往外推出，将横担安装在杆身上。

在进行杆上组装时，如永久拉线未装上，主要靠临时拉线稳定电杆时，登杆之前应仔细检查临时拉线，上杆组装时应首先安装拉线抱箍，地面配合人员应及时将永久拉线做好调紧。

有避雷引下线的混凝杆，在杆上组装时，应将引下线顺便安装好，并留足上、下引线头的长度，每隔 1.5m 用 14 号铁丝与杆身固定。固定的铁丝圈数不得少于 2 圈。

3. 低压电路常用杆型的组装

低压电路常用杆型的组装见表 3-14。

表 3-14　　　　　　　　　　低压电路常用杆型的组装

杆型	组装示意图	部件名称
直线杆		1—电杆 2—横杆 3—低压直瓶 4—低压蝶式绝缘子 5—横担抱箍 6—穿钉 7—拉线抱箍 8—拉线 9—拉板 10—拉线抱箍穿钉 11—穿钉（双横担） 12—穿钉（拉板与蝶式绝缘子） 13—穿钉 注：图中所示数字的单位均为 mm
耐张杆		

杆型		组装示意图	部件名称
丁字分支杆			
十字分支杆			
转角杆	15°以下		
	15°～30°		

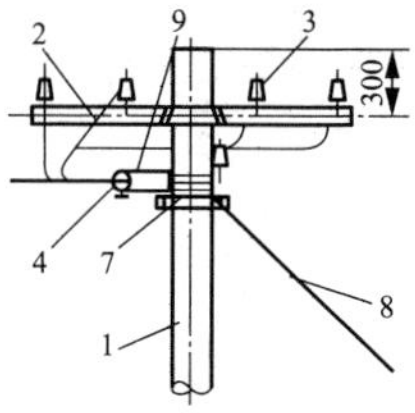

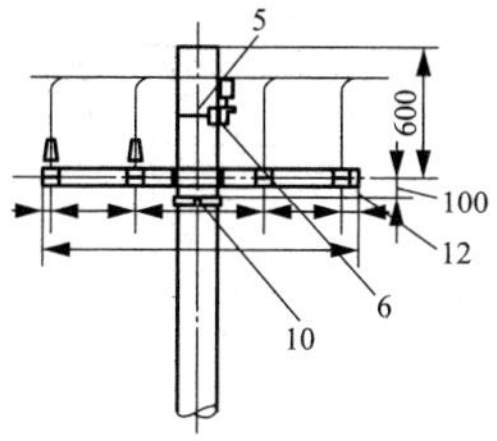

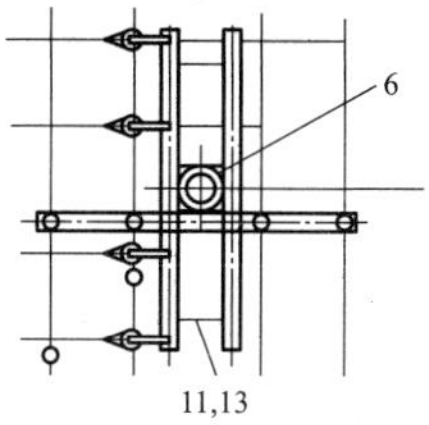

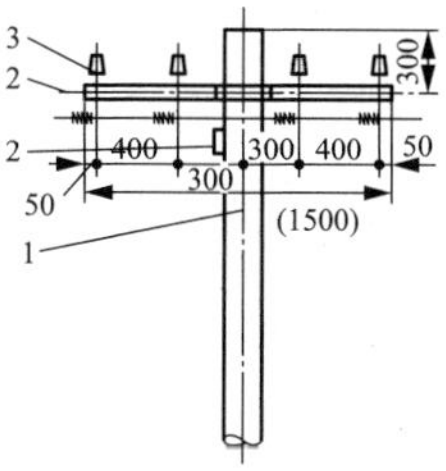

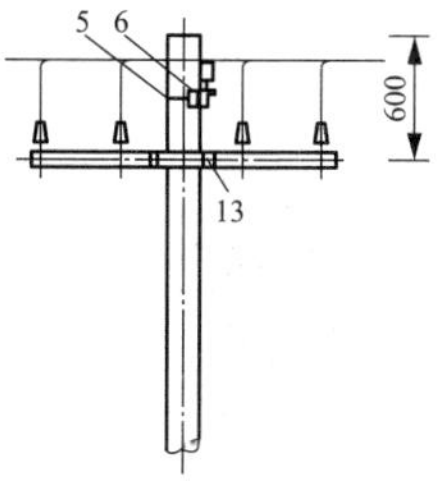

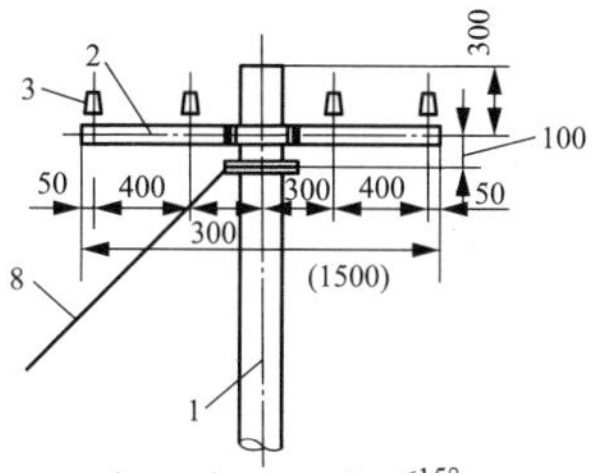

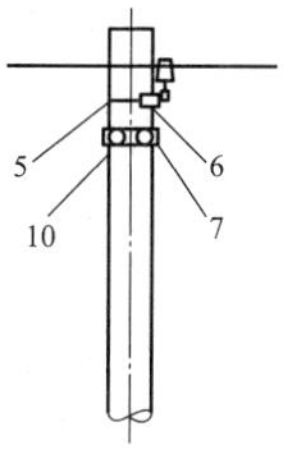

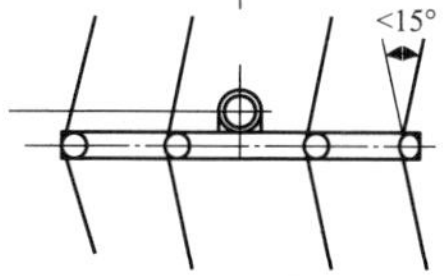

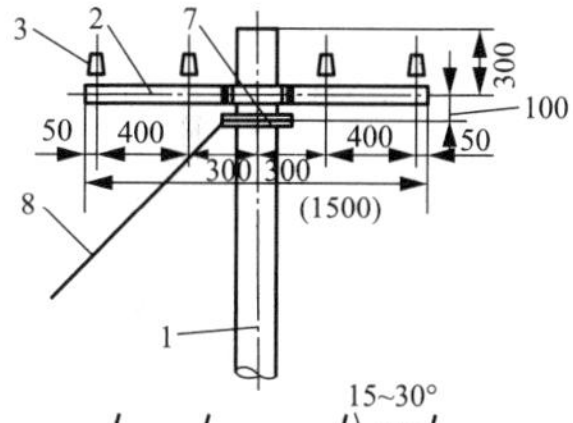

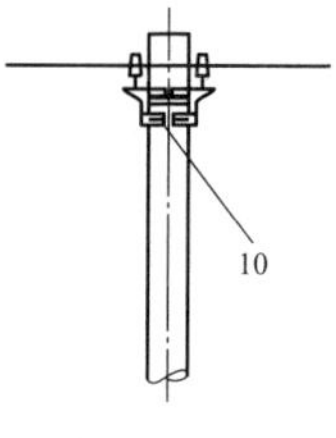

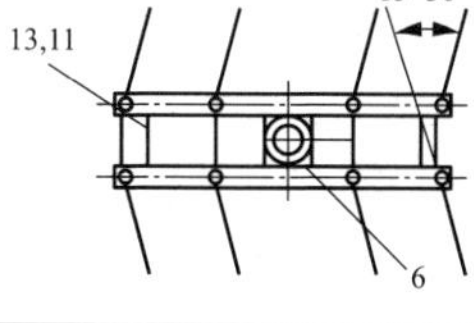

85

杆型	组装示意图	部件名称
转角杆	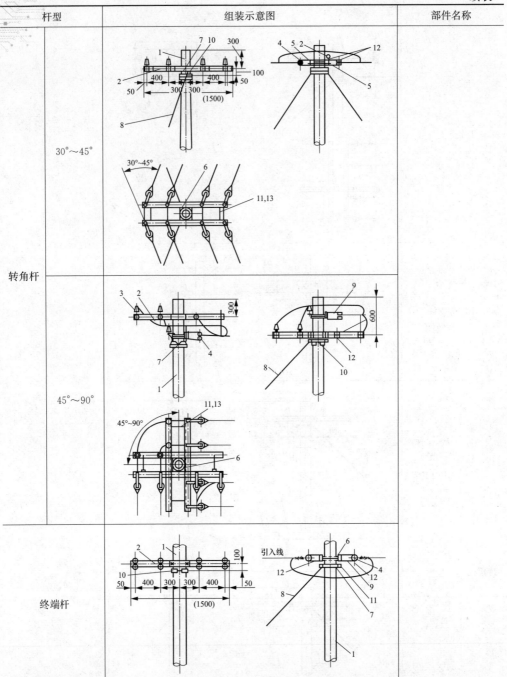	
终端杆		

4. 绝缘子的安装

绝缘子俗称瓷瓶，它是用来支持导线的绝缘体。绝缘子可以保证导线和横担、杆塔有足够的绝缘。它在运行中应能承受导线垂直方向的荷重和水平方向的拉力。绝缘子既要有良好的电气性能，又要有足够的机械强度。

绝缘子按结构可分为支持绝缘子、悬式绝缘子、防污型绝缘子和套管绝缘子。架空线路中所用绝缘子，常用的有针式绝缘子、蝶式绝缘子、悬式绝缘子、瓷横担、棒式绝缘子和拉紧绝缘子等。

缘子安装前，应逐个将其表面清洗干净，并应逐个（逐串）进行外观检查。绝缘子安装在横担上，利用绝缘子自身的螺栓与横担固定。耐张绝缘子串和悬垂绝缘子串的安装如图 3-25 所示。

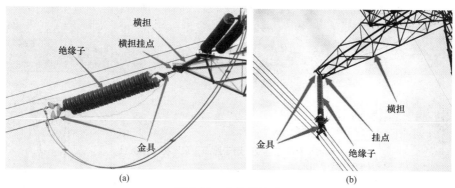

(a)　　　　　　　　　　　　(b)

图 3-25　安装绝缘子
（a）耐张绝缘子串安装；（b）悬垂绝缘子串安装

3.3.4　拉线制作与安装

1. 拉线的组成及作用

为了防止架空线路电线杆（杆塔）倾覆、电线杆承受过大的弯矩和横担扭歪等，根据实际情况需要在电线杆（杆塔）或横担等部位打设拉线。拉线的作用是用于平衡杆塔承受的水平风力和导线、避雷线的张力。

拉线主要由抱箍、上把、拉线、下把、拉线盘及拉线坑等组成。

2. 拉线的种类及用途

架空配电线路中，根据拉线的用途和作用的不同，拉线的种类见表 3-15。

表 3-15　拉　线　的　种　类

序号	拉线名称	用途	图示
1	普通拉线	用于终端、转角和分支杆，装设在电杆受力的反面，用以平衡电杆所受导线的单向拉力。对于耐张杆则在电杆顺线路方前后设拉线，以承受两侧导线的拉力	
2	侧面拉线（人字拉线）	用于交叉跨越和耐张段较长的线路上，以便使线路能抵抗横线路方向上的风力，因此有时也叫作风雨拉线或防风拉线，每侧与普通拉线一样	

续表

序号	拉线名称	用途	图示
3	水平拉线（拉桩拉线）	用于拉线需要跨越道路或其他障碍时的拉线	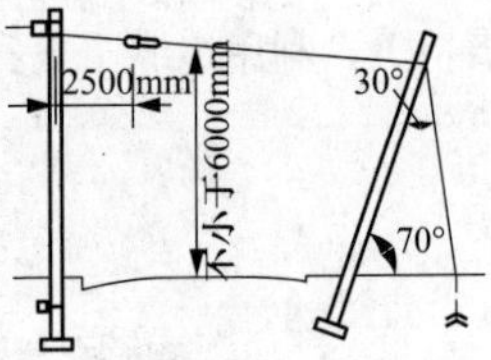
4	自身拉线	又叫弓形拉线，用于地面狭窄、受力不大的杆上	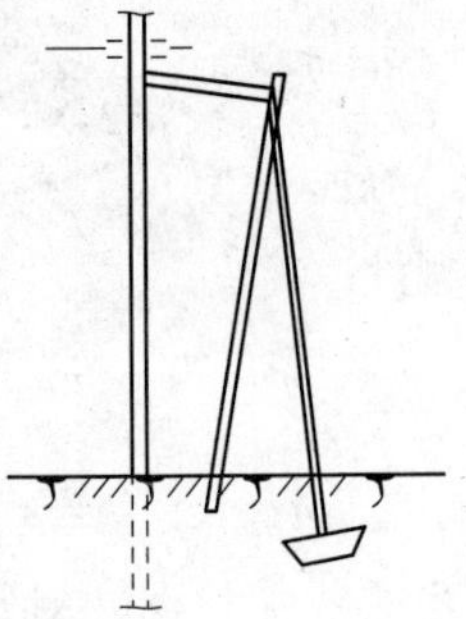
5	Y形上下拉线	用于受力较大或较高的杆上	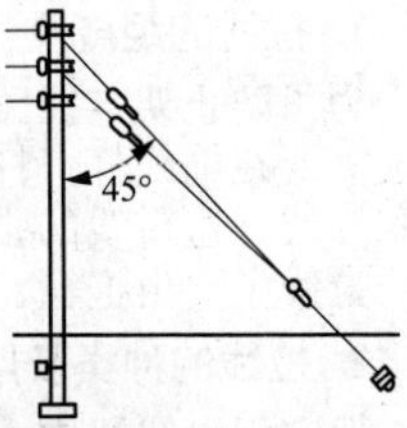
6	Y形水平拉线	用于双杆受力不大的杆上	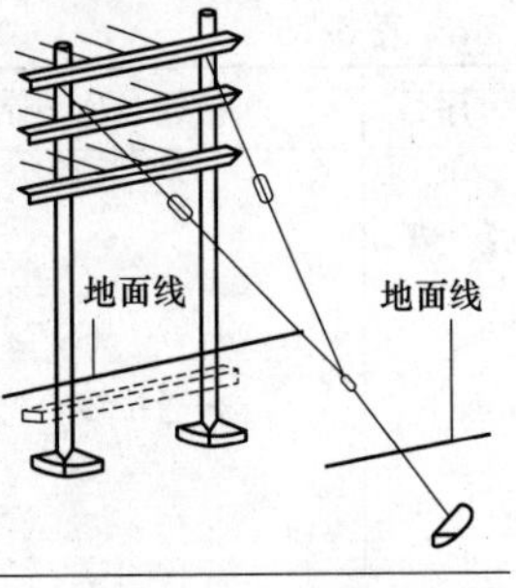
7	X形拉线（交叉拉线）	用于双杆受力较大的杆上	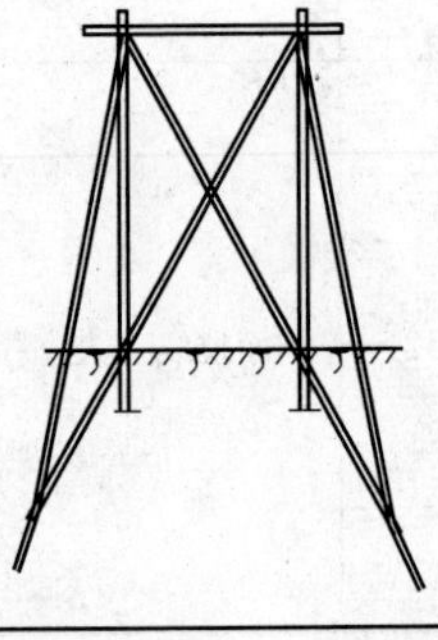

3. 拉线的选择

（1）拉线材质的选择。拉线宜采用镀锌钢绞线，最小截面积不应小于 $25mm^2$，其强度设计安全系数应大于 2.0。

（2）安装位置的确定。拉线是用来平衡导线拉力或风压（吹）的一种电杆加固装置。因此，选好安装拉力线位置尤为重要。拉线在电杆上的固定位置上，一般安装在横担下 0.1～0.3m 处。跨越道路的水平拉线，对路面的垂直距离，不应低于 6m，拉线柱的倾斜角一般采用 $10°～20°$。拉线与电杆的夹角一般采用 $45°$，当受到地形限制时，适当缩小为不小于 $30°$，以保持有效的平衡拉力。

（3）对拉线上、下把，拉线盘的要求。拉线的上把一般用 3 股镀锌铁线（8 号线）绞成，通常固定在横担下不大于 0.3m 处。拉线的下把（又称为底把）应选用直径不小 16mm 的圆钢制成的拉线棒，下底把应露出地面 0.3～0.5m，以便用 UT 线夹调整拉线长度。拉线盘采用钢筋混凝土浇制而成的，其规格不应小于 $50mm×250mm×500mm$。

（4）拉线长度的确定。因受实际地形和外在因素影响，拉线长度应按实际计算确定。

（5）电杆拉线必须装设与线路电压等级相同的拉线绝缘子，主要作用是防止拉线带电。拉线绝缘子应装在距离地面最低的一根导线以下，高于地面 3m 以上的部位。这是为了防止有人摇晃拉线或其他原因使导线与拉线接触造成拉线带电，发生触电事故。因此，对低压线路的设计和施工，一定要从安全角度出发，即拉线必须加装绝缘子，其安装位置必须符合相关规程规定。

在实际应用中，混凝土电杆的拉线一般不装设拉线绝缘子，但是在人员聚集区域场所、有人员通过路段、人流量大、交通繁忙地段等必须加装，其他地点酌情考虑。在断线情况下，拉线绝缘子距地面不应小于 2.5m。

4. 拉线的制作

拉线制作作业指导书见表 3-16。

表 3-16　　　　　　　　　　　拉线制作作业指导书

序号	内容	要点	
1	基本方法	用尺量出钢绞线及回弯处的长度，利用钳具、大剪刀、铁锤等工具，人力制作回弯并装入线夹	
2	操作程序	根据测量计算的结果，量出钢绞线长度→断开→制作上把→现场组立、校正杆段→制作下把→绑扎断头→涂红丹→调整拉线	
3	质量标准检查项目	各部件规格强度必须符合设计要求	（关键）与图纸核对
		拉线连接强度必须符合设计要求	（关键）按标准金具核对
		拉线可调部分不少于线夹可调部分的1/2	（关键）尺量
		拉线与拉棒应是一直线，组合拉线应受力一致	（一般）观察
		X形拉线的交叉点处应有足够的空隙，避免相互磨碰	（一般）观察
	检查方式	拉线线夹弯曲部位不应有明显松股，拉线断头应用 $\phi1.2$ 镀锌铁丝绑扎 5 道；与本线的绑扎处用 $\phi3.2$ 铁丝扎 5 道，线夹尾线长度为 300～400mm	（一般）观察
4	注意事项	（1）线夹舌板应与拉线紧密接触，受力后无滑动现象。线夹的凸背应在尾侧，安装时，线股不应松散及受损坏； （2）同组拉线使用两个线夹时，线夹尾线端方向统一在线束的外侧； （3）杆塔多层拉线应在监视下对称调节，防止过紧或受力不匀； （4）线夹及花篮螺栓的螺杆必须露出螺母，并加装防盗帽； （5）拉线断头处及拉线钳夹紧处损伤时应涂红丹防锈； （6）当拉线制作采用爆压、液压时，参见对应施工工艺规程； （7）现场负责人对拉线制作工艺质量负责检验	

(1) 拉线下料。

1) 根据规范和设计要求、拉线的组合方式确定拉线上、中、下把的长度及股数。每把铅丝合成的股数应不少于 3 股,下把股数应比上、中把多 2 股。

2) 使用钢绞线时,应在需要断线处的两侧用绑铅丝缠绕,然后下料。

(2) 固定拉线上把。

1) 缠绕法。利用 2～3mm 的镀锌铁丝将上把心形环处绑扎,绑扎要紧密牢固可靠,最好用小辫收尾,绑扎长度 250～350mm,要根据拉线的长短而定,制作方法如图 3-26 所示。

图 3-26 绑扎缠绕法固定上把
(a) 钢绞线穿入线夹;(b) 尾线头穿入线夹凸肚;(c) 绑扎;(d) 尾线头剩出 20～30mm

2) 楔形线夹法 就是用金具(线夹)固定拉线,如图 3-27 所示。金具的选择要与拉线的直径相符,线尾要绑扎固定。

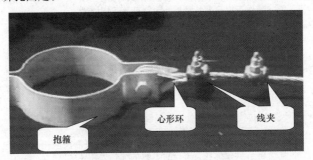

图 3-27 楔形线夹法固定上把

(3) 固定拉线下把。下把的固定方法一般有 3 种:缠绕法、楔形 UT 线夹法和花篮螺栓法。先用 1m 长的 8 号铅丝,一端与拉线棒的端环系紧系牢,另一端插入紧线器的滚轮内并稍转动其手柄将其固定好,然后尽量将其伸直并用紧线器的咬口咬住按拉线方向尽量伸直的钢绞线。被咬住的钢绞线处应先用铝包带包扎,再紧好翼形螺钉,如图 3-28 所示。然后转动紧线器手柄,缠动铅丝,将拉线撑紧并使杆头向拉线侧偏移 1.0～1.2 个杆头。这时将钢绞线穿入拉线棒端环上的心形环内,用做上把的方法将拉线下把做好。采用缠绕法时,先紧密绑扎 250～350mm,然后花绑 400～500mm,最后再紧密绑扎 100～150mm,小辫收尾,如图 3-29 所示。缠绕法选用于 50mm² 及以下的钢绞线,GJ-70 及以上的钢绞线应用线夹紧固。

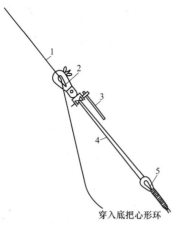

图 3-28 紧拉线示意图

1—钢绞线；2—紧线器；3—紧线器手柄；4—8号铁丝；5—底把

图 3-29 下把绑扎示意图

拉线下把目前应用最广泛的是采用 UT 线夹固定，如图 3-30 所示。采用花篮时要将螺栓退至端头，以便调整，螺栓上要涂以少许黄油，紧好后要用 8 号铅丝花缠将其锁住。紧线器、花篮螺栓的选择要按钢绞线的直径选取。

最后把紧线器拆掉，把多余的钢绞线剪去，把底把部分修整直即可。上把和下把拉线的紧固也有用并沟线夹的，但一个接点至少得用两副，线夹的规格应与钢绞线对应，尾线绑扎 100mm。

5. 拉线的缠绕和固定

（1）铅丝拉线可自身缠绕固定，中把与下把连接处可另敷铅丝缠绕。缠绕应整齐、紧密，缠绕顺序、圈数及长度见表 3-17。

图 3-30 用 UT 型线夹制作拉线下把

表 3-17 缠绕顺序、圈数及长度

股数	自身缠绕顺序、圈数	中把与底把连接处缠绕长度最小值（mm）		
		下端	花缠	上端
3	9、8、7	150	250	100
5	9、9、8、8、7	150	250	100
7	9、9、8、8、7、7、6	200	300	100

（2）钢绞线拉线可使用钢索卡或铅丝缠绕固定。

1）使用钢线卡固定时，每个连接端不得少于两个钢线卡。中把的下端不应单独使用钢线卡固定，还应用铅丝缠绕固定。

2）使用铅丝缠绕时，应缠绕整齐、紧密，缠绕长度最小值见表 3-18。

表 3-18 缠 绕 长 度 最 小 值

钢绞线截面积（mm²）	缠绕长度（mm）				
	上端	中端有绝缘子的两端	中把与底把连接处		
			下端	花缠	上端
25	200	200	150	250	80
35	250	250	200	300	80
50	300	300	250	250	80

（3）使用 UT 型线夹、楔形线夹时，线夹舌板与拉线接触应紧密，受力后无滑动现象。拉线断头处与拉线主线应可靠固定（可使用铅丝绕）。

（4）UT 型线夹或花篮螺栓的螺杆应露扣，并应有不小于 1/2 螺杆丝扣长度可供调节。调节后 UT 型线夹的双螺母应拧紧，花篮螺栓应封固（可使用铅丝缠绕）。

（5）拉线棒与接线盘连接后，其圆环开口处应用铅丝缠绕或焊接；当拉线棒与拉线盘的连接使用螺杆时，应垫方形垫圈，并用双螺母固定。接线棒露出地面长度为 500～700mm。

（6）拉线两端的扣鼻圈内应垫好心形环。

6. 拉线制作及固定注意事项

（1）拉线与电杆的夹角一般为 45°～60°，当受地形限制时，不宜小于 30°。终端杆的拉线及耐张杆承力拉线应与线路方向对正；转角拉线应与转角后线路方向对正；防风拉线应与线路方向垂直；拉线穿过公路时，对路面中心的垂直距离不得小于 6m。

图 3-31　调节 UT 型线夹

（2）采用 UT 形线夹及楔形线夹固定，安装前螺纹上应涂润滑剂；拉线弯曲部分不应有明显松股，露出的尾线不宜超过 400mm；所有尾线方向应一致；调节螺钉应露扣，应有不小于 1/2 螺杆螺纹长度可供调节，如图 3-31 所示。调整后 UT 型线夹应用双螺母且拧紧，花篮螺栓应封固，尾线应绑扎固定。

（3）居民区、厂矿内，混凝土电杆的拉线从导线之间穿过时，拉线中间应装设拉线专用的蛋形绝缘子。

（4）拉线底把埋设必须牢固可靠，拉线棒与底拉盘应用双螺母固定，拉线棒外露地面长度一般为 500～700mm。

（5）拉线安装前应对拉线抱箍及其穿钉、心形环、钢绞线或镀锌铁丝、拉线棒、底盘、线夹、花篮、螺钉、蛋形绝缘子等进行仔细检查，有不合格的不得使用。拉线组装完后，应对杆头进行检查，不得有遗物滞留在杆上。

3.4　架　　线

架线是由放线、挂线、紧线、固定线四个工序组成，这四个工序安装顺序同时施工，一气呵成。因为低压架空配电线路一般在人口较密、车辆较多、道路较窄的地方架设，所以一定要抓紧工期和注意安全。

3.4.1　放线

1. 放线操作

放线一般有两种方法：一种方法是将导线沿电杆根部放开后，再将导线吊上电杆；另一种方法是在横担上装好开口滑轮，一边放线一边逐档将导线吊放在滑轮内前进。

放线必须按线轴或导线盘缠绕的反方向，且要面对挂线或线路方向放线，如图 3-32 所示。放线时，线轴或导线盘必须立放，不得倒放，严禁将导线打扭或拧成麻花状。

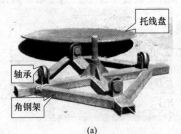
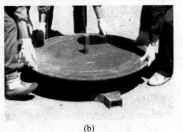

| (a) | (b) |

图 3-32　放线操作（一）

（a）放线架的结构；（b）将托线盘安装在底座上

(c)　　　　　　　　　　　(d)

图 3-32　放线操作（二）

（c）放线架插入线轴孔中；（d）电线盘立放在放线架上

还可以采用立式放线架放线，使用起来也很方便，如图 3-33 所示。

图 3-33　立式放线架放线

2. 放线的注意事项

放线中要求统一指挥，统一信号。采用旗语传递时，旗语必须统一，打旗人应站在前后透视的位置上；采用对话机联系时，传话应清晰，并设专人掌握。放线速度不宜过快。放线中如遇雷雨大风天气必须停止放线。

放线过程中，应对导线进行外观检查，不应发生磨伤、断股、扭曲、金钩、断头等现象。当导线发生以下状况时，应采取相应措施。

（1）当导线在同一处损伤，同时符合下列三种情况时，应将损伤处棱角与毛刺用 0 号砂纸磨光，可不做补修。

1）单股损伤深度不小于直径 1/2。

2）钢芯铝绞线、钢芯铝合金绞线损伤截面积小于导电部分截面积的 5%，且强度损失小于 4%。

3）单金属绞线损伤截面积小于 4%。

当导线在同一处损伤状况超过以上范围时，均应进行补修。补修做法应符合施工及验收规范的规定。

（2）导线应避免接头，不可避免时，接头应符合以下要求。

1）在同一档线路内，同一根导线上的接头不应超过一个。导线接头位置与导线固定处的距离应大于 0.5m，当有防震装置时，导线接头应在防震装置以外。

2）不同金属、不同规格、不同绞制方向的导线严禁在档距内连接。

3）当导线采用缠绕方法连接时，连接部分的线股应缠绕良好，不应有断股，松股等缺陷。

4）当导线采用钳压管连接时，应清除导线表面和管内壁的污垢。连接部位的铝质接触面应涂一层电力复合脂，用细钢丝刷清除表面氧化膜，然后保留涂料进行压接。压口数及压口位置，深度等应符合规范规定。

5）1kV 以下线路采用绝缘线架设时，放线过程中不应损伤导线的绝缘层及出现扭、弯等现象。

3.4.2 挂线

1. 挂线操作

（1）非紧线端导线在横担茶台上固定，可在杆上直接操作，也可在杆下先把导线绑扎在茶台上，然后再登杆操作并把茶台用拉板固定在横担上。

（2）直线杆上的挂线可在横担上悬挂开口铜或铝滑轮，必须用铁线将滑轮绑扎牢固。也可在横担上垫以草袋或棉垫，其目的是防止紧线时将导线划伤（草袋或棉垫要用绳子绑扎牢固）。

2. 挂线注意事项

（1）挂线时，应尽量减少过牵引长度，最大过牵引长度不得超过 0.20m，孤立挡不得超过 0.15m。

图 3-34 利用紧线器紧线

（2）当挂好线后，检查开口销、弹簧销是否正确。一切正常后，再松出牵引绳。

（3）在挂线过程中，严禁有人站在导线的正下方及转角杆（塔）导、地线的内角侧。

（4）如果导线在挂过程中有可能被跨越的房屋、树枝挂住，可用绳索系在导线上（要用双头，确保导线上天后能在地面拉下绳头），在垂直线路方向将导线拉离障碍物，边紧线边松出绳索，以保持导线不被挂住。

3.4.3 紧线和校弧垂

低压配电线路一般采用人工杆上紧线器紧线，如图 3-34 所示。紧线时，要注意横担和杆身的偏斜、拉线地锚的松动、导线与其他物的接触或磨损、导线的垂度等。

1. 准备工作

紧线的准备工作见表 3-19。

表 3-19 紧 线 的 准 备 工 作

序号	操作方法及说明
1	检查耐张段内拉线是否齐全牢固，地锚底把有无松动
2	检查导线有无损伤、交叉混淆、障碍、卡住等情况，接头是否符合要求，是否已挂滑轮且导线已在轮内；检查电杆有无倾斜、杆头金具、绝缘子是否缺件等
3	紧线工具（紧线器、耐张线夹、铝包带、绑线、活扳手、榔头、登杆工具、挂紧线器用的 8 号铅丝或 6~10mm 的钢筋等）应准备齐全并运到现场，操作人员应全部到达指定现场
4	紧线操作人员、观察导线弧垂的人员、指挥人员等应全部到达指定地点，并做好准备

2. 紧线操作

紧线顺序：对于单回路段，一般在紧好地线后，先紧中导线，后紧边导线。对于双回路段，紧好地线后，从上至下左右对称紧线。

紧线操作的方法及步骤见表 3-20。

表 3-20 紧 线 操 作 的 方 法 及 步 骤

序号	操作方法及说明
1	操作人员登上杆塔后，将导线末端穿入紧线杆塔上的滑轮，把导线端头顺延在地下，一般先由人力拉导线，然后再用牵引绳将导线拴好、拴紧

续表

序号	操作方法及说明
2	紧线前，将与导线规格对应的紧线器预先挂在与导线对应的横担上，同时将耐张线夹及其附件、绑线、铝包带、工具等用工具袋带到杆上挂好。 紧线器的优点在于牵引取掉后仍可随意调节导线的松紧，因此是一种常用的方法
3	通过规定的信号在紧线系统内（始端、中途杆上、垂度观察员、牵引装置等）进行最后检查和准备工作，一切正常即可由指挥者发出准备起动牵引装置的命令，准备就绪后即可起动牵引装置。牵引速度宜慢不得快
4	弧垂观测应从挂线端开始依次进行，一般由人肉眼观察，必要时应用经纬仪观察。弧垂观测档的选择原则如下： （1）紧线段在 5 档及以下时，靠近中间选择一档； （2）紧线段在 6～12 档时，靠近两端约 1/4 处各选择一档； （3）紧线段 12 档以上时，靠近两端 1/4 处与中间各选一档； （4）观测档宜选档距值较大和悬挂点高差较小的档距，若地形特殊应适当增加观测档

3. 紧线注意事项

（1）耐张杆塔紧线前，应将拉线和临时拉线收紧，挂线前应向紧线段侧的反侧预偏 50～100mm，挂线杆塔要有专人看护。

（2）各杆位应派人看护，并对本段内的导线进行一次全面检查，检查是否有导线交叉及损伤等情况发生。

（3）选择好通信器材，确定通信信号。

4. 校弧垂

弧垂又称弛度，是衡量导、地线所承受的应力的指标。观测弧垂时，可使用经纬仪、弛度标板、水准仪等工具，根据所观测线档的档距、悬点高差及地形等因素，灵活运用等长法、异长法、角度法、张力表法、波动法等方法进行观测。

无论采用何种弧垂观测方法，三相导线都要统一以其中一根为标准，用经纬仪观测其余各根导线，如图 3-35 所示。

弧垂调整按紧→松→紧，远→中→近的顺序进行，即：

（1）先调整距紧线场最远的弧垂观测档，此档线注意不要收紧过量。

图 3-35　校弧垂

（2）缓慢回松牵引，使紧线段中部的观测档达到弧垂的规定值。

（3）再收紧导线使距牵引端较近的观测档，调至弧垂的规定值。

（4）各相导线经过调整后的应力要一致。

3.4.4　固定导线

1. 技术要求

导线在绝缘子上固定的技术要求见表 3-21。

表 3-21　　　　　　　导线在绝缘子上固定的技术要求

序号	技术要求及说明
1	导线的固定必须牢固可靠，不得有松脱，空绑等现象
2	对于直线杆塔，导线应安装在针式绝缘子或直立瓷横担的顶槽内；水平瓷横担的导线应安装在端部的边槽上；采用绝缘子串悬挂导线时，必须使用悬垂线夹
3	直线角度杆，导线应固定在针式绝缘子转角外侧的脖子上

序号	技术要求及说明
4	直线跨越杆，导线应固定在外侧绝缘子上，中相导线应固定在右侧绝缘子上（面向电源侧）。导线本体不应在固定处出现角度
5	绑扎铝绞线或钢芯铝绞线时，应先在导线上包缠两层绝缘胶垫，包缠长度应露出绑扎处两端各15mm，如图3-36所示
6	绑扎方式应按标准要求进行，绑线的材质应与导线相同
7	绑扎固定时，应先观察前后档距弧垂是否一致，否则应先拉动导线使其基本一致后，再进行绑扎，绑扎必须紧固

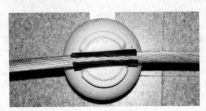 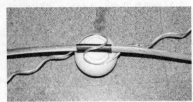

图 3-36　包缠绝缘胶垫

2. 导线在绝缘子上绑扎固定

导线在针式及蝶式绝缘子上的绑扎固定，通常采用绑线缠绕法。绑线缠绕法有顶部绑扎法和颈部绑扎法两种。绑线一般使用被绑扎导线同规格的散股单裸线。先把绑线缠成圈形团，然后进行操作。

（1）针式绝缘子的绑扎步骤及方法，见表3-22。

表 3-22　　　　　　　　　　　　　针式绝缘子的绑扎步骤及方法

步骤	操作方法	图示
1	绑扎前先在导线绑扎处包缠150mm长的铝箔带	
2	把扎线短的一端在贴近绝缘子处的导线右边缠绕3圈，然后与另一端扎线互绞6圈，并把导线嵌入绝缘子颈部嵌线槽内	
3	把扎线从绝缘子背后紧紧地绕到导线的左下方	
4	把扎线从导线的左下方围绕到导线右上方，并如同上法再把扎线绕绝缘子1圈	

步骤	操作方法	图示
5	把扎线再围绕到导线左上方	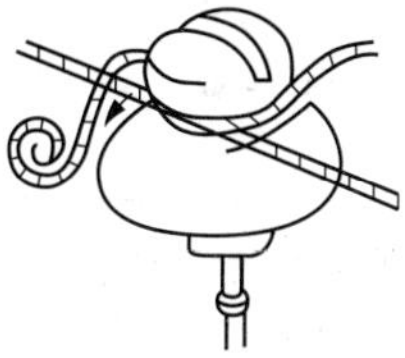
6	继续将扎线绕到导线右下方，使扎线在导线上形成 x 形的绞绑状	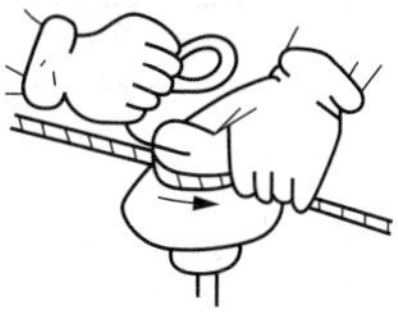
7	把扎线围绕到导线左上方，并贴近绝缘子处紧缠导线 3 圈后，向绝缘子背部绕去，与另一端扎线紧绞 6 圈后，剪去余端	

（2）蝶式绝缘子直线支点绑扎法见表 3-23。

表 3-23 蝶式绝缘子直线支点绑扎法

步骤	操作方法	图示
1	把拉紧的电线紧贴在蝶式绝缘子嵌线槽内，将绑扎线一端留出足够在嵌线槽中绕 1 圈和在导线上绕 10 圈的长度，并使绑扎线和导线成 X 状相交	
2	把盘成圈状的绑扎线，从导线右边下方绕嵌线槽背后至导线左边下方，并压住原绑扎线和导线，然后绕至导线右边，再从导线右边上方围绕至导线左边下方	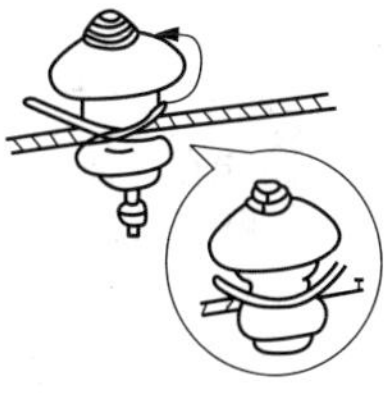
3	在贴近绝缘子处开始，把绑扎线紧缠在导线上，缠满 10 圈后剪去余端	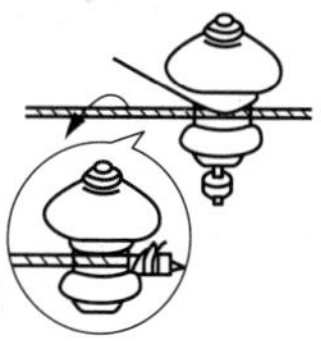
4	把绑扎线的另一端围绕到导线右边下方，也要从贴近绝缘子处开始，紧缠在导线上，缠满 10 圈后剪除余端	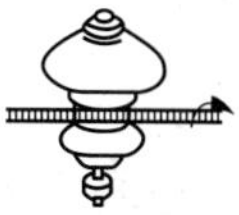

续表

步骤	操作方法	图示
5	绑扎完毕	

（3）蝶式绝缘子始端、终端的绑扎法见表 3-24。

表 3-24 　　　　　　　　　蝶式绝缘子始端、终端的绑扎法

步骤	操作方法	图示
1	把导线末端在绝缘子嵌线槽内围绕一圈	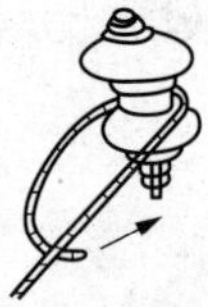
2	把导线末端压住第 1 圈后再围绕第 2 圈	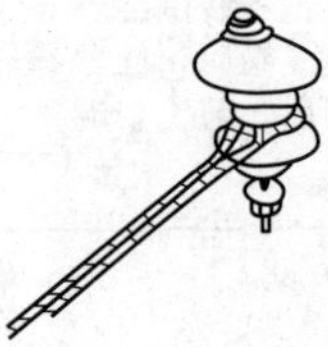
3	把绑扎线短端嵌入两导线并合处的凹缝中，绑扎线长端在贴近绝缘子处按顺时针方向把两导线紧紧地缠扎在一起	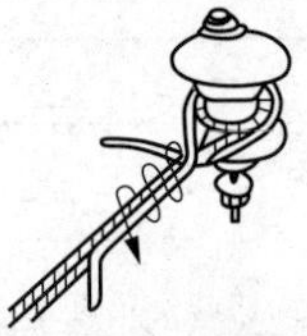
4	绑扎完毕	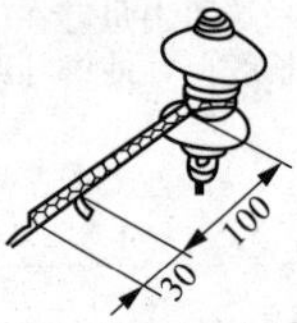

【特别提醒】
直线杆的导线在针式绝缘子上的固定绑扎，应先由直线角度杆或中间杆开始，然后逐个向两端绑扎。高压线路直线杆的导线应固定在针式绝缘子顶部的槽内，并绑双十字。低压线路直线杆的导线可固定在针式绝缘子侧面的槽内，可绑单十字。

3. 导线在绝缘子上固定注意事项

导线在绝缘子上固定普遍采用绑扎法，其注意事项见表 3-25。

表 3-25 　　　　　　　　　导线在绝缘子上固定注意事项

序号	注意要点及说明
1	核实并检查绝缘子及连接金具（送电线路使用的铁制或铝制金属附件，统称金具）的规格型号、电压等级与导线的规格型号、电压等级是否相符
2	检查绝缘子的瓷质部分有无裂纹、硬伤、脱釉等现象；瓷质部分与金属部分的连接是否牢固可靠；金属部分有无严重锈蚀现象
3	擦拭绝缘子上的污迹
4	针式绝缘子顶槽绑扎时，顶槽应顺线路方向

续表

序号	注意要点及说明
5	针式绝缘子在横担上的固定必须紧固,且有弹簧垫
6	如果用钳子绑扎,应防止钳口损伤导线
7	绑扎时不要前后拉动导线,应按导线在绝缘子上的自然位置进行绑扎,防止导线两侧拉力不均,使绝缘子倾斜
8	清理并检查杆头有无遗漏工具,草屑、铁丝、绑线等物,应清除干净
9	杆头较复杂时,应检查导线与横担、拉线及相与相之间的安全距离是否符合要求
10	扎线工艺应美观

3.4.5 架空线路防雷接地装置的安装

1. 接地装置的组成及作用

接地装置是防雷保护措施中的一个重要部分,线路防雷能否发挥作用,主要决定于接地装置是否安装合适。装有避雷线(针)或管形避雷器等防雷设施的杆塔,接地是为了保护线路导线绝缘;无避雷线或小接地电流系统中位于居民区附近的杆塔,接地是为了保护人身安全。

接地装置包括接地体及接地引下线 2 部分。

(1)接地体是指埋在地面以下直接与土壤接触的金属导体,分为自然接地体和人工接地体。自然接地体是指与大地接触的各种金属构件、水泥杆、拉线及杆塔基础等;人工接地体指专门敷设的金属导体。

(2)接地引下线是连接避雷线(针)、避雷器或架空电力线路杆塔与接地体的金属导线,常用材料为镀锌钢绞线。

2. 接地引下线的安装

(1)钢筋混凝土电杆,都用其内主筋作为接地引线,有的混凝土电杆在制作时已将上下端的接地端引出或加长,避免了用电焊加长引线的作业,否则要动用电焊或气焊将主筋用同径的圆钢焊接加长,然后将上端用钢制并钩线夹将其与架空地线或中性线连接。

下端通常是在引线上焊接一块长 300mm、厚 4mm 且开 2 个 $\phi16$mm 圆孔的镀锌扁钢,焊接处要涂沥青漆。然后与由接地体引来的接地线螺栓连接,接地线通常也应用镀锌扁钢引来与接地螺栓连接,螺栓必须有平垫、弹簧垫。

(2)预应力水泥杆不允许用主筋接地,一般沿杆身另挂一根接地引线,为了便于用双沟线夹和避雷线连接,一般使用 $\phi16$mm 镀锌圆钢或 50mm² 及以上的镀锌钢绞线,沿杆身每隔 1.5m 用抱箍卡子加以固定。下端采用镀锌圆钢时作法同(1);采用镀锌钢绞线时,由接地体引来的接地线应用 $\phi16$mm 镀锌圆钢,与钢绞线用双沟线夹可靠连接。抱箍卡子如图 3-37 所示。

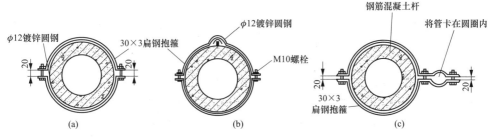

图 3-37 抱箍卡子示意图

(3)铁塔本身可作为接地导体,上端可用螺栓连接短节镀锌钢绞线,然后再与避雷线并沟线夹连接;下端可直接与接地线螺栓连接。

3. 接地体与接地线的安装

(1)在杆塔四周 3~5m 的地面上挖深 0.8m、宽 0.4~0.5m(以能进行安装宜)环形地沟。

图 3-38　防雷接地体与接地线的连接

（2）将 2500～3000mm 的镀锌圆钢垂直打入沟内，上留 100mm 焊接接地线，打入根数一般为 3～5 根，间隔应大于或等于 5m。其根数以实测接地电阻为准，接地电阻大于规定值时，应增加根数。

（3）用 $\phi 12 \sim \phi 16$mm 的镀锌圆钢或 5mm×40mm 的镀锌扁钢，用电焊将环形沟内的接地极焊接起来，并引至杆塔接地引线处，所有焊点应涂沥青漆防腐，如图 3-38 所示。

（4）接地极引至杆塔出地平 2.0m 处用绝缘套管或镀锌角钢保护，并用两个抱箍将其与杆固定，然后用黑、白漆间隔 50mm 涂刷。

【重要提醒】

接地极接地电阻的要求：接地极安装好未与杆塔接地引线连接前应测试其接地电阻，防雷接地电阻值应小于 10Ω；中性线接地的接地电阻值应小于 4Ω；重复接地电阻值为 10Ω。接地电阻达不到要求时可增补接地极或换土。

3.4.6　低压进户线的安装

低压进户线是指用户将由外引来的电源，经墙外第一支持物引入总配电箱（柜）总开关的一段线路。这段线路通常已在室内布线中安装完毕，现在介绍墙外第一支持物的安装方法及重复接地。

低压进户装置通常由进户杆或者角钢支架、接户线、进户线和进户管等组成，低压进户装置的第一支持物通常有两种形式：墙上横担法和立杆引入法。

1. 墙上横担法安装

在墙上安装横担的形式很多，如图 3-39 所示。构件在墙上的固定必须牢固，一种是采用预埋方法，另一种是采用留洞混凝土浇注的方法，这两种方法都应将预埋件尾部做成鱼尾状。还有一种方法是在墙上凿孔，采用过墙穿钉固定，这种方法必须在墙后加用钢板做成的大垫。

接户线的几种做法如图 3-39 和图 3-40 所示。

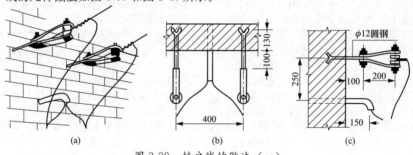

图 3-39　接户线的做法（一）

（a）立体图；（b）平面图；（c）侧面图

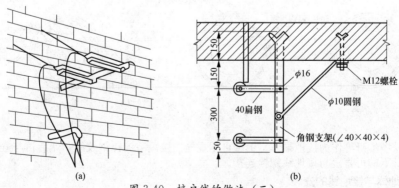

图 3-40　接户线的做法（二）

（a）立体图；（b）平面图

（1）为使三相四线制线路的中性线电流不超过配变额定电流的25%，生活照明接户线与低压线路的接线点要求从线路首端起按三相 U、V、W 和 N 线的次序循环依次接在相邻电杆上。

（2）楼房居民区和商业区，因照明负荷较大，接户线采用四芯铜芯电缆以同一基电杆引380/220V 电压，电缆用架空敷设或地下埋深，通过电缆接线盒，沿楼房段采用 BV 铜芯塑料线穿 PVC 管敷设，每 4～6 户引一相电源。导线截面积选择要满足穿管后载流量要求，一般选 16～35mm² 导线。

电力电缆进户多用于城市住宅楼或住宅小区。带钢铠装的三相四芯电缆从配电变压器台或配电柜（箱）埋地敷设至用户电缆接线箱或集中电能表箱，并在此处重复接地，接地电阻不大于 4Ω，如图 3-41 所示。

（3）平房居民区，照明接户线沿墙敷设段要与通信线、电视信号线分开架设，交叉接近时其距离不小于 0.3m。导线要求用瓷绝缘子固定，两支持点不大于 6m。

（4）平房的居民区，每户进户线导线选用 BVVLK 6mm² 二心铝护套线，沿墙明敷的用 ∠40×5 角钢横担 PD-2 针式瓷绝缘子固定，两支持点不大于 6m。沿房檐明敷设的进户线用瓷珠固定，两支持点的距离不应大于 2m。进户线对地垂直距离不得低于 3m，进户端不小于 2.5m。进户线穿越砖时要通过 PVC 管，不得与通信线、电视信号线一起穿墙。

（5）沿墙和房檐敷设的进户线要与通信线、电视信号线分开敷设，交叉或接近时其距离不小于 0.3m。在楼房内进户线，要求布线用 BV6mm² 铜芯塑料线穿 PVC 管后沿墙敷设。管内穿线要求导线截面积总和（包括绝缘层）不应超过管内有效面积的 40%，最小管径不应小于 13mm。

（6）农村低压接户线从电杆下来到用户外第一支持点或集控箱距离不得大于 25m，沿墙敷设接户线两个支持点之间不超过 6m；接户和进户线要采用绝缘导线，接户线导线截面积 6～10mm²，接户线对地距离不小于 2.5m，对跨越街道、公路时对地距离 5～6m；与阳台窗户水平和垂直距离不小于 0.8m；进户线进户时要有穿墙套管，进户线与广播通信线必须分开进户，穿墙管的滴水弯对地距离大于 2m。

2. 立杆引入法安装进户线

立杆引入法，如图 3-42 所示。管路敷设应符合明装管路的要求，接线采用倒人字接法或直接接在架线上，有的在相线上加装熔断器，其他安装操作与架空线路相同。

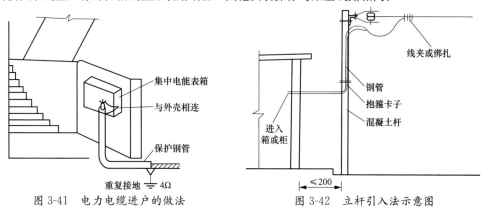

图 3-41　电力电缆进户的做法　　　　图 3-42　立杆引入法示意图

3.5　架空线路的验收

3.5.1　架空线路验收的条件及内容

1. 申报验收的条件

（1）架空线路已按设计要求施工完毕。

（2）架空线路竣工试验工作全部完成并满足要求。

（3）施工单位已组织进行自检，监理单位完成了初检，并已按初检意见整改完毕，缺陷已消除。

（4）设备标志牌、警示牌等设施齐全并符合规范要求。

（5）架空线路施工图、竣工图、各项调试及试验报告、监理报告等技术资料和文件已整理完毕。验收文档已编制并经审核完毕。

（6）施工场所已清理或恢复完毕。

2. 竣工试验的项目

（1）测定线路绝缘电阻。基本要求：低压 220/380V 配电线路相与相线、相与地线、相与中性线的绝缘电阻应不小于 2MΩ；6～10kV 架空线路相与相线、相与地线的绝缘电阻应大于等于 300MΩ。

（2）电压由零升至额定电压。通常对于 35kV 线路升压时，一般 500V 一个档位，每升一个档位间隔 1min；当电压升至 30kV 后 1000V 一个档位，间隔 5min。升至 35kV 后应停留 30min，并观察各个杆塔的情况。正常后，应以 1000V 一个档位，将电压升至 55kV，且注意每个档时的情况，间隔 1min。55kV 停留 5min，试验完毕。

（3）以额定电压，对线路冲击合闸三次。在额定电压下，对空载线路冲击合闸三次。所谓冲击合闸就是将送电开关合闸后再立即拉闸，其时间间隔不做规定，但应小于 30s；每次拉闸后，再合闸其时间间隔应小于 20s。合闸的过程中，线路的所有绝缘不得有任何损坏。

（4）带负电荷试运行 24h。冲击合闸试验成功后，线路即可进行空载运行 24h。空载运行时应加强巡视，特别是夜间巡视最必要的，观察有无异常、有无闪络或其他不正常现象。空载运行时，用户或负载的开关不得合闸且必须有人监护。空载试运行成功后，即可交付正式运行。

3. 验收内容

架空线路验收包括资料验收和线路验收两个方面的内容。

（1）在验收时应提交下列资料和文件。

1）竣工图。

2）变更设计的证明文件（包括施工内容明细表）。

3）安装技术记录（包括隐蔽工程记录）。

4）交叉跨越距离记录及有关协议文件。

5）调整试验记录。

6）接地电阻实测值记录。

7）有关的批准文件。

（2）在线路验收时应按下列项目进行检查。

1）采用器材的型号、规格。

2）线路设备标志应齐全。

3）电杆组装的各项误差。

4）拉线的制作和安装。

5）导线的弧垂、相间距离、对地距离、交叉跨越距离及对建筑物接近距离。

6）电器设备外观应完整无缺损。

7）相位正确、接地装置符合规定。

8）沿线的障碍物、应砍伐的树及树枝等杂物应清除完毕。

9）隐蔽工程。

3.5.2 架空线路项目验收

1. 隐蔽工程的验收

架空线路隐蔽工程验收包括接地装置检查、现场浇注基础检查、灌注桩基础检查、岩石掏挖基础检查等项目，见表 3-26～表 3-29。

表 3-26 接 地 装 置 检 查

序号	检查项目	检查方法
1	接地体规格、数量	核对图纸、施工记录、验收单
2	接地电阻值	施工记录、验收单现场实测
3	接地体连接	施工记录、验收单

续表

序号	检查项目	检查方法
4	接地体防腐	现场检查
5	接地体敷设	施工记录、验收单
6	接地体埋深及埋设长度	施工记录、验收单
7	回填土	施工记录、验收单，现场目测
8	接地引下线安装	现场检查

表 3-27　现场浇注基础检查

序号	检查项目	检查方法
1	地脚螺栓、插入角钢与钢筋规格、数量	与设计图纸核对、施工记录验收单
2	混凝土强度	检查试块试验报告
3	底板断面尺寸	施工记录、验收单
4	基础埋深 mm	施工记录、验收单
5	立柱断面尺寸	现场钢尺测量
6	钢筋保护层厚度（mm）	施工记录、验收单
7	混凝土表面质量	施工记录、验收单、现场观察
8	整基础中心位移（mm）	施工记录、验收单
9	整基础扭转（′）	施工记录、验收单
10	回填土	现场目测
11	同组地脚螺栓中心或插入角钢形心对立柱中心偏移（mm）	施工记录、验收单
12	基础顶面（或主角钢操平面）标高的高差（mm）	施工记录、验收单
13	基础根开及对角线尺寸	施工记录、验收单
14	保护帽	现场观察

表 3-28　灌注桩基础检查项目及检查方法

序号	检查项目	检查方法
1	地脚螺栓及钢筋规格、数量	与设计图纸核对
2	混凝土强度	验收检查报告
3	桩深（mm）	施工记录、验收单
4	桩体整体性	按设计要求的方法检测报告
5	清孔	施工记录
6	充盈系数	施工记录
7	桩径、桩垂直度	施工记录
8	连梁（承台）标高	施工记录、验收单
9	桩顶清理	施工记录、验收单
10	混凝土表面质量	观察
11	桩钢筋保护层厚度（mm）	按设计要求的方法检测报告
12	连梁（承台）断面尺寸	施工记录、验收单，现场观测
13	连梁（承台）钢筋保护层厚度（mm）	施工记录、验收单
14	整基基础中心位移（mm）	施工记录、验收单

序号	检查项目	检查方法
15	整基基础扭转（′）	施工记录、验收单
16	同组地脚螺栓中心对立柱中心偏移（mm）	施工记录、验收单
17	基础顶面间高差（mm）	施工记录、验收单
18	基础根开及对角线尺寸	施工记录、验收单
19	保护帽	现场观测

表 3-29　　　　　　　岩石、掏挖基础检查项目及检查方法

序号	检查项目	检查方法
1	地脚螺栓（锚杆）及钢筋规格、数量	施工记录、验收单，与设计图纸核对
2	土质、岩石性质	设计认定，施工记录、验收单
3	混凝土强度	检查试块试验报告
4	下口断面尺寸	施工记录、验收单
5	基础埋深（mm）	施工记录、验收单
6	锚杆埋深（mm）	施工记录、验收单
7	锚杆孔径（mm）	施工记录、验收单
8	钢筋保护层厚度（mm）	施工记录、验收单
9	混凝土表面质量	现场观察
10	立柱断面尺寸	现场观测，施工记录、验收单
11	整基基础中心位移（mm）	施工记录、验收单
12	整基基础扭转（′）	施工记录、验收单
13	回填土	现场目测
14	同组地脚螺栓中心对立柱中心偏移（mm）	施工记录、验收单
15	基础顶面间高差（mm）	施工记录、验收单
16	基础根开及对角线尺寸	钢尺测量，施工记录、验收单
17	保护帽	现场观察

2. 地面工程的验收

架空线路地面工程的验收见表 3-30 和表 3-31。

表 3-30　　　　　　　　　杆塔组立检查项目及方法

序号	检查项目	检查方法
1	部件规格、数量	与设计图纸核对，施工记录、验收单
2	节点间主材弯曲	弦线、钢尺测量，施工记录、验收单
3	转角、终端塔向受力反方向侧倾斜	施工记录、验收单
4	直线塔结构倾斜	施工记录、验收单
5	螺栓与构件面接触及出扣情况	现场观测，施工记录、验收单
6	螺栓防松	现场观测，施工记录、验收单
7	螺栓防护	现场观测，施工记录、验收单
8	脚钉	现场观察，施工记录、验收单
9	螺栓紧固	现场扭矩扳手检查，施工记录、验收单

续表

序号	检查项目	检查方法
10	螺栓穿向	现场观察,施工记录、验收单
11	塔脚板与基础接触面是否良好	施工记录、验收单
12	杆塔上固定标志情况	现场观察,施工记录、验收单
13	架线后塔的挠曲和倾斜情况	现场观测,施工记录、验收单

表 3-31　导线、避雷线(含 OPGW)架设及附件安装、检查项目及检查方法

序号	检查项目	检查方法
1	相位排列	与设计图纸及现场标志核对
2	对交叉跨越物及对地距离	现场测量、施工记录、验收单
3	耐张连接金具绝缘子规格、数量	与设计图纸核对,施工记录、验收单
4	导线、避雷线及 OPGW 弧垂	现场测量、施工记录、验收单
5	导线、避雷线(不含 OPGW)相间弧垂偏差(mm)	现场测量、施工记录、验收单
6	同相子导线间弧垂偏差(mm)	现场测量、施工记录、验收单
7	导线、避雷线及 OPGW 规格	与设计图纸核对,施工记录、验收单
8	因施工损伤补修处理	施工记录、验收单
9	因施工损伤接续处理	施工记录、验收单
10	同一档内接续管与补修管数量	施工记录、验收单
11	各压接管与线夹、间隔棒间距	施工记录、验收单
12	导线、避雷线及 OPGW 外观质量	施工记录、验收单
13	压接管规格、型号	与设计图纸核对,施工记录、验收单
14	耐张、直线压接管试验强度	检查试验报告
15	压接后尺寸	施工记录、验收单
16	扩径导线填充铝股	施工记录、验收单
17	压接后弯曲	施工记录、验收单
18	压接管表面质量	施工记录、验收单
19	金具及间隔棒规格、数量	与设计图纸核对,施工记录、验收单
20	跳线及带电导体对铁塔电气间隙	现场测量,施工记录、验收单
21	跳线连接板及并沟线夹连接	现场检查螺栓紧固,施工记录、验收单
22	开口销及弹簧销	现场检查,施工记录、验收单
23	绝缘子的规格、数量	现场检查,施工记录、验收单
24	跳线制作	现场检查,施工记录、验收单
25	悬垂绝缘子串倾斜	现场测量,施工记录、验收单
26	防振锤及阻尼线安装距离(mm)	现场测量,施工记录、验收单
27	OPGW 接线盒及引线安装	现场检查,施工记录、验收单
28	铝包带缠绕	现场观察,施工记录、验收单
29	绝缘避雷线放电间隙(mm)	现场钢尺测量,施工记录、验收单
30	间隔棒安装位置、数量	现场观察,施工记录、验收单
31	屏蔽环、均压环安装	现场观察,施工记录、验收单
32	绝缘子锁紧销子及螺栓穿入方向	现场检查,施工记录、验收单
33	OPGW 单盘测试结果	施工记录、验收单

3. 重点检查项目

架空线路验收检查的项目很多，应重点检查的项目见表 3-32。

表 3-32　　　　　　　　架空线路验收重点检查项目

项目名称	检查内容	检查方法
隐蔽工程	接地电阻	现场实测
	接地引线与杆塔连接	现场观察
	直线塔基础（现浇、灌注桩、岩石），掏挖各式基础 1～3 个	查看施工记录、验收单，现场观测
	转角、终端塔基础，现浇、灌注桩基础，掏挖各式基础 1～2 个	查看施工记录、验收单，现场观测
杆塔组立工程	直线塔基础 1～3 个，转角基础 1～2 个，检查倾斜，防松，防卸螺栓情况	现场检查，查看施工记录，验收单
导线、地线（含 OPGW）架设及附件安装工程	绝缘子串绝缘子规格、数量	现场观察
	悬垂绝缘子串的倾斜、绝缘子的清洗及绝缘测定，金具规格、安装位置及连接质量、螺栓、穿钉及弹簧销子的穿入方向	现场观察，查看施工记录、验收单
	防振锤、间隔棒安装位置及其数量	现场观察
	引流线连接质量，弧垂及对塔各部位的电气间隙	现场观测
	接头和修补的位置是否在跨越档内	现场观察
	导线对地及跨越物的距离	现场观测，查看施工记录、验收单
	线路对建筑物的接近距离	现场观测，查看施工记录、验收单
	核对线路相位	现场观测
	杆塔上的固定标志	现场观察
	临时接地线的拆除	现场观测

第4章　配电装置及其应用

4.1　配电装置基础知识

4.1.1　配电装置的作用及要求

配电装置是发电厂和变电所的重要组成部分，它是根据主接线的连接方式，由开关电器、保护和测量电器，母线和必要的辅助设备组建而成，用来接受和分配电能的装置。

根据电气主接线的连接方式，配电装置由开关设备、载流导体、保护和测量电器及必要的辅助设备构成。

1. 配电装置的作用

配电装置具有两个方面的作用。

（1）在电力系统正常运行时，用来接受和分配电能。

（2）在系统发生故障时，迅速切断故障部分，维持系统正常运行。

2. 配电装置的基本要求

（1）安全。设备布置合理清晰，采取必要的保护措施。

（2）可靠。设备选择合理、故障率低、影响范围小，满足对设备和人身的安全距离。

（3）方便。设备布置便于集中操作，便于检修、巡视。

（4）经济。在保证技术要求的前提下，合理布置、节省用地、节省材料、减少投资。

（5）发展。预留备用间隔、备用容量，便于扩建和安装。

4.1.2　配电装置的类型及应用

1. 配电装置的分类

（1）按电气设备安装地点可分为屋内配电装置和屋外配电装置。屋外配电装置根据电气设备和母线布置的高度可分为中型、半高型和高型。

（2）按结构形式可分为装配式配电装置和成套式配电装置。

（3）按电压等级可分为：低压配电装置（1kV 以下）、高压配电装置（1～220kV）、超高压配电装置（330～750kV）、特高压配电装置（交流 1000kV 和直流±800kV）。

2. 屋外配电装置的特点

（1）土建工程量较少，建设周期短。

（2）扩建比较方便。

（3）占地面积大。

（4）相邻设备之间的距离较大，便于带电作业。

（5）受外界污秽影响较大，设备运行条件较差。

（6）外界气象变化使对设备维护和操作不便。

3. 屋内配电装置特点

（1）允许安全净距小和可以分层布置。

（2）维修、操作、巡视比较方便，不受气候影响。

（3）外界污秽不会影响电气设备，减轻了维护工作量。

（4）房屋建筑投资较大，但可采用价格较低的户内型电器设备，以减少总投资。

4. 成套配电装置的特点

在制造厂预先将开关电器、互感器等组成各种电路成套供应的称为成套配电装置。

（1）电气设备布置在封闭或半封闭的金属外壳中，相间和对地距离可以缩小，结构紧凑，占地面积小。

（2）所有电器元件已在工厂组装成一个整体（配电柜），大大减少了现场安装工作量，有利于缩短建设工期，也便于扩建和搬迁。

（3）运行可靠性高，维护方便。

（4）耗用钢材较多，造价较高。

5. 装配式配电装置的特点

在现场将电器组装而成的设备称为装配式配电装置，其特点如下：

（1）建造安装灵活。

（2）投资较少。

（3）金属消耗量少。

（4）安装工作量大，工期较长。

6. 配电装置形式的应用

配电装置形式的选择和应用，应根据所在地区的地理情况及环境条件，因地制宜，节约用地，并结合运行及检修要求，通过经济技术比较确定。

（1）大、中型发电厂和变电站中，110kV 及以上电压等级一般多采用屋外配电装置。

（2）35kV 及以下电压等级的配电装置多采用层内配电装置。

（3）遇特殊情况，110kV 装置也可以采用屋内配电装置。如城市中心等空间狭小的场所或处于严重污秽的海边或化工区等区域。

（4）成套配电装置一般设在屋内。

1）3~5kV 发电厂和变电站中广泛被应用。

2）现代变电站和发电厂正逐步使用 110~500kV 的 SF_6 全封闭组合电器装置。

4.1.3 配电装置的有关术语

1. 安全净距

配电装置各部分之间，为了满足配电装置运行和检修的需要，确保人身和设备的安全所必须的最小电气距离，称为安全净距。在这一距离下，无论是在正常最高工作电压还是在出现内、外过电压时，都不致使空气间隙击穿。

我国《高压配电装置设计技术规程》规定的屋内、屋外配电装置各有关部分之间的最小安全净距，这些距离可分为 A、B、C、D、E 五类，见表 4-1。

表 4-1 配电装置的最小安全净距

类型		含义	规定值（mm）
Ac	A_1	带电部分对接地部分之间的空间最小安全净距	
	A_2	不同相的带电部分之间的空间最小安全净距	
B	B_1	带电部分至栅状遮栏间的距离，和可移动设备在移动中至带电裸导体的距离	$B_1=A_1+750$
	B_2	带电部分至网状遮拦间的电气净距	$B_2=A_1+30+70$
C		无遮拦裸导体至地面的垂直净距	屋外：$C=A_1+2300+200$ 屋内：$C=A_1+2300$
D		不同时停电检修的平衡无遮拦裸导体之间的水平净距	屋外：$D=A_1+1800+200$ 屋内：$C=A_1+1800$
E		屋内配电装置通向屋外的出现套管中心至屋外通道路面的距离	35kV 及以下：$E=4000$ 60kV 及以上：$E=A1+3500$

在各种间隔距离中，最基本的是 A1 和 A2 值。在这一距离下，无论在正常最高工作电压或出现内、外过电压时，都不致使空气间隙被击穿。其他最小安全净距 B、C、D、E 是在 A

值的基础上再考虑运行维护、设备移动、检修工具活动范围、施工误差等具体情况而确定的。

屋内配电装置安全净距示意图如图 4-1 所示，其适用范围见表 4-2。

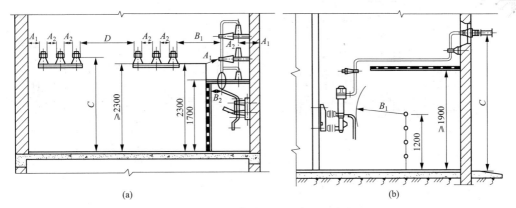

(a)   (b)

图 4-1　屋内配电装置安全净距示意图

表 4-2　　　　　　　　　　　　屋内配电装置的安全净距

符号	适用范围	额定电压（kV）									
		3	6	10	15	20	35	60	110J	110	220J
A_1（mm）	（1）带电部分至接地部分之间。 （2）网状和板状遮拦向上延伸线距地 2.3m，与遮拦上方带电部分之间	75	100	125	150	180	300	550	850	950	1800
A_2（mm）	（1）不同相的带电部分之间。 （2）断路器和隔离开关的断口两侧带电部分之间	75	100	125	150	180	300	550	900	1000	2000
B_1（mm）	（1）栅状遮拦至带电部分之间。 （2）交叉的不同时停电检修的无遮拦带电部分之间	825	850	875	900	930	1050	1300	1600	1700	2550
B_2（mm）	网状遮拦至带电部分之间	175	200	225	250	280	400	650	950	1050	1900
C（mm）	无遮拦裸导线至地面之间	2500	2500	2500	2500	2500	2600	2850	3150	3250	4100
D（mm）	平行的不同时停电检修的无遮拦裸导线之间	1875	1900	1925	1950	1980	2100	2350	2650	2750	3600
E（mm）	通向屋外的出线套管至屋外通道的路面	4000	4000	4000	4000	4000	4000	4500	5000	5000	5500

注　J 系指中性点直接接地系统。

屋外配电装置安全距离示意图如图 4-2 所示，其适用范围见表 4-3。

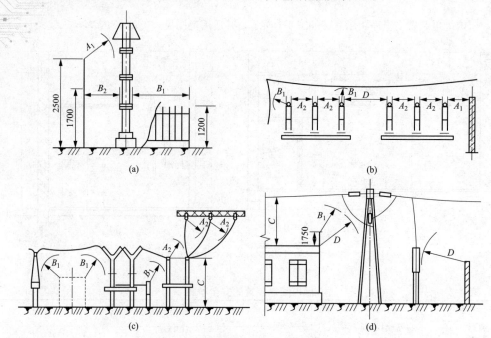

图 4-2　屋外配电装置安全距离示意图

表 4-3　　　　　　　　　　　　　　屋外配电装置的安全净距

符号	适用范围	额定电压（kV）								
		3~10	15~20	35	60	110J	110	220J	330J	500J
A_1（mm）	（1）带电部分至接地部分之间。 （2）网状和板状遮拦向上延伸线距地 2.5m，与遮栏上方带电部分之间	200	300	400	650	900	1000	1800	2500	3800
A_2（mm）	（1）不同相的带电部分之间。 （2）断路器和隔离开关的断口两侧带电部分之间	200	300	400	650	1000	1100	2000	2800	4300
B_1（mm）	（1）栅状遮栏至带电部分之间。 （2）交叉的不同时停电检修的无遮栏带电部分之间。 （3）设备运输时，其外廓至无遮栏带电部分之间。 （4）带电作业时的带电部分至接地部分之间	950	1050	1150	1400	1650	1750	2550	3250	4550

符号	适用范围	额定电压（kV）								
		3～10	15～20	35	60	110J	110	220J	330J	500J
B2（mm）	网状遮拦至带电部分之间	300	400	500	750	1000	1100	1900	2600	3900
C（mm）	（1）无遮栏裸导线至地面之间。 （2）无遮栏裸导线至建筑物、构筑物顶部之间	2700	2800	2900	3100	3400	3500	4300	5000	7500
D（mm）	（1）平行的不同时停电检修的无遮栏裸导线之间。 （2）带电部分与建筑物、构筑物的边沿部分之间	2200	2300	2400	2600	2900	3000	3800	4500	5800

注 J系指中性点直接接地系统。

2. 间隔

间隔是指为了将设备故障的影响限制在最小的范围内，以免波及相邻的电器回路以及在检修中的电器时，避免检修人员与邻近回路的电器接触，而用砖或用石棉板等做成的墙体。

一般来说，间隔是指一个完整的电气连接，其大体上对应主接线图中的接线单元，以主设备为主，加上附属设备组成的一整套电气设备（包括断路器、隔离开关、TA、TV、端子箱等）。

在发电厂或变电站内，间隔是配电装置中最小的组成部分，根据不同设备的连接所发挥的功能不同有主变间隔、母线设备间隔、母联间隔、出线间隔等。

屋内配电装置间隔，按回路用途为：发电机、变压器、线路、母联（或分段）断路器、电压互感器和避雷器等间隔。

3. 层

是指设备布置位置的层次。配电装置有单层、两层、三层布置。

4. 列

一个间隔断路器的排列次序。配电装置有单列式布置、双列式布置、三列式布置。双列式布置是指该配电装置纵向布置有两组断路器及附属设备。

5. 通道

为便于设备的操作、检修和搬运，配电装置在布置时设置了维护通道（用来维护和搬运各种电器的通道）、操作通道［设有断路器（或隔离开关）的操动机构、就地控制屏］、防爆通道（和防爆小室相通）。

4.1.4 屋内配电装置

1. 屋内配电装置的安装形式

屋内配电装置按其布置形式的不同，一般可分为 5 种形式，见表 4-4。

表 4-4　　　　　　　　　　　　屋内配电装置的种类

安装形式	设备布置法	优点	缺点
三层装配式布置	将所有设备依其轻重分别布置在各层中	安全、可靠性高，占地面积少	结构复杂，施工时间长，造价高，检修维护不方便
双层装配式布置	将重设备置于第一层，轻设备于第二层	造价较低，安装、运行维护和检修方便	占地面积有所增加

安装形式	设备布置法	优点	缺点
单层装配式布置	所有电器均布置在一层	安装、维护方便	占地面积大，通常采用成套开关柜
混合式布置	单层装配与成套设备混合式布置	安装、维护方便	占地面积较大
	双层装配与成套设备混合式布置	安全、可靠，造价较低	占地面积较小

2. 屋内配电装置总体布置原则

（1）出线方便，为减小母线上的电流，电源布置在母线中部，有时为连接方便将其设在端部。

（2）同一个回路的设备布置在同一个间隔内（保证检修安全和限制故障范围）。

（3）较重的设备（如电抗器、断路器等）放在下层。

（4）满足安全净距要求的前提下，充分利用间隔的位置。

（5）布置清晰，力求对称，便于操作，容易扩建。

（6）采光、通风良好。

3. 母线的设置

母线通常装在配电装置的上部，一般呈水平、垂直和直角三角形布置，如图 4-3 所示。母线相间距离决定于相间电压。在 10kV 小容量装置中，母线水平布置时，为 250～350mm；垂直布置时，为 700～800mm；35kV 母线水平布置时，约为 500mm。

图 4-3　母线布置示例

（1）母线水平布置。可以降低配电装置高度，便于安装。通常用于中、小型发电厂或变电站。

（2）母线垂直布置。通常用隔板隔开，其结构复杂，增加了配电装置的高度。一般适用于 20kV 以下、短路电流较大的发电厂或变电站。

（3）母线直角三角形布置。结构紧凑，但各相母线和绝缘子的机械强度均不相同。适用于 10～35kV 大、中容量的配电装置中。

4. 母线隔离开关的设置

母线隔离开关，通常设在母线的下方。在双母线布置的屋内配电装置中，母线与母线隔离开关之间宜装设耐火隔板。两层以上的配电装置中，母线隔离开关宜单独布置在一个空间内。

为确保设备及工作人员的安全，屋内外配电装置应设置闭锁装置，以防止发生带负荷误拉隔离开关、带接地线合闸、误入带电间隔等电气误操作事故。

5. 断路器及其操动机构的布置

（1）断路器设在单独的封闭小室内。小室有封闭、敞开和防爆型 3 种。总油量超过 100kg 的电力变压器设于封闭小室；总油量超过 600kg 单台断路器、互感器设于防爆小室，同时还设置储油和挡油措施，60kg 以下设于有隔板的敞开小室。

（2）断路器操作机构。断路器的操动机构与断路器之间应该使用隔板隔开，其操动机构布置在操作通道内。手动操动机构和轻型远距离操动机构均安装在壁上；重型远距离控制操动机构则装在混凝土基础上。

6. 互感器的布置

（1）电流互感器。无论是干式或是油浸式，都可以和断路器放在同一个空间内。穿墙式电流互感器应尽可能作为穿墙套管使用。

（2）电压互感器。经隔离开关和熔断器（60kV 及以下采用熔断器）接到母线上，它需占用专门的间隔，但在同一间隔内，可以装设几个不同用途的电压互感器。

7. 避雷器的布置

当母线上接有架空线路时，母线上应装设阀型避雷器，由于其体积不大，通常与电压互感器共用一个间隔，但应用隔层隔开。

8. 电抗器的布置

由于电抗器比较重，多布置在第一层的封闭空间内。

电抗器按其容量不同有 3 种不同的布置方式：三相垂直布置、"品"字形布置和三相水平布置，如图 4-4 所示。通常线路电抗器采用三相垂直布置或"品"字形布置。当电抗器的额定电流超过 1000A、电抗值超过 5%～6% 时，宜采用"品"字形布置；额定电流超过 1500A 的母线分段电抗器或变压器低压侧的电抗器，则三相采取水平布置。

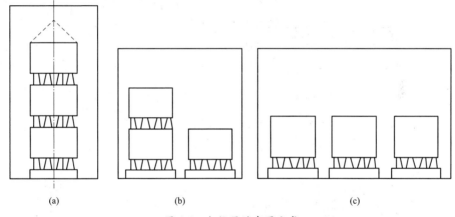

(a)　　　　　　　　(b)　　　　　　　　(c)

图 4-4　电抗器的布置方式
(a) 三相垂直布置；(b) "品"字形布置；(c) 三相水平布置

注意，在采用三相垂直布置或"品"字形布置时，只能采用 UV 或 VW 两相电抗器上下相邻叠装，而不允许 UW 两相电抗器上下相邻叠装在一起。

9. 电缆构筑物的布置

电缆隧道及电缆沟是用来放置电缆的。

（1）电缆隧道是封闭狭长的构筑物，高 1.8m 以上，两侧设有数层敷设电缆的支架，可容纳较多的电缆，人在隧道内能方便地进行敷设和维修电缆工作。电缆隧道造价较高，一般用于大型电厂。

（2）电缆沟为有盖板的沟道，沟深与宽不足 1m，敷设和维修电缆不方便。沟内容易积灰，可容纳的电缆数量也较少；工程简单，造价较低，常为变电站和中、小型电厂所采用。

电缆隧道及电缆沟在进入建筑物（包括控制室和开关室）处，应设带门的耐火隔墙（电缆沟只设隔墙）。以防止发生火灾时，烟火向室内蔓延，造成事故扩大，同时也可以防止小动物进入室内。

一般将电力电缆与控制电缆分开排列在过道两侧。

10. 电容器室的布置

（1）电容器室宜单独设置在不低于二级耐火等级的建筑物内。如果数量较少或者 1000V 及以下的电容器，可不另行单独设置低压电容器室，而将低压电容器柜与低压配电柜布置在一起。

（2）室内电容器室的布置，不宜超过三层。下层电容器的底部距离地面应不小于 100mm。电容器之间应保持 50mm 的距离，通道宽度不应小于 1m。同时，电容器的带电桩头距地面不得低于 2.2m，否则应加屏护措施。

（3）电容器组应有单独的控制开关。电容器的开关的额定电流不应小于电容器额定电流的 30%。若采用熔断器保护时，熔断丝的额定电流应不大于电容器额定电流的 130%。

（4）电容器室应有良好的散热通风装置，保证室温不超过 45℃，电容器表面温度不超过 55℃。

（5）高压电容器室的建筑物最好不与配电室毗连。充油式电容器，一旦鼓肚爆炸，极易引起火灾。如果与配电室毗连，势必威胁配电装置的安全。电容器室与配电室的设置如图 4-5 所示。

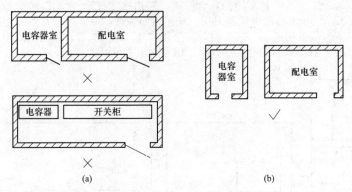

图 4-5　电容器室与配电室的设置
(a) 错误方法；(b) 正确方法

11. 变压器室的布置

（1）配变电所的变压器室不宜设在火灾危险性大的场所正上方或正下方，当贴邻时其隔墙的耐火等级应为一级。变压器室大门避免朝西，其大小一般按变压器外廓尺寸再加 0.5m 计算，要求采用甲级防火门（非燃烧材料）。油重超过 1000kg 的变压器，其下面需设储油池或挡油墙，以免发生火灾，使灾情扩大。

（2）变压器室的最小尺寸，根据变压器外形尺寸和变压器外廓至变压器室四壁应保持的最小距离而定，最小距离见表 4-5。

表 4-5　　　　　　　　　变压器外廓与变压器室四壁的最小距离

变压器容量（kV·A）	320 及以下	400～1000	1250 及以上	图示
至后壁和侧壁净距 A（mm）	600	600	800	
至大门净距 B（mm）	600	800	1000	

（3）变压器室的地坪不抬高时，变压器室的高度一般为 3.5～4.8m；地坪抬高时，地坪抬高高度一般有 0.8m、1.0m 及 1.2m 三种，变压器室高度相应地增加为 4.8～5.7m。有通风要求的变压器室，应采用抬高地坪的方案，变压器室的地面应设有坡向中间通风洞 2‰的坡度。

（4）变压器室的进风窗必须加铁丝网以防小动物进入；出风窗要考虑用金属百叶窗来防挡雨雪。

12. 通道和出口的布置

配电装置的布置应便于设备操作、检修和搬运，故须设置必要的通道（走廊）。

（1）维护通道。凡用来维护和搬运配电装置中各种电气设备的通道，称为维护通道。其最小宽度应比最大搬运设备宽度宽 0.4～0.5m。

（2）操作通道。如通道内设有断路器（或隔离开关）的操动机构、就地控制屏等，称为操作通道。其最小宽度为 1.5～2.0m。

（3）防爆通道。仅和防爆小室相通的通道，称为防爆通道。其最小宽度为 1.2m。

（4）出口。配电装置室的门（出口）应向外开，并装弹簧锁，相邻配电装置室之间如有门，应能向两个方向开启。

屋内配电装置 110kV 布置实例如图 4-6 所示。图中标识尺寸的单位为 mm。

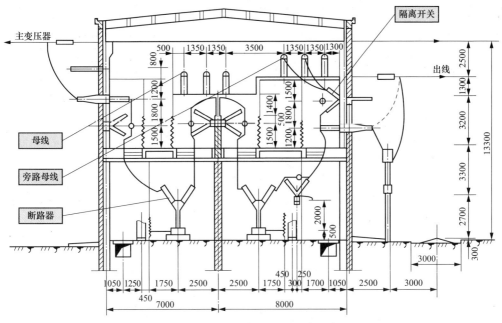

图 4-6　屋内配电装置 110kV 布置实例

4.1.5　屋外配电装置

1. 结构特征、适用场合及优缺点

（1）结构特征。屋外配电装置是将电气设备安装在露天场地的基础、支架或构架上的配电装置。

（2）适用场合。屋外配电装置一般多用于 110kV 及以上电压等级的配电装置。

（3）优缺点。

1）土建工作量和费用较小，建设周期短，扩建比较方便。

2）相邻设备之间距离较大，便于带电作业。

3）受外界环境影响，设备运行条件较差，需加强绝缘。

4）不良气候对设备维修和操作有影响。

5）占地面积大。

2. 屋外配电装置的类型

根据电气设备和母线布置的高度，屋外配电装置可以分为中型、半高型和高型等，见表 4-6。

表 4-6　　　　　　　　　　　　　　屋外配电装置的类型

类型	简要说明	应用
中型配电装置	所有电器都安装在同一水平面内，并装在一定高度的基础上，使带电部分对地保持必要的高度，以便工作人员能在地面安全地活动，中型配电装置母线所在的水平面稍高于电器所在的水平面	我国屋外配电装置普遍采用的一种方式
半高型配电装置	将母线置于高一层的水平面上，与断路器电流互感器、隔离开关上下重叠布置。半高型配电装置的优缺点介于高型配电装置和中型配电装置之间	一般用于 110kV 电压等级的配电装置
高型配电装置	将母线和隔离开关上下布置，母线下面没有电气设备	一般适用下列情况： （1）配电装置设在高产农田或地少人多的地区。 （2）原有配电装置需要扩速，而场地受到限制。 （3）场地狭窄或需要大量开挖

中型、半高型和高型屋外配电装置的判断如图 4-7 所示。

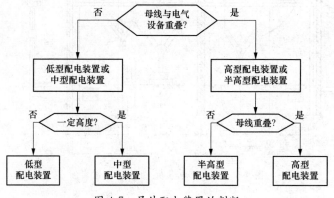

图 4-7　屋外配电装置的判断

3. 中型配电装置

中型配电装置可分为普通中型配电装置和分相中型配电装置两类。

（1）普通中型配电装置。普通中型配电装置的结构特征是：所有电器设备均安装在有一定高度的同一水平面上，而母线一般采用软导线安装在架构上，稍高于电器设备所在水平面。

普通中型配电装置因设备安装位置较低，便于施工、安装、检修与维护操作；构架高度低，抗震性能好；布置清晰，不易发生误操作，运行可靠；所用的钢材比较少，造价低。主要缺点是占地面积大。

普通中型配电装置是我国有丰富设计和运行经验的配电装置，广泛应用于 220kV 及以下的屋外配电装置中，如图 4-8 所示。

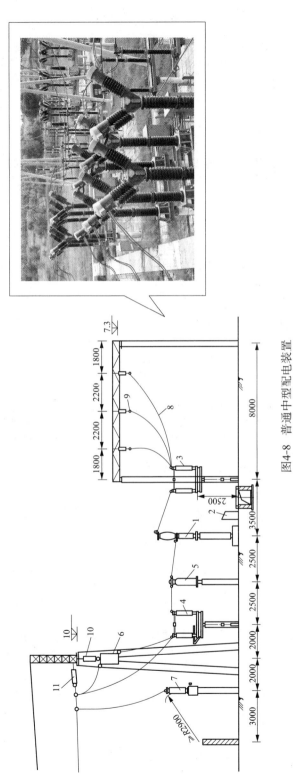

图4-8 普通中型配电装置

1—断路器；2—端子箱；3—隔离开关；4—带接地刀闸的隔离开关；5—电流互感器；6—阻波器；7—耦合电容器；8—引下线；9—母线；10、11—绝缘子

（2）分相中型配电装置。分相中型配电装置的结构特征是：隔离开关分相布置在母线正下方的中型配电装置。

分相中型配电装置除具有中型配电装置的优点外，还具有接线简单清晰，可以缩小母线相间距离，降低架构高度，较普通中型布置节省占地面积约 1/3。其缺点主要是施工复杂，使用的支柱绝缘子防污和抗震能力差。分相中型布置适合用于污染不严重、地震烈度不高的地区，如图 4-9 所示。

4. 高型配电装置

高型配电装置的结构特征是：一组母线与另一组母线重叠布置。

高型配电装置按其结构不同可分为单框架双式式、双框架单列式、三框架双列式。

与普通中型配电装置相比，可节省占地面积 50％左右。高型配电装置的主要缺点是对上层设备的操作与维修工作条件较差；耗用钢材比普通中型配电装置多 15％～60％；抗震能力差。如图 4-10 所示为 220kV 双母线、进出线带旁路、纵向三框架结构、断路器双列布置的高型配电装置进出线间隔断面图。

5. 半高型配电装置

半高型配电装置的结构特征是：母线的高度不同，将旁路母线或一组主母线置于高一层的水平面上，且母线与断路器、电流互感器重叠布置。

优点：占地面积比普通中型布置减少 30％；除旁路母线（或主母线）和旁路隔离开关（母线隔离开关）布置在上层外，其余部分与中型布置基本相同，运行维护较方便，易被运行人员接受，如图 4-11 所示。

缺点：检修上层母线和隔离开关不方便。

6. 屋外配电装置及布置

屋外配电装置的设备主要有：变压器、断路器及操作机构、隔离开关及操作机构、电流/电压互感器、绝缘子、避雷器、避雷针、避雷线、引线、阻波器、耦合电容及各种附属设备等。

（1）母线。屋外配电装置的母线有软母线和硬母线两种。软母线有钢芯铝绞线、扩径软管母线和分裂导线，三相呈水平布置，用悬式绝缘子悬挂在母线构架上。硬母线有矩形和管形两种，矩形用于 35kV 及以下配电装置中，管形用于 110kV 及以上配电装置中。管形硬母线一般采用柱式绝缘子安装在支柱上。

（2）架构。屋外配电装置的构架，可由型钢或钢筋混凝土制成。钢构架经久耐用，机械强度大，便于固定设备，抗震能力强，运输方便。但钢结构金属消耗量大，且为了防锈需要经常维护。钢筋混凝土构架经久耐用，维护简单。

（3）电力变压器的布置。电力变压器外壳不带电，采用落地布置，安装在铺有铁轨的双梁型钢筋混凝土基础上，轨距中心等于变压器的滚轮中心。在电力变压器下面设置储油池或挡油墙，其尺寸应比变压器的外廓大 1m，储油池内一般铺设厚度不小于 0.25m 卵石层，如图 4-12 所示。

主变压器与建筑物的距离不应小于 1.25m，且距变压器 5m 以内的建筑物，在变压器总高度以下及外廓两侧各 3m 范围内，不应有门窗和通风孔。

当变压器油重超 2500kg 以上时，两台变压器之间的防火净距，不应小于 10m。如布置有困难，应设防火墙。

（4）断路器的布置。断路器有低式和高式两种布置方式。低式布置的断路器放在 0.5～1m 的混凝土基础上。低式布置检修比较方便，抗震性能较好，但必须设置围栏，影响通道的畅通。一般中型配电装置的断路器采用高式布置，即把断路器安装在约 2m 高的混凝土基础上，如图 4-13 所示。

断路器的操动机构须安装在相应的基础上。按照断路器在配电装置中所占据的位置，可分为单列布置和双列布置。当断路器布置在主母线两侧时，称为双列布置；将断路器集中布置在主母线的一侧，则称为单列布置。

（5）隔离开关、电流互感器和电压互感器的布置。隔离开关、电流互感器和电压互感器均采用高式布置，其要求与断路器相同。隔离开关的手动操动机构，装在其靠边一相基础的一定高度上。

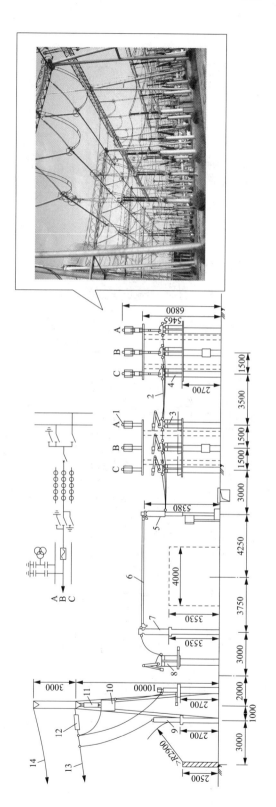

图4-9 分相中型配电装置

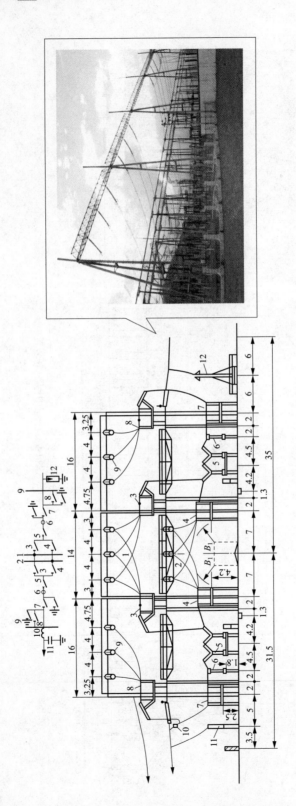

图4-10 高型配电装置

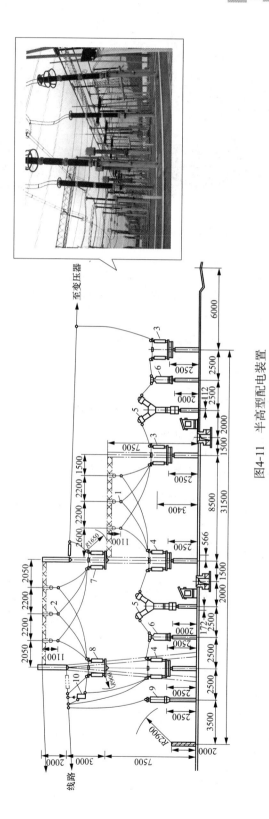

图4-11 半高型配电装置

图 4-12　屋外电力变压器的布置

图 4-13　断路器的高式布置

（6）避雷器的布置。避雷器有高式和低式两种布置。110kV 及以上的阀型避雷器由于本身细长，多采用落地布置，安装在 0.4m 的基础上，四周加围栏。磁吹避雷器及 35kV 的阀型避雷器体形矮小，稳定度较好，一般采用高式布置。

（7）电缆沟和道路的布置。屋外配电装置中电缆沟的布置，应使电缆所走的路径最短。电缆沟可分为纵向电缆沟和横向电缆沟。一般横向电缆沟布置在断路器和隔离开关之间。大型变电站的纵向电缆沟应采用辐射形布置，减少控制电缆沟与高压线平行的长度，减小电磁和静电耦合。

为了运输设备和消防需要，应在主要设备近旁铺设行车道路。还应设置宽 0.8～1m 的巡视小道，以便运行人员巡视电气设备，电缆沟盖板可作为部分巡视小道。110kV 以上屋外配电装置应设置 3m 的环行道路。

4.2　10kV/0.4kV 配电变压器及其安装

4.2.1　配电变压器的种类及结构

配电变压器是用来变换交流电压、电流而传输交流电能的一种静止的电气设备，它是根据电磁感应的原理实现电能传递的。电力变压器的分类见表 4-7。

表 4-7　　　　　　　　　　　　　电力变压器的分类

分类方法	种类
按用途分	电力变压器、特种变压器（电炉变、整流变、工频试验变压器、调压器、矿用变、冲击变压器、电抗器、互感器等）
按结构形式分	单相变压器、三相变压器及多相变压器
按冷却介质分	干式变压器、液（油）浸变压器、充气变压器
按冷却方式分	自然冷式变压器、风冷式变压器、水冷式变压器、强迫油循环风（水）冷式变压器、水内冷式变压器
按线圈数量分	自耦变压器、双绕组及三绕组变压器
按导电材质分	铜线变压器、铝线变压器及半铜半铝变压器、超导变压器
按调压方式分	无励磁调压变压器、有载调压变压器
按中性点绝缘水平分	全绝缘变压器、半绝缘（分级绝缘）变压器
按铁心形式分	心式变压器、壳式变压器、辐射式变压器

最常规的变压器是由高压绕组、低压绕组和铁芯组成，这是核心部分，也可称为变压器的心脏。还有各种不同的附属零部件，如将绕组和铁芯组合起来，并使它们之间互相隔开、绝缘，便有器身装配的零部件；将绕组端头引出以便接线的，就有引线、分接开关和套管等零部件；油浸式变压器，需要有一个外壳和变压器油；干式变压器有时为了安全防护，还会配上一

个外壳等。此外，为了便于在变压器运行中进行监测、保护，按标准规定或客户要求，常配备温度、温控、瓦斯保护、压力保护、温面显示、净油装置等部件和连接件。

10kV/0.4kV 配电变压器按绝缘介质不同，可分为油浸式变压器和干式变压器，其结构如图 4-14 所示。

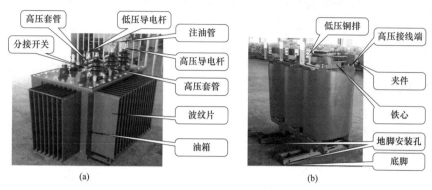

图 4-14 10kV/0.4kV 配电变压器的结构
(a) 油浸式变压器；(b) 干式变压器

1. 铁芯

铁芯是变压器磁通闭合的路径，又是绕组的支撑骨架。铁芯由芯柱和铁轭两部分组成，芯柱上套装绕组，连接芯柱以构成闭合磁路的部分是铁轭。

变压器的铁芯有芯式和壳式两种，电力变压器大多采用三相芯式变压器。三相变压器是三个相同的容量单相变压器的组合，它有三个铁芯柱，每个铁芯柱都绕着同一相的两个绕组，一个是高压绕组，另一个是低压绕组。如图 4-15 所示为三相芯式变压器铁芯演变过程。

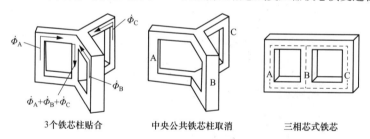

图 4-15 三相芯式变压器铁芯演变过程

2. 绕组

绕组是变压器的电路部分，常用绝缘铜线或铝线绕制而成。在单相变压器中，与输入交流电源相接的绕组叫作一次绕组，与负载相接的绕组叫作二次绕组。在电力变压器中，工作电压高的绕组称为高压绕组，工作电压低的绕组称为低压绕组，如图 4-16 所示。

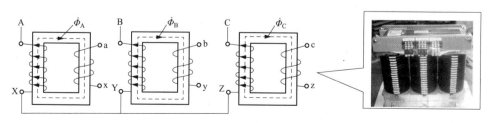

图 4-16 电力变压器的绕组

电力变压器高、低压绕组的排列方式常采用同芯式，低压绕组靠近铁芯处，高压绕组套在其外面。在铁芯、低压绕组、高压绕组之间都留有一定的绝缘间隙和散热油道，并用绝缘筒隔开。

低压绕组由于导线截面积大、根数多，一般采用螺旋式绕制；高压绕组多采用连续式绕制。对用于低电压、大电流的变压器（如电炉变压器等），高、低压绕组的排列方式为交叠式，即高、低压绕组互相交叠放置。交叠式绕组的机械强度高，引出线的布置和焊接都比较方便，漏抗也较小。

3. 油箱

油箱是油浸式变压器的外壳，由钢板焊成，用来盛装器身（包括铁芯和绕组）和变压器油。变压器油起着绝缘和散热作用，为了加强冷却效果，在油箱四周装有扁管散热器或波纹片散热器，如图 4-17 所示。

图 4-17　变压器油箱

变压器内的热油进入散热器的上部，经散热管散热冷却后，油的温度下降，比重增加，油向下沉降，新的热油又补充到散热管上部，形成油的自然循环，不断地把绕组和铁芯产生的热量有效地带走。为了更好地把热量散发到空气中去，容量大的变压器在散热器底部装有冷却风扇，对散热器的上部进行风冷，加快了散热器上部油的冷却，也加快了油的自然循环速度。

在变压器油箱上设置有放油阀，主要是放油及取油样的作用。

4. 储油柜

储油柜俗称储油柜，水平安装在油箱盖上，通过弯曲连管与油箱连接，储油柜的容积一般为变压器装油量的 8%～10%。

储油柜的作用是使变压器油与外界空气接触的面积减少，减缓变压器油的受潮和氧化变质的速度。储油柜的一端装有玻璃油位指示计（油标），如图 4-18 所示，油标旁边有−30℃，+20℃和+40℃三条刻度线，分别表示当环境温度为这些温度时相应的油面高度，作为注油的标准。正常情况下是+20℃油位，低于+20℃则最好是补充部分油。如果是看不到油位时首先就得要求补充油。

图 4-18　储油柜的油标尺

【特别提醒】

小型全密封油浸式变压器做成全密封式时，不用储油柜，只在变压器的箱盖上立一根注油管。加油口的密封盖是加铅密封的，不能随意打开。

5. 吸湿器

有的变压器把吸湿器装在储油柜下部，有的装在储油柜的一端，如图 4-19 所示。储油柜通过吸湿器与外界空气连通，故又称呼吸器。

吸湿器的内部装满了吸潮剂（硅胶），用来吸收进入储油柜内空气中的水分。呼吸器的下端有一个油封装置，使空气不能直接进入储油柜内，以减少变压器油受潮和氧化。当硅胶吸潮后颜色由蓝（或白）色变为淡红色，此时，表明硅胶已失去吸潮能力，需及时更换新硅胶。变色后的硅胶在 140℃高温下烘焙 8h，使水分蒸发后，硅胶又会还原成蓝色（或白色），可重新使用。

图 4-19　吸湿器

6. 气体继电器

气体继电器又称气体保护器件，安装位置在变压器油箱和储油柜的联管上，如图 4-20 所示。

图 4-20　气体继电器

当变压器漏油或有气体分解时，轻瓦斯保护动作，发出预报信号。当变压器内部有严重故障时，重瓦斯保护动作，接通断路器的跳闸回路，切除电源，发出事故信号。

7. 防爆管

如图 4-21 所示，它是一个长的钢筒，顶部装有一定厚度的玻璃或酚醛纸板，下面与主油箱连通。当变压器内部发生严重故障，箱内油的压力大于 $5 \times 10^4 \mathrm{Pa}$ 时，可以冲破顶部的玻璃或酚醛纸板，油向外喷出，以消除油箱内压力，避免油箱破裂。

8. 温度计

温度计用来测量油箱内上层油温，起监视电力变压器是否正常运行的作用。它安装在油箱盖上的测温筒内，测温筒的下端伸进油箱里面，如图 4-22 所示。35kV 电压级的变压器，常用的温度计有水银温度计和信号温度计。

9. 导电杆和绝缘套管

导电杆用紫铜制作而成，用于引出变压器内的高低压出头，用于客户的电缆与变压器的连接。

为了将绕组的引出线从油箱内引到油箱外，使带电的引线穿过油箱时与接地的油箱绝缘，出线必须穿绝缘套管。绝缘套管一般为瓷质如图 4-23 所示。

图 4-21　防爆管

温度计

图 4-22　温度计

图 4-23　绝缘套管

(1) 10kV 以下的变压器采用单体瓷质绝缘套管。在绝缘套管的瓷套内充满空气，中间穿过一根导电铜杆，以空气和陶瓷作为绝缘介质。

(2) 35kV 和低电压大电流变压器采用瓷质充油式绝缘套管，套管上有一放气螺孔，套管内充的油和变压器本体相连通。变压器安装（或大修）后，投入运行前，必须将此螺孔打开，当油溢出后，说明已将套管内部的空气排除干净，再拧紧堵塞螺钉，以防止在强电场下套管内有空气时，套管被击穿。

10. 调压开关

调压开关作用是根据电网电压或负载的变化，调节变压器的输出电压，控制变压器二次绕组输出电压的变化幅度。电力变压器的绕组一般都有抽头，叫分接头，通过更换分接头来改变一次、二次绕组的匝数比，便可达到调节二次绕组输出电压的目的。分接头调压开关的调压方式可分为无载调压和有载调压两类。

(1) 无载调压是在变压器一、二次侧都脱离电源的情况下，变换其高压侧分接头的挡位来改变绕组匝数，进行分级调压。容量在 6300kVA 及以下的变压器，高压绕组分接头电压的调节范围为（1±5%）额定电压。无载调压分接开关的三相接线如图 4-24 所示。

【特别提醒】

调压时注意：输出电压太高就往"1"挡的高挡处调，输出电压太低了就往"3"挡的低挡处调。

(2) 有载调压是变压器在带负荷运行中，通过手动或电动方法变换一次绕组分接头，改变高压绕组的匝数而进行的分级调压，如图 4-25 所示。其调压范围可达额定电压的±15%。

有载调压开关在换挡调压时，因切换电流会引起电弧，为减小换挡调压产生的电弧，有载调压开关的动触点由主触头和辅助触头两部分组成，辅助触点上有限流电阻。换挡时，主触点未脱开，辅助触点已与下一挡静触点接触，然后主触点才脱离原来的静触点并与下一挡静触点接触，完成换挡调压。有载调压开关换挡调压的过程如图 4-26 所示。

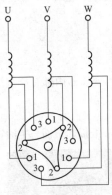

图 4-24　无载调压
分接开关

油变有载开关

干变有载开关

图 4-25　有载调压开关

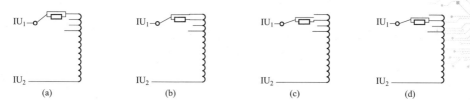

图 4-26 有载调压开关换挡调压的过程

（a）主、辅触头在未动作时的情形；（b）动作时，主触头未脱离静触头，辅助触头与下挡静触头接触；
（c）主触头脱离原静触头，辅助触头的限流电阻可限制电流；（d）主、辅助触头完成换挡

11. 压力释放阀

压力释放阀是变压器的一种压力保护装置，当变压器内部有严重的故障时，油分解产生大量气体。由于变压器基本是密封的，连通储油柜的连管比较小，靠连管不能迅速降低压力，造成油箱内压力急剧升高，有可能会导致变压器油箱破裂，此时就得由压力释放阀将变压器内部的压力降低。

一般是带储油柜的 315kVA 以上变压器装有压力释放阀，但全密封变压器全部都要装有压力释放阀。

4.2.2   配电变压器安装前的准备工作

1. 变压器安装的安全要求

（1）施工图及技术资料齐全无误。土建工程基本施工完毕，标高、尺寸、结构及预埋件强度符合设计要求。

（2）10kV 及以下变压器的外廓与周围栅栏或围墙之间的距离应考虑变压器运输与维修的方便，距离不应小于 1m；在需要操作的方向应留有 2m 以上的距离。

（3）地上安装的变压器变台的高度一般为 0.5m，其周围应装设不低于 1.7m 的栅栏，并在明显部位悬挂警告牌。

（4）315kVA 及以下的变压器可采用杆上安装方式，其底部距地面不应小于 2.5m。

（5）杆上和地上变台的所有高低压引线均应使用绝缘导线。

（6）变压器安装在有除尘排风口的厂房附近时，其距离不应小于 5m。

（7）安装工作宜从上至下进行，避免立体交叉作业，防止伤人和损坏设备。

（8）凡两人以上安装或操作同一设备时，应建立呼唤应答制。

（9）放置或就位设备时，不应将脚放在设备的下方，防止压伤。

（10）使用扳手时，不准套上管子。

2. 设备及材料准备

（1）变压器应装有铭牌。铭牌上应注明制造厂名、额定容量、一二次额定容量、一二次额定电压、电流、阻抗（或短路）电压（％）及接线组别等技术数据，如图 4-27 所示。

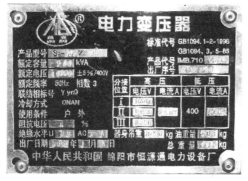

图 4-27   变压器的铭牌

不同类型的变压器均有相应的技术要求，用铭牌的形式表示出来。按照国家标准，电力变压器铭牌通常标示的项目有变压器的相数、额定容量、额定频率、各绕组额定电压、各绕组额定电流、联结组标号、绕组联结示意图、冷却方式、使用条件、总重量等。变压器铭牌主要技术参数的含义见表 4-8。

表 4-8 变压器铭牌主要技术参数的含义

技术参数	含义
额定容量	变压器长时间所能连续输出的最大功率，单位是 kVA
额定电压	变压器长时间运行时所能承受的工作电压（铭牌值为中间分接头的值），单位是 kV
额定电流	变压器在额定电压下允许长期通过的电流，单位是 A
容量比	变压器各侧额定容量之比（各侧的额定容量不一定相同）
电压比	变压器各侧额定电压之比
阻抗（或短路）电压（%）	把变压器二次绕组短路，在一次绕组上逐渐升压到二次绕组的短路电流达额定值时，一次绕组所加的电压值。常用额定电压的百分数来表示
短路损耗（铜损）	把变压器二次绕组短路，在一次绕组通入额定电流时变压器消耗的功率，单位是 kW
空载损耗（铁损）	变压器在额定电压下，二次空载（开路）时变压器铁芯（励磁和涡流）所产生的损耗，单位是 kW
空载电流（%）	变压器在额定电压下，二次空载（开路）时在一次绕组通过的（励磁）电流。常用额定电流的百分数来表示
接线（或联结）组别	用于标明变压器各侧三相绕组的连接顺序、绕向和极性以及各侧线电压相互关系的时钟表示方法。对高压绕组用符号 Y（星形）、D（三角形）、Z（曲折形）；中、低压绕组用 y、d、z；有中性点引出时用 YN、ZN 和 yn、zn；自耦变有公共部分的两绕组中额定电压低的一个用 a 表示

(2) 变压器的容量，规格及型号必须符合设计要求。

(3) 附件备件齐全，并有出厂合格证及技术文件。

(4) 各种规格型钢应符合设计要求，并无明显锈蚀。

(5) 除地脚螺栓及防震装置螺栓外，均应采用镀锌螺栓，并配相应的平垫圈和弹簧垫。

(6) 其他材料，如电焊条、防锈漆、调和漆等均应符合设计要求，并有产品合格证。

3. 主要机具的准备

(1) 搬运吊装机具：汽车吊，卷扬机，吊镇，三步搭，道木，钢丝绳，带子绳，滚杠。

(2) 安装机具：台钻，砂轮，电焊机，气焊工具，电锤，台虎钳，活扳子，榔头，套丝板。

(3) 测试器具：钢卷尺，钢板尺，水平尺，线坠，绝缘电阻表，万用表，电桥及试验仪器。

4. 密封性检查和绕组绝缘检查

在变压器运抵现场后，应及时按出厂技术文件（拆卸装箱清单一览表）清点全部附件，检查附件包装是否完整，有无碰损现象，变压器本体有无机械损伤，法兰螺栓有无缺损，各处密封是否严密良好，有无渗漏油现象。确认全部附件基本完好后，应进一步对变压器进行密封性检查和绕组绝缘试验。

(1) 密封检查。一般变压器的密封检查可仅限于外观检查，只要外部无渗漏油的痕迹，即可认为该变压器密封良好。

对于充高纯氮运输的变压器，到达现场后氮气压力不低于 9.8kPa 时，可以认为油箱密封良好。

（2）绕组绝缘试验。绕组绝缘试验是在油箱充满变压器油的情况下，测量各电压等级绕组的绝缘电阻和吸收比，介质损失角正切值和变压器油箱内油的绝缘强度。当变压器不带套管运输时，可打开套管法兰把绕组引线抽出来，用绝缘棒、塑料带固定起来进行测量。试验时，注意记录环境温度，以便把实测结果进行换算，用来和变压器出厂值比较。

（3）绝缘判断。经过以上绕组绝缘试验和密封检查就可以对变压器进行绝缘判断。如果绝缘合格，可以继续进行吊芯检查和安装。如果绝缘不合格，则需要干燥处理。实质上，这是确定是否可以不经干燥把变压器投入电网运行的问题，绝缘判断要对各项指标做综合分析。一般 35kV 带油运输的变压器不经干燥投入运行的条件如下：

1）变压器密封良好。

2）油箱内变压器油的击穿电压不低于 35kV。

3）变压器油内不含水分。

4）绝缘电阻值不低于制造厂所测数值的 70%，介质损失角正切值不超过制造厂所测数值的 130%。

5）当测量时的温度与制造厂测量时的温度不同时，应把测量值进行换算。

35kV 以上电压等级的变压器不经干燥投入运行的条件更为严格。

绝缘判断是非常重要的，只有根据绝缘判断的结果，才能确定变压器是否需要干燥。据此才能最后确定安装方案，从这个意义上来说，绝缘检查应尽早进行。

5. 附件检查

（1）套管的检查。

1）套管的瓷件应完整无损，表面和内腔要擦拭干净。

2）充油套管要试油压检漏。在套管内加 0.15MPa 的油压，3h 应无渗漏油。检查渗漏时，要拆下套管下部的均压罩，仔细检查下端有无渗漏油。

3）套管电气试验合格。瓷套管和带有附加绝缘的套管应做工频耐压试验。充油套管应做绝缘电阻、介质损失角正切值试验和绝缘油电气试验，有条件时应做工频耐压试验和绝缘油的气相色谱分析。

4）套管附属的绝缘件应经干燥处理（浸油运输的绝缘件可不处理）。

5）充油套管应充油至正常油位。

（2）潜油泵检查。

1）外观检查无渗漏油，视孔玻璃应完好。

2）用 0.2～0.3MPa 油泵试漏检查，3h 应无渗漏油。

2）应做绝缘电阻和工频耐压试验，有条件时可做空载和转速试验。

（3）气体继电器检查。除外观检查外，要做 0.05MPa 油压试漏检查，并要按继电保护要求做流速整定、绝缘电阻试验。

（4）风扇电动机检查。除外观检查外，要做绝缘电阻和工频耐压试验。有条件时可做空载和转速试验。

（5）其他附件的检查。散热器（风冷却器、水冷却器）、储油柜、防爆筒、净油器等各附件内部应彻底清理干净，必要时，应用干净的变压器油冲洗，或用干燥清洁的压缩空气吹净。各附件还应按不同规定做 0.05～0.15MPa 的油压试漏检查，持续 3h 应无渗漏油。

【特别提醒】

变压器附件经检查和电气试验合格后，应妥善保管，做好必要的防护措施，尤其是瓷件防止碰破，充油附件做好密封。根据工程进度和现场条件，适时地运到现场，摆放在适当位置准备安装。

6. 器身检查

器身检查是为了排除变压器在运输过程中对铁芯、绕组和引线所造成的损伤，处理制造过程中一时疏忽遗留的局部缺陷，清理油箱中的杂物。

电力变压器身检查前一般要采取吊芯的措施，吊芯检查对确保变压器安全运行非常重要。当运行中的变压器内部出现故障时，也需要进行必要的检查和修理。除制造厂有特殊规定的以外，所有变压器投入运行前必须做吊芯检查，如图 4-28 所示。制造厂有特殊规定者，1000kVA 以下，运输过程中无异常情况者，短途运输，事先参与了厂家的检查并符合规定，运输过程中确认无损伤者，可不做吊芯检查。

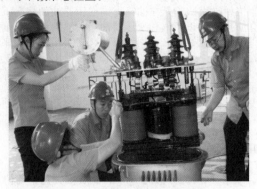

图 4-28　变压器吊芯检查

吊芯检查应在气温不低于 0℃，芯子温度不低于周围空气温度、空气相对湿度不大于 75％的条件下进行（器身暴露在空气中的时间不得超过 16h）。

吊芯检查的主要内容如下：

（1）绕组绝缘检查。绕组绝缘完整，表面无变色、脆裂，各线圈排列整齐、间隙均匀，绝缘无移动变位，垫块完整无松动，油路畅通，引线绝缘良好，电气距离应符合要求。同时，用绝缘电阻表绝缘电阻，其允许值见表 4-9。

表 4-9　　　　　　　　　　油浸变压器绕组绝缘电阻的允许值

高压绕组（KV）	绝缘电阻值（MΩ）							
3～10	450	300	200	130	90	60	40	25
20～35	600	400	270	180	120	80	50	35
63～220	1200	800	540	360	240	160	100	70
温度（℃）	10	20	30	40	50	60	70	80

（2）铁芯检查。铁芯无变形，铁芯叠片绝缘无局部变色，铁芯叠片无烧损，油路畅通，铁芯接地良好，还要用绝缘电阻表测量铁芯的绝缘电阻，如图 4-29 所示。

（3）机械结构检查。所有螺栓包括夹件、穿心螺杆、压包螺栓、拉杆螺栓、木件紧固螺栓等均应紧固且有防松措施。木质螺栓应无损伤，并有防松绑扎。

（4）调压装置检查。调压装置（如接地板、无励磁调压开关、有载调压开关）与分接引线连接正确、可靠。各分接触头清洁，接触压力适当。活动触头正确地停留在各个位置上，且与指示器的指示相符。调压装置的机械传动部件完整无损，动作正确可靠，并根据实际情况调节分接开关的位置，如图 4-30 所示。

图 4-29　测量铁芯绝缘电阻

图 4-30　调节分接开关

（5）电气测试。经器身检查后，应拆开铁芯接地片，做铁芯对上、下夹件（包括压包钢环）、穿心螺杆对夹件、铁芯的绝缘电阻检查和1000V工频耐压试验。当铁芯有外部接地套管时，最好做2000V工频耐压试验。有载调压变压器的选择切换开关及无载调压变压器的调节开关各触头应做接触电阻试验。

器身检查全部完成后，应做油箱的清理工作。排净油箱底部的残油，清理一切杂物。检查各个阀门和油堵的密封，检查阀门启闭指示应正确无误。

变压器器身检查的注意事项如下：

（1）器身检查不论是采取吊芯或吊罩方法，起重所使用的器具和设备，事前必须经过检查，不准超载使用。绳扣的角度和吊重的位置，必须符合制造厂规定。起吊和落下时一定要加强监视，注意不得使芯子和油箱碰撞，起重工作应由富有经验的检修工人指挥。做电气试验时，要注意相互呼应，避免触电。器身恢复前，应认真清点工具和材料，应仔细检查芯子，不得在芯子上遗留任何杂物。

（2）经器身检查后，要密封油箱，注满合格的变压器油。有条件时，对110kV及以上电压等级的变压器，要采用真空注油。

（3）器身检查工作要事先做好充分准备，明确分工，尽量提高工作效率，缩短器身在空气中暴露的时间。

（4）吊芯、复位、注油必须在16h内完成。吊芯检查完成后，要对油系统密封进行全面仔细检查，不得有渗漏油现象。

4.2.3 室内变压器的安装

变压器安装工艺流程如下：

设备点件检查→变压器二次搬运→变压器稳装→附件安装→送电前的检查→送电运行验收。

1. 设备点件检查

设备点件检查应由安装单位、供货单位、会同建设单位代表共同进行，并做好记录。设备点件检查的主要项目如下：

（1）按照设备清单，施工图纸及设备技术文件核对变压器本体及附件备件的规格型号是否符合设计图纸要求。是否齐全，有无丢失及损坏。

（2）变压器本体外观检查无损伤及变形，油漆完好无损伤。

（3）油箱封闭是否良好，有无渗漏油现象，油标处油面是否正常，发现问题应立即处理。

（4）绝缘瓷件及环氧树脂铸件有无损伤、缺陷及裂纹。

2. 变压器二次搬运

变压器二次搬运是指从原设备库装运到变压器新的安装地点。变压器二次搬运应由起重工作业，电工配合。

（1）根据变压器自身重量及吊装高度，来决定采用何种搬运工具进行装卸。最好采用汽车吊吊装，也可采用吊链吊装。在农村交通不方便的地方，还得采用人力搬运，如图4-31所示。

（2）在搬运过程中，要注意交通路线情况，到达地点后要做好现场保护工作。

（3）变压器搬运时，应注意保护瓷瓶，最好用木箱或纸箱将高低压瓷瓶罩住，使其不受损伤。

（4）变压器搬运过程中；不应有冲击或严重震动情况。利用机械牵引时，牵引的着力点应在变压器重心以下，以防倾斜。运输时倾斜角不得超过15°，防止内部结构变形。

图4-31 变压器人力搬运

（5）用千斤顶顶升大型变压器时，应将千斤顶放置在油箱专门部位。

3. 变压器稳装

变压器就位可用汽车吊直接吊进变压器室内，如图4-32所示，或用道木搭设临时轨道，用三步搭、吊链吊至临时轨道上，然后用吊链拉入室内合适位置。

变压器就位时，应注意其方位和距离墙体的尺寸与图纸相符，允许误差为±25mm，图纸

图 4-32 室内变压器稳装

无标注时，纵向按轨道就位，横向距墙不得小于 800mm，距门不得小于 1000mm。

【特别提醒】

油浸变压器的安装位置，应考虑能在带电的情况下，方便检查储油柜和套管中的油位、上层油温、气体继电器等。

4. 变压器的附件安装

（1）气体继电器安装。气体继电器应水平安装，观察窗应装在便于检查的一侧，箭头方向应指向储油柜，与连通管的连接应密封良好。

截油阀应位于储油柜和气体继电器之间。

事故喷油管的安装方位，应注意到事故排油时不致危及其他电气设备。

（2）防潮呼吸器的安装。防潮呼吸器安装前，应检查硅胶是否失效，如已失效（浅蓝色硅胶变为浅红色，即已失效），应在 115～120°温度烘烤 8h。白色硅胶，不加鉴定一律烘烤。

防潮呼吸器安装时，必须将呼吸器盖子上橡皮垫去掉，使其通畅，并在下方隔离器具中装适量的变压器油，起滤尘作用。

（3）温度计的安装。套管温度计安装，应直接安装在变压器上盖的预留孔内，并在孔内加以适当变压器油。刻度方向应便于检查。

电接点温度计安装前应进行校验，油浸变压器一次元件应安装在变压器顶盖上的温度计套筒内，并加适当变压器油；二次仪表挂在变压器一侧的预留板上。

干式变压器一次元件应按厂家说明书位置安装，二次仪表安装在便于观侧的变压器护网栏上。软管不得有压扁或死弯弯曲半径不得小于 50mm，多余部分应盘圈并固定在温度计附近。

干式变压器的电阻温度计，一次元件应预埋在变压器内，二次仪表应安装值班室或操作台上，导线应符合仪表要求，并加以适当的附加电阻校验调试后方可使用。

（4）电压切换装置的安装。变压器电压切换装置各分接点与线圈的连线应紧固正确，且接触紧密良好。转动点应正确停留在各个位置上，并与指示位置一致。

电压切换装置的拉杆、分接头的凸轮、小轴销子等应完整无损；转动盘应动作灵活，密封良好。

电压切换装置的传动机构（包括有载调压装置）的固定应牢靠，传动机构的摩擦部分应有足够的润滑油。

有载调压切换装置的调换开关的触头及铜辫子软线应完整无损，触头间应有足够的压力，一般为 8～10kN。有载调压切换装置的控制箱一般应安装在值班室或操作台上，连线应正确无误，并应调整好，手动、自动工作正常，挡位指示正确。

5. 变压器接线安装

变压器安装接线可分为高压侧接线和低压侧接线，如图 4-33 所示。

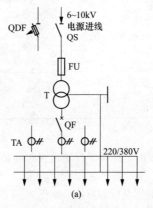

(a)

图 4-33 变压器安装接线（一）

(a) 接线原理图

裸露带电部分按相序加装红、绿、黄、黑色等颜色绝缘套管

双根电缆应分别在接线端子两侧搭接

(b)

图 4-33 变压器安装接线（二）
（b）接线实物图

6. 变压器送电前的检查

变压器试运行前应做全面检查，必须由质量监督部门检查合格，确认符合试运行条件时方可投入运行。变压器试运行前的检查内容如下：

（1）各种交接试验单据齐全，数据符合要求。

（2）变压器应清理、擦拭干净，顶盖上无遗留杂物，本体及附件无缺损，且不渗漏油。

（3）变压器一、二次引线相位正确，绝缘良好。

（4）接地线良好。

（5）通风设施安装完毕，工作正常，事故排油设施完好，消防设施齐备。

（6）油浸变压器油系统油门应打开，油门指示正确，油位正常。

（7）油浸变压器的电压切换装置及干式变压器的分接头位置放置正常电压挡位。

（8）保护装置整定值符合规定要求，操作及联动试验正常。

（9）干式变压器护栏安装完毕，各种标志牌挂好，门装锁。

7. 变压器送电试运行

（1）变压器第一次投入试运行时，可全电压冲击合闸，冲击合闸时一般可由高压侧投入。变压器第一次受电后，持续时间不应少于 10min，无异常情况。

（2）变压器应进行 3～5 次全电压冲击合闸，并无异常情况，冲击合闸时产生的瞬时励磁电流不应引起保护装置误动作。

（3）变压器试运行要注意冲击电流、空载电流、一、二次电压、温度。并做好详细记录。

（4）变压器空载运行 24h，无异常情况，方可投入负荷运行。同时应办理验收手续。

4.2.4 室外变压器的安装

1. 变压器室外安装方式

变压器室外安装方式有杆塔式、台墩式和地台式 3 种。

（1）杆塔式安装。杆塔式就是将变压器及其附属设备都装设在电杆及构架上，可分为单杆式、双杆式和三杆式 3 种。其中，单杆式仅适用于容量在 30kVA 以下的配电变压器；双杆式使用较多，适合于 40～180kVA 的变压器，双杆式变压器台的结构如图 4-34 所示；三杆式变压器台对变压器的支撑与双杆式类似，只是将高压跌落熔断器另设一杆，使检修操作更安全，其缺点是造价较高。

（2）地台式和台墩式安装。地台式是将配电变压器装在砖、石块砌成的台上，如图 4-35（a）所示，这种安装方式适用于较大容量的配电变压器。安装变压器的台墩通常可做成一间配电室，这样可以节约投资，如图 4-35（b）所示。

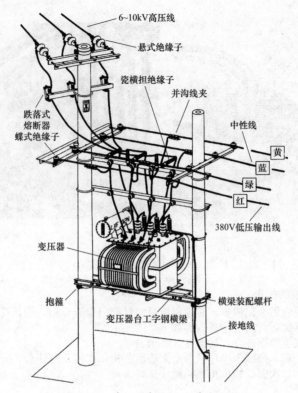

6~10kV高压线

悬式绝缘子

瓷横担绝缘子

并沟线夹

跌落式
熔断器
蝶式绝缘子

中性线

黄

蓝

绿

红

变压器

380V低压输出线

抱箍

横梁装配螺杆

变压器台工字钢横梁

接地线

图 4-34　采用双杆变台安装变压器

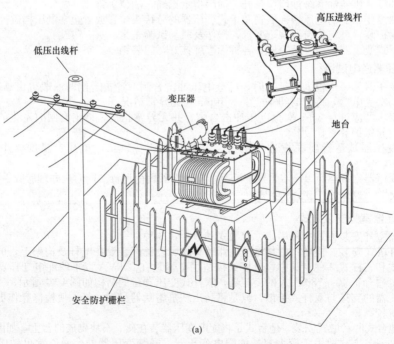

低压出线杆

高压进线杆

变压器

地台

安全防护栅栏

(a)

图 4-35　地台式和台墩式安装变压器（一）
（a）地台式

图 4-35　地台式和台墩式安装变压器（二）

(b) 台墩式

在地台式和台墩式变压器周围，应设置较大的围栏，其高度在 1.5m 左右，与变压器至少相距 1.5～2m。围栏外应挂上"高压危险，不许攀登"的警示牌，只有在停（断）电后，操作人员才能进入围栏工作。

2. 变压器台架及上层部件的安装

为保证变压器的安全运行，户外配电变压器通常安装在固定的支承台架上。变压器台架主要由变压器支承台架、低压刀开关、跌落熔断器、避雷器横担、高低压引下线横担及耐张横担等基本构架组成。

变压器台架安装应注意以下几点。

（1）变压器台架安装高度应符合规定，户外变压器台架 2.5m 以下不允许有攀登物。

（2）安装加强型抱箍时，螺栓的安装方向应由内向外，螺栓应按规定收紧，如图 4-36 所示。

（3）安装支承台时，由内向外分别安装内横担、外横担及撑铁，螺栓穿向应由内向外，调整台面水平后，将所有螺栓进行紧固，如图 4-37 所示。

螺栓由内向外

图 4-36　加强型抱箍安装

图 4-37　支承台的安装

（4）起吊槽钢时，应尽量保持槽钢平衡提升。槽钢提升到支承台后，在事先加工好的螺孔中分别穿入加长螺栓并拧紧，如图 4-38 所示。

图 4-38　槽钢的固定

（5）起吊槽钢时，应尽量保持槽钢平衡提升。槽钢提升到支承台后，在事先加工好的螺孔中分别穿入加长螺栓并拧紧。

（6）安装脚踏板时，将脚踏板两端用绳索系好，固定于支承台上，连接螺栓插入方向应由下而上，如图 4-39（a）所示。台面安装完毕后，应用水平仪进行台架测平，尽量保持台架面水平，如图 4-39（b）所示。

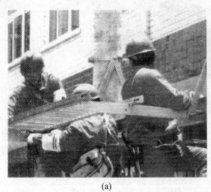

（a）　　　　　　　　　　　　　　　（b）

图 4-39　脚踏板安装及台架水平测量

（a）安装脚踏板；（b）台架水平测量

（7）安装靠背时，螺栓插入方向一律由里向外，用扳手拧紧，使各连接点牢固可靠。注意靠背角铁应竖直，靠背扁铁应水平，如图 4-40 所示。

图 4-40　台架靠背的安装

（8）低压刀开关横担、熔断器横担等台架上层部件的安装，如图 4-41 所示。支承横担的方向应与台架主、副杆连线方向垂直。低压刀开关横担与支承横担连接时，连接螺栓穿入方向应由下向上，且螺栓的连接应牢固。

图 4-41　台架上层部件的安装

3. 低压刀开关和熔断器的安装

台架上层构架部件安装完毕，接下来进行低压刀开关、熔断器的安装。

安装低压刀开关时，应先连接低压刀开关上端部，再固定下端部；安装时应注意方向正确，连接牢固、可靠。安装应牢固、接触紧密，动触头机构灵活，如图4-42所示。

图4-42 低压刀开关的安装

高压跌落熔断器的底部与地面的垂直距离不低于4.5m，各相熔断器的水平距离不小于0.5m，为了便于操作和熔丝熔断后熔丝管能顺利地跌落下来，跌落式熔断器的轴线应与垂直线呈15°～30°，如图4-43所示。

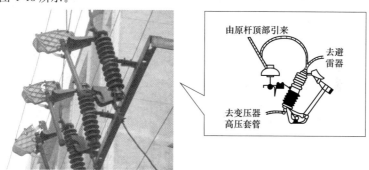

图4-43 跌落熔断器的安装

跌落式熔断器的熔丝应按照"配电变压器内部或高、低压出线管发生短路时能迅速熔断"的原则来进行选择，熔丝的熔断时间必须小于或等于0.1s。配电变压器额定容量在100kVA以下者，高压侧熔丝的额定电流按变压器额定电流的2～3倍选择；额定容量在100kVA以上者，高压侧熔丝的额定电流按变压器额定电流的1.5～2倍选择。变压器低压侧熔丝按低压侧额定电流选择。

4. 避雷器的安装

高压侧避雷器安装在高压熔断器与变压器之间，并尽量靠近变压器，但必须保持距变压器端盖0.5m以上，这样不仅减少雷击时引下线电感对配电变压器的影响，而且又可以避免使整条线路停电进行避雷器维护检修，还可防止避雷器爆炸损坏变压器瓷套管等。

为了防止低压反变换波和低压侧雷电波侵入，应在低压侧配电箱内装设低压避雷器，从而起到保护配电变压器及其总计量装置的作用。避雷器间应用截面积不小于 $25mm^2$ 的多股铜芯塑料线连接在一起。为避免雷电流在接地电阻上的压降与避雷器的残压叠加作用在变压器绝缘上，可将避雷器的接地端、变压器的外壳及低压侧中性点用截面积不小于 $25mm^2$ 的多股铜芯塑料线连接在一起，再与接地装置引上线相连接。

避雷器的安装方法有两种。变压器位于室外，则通过金属支架直接将避雷器安装在小型变压器高压进线侧，如图4-44（a）所示。变压器位于室内，避雷器可安装在穿墙套管外墙高压引入端，如图4-44（b）所示。

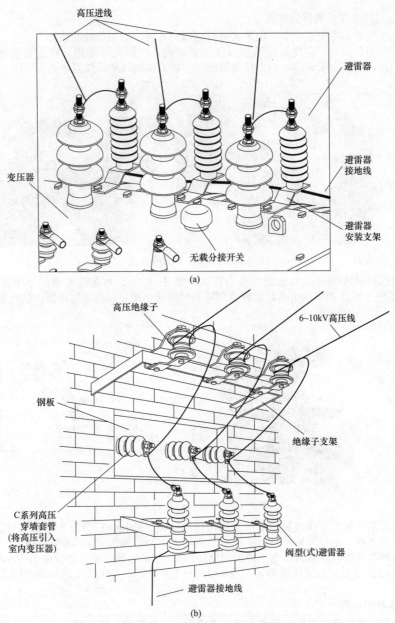

图 4-44　避雷器安装示意图
(a) 在小型变压器上直接安装；(b) 在墙体上安装

避雷器的接线要尽量靠近变压器进行安装，接地线要与变压器低压侧的中性点及金属外壳连接在一起。10kV 避雷器相间距离，不小于 350mm；0.4kV 低压避雷器相间距离，不小于 150mm。避雷器的引线要短而直，连接紧密，采用绝缘铜线，其截面积不小于 25mm²。避雷器接线示意图如图 4-45 所示。

5. 监控终端箱的安装

变压器监控终端箱垂直安装在台架上或者水泥杆上，安装牢固，安装高度为离地面 2.2～2.5m，如图 4-46 所示。

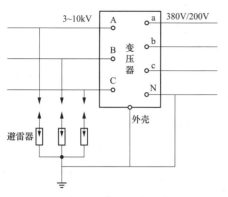

配电变压器监控终端箱体安装在距离地面高度为2.2~2.5m的水泥杆处，并且不能影响台架变压器的运行维护

图 4-45 避雷器接线示意图　　　　　图 4-46 变压器监控终端箱

6. 室外变压器安装的注意事项

（1）油浸电力变压器的安装应略有倾斜。一般来说，从没有储油柜的一方向有储油柜的一方有1‰~1.5‰的上升坡度，以便油箱内意外产生的气体能比较顺利地进入气体继电器。

（2）变压器各部件及本体必须固定牢。

（3）电气连接必须良好，铝导体与变压器的连接应采用钢铝过渡接头。

（4）变压器的接地一般是其低压绕组中性点、外壳及其阀型避雷器三者共有的接地，变压器的工作中性线应与接地线分开，工作中性线不得埋入地下，接地必须良好。接地线上应有可断开的连接点。

（5）变压器防爆管喷口前方不得有可燃物体。

（6）变压器的一次引线和二次引线均应采用绝缘导线。

（7）双杆柱上安装变压器，两杆的根开为2m。配电变压器台架用两条或四条槽钢固定于两电杆上，台架距地面高度不低于2.5m，台架的平面坡度不大于1/100。腰栏应采用直径不小于4mm的铁线缠绕两圈以上，缠绕应紧牢，腰栏距带电部分不少于0.2m。

（8）柱上变压器底部距地面的高度不小于2.5m，裸导体距地面高度不小于3.5m。

（9）落地式变压器台的高度一般不低于0.5m，其围栏高度不低于1.7m，变压器的壳体距围栏不小于1m，在有操作的方向应留有2m以上的宽度。

配电变压器安装要求可归纳为以下口诀。

户外安装变压器，置于杆上或台上。
距地最少二米五，地台安装设围障。
若是经济能允许，箱式安装更妥当。
除非临时有用途，不宜露天地上放。
室内安放要通风，周围通道要适当。

4.3 高压配电装置安装

4.3.1 高压配电装置简介

1. 高压配电装置的作用

高压配电装置是指1kV以上的用于接受和分配电能的电气设备，包括开关设备、监察测量仪表、保护电器、连接母线及其他辅助设备。

高压配电装置用于发电厂和变配电所中作控制发电机、电力变压器和电力线路之用，也可作为大型交流高压电动机的起动和保护用。

2. 高压配电装置选择和安装的一般规定

（1）高压配电装置的布置和导体、电器、构架的选择应满足正常运行、短路和过电压的要求，不能危及人身安全和周围设备。

（2）绝缘等级应和电力系统的额定电压相同，3~10kV的屋外重要变电所的支持绝缘子和穿墙套管应采用比受电电压高一级电压的产品。

（3）各回路的相序排列应一致，并涂色标明。

（4）间隔内的硬母线及接地线，应留未涂漆的接触面和连接端子，以备装接携带式接地线。

（5）隔离开关和相应的断路器之间，应装设机械或电磁联锁装置，以防误操作。

（6）在污秽地区的屋外高压配电设备及绝缘子等，应有防尘、防腐等措施，并应便于清扫。

（7）周围环境温度低于绝缘油、润滑油、仪表、继电器的允许温度时，应采取加热措施。

（8）在地震较强烈地区（烈度超过Ⅶ度时），应采取抗震措施，加强基础和配电装置的耐震性能。

3. 高压配电装置的安全距离

对于敞露在空气中的配电装置，在各种间距中，最基本的是带电部分对地部分之间和不同相的带电部分之间的空间最小安全净距，在这一距离下，无论为正常最高工作电压或出现内外过电压时，都不致使空气间隙击穿。屋外高压配电装置的安全净距见表4-3，屋内高压配电装置的安全净距见表4-3。

高压成套设备配电装置的电气间隙、爬电距离（漏电距离）见表4-10。

表 4-10　　高压成套设备配电装置的电气间隙、爬电距离（漏电距离）

额定电压（KV）	1~3	6	10	35
导体至地净距（mm）	75	100	125	300
不同导体之间净距（mm）	75	100	125	300
导体至无孔遮拦净距（mm）	105	130	125	330
导体至网状遮拦净距（mm）	175	200	225	400
无遮拦裸导体至地极间距（mm）	2375	2400	2425	2600

4.3.2　配电柜的安装与接线

1. 基础型钢的制作与安装

（1）按图纸要求预制加工基础型钢架，并做好防腐处理。

（2）按施工图纸所标位置，将预制好的基础型钢架放在预留铁件上，找平、找正后将基础型钢架、预埋铁件、垫片用电焊焊牢。

（3）基础型钢顶部宜高出抹平地面10mm。

（4）基础型钢安装完毕后，应将接地线与基础型钢的两端焊牢，焊接面的长度为扁钢宽度的2倍，然后与柜接地排可靠连接。并做好防腐处理。

2. 高压配电柜安装

（1）按施工图的布置，将配电柜按照顺序逐一就位在基础型钢上，如图4-47所示。单独柜进行柜面和侧面的垂直度的调整，可用加垫铁的方法来解决，但不可超过3片，并焊接牢固。成列柜各台就位后，应对柜的水平度及盘面偏差进行调整，应调整到符合施工规范的规定。

图 4-47　配电柜成排安装

（2）柜调整结束后，应用螺栓将柜体与基础型钢进行紧固。

（3）每台柜单独与基础型钢连接，可采用铜线将柜内 PE 排与接地螺栓可靠连接，并必须加弹簧垫圈进行防松处理。每扇柜门应分别可靠接地，如图 4-48 所示。

（4）柜顶与母线进行连接，注意应采用母线配套扳手按照要求进行紧固，接触面应涂中性凡士林。柜间母排连接时，应注意母排是否距离其他器件或壳体太近，并注意相位正确，如图 4-49 所示。

图 4-48　柜门接地措施

图 4-49　配电柜顶母线槽

（5）控制回路检查：应检查线路是否因运输等因素而松脱，并逐一进行紧固，电器元件是否损坏。原则上柜内部的控制线路在出厂时就进行了校验，不应对柜内线路私自进行调整，发现问题应与供应商联系。

（6）控制线校验后，将每根芯线搣成圆圈，用镀锌螺丝、眼圈、弹簧垫连接在每个端子板上。端子板每侧一般一个端子压一根线，最多不能超过两根，并且两根线间要加眼圈。多股线应涮锡，不准有断股。

3. 配电柜试验调整

（1）高压试验应由当地供电部门许可的试验单位进行。试验标准符合国家规范、当地供电部门的规定及产品技术资料要求。

（2）试验内容：高压柜框架、母线、避雷器、高压瓷瓶、电压互感器、电流互感器、各类开关等。

（3）调整内容：过流继电器调整，时间继电器、信号继电器调整以及机械联锁调整。

（4）二次控制调整及模拟试验，将所有的接线端子螺丝再紧固一次。

（5）绝缘测试：用 500V 绝缘电阻表在端子板处测试每条回路的电阻，电阻必须大于 $0.5M\Omega$。

（6）二次回路如有晶体管，集成电路、电子元件时，应使用万用表测试回路是否接通。

（7）接通临时的控制电源和操作电源；将柜（盘）内的控制、操作电源回路熔断器上端相线拆掉，接上临时电源。

（8）模拟试验：按图纸要求，分别模拟试验控制、联锁、操作、继电保护和信号动作，正确无误，灵敏可靠。

（9）拆除临时电源，将被拆除的电源线复位。

4. 送电运行

（1）送电运行的条件。

1）安装作业应全部完毕，质量检查部门检查全部合格。试验项目全部合格，并有试验报告单。

2）试验用的验电器、绝缘靴、绝缘手套、临时接地编织铜线、绝缘胶垫、粉沫灭火器等应备齐。

3）检查母线、设备上有无遗留下的杂物。

4）做好试运行的组织工作，明确试运行指挥人、操作人和监护人。

5）清扫设备及变配电室、控制室的灰尘。用吸尘器清扫电器、仪表元件。

6）继电保护动作灵敏可靠，控制、联锁、信号等动作准确无误。

(2) 送电。

1) 由供电部门检查合格后，将电源送进建筑物内，经过验电、校相无误。

2) 由安装单位合进线柜开关，检查 PT 柜上电压表三相是否电压正常。

3) 合变压器柜开关，检查变压器是否有电。

4) 合低压柜进线开关，查看电压表三相是否电压正常。

5) 按以上顺序依次送电。

6) 在低压联络柜内，在开关的上下侧（开关未合状态）进行同相校核。

4.4 低压配电装置安装

4.4.1 低压配电箱简介

1. 配电箱的作用

配电箱是按电气接线要求将断路器设备、测量仪表、保护电器和辅助设备组装在封闭或半封闭金属柜中或屏幅上，构成的低压配电装置。

配电箱的用途是合理的分配电能，方便对电路的开合操作。有较高的安全防护等级，能直观地显示电路的导通状态。

配电箱正常运行时可借助手动或自动开关接通或分断电路；故障或不正常运行时借助保护电器切断电路或报警。借测量仪表可显示运行中的各种参数，还可对某些电气参数进行调整，对偏离正常工作状态进行提示或发出信号。

2. 配电箱的分类

配电箱按结构特征和用途分类，见表 4-11。

表 4-11　　　　　　　　　　　　配 电 箱 的 分 类

种类	功用及说明	图示
固定面板式配电柜	常称开关板或配电屏。它是一种有面板遮拦的开启式配电柜，正面有防护作用，背面和侧面仍能触及带电部分，防护等级低，只能用于对供电连续性和可靠性要求较低的工矿企业，作为变电室集中供电用	
防护式配电柜	指除安装面外，其他所有侧面都被封闭起来的一种低压配电柜。这种柜子的开关、保护和监测控制等电气元件，均安装在一个用钢或绝缘材料制成的封闭外壳内，可靠墙或离墙安装。柜内每条回路之间可以不加隔离措施，也可用接地的金属板或绝缘板进行隔离。通常门与主开关操作有机械联锁。 另外，还有防护式台型配电柜（控制台），面板上装有控制、测量、信号等电器。防护式配电柜主要用作工艺现场的配电装置	

续表

种类	功用及说明	图示
抽屉式 配电柜	这类配电柜采用钢板制成封闭外壳，进出线回路的电器元件都安装在可抽出的抽屉中，构成能完成某一类供电任务的功能单元。功能单元与母线或电缆之间，用接地的金属板或塑料制成的功能板隔开，形成母线、功能单元和电缆三个区域。每个功能单元之间也有隔离措施。 　　抽屉式配电柜有较高的可靠性、安全性和互换性，是比较先进的配电柜，目前生产的配电柜，多数是抽屉式配电柜。它们适用于要求供电可靠性较高的工矿企业、高层建筑，作为集中控制的配电中心	
动力、 照明 配电箱	多为封闭式垂直安装。因使用场合不同，外壳防护等级也不同。它们主要作为工矿企业生产现场的配电装置	

4.4.2　低压配电箱的安装

1. 配电箱安装要求

（1）配电箱应安装在安全、干燥、易操作的场所，如设计无特殊要求，配电箱底边距地高度应为 1.5m，照明配电板底边距地高度不应小于 1.8m。

（2）导线剥削处不应损伤线芯或线芯过长，导线压头应牢固可靠，如多股导线与端子排连接时，应加装压线端子（鼻子），然后一起刷锡，再压按在端子排上。如与压线孔连接时，应把多股导线刷锡后穿孔用顶丝压接，注意不得减少导线股数。

导线刷锡的作用：一是增加导电性，防止点接触；二是防止裸露电缆头氧化腐蚀。

刷锡的方法是：先将已并好的电线接头刷焊锡膏，再将刷有焊锡膏的电线接头放入熔锡炉中。然后取出，刷锡过程完成。

（3）导线引出面板时，面板线孔应光滑无毛刺，金属面板应装设绝缘保护套。一般情况下一孔只穿一线，但下列情况除外：指示灯配线；控制两个分闸的总闸配线线号相同；一孔进多线的配线。

（4）配电箱内装设的螺旋熔断器，其电源线应接在中间触点的端子上，负荷线应接在螺钉的端子上。

（5）配电箱内盘面闸具位置应与支路相对应，其下面应装设卡片框，标明回路名称。

（6）配电箱内的交流、直流或不同电压等级电源，应具有明显的标志。

（7）配电箱盘面上安装的各种刀开关及断路器等，当处于断路状态时，刀片可动部分均不应带电（特殊情况除外）。

（8）配电箱上的小母线应带有黄（L1 相）、绿（L2 相）、红（L3 相）、淡蓝（N 中性线）等颜色，黄绿相间双色线为保护地线。

（9）配电箱上电具、仪表应牢固平正整洁、间距均匀，铜端子无松动，启闭灵活，零部件齐全，其排列间距应符合表 4-12 的要求。

表 4-12   配电箱电具、仪表的排列间距

间距	最小尺寸（mm）
仪表侧面之间或侧面与盘面	60 以上
仪表顶面或出线孔与盘边	50 以上
闸具侧面之间或侧面与盘边	30 以上
上下出线之间	隔有卡片框：40 以上；未隔卡片框：20 以上

　（10）在照明配电工程中，当采用 TN-C 系统时，N 线干线不应设接线端子板（排）。当采用 TN-C-S 系统时，一般应在建筑物进线的配电箱内分别设置 N 母线和 PE 母线，并自此分开。电源进线的 PEN 线［三相四线系统的中性线（N）与保护线（PE）是合一时，称 PEN 线，即保护接零］应先接到 PE 母线上，再用连接板或其他方式与 N 母线相连，N 母线应与地绝缘，PE 线应采用专门的导线，并应尽量靠近相线敷设。

　（11）配电箱内应分别设置中性线（N）和保护地线（PE 线）汇流排，各支路中性线和保护地线应在汇流排上连接，不得绞接，并应有编号。

　（12）配电箱内的接地应牢固良好。保护接地线的截面积地选择规定见表 4-13，并应与设备的主接地端子有效连接。

表 4-13   保护接地线截面积选择

装置的相线的截面积 S（mm^2）	相应的保护接地线的最小面积 Sp（mm^2）
$S \leqslant 16$	$Sp = S$
$16 < S \leqslant 35$	$Sp = 16$
$35 < S \leqslant 400$	$Sp = S/2$

　（13）配电箱的箱体及二层金属覆板均应与保护接地电路连接，在订货时应提出设置专用的、不可拆卸的接地螺丝母，其保护接地线截面积的选择规定见表 4-13，并应与其专用接地螺丝有效连接。PE 线不允许与箱体、盒体串接。

　（14）配电箱可开启的门、活动面板、活动台面，必须铜软线与接地良好的金属构架可靠连接，如图 4-50 所示。

图 4-50　配电箱门接地线的做法

【重要提醒】
以上第（10）～第（14）项为配电箱内 N 线及 PE 线安装的有关规定。

2. 配电箱安装位置的确定

　配电箱的设置应根据设计图样要求确定，当设计图样无明确要求时，一般应按以下原则确定。

　（1）配电箱应安装在靠近电源的进口处，以使电源进户线尽量短些，并应在尽量接近负荷中心的位置上。

　（2）配电箱的安装位置要避免阳光直射，避免溅水，避免潮气，并且要求前方有充裕的操

作空间，以便抄表、维护操作。

（3）配电箱不宜设在建筑物的纵横墙交接处，建筑物外墙内侧，楼梯踏步的侧墙上，散热器的上方，水池或水门的上、下侧。如果必须安装在水池、水门的两侧时，其垂直距离应保持在 1m 以上，水平距离不得小于 0.7m。

3. 配电箱系统图

配电箱系统图是指把整个工程的供电线路用单线连接形式准确、概括的电路图，它不表示相互的空间位置关系。如图 4-51 所示，照明配电箱系统图主要包括以下几个方面的内容：

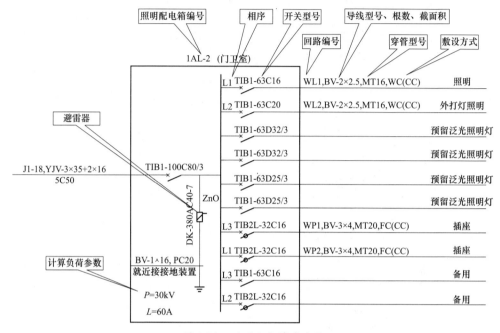

图 4-51 照明配电箱系统图

（1）电源进户线、各级照明配电箱和供电回路，表示其相互连接形式。

（2）配电箱型号或编号，总照明配电箱及分照明配电箱所选用计量装置、开关和熔断器等器件的型号、规格。

（3）各供电回路的编号，导线型号、根数、截面积和线管直径，以及敷设导线长度等。

（4）照明器具等用电设备或供电回路的型号、名称、计算容量和计算电流等。

图 4-51 中所选建筑属于高层建筑，其低压配电系统的确定应满足计量、维护管理、供电安全及可靠性的要求。应将照明与电力负荷分成不同的配电系统；消防及其他消防用电设施的配电亦自成体系。

图 4-51 中，线路的标注格式：$ab-c(d\times e+f\times g)i-jh$

其中：

a——线缆编号；

b——型号（不需要可以省略）；

c——线缆根数；

d——电缆线芯数；

e——线芯截面积（mm²）；

f——PE（保护线）、N（中性线）线芯数；

g——线芯截面积（mm²）；

h——线缆敷设安装高度；

i——线缆敷设方式；

j——线缆敷设部位。

例如，BV-2×2.5，MT16，WC（CC）表示线路是铜芯塑料绝缘导线，2 根 2.5mm²，穿管径为 16mm 的电线管暗敷设在墙内（暗敷设在屋面或顶板内）。

4. 明装配电箱的安装

（1）弹线定位。根据设计要求，找出配电箱的位置，并按照箱体外形尺寸进行弹线定位。

（2）安装方式。明装配电箱分为明管明箱和暗管明箱两种，其两种配电箱的安装方法大致相同。对于暗管明箱，施工中一般采用如图 4-52 所示的做法，此做法的缺点是箱后的暗装接线盒不利于检查和维修，一旦遇到换线、查线等情况时，还得拆下明装配电箱。如图 4-53 所示为明配管明箱的做法，可避免上述问题，方便检查和维修。

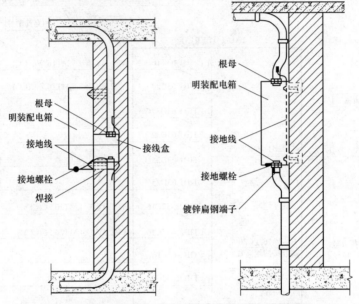

图 4-52　暗管明箱的做法　　　图 4-53　明配管明箱的做法

（3）配电箱安装方法。配电箱由箱体、箱内盘芯、箱门三部分组成，如图 4-54 所示。安装前，应先将配电箱拆开。拆开配电箱时，留好拆卸下来的螺钉、螺母、垫圈等。

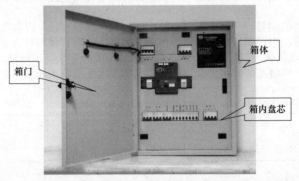

图 4-54　配电箱的内部结构

1）安装箱体。采用金属膨胀螺栓在混凝土墙或砖墙上固定配电箱，金属膨胀螺栓的大小应根据箱体重量选择。其方法是根据弹线定位的要求，找出墙体及箱体固定点的准确位置，一个箱体固定点一般为 4 个，均匀地对称于四角，用电钻或冲击钻在墙体及箱体固定点位置钻孔，其孔径应刚好将金属膨胀螺栓的胀管部分埋入墙内，且孔洞应平直不得歪斜。最后将箱体的孔洞与墙体的孔洞对正，注意应加镀锌弹垫、平垫，将箱体稍加固定，待最后一次用水平尺将箱体调整平直后，再把螺栓逐个紧固。

2）安装箱内盘芯并接线。将箱体内杂物清理干净，如箱后有分线盒也一并清理干净，然后将导线理顺，分清支路和相序，并在导线末端用白胶布或其他材料临时标注清楚，再把盘芯与箱体安装牢固，最后将导线端头按标好的支路和相序引至箱体或盘芯上，逐个剥削导线端头，再逐个压接在器具上，同时将保护地线按要求压接牢固，如图 4-55 所示。

【重要提醒】

把箱盖安装在箱体上。用仪表校对箱内电具有无差错，调整无误后试送电，最后把此配电箱的系统图贴在箱盖内侧，并标明各个闸具用途及回路名称，以方便以后操作。

5. 暗装配电箱的安装

图 4-55 安装箱内盘芯并接线

根据预留洞尺寸，先将箱体找好标高及水平尺寸进行弹线定位，根据箱体的标高及水平尺寸核对入箱的焊管或 PVC 管的长短是否合适，间距是否均匀，排列是否整齐等，如管路不合适，应及时按配管的要求进行调整，然后根据各个管的位置用液压开孔器进行开孔。开孔完毕后，将箱体按标定的位置固定牢固，最后用水泥砂浆填实周边并抹平齐，如图 4-56 所示。如箱底与外墙平齐时，应在外墙固定金属网后再做墙面抹灰，不得在箱底板上抹灰。

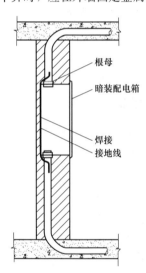

根母

暗装配电箱

焊接
接地线

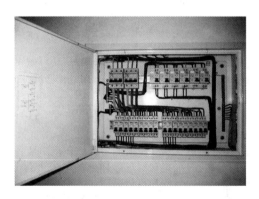

图 4-56 暗装配电箱的安装

【重要提醒】

配电箱（盘）全部电器安装完毕后，用 500V 绝缘电阻表对线路进行绝缘摇测。摇测项目包括相线与相线之间，相线与中性线之间，相线与地线之间，中性线与地线之间。两人进行摇测，同时做好记录。

6. 成品保护

（1）配电箱体安装后，应采取保护措施，避免土建刮腻子、喷浆、刷油漆时污染箱体内壁。箱体内各个线管管口应堵塞严密，以防杂物进入线管内。

（2）安装配电箱时，应注意保持墙面整洁。安装完后应锁好箱门，以防箱内电具、仪表损坏。

7. 安装配电箱的常见问题及对策

安装配电箱的常见问题分析及对策见表 4-14。

表 4-14 安装配电箱的常见问题分析及对策

常见问题	原因分析	对策
(1) 箱体与墙体有缝隙，箱体不平直。 (2) 箱体内的沙浆、杂物未清理干净。 (3) 箱壳的开孔不符合要求，特别是用电焊或气焊开孔，严重破坏箱体的油漆保护层，破坏箱体的美观。 (4) 落地的动力箱接地不明显（做在箱底下，不易发现），重复接地导线截面不够。箱体内线头裸露，布线不整齐，导线不留余量	(1) 安装箱体时与土建配合不够，土建补缝不饱满，箱体安装时没有用水平仪校验。 (2) 没有将箱内的砂浆杂物清理干净。 (3) 箱体的"敲落孔"开孔与进线管不匹配时，必须用机械开孔或送回生产厂家要求重新加工	(1) 加强检查督促，增强施工人员的责任心。 (2) 透彻理解验收部门关于接地的有关规定。根据供电部门和质检部门的要求，动力箱的箱体接地点和导线必须明确显露出来，不能在箱底下焊接或接线。接地的导线按规范，当装置的相线截面积 $S \leqslant 16mm^2$ 时，接地线最小截面积为 S；当 $S \leqslant 35mm^2$ 时，接地线的最小截面积为 $16mm^2$；当 $S > 35mm^2$ 时，接地线的最小截面积为 $S/2$。 (3) 箱体内的线头要统一，不能裸露，布线要整齐美观，绑扎固定，导线要留有一定的余量，一般在箱体内要有 $10 \sim 5cm$ 的余量

8. 低压配电箱的日常维护

(1) 定期对柜内设备进行清扫，检查接线端子，检查各开关、接触器是否良好，内部有无过热现象。

(2) 定期检查配电柜密封性能，防止小动物进入或者内部结露。

(3) 对于湿气大的地区还要配备驱潮器、干燥器等。

(4) 应经常检查配电箱是否牢固。

4.5 母线制作与安装

母线是各级电压变配电装置的中间环节。从电源来的电流首先集中到母线上，再从母线分配到各条线路去供用户使用。由于母线的汇集、分配和传送电能的作用，故在发电厂和变电所各电压等级的变配电装置中均占有重要地位。

4.5.1 母线制作

1. 母线的作用及类型

电力系统中在发电厂和变电所的各级电压配电装置之间，采用矩形或圆形截面积的裸导线或绞线进行连接，再将汇集在裸导电体上的电流进行分配或做短距离输送的导电体称为母线。母线的作用就是汇集、分配和传送电能。

母线按结构可分为硬母线、软母线和封闭母线三种类型，其用途见表 4-15。

表 4-15 常用母线的类型及用途

种类		用途
硬母线	矩形母线	用于 20kV 及以下的户内、外配电装置。硬母线由支柱绝缘子将不同截面积、形状的铝（铜）型材支持固定在构架上
	槽形母线	
	管形母线	
软母线	铝绞线	用于 35kV 及以上的户外配电装置。软母线由悬式绝缘子降铜绞线或钢芯铝绞线悬挂在构架上。软母线可分为铝绞线、铜绞线或钢芯铝绞线
	铜绞线或钢芯铝绞线	
封闭母线	离相封闭母线	广泛应用于 50MW 及以上发电机引出线回路及厂用分支回路的一种大电流传输装置
	共箱（含共箱隔相）封闭母线	
	电缆母线	

2. 硬母线制作

硬母线的制作安装一般按以下工艺流程进行：

测量（参考图纸）→选料→落料→整平→画线→冲孔（钻孔）→弯制→搭接面整平→表面处理→镀锡、搪锡、油漆→套热缩套管→安装→贴标色→自检。

母线根据需要可切成长料或短料，然后在母线调直机上反复调直。直料可直接在母线调直机上调直。根据一次元件装配位置，测算出需配制母线的长度，用切刀切料。已备好尺寸的料，需要在铸铁平台上用平锤或木榔头反复敲打、调整平用母线调直机不能消除和母线上的平弯和立弯，调直后的母线在平台上进行测量。母线窄面每米的弯曲量不大于3mm，同样宽面上每米的弯曲量不大于2mm。母线弯制时应符合下列规定。

（1）矩行母线应进行冷弯，不得进行热弯。母线开始弯曲处距最近绝缘子的母线支持夹板边缘不应大0.25L（L为母线两支持点之间的距离），但不得小于50mm。母线开始弯曲处距母线连接位置不得小于50mm。矩形母线应减少直角弯曲，弯曲处不得有裂纹及显著的折皱。硬母线的立弯与平弯如图4-57所示，母线的最小弯曲半径应符合表4-16的规定，多片母线的弯曲度应一致。

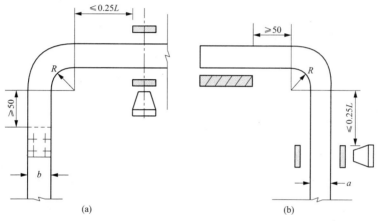

图 4-57 硬母线的立弯与平弯

（a）立弯母线；（b）平弯母线

a—母线厚度；b—母线宽度；L—母线两支持点之间的距离

表 4-16　　　　　　　　　　　　母 线 最 小 弯 曲 半 径

母线种类	弯曲方式	母线断面尺寸（mm）	最小弯曲半径（mm）		
			铜	铝	钢
矩形母线	平弯	50×5 及其以下	2a	2a	2a
		125×10 及其以下	2a	2.5a	2a
	立弯	50×5 及其以下	1b	1.5b	0.5b
		125×10 及其以下	1.5b	2b	1b
棒形母线		直径为 16 及其以下	50	70	50
		直径为 30 及其以下	150	150	150

（2）矩形母线采用螺栓固定搭接时，连接处距支柱绝缘子的支持夹板边缘不应小于50mm；上片母线端头与下片母线平弯开始处的距离不应小于50mm，如图4-58所示。

（3）母线扭转90°时，其扭转部分的长度应为母线宽度 b 的2.5～5倍，如图4-59所示。

（4）母线接头螺孔的直径宜大螺栓直径1mm；钻孔应垂直、不歪斜、螺孔间中心距离的误差应为±0.5mm。母线的接触面加工必须平整、无氧化膜。经加工后其截面积减少值：铜母线不应超过原截面积的3%；铝母线不应超过原截面积的5%。具有镀银层的母线搭接面，不得任意锉磨。

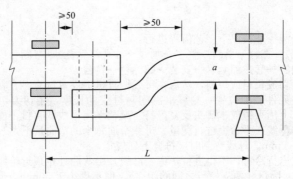

图 4-58 矩形母线搭接

L—母线两支持点之间的距离；a—母线厚度

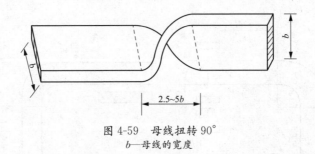

图 4-59 母线扭转 $90°$

b—母线的宽度

（5）矩形母线的搭接连接规定见表 4-17，当母线与设备接线端子连接时，应符合现行国家标准《变压器、高压电器和套管的接线端子》的要求。

表 4-17　　　　　　　　　　　矩 形 母 线 搭 接 要 求

搭接形式	类别	序号	连接尺寸（mm）			钻孔要求		螺栓规格
			b_1	b_2	a	Φ(mm)	个数	
直线连接		1	125	125	b_1 或 b_2	21	4	M20
		2	100	100	b_1 或 b_2	17	4	M16
		3	80	80	b_1 或 b_2	13	4	M12
		4	63	63	b_1 或 b_2	11	4	M10
		5	50	50	b_1 或 b_2	9	4	M8
		6	45	45	b_1 或 b_2	9	4	M3
直线连接		7	40	40	80	13	2	M12
		8	31.5	31.5	63	11	2	M10
		9	25	25	50	9	2	M9

续表

搭接形式	类别	序号	连接尺寸（mm）			钻孔要求		螺栓规格
			b_1	b_2	a	Φ(mm)	个数	
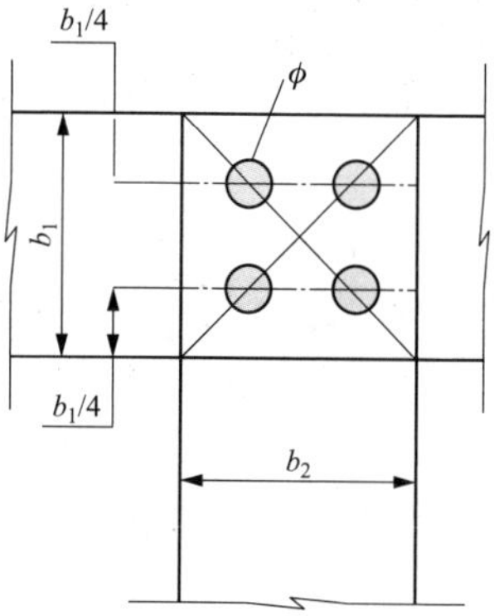	垂直连接	10	125	125		21	4	M20
		11	125	100~80		17	4	M16
		12	125	63		13	4	M12
		13	100	100~80		17	4	M16
		14	80	80~63		13	4	M12
		15	63	63~50		11	4	M10
		16	50	50		9	4	M8
		17	45	45		9	4	M8
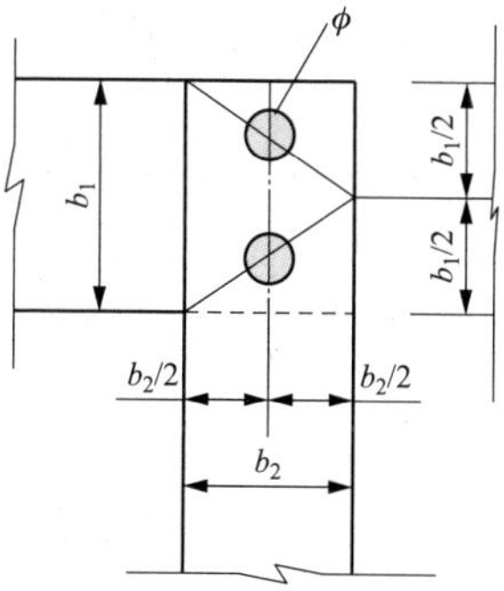	垂直连接	18	125	50~40		17	2	M16
		19	100	63~40		17	2	M16
		20	80	63~40		15	2	M14
		21	63	50~40		13	2	M12
		22	50	45~40		11	2	M10
		23	63	31.5~25		11	2	M10
		24	50	31.5~25		9	2	M8
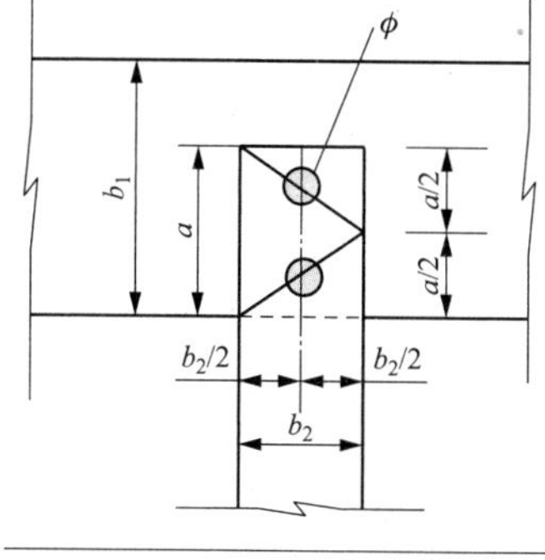	垂直连接	25	125	31.5~25	60	11	2	M10
		26	100	31.5~25	50	9	2	M8
		27	80	31.5~25	50	9	2	M8
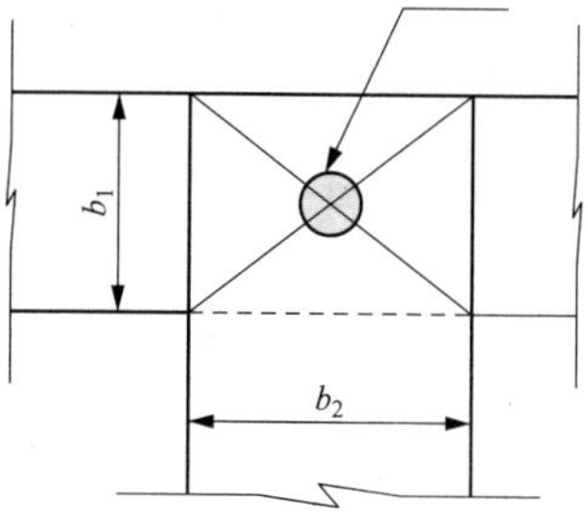	垂直连接	28	40	40~31.5		13	1	M12
		29	40	25		11	1	M10
		30	31.5	31.5~25		11	1	M10
		31	25	22		9	1	M8

4.5.2 母线安装施工

1. 母线相序排列

母线的相序排列（观察者从设备正面所见）原则如下：从左到右排列时，左侧为 A 相，中间为 B 相，右侧为 C 相；从上到下排列时，上侧为 A 相，中间为 B 相，下侧为 C 相；从远至近排列时，远为 A 相，中间为 B 相，近为 C 相，见表 4-18。在特殊情况下，若按此相序排列，会造成母线配置困难，可不按本规定要求。

表 4-18   三相交流电路母线的相序排列

相别	垂直排列	水平排列	前后排列
A	上	左	远
B	中	中	中
C	下	右	近
N（中性线）	最下	最右	最近

直流电路母线的相序排列见表 4-19。

表 4-19   直流电路母线的相序排列

极性	垂直排列	水平排列	前后排列
正极	上	左	远
负极	下	右	近

2. 硬母线的安装

母线安装基本顺序：选定布线方向→固定金具→打磨清洁母线接头→相间加入母线接头夹板和绝缘垫→单头螺栓穿入绝缘套管→螺栓穿入母排预置孔→两端紧固→将母线固定在支柱绝缘子上。

母线加工制作完成以后，经过色晾干后才能进行安装。安装时注意事项如下：

（1）硬母线安装时，连接应采用焊接，贯穿螺栓连接或夹板及夹持螺栓连接；管形和棒形母线应用专用线夹连接，严禁用内螺纹管接头或锡焊连接。

1）母线焊接。焊缝距离弯曲点或支承绝缘子边缘不得小于 50mm，同一相如有多片母线，其焊缝应相互错开不得小于 50mm。

焊接的技术要求：铝及铝合金母线的焊接应采用氩弧焊，铜母线焊接可采用 201# 或 202# 紫铜焊条、301# 铜焊粉或硼砂，为节约材料，亦可用废电线芯或废电缆芯代替焊条，但表面应光洁无腐蚀，并须擦净油污，方可施焊。

焊接前应当用铜丝刷清除母线坡口处的氧化层，将母线用耐火砖等垫平对齐，防止错口，坡口处根据母线规格留出 1~5mm 的间隙，然后由焊工施焊，焊缝对口平直，不得错口、必须双面焊接。焊缝应凸起呈弧形，上部应有 2~4mm 加强高度，角焊缝加强高度为 4mm。焊缝不得有裂纹、夹渣、未焊透及咬肉等缺陷，焊完后应趁热用足够的水清洗掉焊药。

2）母线螺栓连接。矩形母线采用螺栓固定搭接时，连接处距支柱绝缘子的支承夹板边缘不小于 50mm；上片母线端头与下片母线平弯开始处的距离不小于 50mm。

母线与母线、母线与分支线、母线与电器接线端子搭接时，其搭接面必须平整，清洁并涂以电力复合脂，具体见表 4-20。

表 4-20   母 线 螺 栓 的 连 接

序号	母线材质	相关规定
1	铜与铜	室外、高温且潮湿或对母线有腐蚀性气体的室内、必须搪锡。干燥室内可直接连接
2	铝与铝	直接连接
3	铜与铝	在干燥室内，铜母线搪锡，室外或空气相对湿度接近 100% 的室内，应采用铜铝过渡板，铜端应搪锡
4	钢与铜或铝	钢搭接面必须搪锡

母线采用螺栓连接时，平垫圈应选用专用厚垫圈，并必须配齐弹簧垫。螺栓、平垫圈及弹簧垫必须用镀锌件。螺栓长度应考虑在螺栓紧固后丝扣能露出螺母外 5~8mm。

（2）母线与母线或母线与电器接线端子的螺栓搭接面的安装，应符合下列要求：

1）母线接触面加工后必须保持清洁，并涂以电力复合脂。

2）母线平直时，贯穿螺栓应由下往上穿，其余情况下，螺母应置于维护侧，螺栓长度宜露出螺母 2~3 扣。

3）贯穿螺栓连接的母线两侧均应有平垫圈，相邻螺栓垫圈间应有 3mm 以上的净距，螺母侧应装有弹簧垫圈或锁紧螺母。

4）螺母受力应均匀，不应使电器的接线端子受到额外应力。

5）母线的接触面应连接紧密，连接螺栓应用力矩扳手紧固。

（3）母线与螺杆形接线端子连接时，母线的空径不应大于螺杆形接线端子直径 1mm。丝扣的氧化膜必须刷净，螺母接触面必须平整，螺母与母线间应加铜质搪锡平垫圈，并应有锁紧螺母，但不得加弹簧垫。

（4）母线与支柱绝缘子上固定时应符合以下要求：

1）母线固定金具与支柱绝缘子间的固定应平整牢固，不应使其所支持的母线受到额外应力。

2）交流母线的固定金具或其他支持金具不应成闭合磁路。

3）当母线平置时，母线支持夹板的上部压板应与母线保持 1~1.5mm 的间隙，当母线立置时，上部压板应与母线保持 1.5~2mm 的间隙。

4）母线在支柱绝缘子上的固定死点，每一段应设置一个，并宜位于全长或两母线伸缩节中点。

5）管形母线安装在滑动式支持器上时，支持器的轴座与管母线之间应有 1~2mm 的间隙。

6）母线固定装置应无棱角和毛刺。

（5）多片矩形母线间应保持不小于母线厚度的间隙，相邻的间隔垫边缘间距离应大于 5mm。

（6）母线伸缩节不得有裂纹、断股和折皱现象，其总截面积不应小于母线截面积的 1.2 倍。

（7）终端或中间采用拉紧装置的车间低压母线的安装，当设计无规定时，应符合下列规定：

1）终端或中间拉紧固定支架宜装有调节螺栓的拉线，拉线的固定点应能承受拉线张力。

2）同一档距内，母线的各相弛度最大偏差应小于 10%。

（8）母线长度超过 300~400mm 而需换位时，换位不应小于一个循环。槽形母线换位段处可用矩形母线连接，换位段内各相母线的弯曲程度应对称一致。

（9）重型母线的安装应符合下面几点：

1）母线与设备连接处宜采用软连接，连接线的截面积不小于母线截面积。

2）母线的紧固螺栓：铝母线宜用铝合金螺栓，铜母线宜用铜螺栓，紧固螺栓时应用力矩扳手。

3）在运行温度高的场所，母线不应有铜铝过渡接头。

4）母线在固定点的活动滚杆应无卡阻，部件的机械强度以及绝缘电阻应符合设计要求。

3. 封闭式母线的安装

封闭式母线通道安装基本顺序：选定布线方向→固定支架→槽间用四枚螺栓紧固→清洁母线接头及线槽内部→相间加入母线接头板和绝缘垫→单头螺栓穿入绝缘套管→螺栓穿入母排予置孔→两端紧固→加半装上下盖板→将母线固定在支架上。

封闭式母线的安装与硬母线的安装有所不同，封闭式母线安装时的注意事项如下：

（1）安装前，应保证电气竖井、变配电室、母线经过的场所工程都以结束，以保证封闭式母线不被污染。

（2）在安装前除母线槽及供货商配套供应的零部件外，安装时还应准备一些必备安装材料（如水平安装吊杆、横担角钢；垂直安装支撑槽钢、固定支架的膨胀螺栓等），不同电流等级的母线槽相对应的水平及垂直安装支架的间距应严格按有关规定执行。

（3）封闭式母线各功能单元的连接部件及活动接头上的铜排表面必须清理干净，外壳内和绝缘子安装前也应擦拭干净不得有遗留物。外壳的相间短路板应位置正确连接良好，相间支撑板应安装牢固，分段绝缘的外壳应做好绝缘措施，外壳各连接部位的扭矩螺栓应用力矩扳手紧固，各接触面应封闭良好，母线的紧固件必须用热镀锌制品。

（4）母线与外壳应同心，其误差不得超过 5mm，母线段与母线段连接时两相邻段母线及母线外壳应对齐，连接后不得使母线及母线外壳承受到机械应力。安装人员要认真对照封闭式母线系统图，检查所有母线的规格、型号避免盲目安装，造成返工影响施工安装质量。

（5）母线槽应可靠地与用电设备接地网连接。连接于涂绝缘材料的通道外壳体，应在两通道之间的接地螺栓上用扁铜带或黄绿相间电缆连接，以确保整个通道连通成为一个接地系统。

（6）封闭式母线整体安装时应符合以下要求：

1）整体结构应横平竖直，母线通道水平安装，两支架间距不大于 2500mm，垂直安装间距不大于 3600mm，水平安装时距地面安装高度不小于 2.2m，吊杆应有调节水平的技术措施。

2）垂直敷设时距地面 1.8m 以上，安装支架应与通道侧板配钻孔采用 M6～M8 螺栓紧固。

3）母线的拐弯处以及与插接箱的连接处应加支架。

4）支架成排安装时支架成排安装时应排列整齐间距均匀。

5）当母线的终端盒，始端盒悬空时应采用支架固定，墙体、顶板上的支架必须用两条膨胀螺栓固定，膨胀螺栓应加平光垫片和弹簧垫片。

6）母线垂直通过顶板敷设时，应在通过的底板上采用槽钢支撑固定，当封闭式母线跨越建筑物的伸缩缝或沉降缝时，采用适应建筑物结构移动的措施，防止母线连接处水平移动造成断裂，影响母线的正常供配电。

（7）支座必须安装牢固，母线应按分段图、相序、编号、方向和标志正确放置，每相外壳的纵向间隙应分配均匀。

（8）封闭母线不得用裸钢丝绳起吊和绑扎，母线不得任意堆放和在地面上拖拉，外壳上不得进行其他作业。

（9）橡胶伸缩套的连接头、穿墙处的连接法兰、外壳与底座之间、外壳各连接部位的螺栓应采用力矩扳手紧固，各接合面应密封良好。

（10）母线焊接应在封闭母线各段全部就位并调整误差合格，绝缘子、盘形绝缘子和电流互感器经试验合格后进行。

（11）呈微正压的封闭母线，在安装完毕后应检查其密封性是否良好。

4. 软母线的安装

软母线一般用于室外，因空间大，导线有所摆动也不致于造成线间距离不够。常用的软母线采用的是铝绞线（由很多铝丝缠绕而成），有的为了加大强度，采用钢芯铝绞线。按软母线的截面积分类，有 $50mm^2$、$70mm^2$、$95mm^2$、$120mm^2$、$150mm^2$、$240mm^2$ 等。

软母线安装的施工步骤、方法及标准见表 4-21。

表 4-21　　　　　　　　软母线安装的施工步骤、方法及标准

序号	步骤	方法	标准
1	档距测量	施工范围内的档距必须测量准确，以作为计算导线长度的依据；档距测量应选在无风的天气进行；实测档距后，由技术人员精确计算各档导线下线长度并将记录交给施工负责人	数据精确到毫米
			测量不低于两次
			分相序及间隔详细记录
2	绝缘子串准备	所有绝缘子检查	瓷质应完好无损，铸钢件应完好无锈蚀，合格证齐全
			绝缘子耐压试验合格
		使用钢卷尺进行绝缘子串的长度测量	每一组绝缘子串的长度应进行实物测量
		绝缘子串组装	连接金具的螺栓、销钉等必须符合现行国家标准
			绝缘子串的球头挂板等应互相配置
			弹簧销应有足够弹性，开口销、闭口销必须分开，并不得有折断或断纹，严禁用线材代替

序号	步骤	方法	标准
3	导线下料	导线外观应检查	导线外观应完好，凡有断股、严重腐蚀和明显损伤的不能使用
		展放导线	在作业区铺垫五彩布，以防导线磨损
		使用紧线器使导线带预张力测量，下线	要严格按照计算长度下线，导线采用钢锯或断线钳断线；断线处应用细铁丝扎紧防止导线松股
4	导线压接	核对线夹规格、尺寸与导线规格、型号	核对线夹规格、尺寸与导线规格、型号应配套
		导线与线夹管接触面均应清除氧化膜，用稀料清洗，接触面涂电力复合脂	清洗长度不小于压接管长度的 1.2 倍
		将导线伸入线夹压接；压接模具规格必须与被压接管配套，压接时线夹位置正确，不得歪斜	套线夹时应顺着线的绞制方向推进，以防松股，在穿钢锚时直到钢芯穿出 5mm 为止
			施压时相邻两模间至少重叠 5mm
			线夹压接后弯曲度不宜大于管长的 2%
			钢锚管用锉锉去飞边
			压接后不应使管口附近有隆起和松股，金具压接表面应光滑，无裂纹。压接完毕，将铝管合模处的飞边、毛刺用锉锉平，并用砂布打磨呈圆弧状
			压接后六角形对边尺寸应为 $0.866D$，当有任何一边对边尺寸超过 $0.866D+0.2mm$ 时应更换液压模具（D 为压管的外径）
			外露钢芯及线夹压接口应刷防锈漆
			导线压接完毕，应在明显位置打上操作者的钢印
			$400mm^2$ 及以上的铝设备线夹压接，第一个模压接时就应控制好导线与铝管内的间隙，在可能出现冰冻地区将设备线夹导线朝上 $30°\sim90°$ 安装时，应设置滴水孔

序号	步骤	方法	标准
5	母线安装	按设计图组装跨线与绝缘子串。导线搬运时，应以多人抬至挂线点下方，不得有任何位置拖地而行；软母线架设采用人工绞磨，利用定滑轮、钢丝绳、绞磨起吊进行架设： （1）在钢梁母线挂点侧，用1m的钢丝绳固定一支滑轮。 （2）在地面架构柱处固定一支滑轮，绞磨用钢丝套固定在另一个架构柱上。 （3）在绝缘子第三片处用"8"字法进行专人绑扎平稳挂起导线；导线挂好后，观测跨线弧垂，调整三相弧度使三相保持一致；在导线安装调整完毕之后，应将调整环的调节螺母锁紧	导线弧度应符合设计要求，其允许误差为＋5%～－2.5%，同一档内三相弧度一致，布置相同的连引线，宜有同样的弯度和弧度
			组合绝缘子串时，每串联结金具的螺栓、销钉穿向一致，耐张绝缘子串碗口向上，绝缘子串的球头挂环、碗头挂板及销钉等互相匹配
			弹簧销应有足够弹性，闭口销、开口销必须分开，不得折断或裂纹，不得用线材代替
			绝缘子串吊装前擦洗干净
		连引线及跳线安装	连引线及跳线安装时，不宜过紧或过松，以免设备受力过大或影响电气安全距离。110kV对地安全距离统一取1.2m，35kV对地安全距离统一取0.6m
			软母线与电器接线端子连接时，不使电器接线端子受超过允许的外力、应力
			线夹螺栓必须均匀紧固，达到规定的力矩值，螺栓外露长度为2～5扣，紧固螺丝时使两端平衡不得歪斜

螺栓规格（mm）	力矩值（Nm）
M12	31.4～39.2
M16	76.5～98.1
M18	98.0～127.4
M20	156.9～196.2

安装软母线时，软母线及线夹的接触面均应清除氧化膜，并用汽油或丙酮清洗干净，清洗长度不应小于连接长度的1.2倍，清洗后涂以电力复合脂，如图4-60所示。

图4-60　清洗母线及线夹的接触面

软母线与压接型线夹连接时，应符合下列工艺要求。

（1）导线端头伸入耐张线夹或设备线夹的长度应达到压管的终端。

（2）压管与压模及压模与压接钳匹配，如图 4-61 所示。

图 4-61　软母线压接

（3）压接时，相邻两模间重叠的宽度不小于 5mm；压接后，压管的弯曲度不宜大于其全长的 2%。

（4）压接后六角形的对边尺寸为 $0.866D$，当有任何一个对边尺寸超过 $0.866D+0.2$mm 时，应更换压模（D 为压管的外径）。

5. 母线涂漆

为了便于识别相序和防止腐蚀，裸母线表面都涂上了不同颜色的漆。此外，涂漆还可增加辐射能力，改善散热条件，允许载流量提高 12% 左右。同时，还可以引起人们注意，以防触电，如图 4-62 所示。

裸母线涂漆时，在母线的各个连接处和距离连接处 10cm 以内的地方，以及涂有温度漆（测量母线发热程度的变色漆）的地方不应涂漆。凡是间隔内的硬母线均要预留 50～70mm 的长度不应涂漆，以供停电检修时挂接临时接地线之用。

将配电装置上的母线涂成不同颜色，一般有以下规定：

图 4-62　母线涂漆示例

（1）三相交流电路的母线均涂黑漆，在显眼处粘贴色标，A 相为黄色，B 相为绿色，C 相为红色。

（2）单相交流母线的接地中性线涂紫色漆，不接地中性线涂白色漆。

（3）直流电路的正极涂赭红色漆（或棕色漆），负极涂蓝色漆；接地线涂淡蓝色漆。

（4）直流汇流母线和交流汇流母线，不接地者涂紫色；接地者涂紫色带黑色条纹。

（5）软母线设置相色标志的方法如下：

1）除变电所的进线必须按电力系统的相序设置相色标志外，牵引供电系统内的其余配电间隔均按牵引变压器的铭牌相序设置相色标志。

2）相色标志宜设在母线构架的横梁上或母线的安装抱箍上，并靠近所示母线。

3）在母线终端构架及同一配电间隔内，母线在 4 跨以上时的中间构架上均应设置相色标志，同一间隔内相对设置的相色标志应对称布置。

6. 母线的交接试验

无论是硬母线还是封闭式母线在安装完成后，都必须进行直流电阻测试、绝缘电阻试验和交流耐压试验，试验合格后母线才可以投入运行。绝缘预防性试验是保证母线和其他电气设备安全运行的一项重要措施。通过试验，可以掌握母线和其他电器设备的绝缘状态，及早发现缺陷，而进行相应的维修。

(1) 直流电阻试验。直流电阻测试主要是为了检查母线搭接面的连接处是否牢固可靠，接触是否良好以及整个母线是否连通。直流电阻的大小没有具体的规定，只要测得的电阻值越小就越好。

(2) 绝缘电阻试验。测试母线的绝缘电阻主要是为了检查母线在安装时是否将母线的绝缘和支柱绝缘子的绝缘损坏以及母线安装时变形而引起的接地等。相关规程规定：母线相间、相与外壳及地之间的绝缘电阻值不得小于 20MΩ。

(3) 交流耐压试验。交流耐压试验是鉴定电气设备绝缘强度的最严格、最有效和最直接的试验方法。它是一种破坏性试验。同时，在试验电压下会引起绝缘内部的累积效应。因此相关规程规定：母线交流耐压试验电压为 42kV，时间为 1min。

第5章

电力电缆线路施工

5.1 电力电缆及选用

5.1.1 电力电缆简介

1. 电力电缆的相关名词

电线、电缆是指用来传输电能信息和实现电磁能转换的线材产品。通常把只有金属导体的产品和在导体上敷有绝缘层外加轻型保护（如棉纱编织层、玻璃丝编织层、塑料、橡胶等）、结构简单、外径比较细小、使用电压和电流比较小的绝缘线，叫作电线。把既有导体和绝缘层，有时还设置有防止水分浸入严密的内护层，或还加机械强度大的外护层，结构较为复杂、截面积较大的产品叫作电缆。

在电力行业中对于电线和电缆一般没有严格的界定，通常将芯数少、产品直径小、结构简单的产品称为电线，没有绝缘的称为裸电线，其他的称为电缆。

电力电缆的相关名词见表 5-1。

表 5-1　　　　　　　　　　　　　电力电缆的相关名词

序号	名词	含义
1	电力电缆	输配电用的电缆
2	绝缘电缆	绝缘电缆是下列几个部分组成的集合体：一根或多根绝缘线芯，它们各自的包覆层（如果具有时），总保护层（如果具有时），外保护层（如果具有时），电缆也可以有附加的没有绝缘的导体
3	单芯电缆	只有一根绝缘线芯的电缆
4	多芯电缆	有一根以上绝缘线芯的电缆
5	扁（多芯）电缆	多根绝缘线芯组平行排列成扁平状的多芯电缆
6	电缆附件	在电缆线路中与电缆配套使用的附属装置的总称
7	不滴流电缆	在最高连续工作温度下浸渍剂不流淌的整体浸渍纸绝缘电缆
8	耐火电缆（又称 FS 电缆）	这种电缆不易着火至完全烧毁，在火灾中及火灾后尚能继续工作，可保证救火过程中的用电需要
9	阻燃电缆（又称 FR 电缆）	普通聚合物，在燃点以上的火焰中都会燃烧。FR 阻燃电缆的特点是单根电缆垂直燃烧时可阻止火焰蔓延，火焰移去后会自动熄灭
10	低延阻燃电缆（又称 FRR 电缆）	其特点是能通过多根电缆垂直托架敷设的阻燃试验，在试验中，集中成束电缆中所含可燃物质比单根电缆多，但要求其火焰蔓延能受到控制
11	无卤低烟阻燃电缆（又称 FOH 电缆）	FOH 电缆的特点是燃烧时既具有 FR 或 FRR 阻燃能力，又不会排放 HCI 等有毒气体，所散发的烟雾也非常稀薄
12	心导体电力电缆	N 线（或 PEN 线）均匀外包于各相线外侧，与各相线距离均等，有利于均衡、降低各相对 N 的电抗
13	分相铅套电缆	每根绝缘线芯分别挤包铅或铅合金（护）套的三芯电缆
14	充油电缆	用绝缘油作加压流体，并能使油在电缆中自由流动的一种自容式压力型电缆
15	架空绝缘电缆	用于架空或户外悬挂的绝缘电缆
16	绝缘层	电缆中具有耐受电压特定功能的绝缘材料
17	挤包绝缘	通常由一层热塑性或热固性材料挤包成的绝缘
18	绕包绝缘	用绝缘带螺旋绕包成同心层的绝缘
19	浸渍纸绝缘	用浸渍绝缘纸组成的绕包绝缘

序号	名词	含义
20	橡皮绝缘	由橡皮或橡皮带组成的密实层绝缘
21	塑料绝缘	由塑料制成的密实层的或带包的绝缘
22	屏蔽层	将电磁场限制在电缆内或电缆元件内，并保护电缆免受外电场、磁场影响的屏蔽层。包覆在电缆外的屏蔽层通常是接地的
23	导体屏蔽	覆盖在导体上的非金属或金属材料的电屏蔽层
24	绝缘屏蔽	包覆在绝缘层上金属或非金属材料的电屏蔽层
25	绝缘线芯	导体及其绝缘层和屏蔽层（如具有时）的组合体
26	填充物	在多芯电缆中用于填充各个绝缘线芯之间间隙的材料
27	内衬层	包在多芯电缆缆芯（可包括填充物）外面放在保护层下的非金属
28	隔离层	用来防止电缆的不同组成部分间（如导体和绝缘或绝缘和护层间）相互有害影响的隔离薄层
29	护套	金属或非金属材料均匀连续的管状包层，通常是挤制而成
30	铠装层	通常用以防止外界机械影响由金属带、线、丝制成的电缆的覆盖层
31	外被层	在电缆外面的一层或几层非挤出的覆盖层
32	编织层	由金属或非金属材料编织而成的覆盖层
33	百分数电导率	在20℃时国际标准软的标准电阻率（IACS）与同温度下材料的电阻率之比，用百分数表示，可用重量或体积计算
34	载流量	在允许工作温度下电缆导体中所传导的长期满载电流
35	导体截面积	组成导体的各个单线垂直于导体轴线的横截面积之和
36	绞距	电缆某元件以螺旋形旋转一周时沿轴向的长度
37	节径比	绞合元件的绞距与其螺旋直径之比
38	氧指数	是指在规定条件下，固体材料在氧、氮混合气流中，维持平稳燃烧所需的最低氧含量。氧指数高表示材料不易燃烧，氧指数低表示材料容易燃烧。材料的氧指数（LOI）与其阻燃性的对应关系如下：LOI<23，可燃；LOI 24～28，稍阻燃；LOI 29～35，阻燃；LOI>36，高阻燃
39	绞向	电缆的绞合元件相对以电缆轴向的旋转方向
40	绞合常数	绞合前元件的长度与绞合后制件的长度之比
41	填充系数	组成导体的单线截面积总和与导体轮廓截面积之比

2. 电力电缆的分类

（1）电缆按其用途可分为电力电缆、装备用电线电缆和电信电缆等。电力电缆按其绝缘类型可分为油浸纸绝缘、塑料绝缘、橡胶绝缘、气体绝缘和新型电缆等。在电气安装工程中，习惯上把电缆分为两大类，即电力电缆和控制电缆。

（2）按照电力系统的规定，我国电力电缆的额定电压等级可分以下5类：

低压电缆——1kV及以下；

中压电缆——3kV、6kV、10kV、35kV；

高压电缆——66kV、110kV、220kV、330kV；

超高压电缆——500kV及以上；

特高压电缆——750kV及以上。

针对中性点不同的接地方式，国家标准中规定的中低压电力电缆的电压等级系列是：

0.6/1、1.8/3、3/3、3.6/6、6/6、6/10、8.7/10、8.7/15、12/20、18/20、18/30、21/35、26/35、64/110（单位为kV）。

（3）常用电力电缆芯数为1、2、3、4、5芯。只有低压电力电缆采用4、5芯，低压电缆为用户网，须配中性线及直接接地线芯。

（4）电缆导体截面积规格为：2.5，4，6，10，16，25，35，50，70，95，120，150，185，

240，300，400，500，630，800，1000（单位为 mm²）。

3. 电力电缆的主要性能

电力电缆产品应用于不同的场合，因此性能要求是多方面的，见表 5-2。产品的性能要求，主要是从各个具体产品的用途，使用条件，以及配套装备的配合关系等方面提出的。在一个产品的各项性能要求中，必然有一些是主要的，起决定作用，应严格要求。有些则是从属的。有时某些因素又是互相制约的。因此必须加以全面的研究和分析综合考虑。

表 5-2   电力电缆的主要性能

性能		性能描述
电性能	导电性能	对大多数产品要求有良好的导电性能，个别产品要求有一定的电阻范围
	电绝缘性能	绝缘电阻、介电系数、介质损耗、耐电特性等
	传输特性	指高频传输特性、抗干扰特性等
机械性能		指抗拉强度、伸长率、弯曲性、弹性、柔软性、耐震动性、耐磨耗性以及耐机械力冲击等
热性能		指产品的耐温等级、工作温度。电力传输用电线电缆的热性能包括发热和散热特性、载流量、短路和过载能力、合成材料的热变形性和耐热冲击能力、材料的热膨胀以及浸渍或涂层材料的滴落性能等
耐腐蚀和耐气候性		指耐电化腐蚀、耐生物和细菌侵蚀、耐化学药品（油、酸、碱、化学溶剂等）侵蚀、耐盐雾、耐光、耐寒、防霉以及防潮性能等
老化性能		指在机械应力、电应力、热应力以及其他各种外加因素的作用下，或外界气候条件作用下，产品及其组成材料保持其原有性能的能力
其他性能		包括部分材料的特性（如金属材料的硬度、蠕变，高分子材料的相容性）以及产品的某些特殊使用特性（如不延燃性、耐原子辐射、防虫咬、延时传输，以及能量阻尼等）

4. 电力电缆的型号及表示法

电力电缆的型号通常由 8 个部分组成，其型号的表示法见表 5-3。

表 5-3   电力电缆型号的表示法

序号	组成	表示法
1	用途代码	不标为电力电缆，K 代表控制电缆，P 代表信号电缆
2	绝缘代码	Z 代表油浸纸，X 代表橡胶，V 代表聚氯乙烯，YJ 代表交联聚乙烯
3	导体材料代码	不标为铜，L 代表铝
4	内护层代码	V 代表聚氯乙烯护套；Y 代表聚乙烯护套；L 代表铝护套；Q 代表铅护套；H 代表橡胶护套；F 代表氯丁橡胶护套
5	特征	D 代表不滴流；F 代表分相；CY 代表充油；P 代表贫油干绝缘；P 代表屏蔽；Z 代表直流
6	外护层代码	用数字表示外护层构成，有二位数字。无数字代表无铠装层，无外被层。第一位数字表示铠装，第二位数字表示外被，如粗钢丝铠装纤维外被表示为 41。 充油电缆外护层代号含义为：1 代表铜带径向加强；2 代表不锈钢带径向加强；3 代表钢带径向加强；4 代表不锈钢带径向、窄不锈钢带纵向加强
7	特殊产品代码	TH 代表湿热带，TA 代表干热带
8	额定电压	单位 kV

5. 电力电缆基本结构及要求

电力电缆的使用性能和寿命，很大程度上取决于先进的结构设计和合理的材料选用。电缆产品主要由导体、绝缘、屏蔽和护层 4 个部分组成，见表 5-4。

表 5-4   电力电缆的基本结构、材料及要求

结构	基本要求	材料
导体	应有较高的导电率	铜、铝
绝缘	具有优异的绝缘性能	橡胶电缆绝缘层常用的材料有天然-丁苯、丁基橡胶、乙丙橡胶三种；塑料绝缘电缆的绝缘层的常用材料：聚氯乙烯（PVC）、聚乙烯（PE）、交联聚乙烯（XLPE）、氟塑料
屏蔽	均匀电场，防止局部放电	高导电材料：如铜、铝等制作的电场屏蔽、电磁屏蔽线；半导电材料：橡胶、塑料均含碳黑；高导磁材料：如低碳钢，用于电磁场屏蔽
护层	适应环境的能力强。护层分为内护层和外护层，主要是起增强机械强度和防腐蚀作用	纤维材料：纸、麻；钢带、钢丝材料：主要有普通冷轧钢带、预涂沥青钢带、镀锌钢带、涂漆钢带、镀锌钢丝；塑料材料：主要有 PE、PVC；石油制品材料：沥青、环烷酸铜和柴油等

5.1.2   电力电缆的选用

1. 电力电缆的选择要素

选取电气装备用电缆时必须根据线缆的性能和使用条件，确定线缆的要素，按要素来选用线缆。一般用途电缆，必须考虑的要素见表 5-5。

表 5-5   选择电气装备用电缆的要素

序号	要素名称	说明
1	电缆颜色	黑、黄绿等
2	承受最大电流（载流量）	A
3	导体截面积或线规	$25mm^2$、24AWG 等
4	耐压水平	1000V
5	环境工作温度	℃
6	类型	BVR、UL 等
7	导体直流电阻	Ω/km
8	阻燃要求	氧指数
9	安规认证	如：UL
10	附加说明	双层护套、多芯等

2. 电缆型号的选用

选用电线电缆时，要考虑用途、敷设条件及安全性。例如，根据用途的不同，可选用电力电缆、架空绝缘电缆、控制电缆等；根据敷设条件的不同，可选用一般塑料绝缘电缆、钢带铠装电缆、钢丝铠装电缆、防腐电缆等；根据安全性要求不同，可选用不延燃电缆、阻燃电缆、无卤阻燃电缆、耐火电缆等。

阻燃电缆的特点是延缓火焰沿着电缆蔓延使火灾不至扩大。由于其成本较低，因此是防火电缆中大量采用的电缆品种。无论是单根线缆还是成束敷设的条件下，若电缆燃烧时能将火焰的蔓延控制在一定范围内，因此可以避免着火延燃而造成的重大灾害，从而提高电缆线路的防火水平。

无卤电缆的特点是不仅拥有良好的阻燃性能，而且其电缆材料不含卤素，燃烧时的腐蚀性和毒性较低，产生极少量的烟雾，从而减少了对人身、仪器、设备的损害，有利于发生火灾时及时救援。这种电缆虽然有良好阻燃性、耐腐蚀性、极少烟雾浓度等，但其在机械性及电气性能比普通电缆稍差。

耐火电缆的特点是在火焰燃烧情况下能保持一定时间的正常运行，可保持线路的完整性。耐火电缆燃烧时产生的酸气烟雾量少，耐火阻燃性能大大提高，特别是在燃烧时，伴随着水喷和机械打击的情况下，电缆仍可保持线路的完整运行。

3. 电缆规格的选用

确定电缆的使用规格（导体截面积）时，一般应考虑发热，电压损失，经济电流密度，机械强度等选择条件。根据经验，低压动力线因其负荷电流较大，故一般先按发热条件选择截面积，然后验算其电压损失和机械强度；低压照明线因其对电压水平要求较高，可先按允许电压损失条件选择截面积，再验算发热条件和机械强度；对高压线路，则先按经济电流密度选择截面积，然后验算其发热条件和允许电压损失；而高压架空线路，还应验算其机械强度。若没有经验，则应征询有关专业单位或人士的意见。

一般电线电缆规格的选用可参见表 5-6。

表 5-6　　　　　　　　　　　　电线电缆规格选用参考表

导体截面（mm²）	铜芯聚氯乙烯绝缘电缆 环境温度 25℃，架空敷设 227 IEC 01（BV）		铜芯聚氯乙烯绝缘电力电缆 环境温度 25℃，直埋敷设 VV22-0.6/1(3+1)		钢芯铝绞线环境 温度 30℃，架空敷设 LGJ	
	允许载流量（A）	容量（kW）	允许载流量（A）	容量（kW）	允许载流量（A）	容量（kW）
1.0	17	10				
1.5	21	12				
2.5	28	16				
4	37	21	38	21		
6	48	27	47	27		
10	65	36	65	36		
16	91	59	84	47	97	54
25	120	67	110	61	124	69
35	147	82	130	75	150	84
50	187	105	155	89	195	109
70	230	129	195	109	242	135
95	282	158	230	125	295	165
120	324	181	260	143	335	187
150	371	208	300	161	393	220
185	423	237	335	187	450	252
240			390	220	540	302
300			435	243	630	352

注 1. 同一规格铝芯导线载流量约为铜芯的 0.7 倍，选用铝芯导线可比铜芯导线大一个规格，交联聚乙烯绝缘可选用小一档规格，耐火电线电缆则应选较大规格。

2. 本表计算容量是以三相 380V、cosφ＝0.85 为基准，若单相 220V、cosφ＝0.85，容量则应×1/3。

3. 当环境温度较高或采用明敷方式等，其安全载流量都会下降，此时应选用较大规格；当用于频繁启动电动机时，应选用比计算容量大 2～3 个规格的电线电缆。

4. 表中的聚氯乙烯绝缘电线按单根架空敷设方式计算，若为穿管或多根敷设，则应选用大 2～3 个规格。

5. 表中数据仅供参考，最终设计和确定电缆的型号和规格应参照有关专业资料或电工手册。

4. 常用电缆载流量的选用

（1）电缆敷设在地中导管内的载流量，见表5-7。

表5-7　　　　　　　　　　　　电缆敷设在地中导管内的载流量

导体标称截面积（mm²）	电缆敷设在导管内			
	聚氯乙烯绝缘 导体温度：70℃ 环境温度：地中20℃		聚乙烯绝缘 导体温度：90℃ 环境温度：地中20℃	
	两根有载导体/铜（A）	三根有载导体/铜（A）	两根有载导体/铜（A）	三根有载导体/铜（A）
1.0	17.5	14.5	21	17.5
1.5	22	18	26	22
2.5	29	24	34	29
4	38	31	44	37
6	47	39	56	46
10	63	52	73	61
16	81	67	95	79
25	104	86	121	101
35	125	103	146	122
50	148	122	173	144
70	183	151	213	178
95	216	179	252	211
120	246	203	287	240
150	278	230	324	271
185	312	257	363	304
240	360	297	419	351
300	407	336	474	396

（2）8.7/10（8.7/15）kV交联聚乙烯绝缘电缆允许持续载流量，见表5-8。

表5-8　　　　　　　8.7/10（8.7/15）kV交联聚乙烯绝缘电缆允许持续载流量

型号	YJV、YJLV、YJY、YJLY、YJV22、YJLV22、YJV23、YJLV23、JYV32，YJLV32、YJV33、YJLV33				YJV、YJLV、YJY、YJLY							
芯数	三芯				单芯							
敷设环境	空气中		土壤中		空气中				土壤中			
导体材质	铜（A）	铝（A）	铜（A）	铝（A）	铜（A）	铝（A）	铜（A）	铝（A）	铜（A）	铝（A）	铜（A）	铝（A）
标称截面积（mm²） 25	120	90	125	100	140	110	165	130	150	115	160	120
35	140	110	155	120	170	135	205	155	180	135	190	145
50	165	130	180	140	205	160	245	190	215	160	225	175
70	210	165	220	170	260	200	305	235	265	200	275	215
95	255	200	265	210	315	240	370	290	315	240	330	255
120	290	225	300	235	360	280	430	335	360	270	375	290
150	330	225	340	260	410	320	490	380	405	305	425	330
185	375	295	380	300	470	365	560	435	455	345	480	370
240	435	345	445	350	555	435	665	515	530	400	555	435
300	495	390	500	395	640	500	765	595	595	455	630	490
400	565	450	520	450	745	585	890	695	680	520	725	565
500	…	…	…	…	855	680	1030	810	765	595	825	650
环境温度（℃）	40		25		40				25			

（3）26/35kV 电力电缆允许持续载流量，见表5-9。

表 5-9　　　　　　　　　　　　26/35kV 电力电缆允许持续载流量

型号	YJV、YJLV、YJY、YJLY、YJV22、YJLV22、YJV23、YJLV23、JYV32、YJLV32、YJV33、YJLV33				YJV、YJLV、YJY、YJLY							
芯数	三芯				单芯							
敷设环境	空气中		土壤中		空气中				土壤中			
导体材质	铜（A）	铝（A）	铜（A）	铝（A）	铜（A）	铝（A）	铜（A）	铝（A）	铜（A）	铝（A）	铜（A）	铝（A）
标称截面积（mm²） 50	185	145	200	170	220	170	245	190	215	165	225	175
70	230	190	250	190	270	210	305	235	265	200	275	215
95	280	215	300	230	330	255	370	285	315	240	330	255
120	310	240	330	255	375	290	425	330	360	270	375	290
150	360	280	380	295	425	330	485	375	400	305	420	325
185	400	310	425	330	485	380	555	430	455	345	475	370
240	470	365	490	380	560	435	650	505	525	400	555	430
300	540	430	555	435	650	510	745	580	595	455	630	490
400	610	485	625	500	760	595	870	680	680	525	720	565
500	…	…	…	…	875	690	1000	790	775	600	825	645
600	…	…	…	…	1000	800	1160	920	875	685	940	740
环境温度（℃）	40		25		40				25			

（4）矿用交联电力电缆载流量，见表5-10。

表 5-10　　　　　　　　　　　　矿用交联电力电缆载流量

型号	芯数	额定电压（kV）			
		0.6/1	1.8/3	3.6/6、6/6	6/10、8.7/10
		标称截面（mm²）			
MYJV（A）	3	1.5～300	10～300	25～300	25～300
MYJV22（A）	3	4～300	10～300	25～300	25～300
MYJV32（A）	3	4～300	10～300	25～300	25～300
MYJV42（A）	3	4～300	10～300	25～300	25～300

（5）矿用电缆规格型号载流量，见表5-11。

表 5-11　　　　　　　　　　　　矿用电缆规格型号载流量

芯数截面积（mm²）	导体结构 NO（mm）	绝缘厚度（mm）	护套厚度（mm）	电缆外径 标称（mm）	电缆外径 最大（mm）	参考重量（kg/km）	导体（铜）最大直流电阻（20℃）（Ω/km）	20℃载流量（A）
3×4+1×4	56/0.30 56/0.30	1.4	3.5	20.9	23.0	637	4.950 4.950	35

芯数截面积 (mm²)	导体结构NO (mm)	绝缘厚度 (mm)	护套厚度 (mm)	电缆外径		参考重量 (kg/km)	导体（铜）最大直流电阻（20℃）(Ω/km)	20℃载流量（A）
				标称 (mm)	最大 (mm)			
3×6+1×6	84/0.30	1.4	3.5	22.9	25.1	856	3.300	46
	84/0.30						3.300	
3×10+1×10	84/0.40	1.6	4.0	27.8	30.6	1304	1.910	64
	84/0.40						1.910	
3×16+1×10	126/0.40	1.6	4.0	30.3	33.3	1545	1.210	85
	84/0.40						1.910	
3×25+1×16	196/0.40	1.8	4.5	36.4	40.1	2269	0.780	113
	126/0.40						1.210	
3×35+1×16	276/0.40	1.8	4.5	40.5	44.6	2786	0.554	138
	126/0.40						1.210	
3×50+1×16	396/0.40	2.0	5.0	45.5	50.1	3554	0.386	173
	126/0.40						1.210	
3×70+1×25	360/0.50	2.0	5.0	51.5	55.1	4587	0.272	215
	196/0.40						0.780	

（6）钢芯铝绞线载流量，见表 5-12。

表 5-12　　　　　　　　　　钢芯铝绞线载流量

标准截面积 (mm²)	结构（根数/直径）(根/mm)	外径 (mm)	20℃时直流电阻不大于 (Ω/km)	计算拉断力 (N)	计算重量 (kg/km)	交货长度（不小于）(mm)	连续载流量 (A)
16	7/1.70	5.10	1.8020	2840	43.5	4000	111
25	7/2.15	6.45	1.1270	4355	69.6	3000	147
35	7/2.50	7.50	0.8332	5760	94.1	2000	180
50	7/3.00	9.00	0.5786	7930	135.5	1500	227
70	7/3.60	10.80	0.4018	10590	195.1	1250	284
95	7/4.16	12.48	0.3009	14450	26.5	1000	338
120	19/2.85	14.25	0.2373	16420	22.5	1500	390
150	19/3.15	15.75	0.1943	23310	407.4	1250	454
185	19/3.50	17.50	0.1574	28440	503.0	1000	518
210	19/3.75	18.75	0.1371	32260	577.4	1000	575
240	19/4.00	20.00	0.1205	36260	656.9	1000	610
300	37/3.20	22.40	0.09689	46850	82.4	1000	707
400	37/3.70	25.90	0.07247	61150	1097.0	1000	851
500	37/4.16	29.12	0.05733	76370	1387.0	1000	982
630	61/3.63	32.67	0.04577	91940	1744.0	800	1140
800	61/4.10	36.90	0.03588	115900	2225.0	800	1340

（7）钢芯铝绞线载流量，见表 5-13。

表 5-13　　　　　　　　　　　钢芯铝绞线载流量

标准截面积 铝/钢 （mm²）	结构（根数/直径）（根/mm）		外径 （mm）	20℃时直流 电阻不大于 （Ω/km）	计算拉断 力（N）	计算重量 （kg/km）	交货长度 （不小于） （mm）	连续载流量 （A）
	铝	钢						
10/2	6/1.50	1/1.50	4.50	2.706	4120	42.9	3000	87
16/3	6/1.85	1/1.85	5.55	1.799	6130	65.2	3000	110
25/4	6/2.32	1/2.32	6.96	1.131	9290	102.6	3000	125
35/6	6/2.72	1/2.72	8.16	0.8230	12630	141.0	3000	145
50/8	6/3.20	1/3.20	9.60	0.5946	16870	195.1	2000	212
50/30	12/2.32	7/2.30	11.60	0.5692	42620	372.0	2000	250
70/10	6/3.80	1/3.80	11.40	0.4217	23390	275.2	2000	255
70/40	12/2.72	7/2.72	13.60	0.4141	58300	511.3	2000	340
95/15	26/2.15	7/1.67	13.61	0.3058	35000	380.8	2000	350
95/20	7/4.16	7/1.85	13.87	0.3019	37200	408.9	2000	360
95/55	12/3.20	7/3.20	16.00	0.2992	78110	707.7	2000	420
120/7	18/2.90	1/2.90	14.50	0.2422	27570	379.0	2000	380
120/20	26/2.32	7/1.85	15.07	0.2496	41000	466.8	2000	390
120/25	7/4.72	7/2.10	15.74	0.2345	47880	526.6	2000	400
120/70	12/3.60	7/3.60	18.00	0.2364	89370	895.6	2000	505
150/8	18/3.20	1/3.20	16.00	0.1989	32860	461.4	2000	442
150/20	24/2.78	7/1.85	16.67	0.1980	46630	549.4	2000	450
150/25	26/2.70	7/2.10	17.10	0.1939	54110	601.0	2000	470
150/35	30/2.5	7/2.50	17.50	0.1962	65020	676.2	2000	500
185/10	18/3.60	1/3.60	18.00	0.1572	40880	584.0	2000	497
185/25	24/3.15	7/2.10	18.90	0.1542	59420	706.1	2000	525
185/35	26/2.98	7/2.32	18.88	0.1592	64320	732.6	2000	525
185/45	30/2.80	7/2.80	19.6	0.1264	80190	848.2	2000	522
210/10	18/3.80	1/3.80	19.00	0.1411	45140	650.7	2000	523
210/25	34/3.33	7/2.22	19.98	0.1380	65990	789.1	2000	560
210/35	26/3.22	7/2.50	20.38	0.1363	74250	853.9	2000	590
210/50	30/2.98	7/2.98	20.86	0.1381	90830	906.8	2000	600
240/30	24/3.60	7/2.40	21.60	0.1181	75620	922.2	2000	610
240/40	26/3.42	7/2.66	21.66	0.1209	83370	964.3	2000	610
240/50	30/3.20	7/3.20	22.40	0.1189	102100	1108	2000	640
300/15	40/3.00	7/1.67	23.01	0.09724	68060	939.8	2000	650
300/20	45/2.93	7/1.95	23.43	0.09520	75680	1002	2000	655
300/25	48/2.85	7/7.22	27.76	0.09433	83410	1058	2000	690
300/40	24/3.99	7/2.66	23.94	0.09614	92220	1133	2000	705
300/50	26/3.83	7/2.98	24.26	0.09636	103400	1210	2000	725
300/70	30/3.60	7/3.60	25.20	0.09463	128000	1402	1200	740
400/20	42/3.51	7/1.95	26.91	0.07104	88850	1286	1500	800
400/25	45/3.33	7/2.22	26.64	0.07370	95940	1295	1500	800
400/35	48/3.22	7/2.50	26.82	0.07389	103900	1349	1500	810
400/50	54/3.07	7/3.07	27.63	0.07232	123400	1511	1500	815
400/65	26/4.22	7/3.44	28.00	0.07326	135200	1611	1500	850
400/95	30/4.16	19/2.32	29.14	0.07087	171300	1860	1500	873

（8）BVR 电线的载流量，见表 5-14。

表 5-14   **BVR 电线的载流量**

导线截面积 (mm²)	空气敷设长期允许载流量（A）			
	橡皮绝缘电线		聚氯乙烯绝缘电线	
	铜芯 BXF、BXFR	铝芯 BLXF	铜芯 BV、BVR	铝芯 BLV
0.75	18		16	
1.0	21		19	
1.5	27	19	24	18
2.5	33	27	32	25
4	45	35	42	32
6	58	45	55	42
10	85	65	75	59
16	110	85	105	80
25	145	110	138	105
35	180	138	170	130
50	230	175	215	165
70	285	220	265	205
95	345	265	325	250
120	400	310	375	285
150	470	360	430	325
185	540	420	490	380
240	660	510		
300	770	600		
400	940	730		
500	1100	850		
630	1250	980		

（9）YJV，YJLV 电缆的载流量，见表 5-15。

表 5-15   **YJV，YJLV 电缆的载流量**

序号	铜电线型号 (mm²/c)	单心载流量 (25℃)（A）		电压降 (mV/m)	品字形电压降 (mV/m)	紧挨一字形电压降 (mV/m)	间距一字形电压降 (mV/m)	两芯载流量 (25℃)（A）		电压降 (mV/m)	三芯载流量 25℃（A）		电压降 (mV/m)	四芯载流量 25℃（A）		电压降 (mV/m)
		YJLV	YJV					YJLV	YJV		YJLV	YJV		YJLV	YJV	
1	1.5	20	25	30.86	26.73	26.73	26.73	16	16		13	18	30.86	13	13	30.86
2	2.5	28	35	18.9	18.9	18.9	18.9	23	35	18.9	18	22	18.9	18	30	18.9
3	4	38	50	11.76	11.76	11.76	11.76	34	38	11.76	23	34	11.76	28	40	11.76
4	6	48	60	7.86	7.86	7.86	7.86	40	55	7.86	32	40	7.86	35	55	7.86
5	10	65	85	4.67	4.04	4.04	4.05	55	75	4.67	45	55	4.67	48	80	4.67
6	16	90	110	2.95	2.55	2.56	2.55	70	108	2.9	60	75	2.6	65	65	2.6
7	25	115	150	1.87	1.62	1.62	1.63	100	140	1.9	80	100	1.6	86	105	1.6

序号	铜电线型号(mm²/c)	单心载流量(25℃)(A)		电压降(mV/m)	品字形电压降(mV/m)	紧挨一字形电压降(mV/m)	间距一字形电压降(mV/m)	两芯载流量(25℃)(A)		电压降(mV/m)	三芯载流量25℃(A)		电压降(mV/m)	四芯载流量25℃(A)		电压降(mV/m)
		YJLV	YJV					YJLV	YJV		YJLV	YJV		YJLV	YJV	
8	35	145	180	1.35	1.17	1.17	1.19	125	175	1.3	105	130	1.2	108	130	1.2
9	50	170	230	1.01	0.87	0.88	0.9	145	210	1	130	160	0.87	138	165	0.87
10	70	220	285	0.71	0.61	0.62	0.65	190	265	0.7	165	210	0.61	175	210	0.61
11	95	260	350	0.52	0.45	0.45	0.5	230	330	0.52	200	260	0.45	220	260	0.45
12	120	300	410	0.43	0.37	0.38	0.42	270	410	0.42	235	300	0.36	255	300	0.36
13	150	350	480	0.36	0.32	0.33	0.37	310	470	0.35	275	350	0.3	340	360	0.3
14	185	410	540	0.3	0.26	0.28	0.33	360	570	0.29	320	410	0.25	400	415	0.25
15	240	480	640	0.25	0.22	0.24	0.29	430	650	0.24	390	485	0.21	470	495	0.21
16	300	560	740	0.22	0.2	0.21	0.28	500	700	0.21	450	560	0.19	500	580	0.19
17	400	650	880	0.2	0.17	0.2	0.26	600	820	0.19						
18	500	750	1000	0.19	0.16	0.18	0.25									
19	630	880	1100	0.18	0.15	0.17	0.25									
20	800	1100	1300	0.17	0.15	0.17	0.24									
21	1000	1300	1400	0.16	0.14	0.16	0.24									

（10）BXF 铜芯氯丁橡皮电线，BLXF 铝芯氯丁橡皮电线载流量，见表 5-16。

表 5-16　　　　　　　　　　BXF，BLXF 电线载流量

导体标称截面积(mm²)	导电线芯 根/单线直径（根/mm）	电缆外径(mm)	20℃时导体电阻（不大于）(Ω/km)	
			铜	铝
0.75	1/0.97	3.9	24.5	—
1.0	1/1.13	4.1	18.1	—
1.5	1/1.38	4.4	12.1	—
2.5	1/1.78	5.0	7.41	11.8
4	1/2.25	5.6	4.61	7.39
6	1/2.76	6.8	3.08	4.91
10	7/1.35	8.3	1.83	3.08
16	7/1.70	10.1	1.15	1.91
25	7/2.14	11.8	0.727	1.20
35	7/2.52	13.8	0.524	0.868
50	19/1.78	15.4	0.387	0.641
70	19/2.14	18.2	0.263	0.443
95	19/2.52	20.6	0.193	0.320
120	37/2.03	23.0	0.153	0.253
150	37/2.25	25.0	0.124	0.206
185	37/2.52	27.9	0.0991	0.164
240	61/2.25	31.4	0.0754	0.125

（11）BXR 铜芯橡皮软电线载流量，见表 5-17。

表 5-17 BXR 铜芯橡皮软电线载流量

导体标称截面积（mm²）	导电线芯 根/单线直径（根/mm）	电缆外径（mm）	20℃时导体电阻（不大于）（Ω/km）
0.75	7/0.37	4.5	24.5
1.0	7/0.43	4.7	18.1
1.5	7/0.52	5.0	12.1
2.5	19/0.41	5.6	7.41
4	19/0.52	6.2	4.61
6	19/0.64	6.8	3.08
10	49/0.52	8.9	1.83
16	49/0.64	10.1	1.15
25	98/0.58	12.6	0.727
35	133/0.58	13.8	0.524
50	133/0.68	15.8	0.387
70	189/0.68	18.4	0.263
95	259/0.68	20.8	0.193
120	259/0.76	21.6	0.153
150	336/0.74	25.9	0.124
185	427/0.74	26.6	0.0991
240	427/0.85	30.2	0.0754

5. 电缆截面积大小的选用

在不需要考虑允许的电压损失和导线机械强度的一般情况下，可只按电缆的允许载流量来选择其截面积。选择电缆截面积大小的方法通常有查表法和口诀法两种。

（1）查表法。在安装前，常用电缆的允许载流量可通过查阅电工手册得知。架空裸导线和绝缘导线的最小允许截面积分别见表 5-18 和表 5-19。

表 5-18 架空裸导线的最小允许截面

线路种类		导线最小截面积（mm²）		
		铝及铝合金	钢芯铝线	铜绞线
35kV 及以上电路		35	35	35
3～10kV 线路	居民区	35	25	25
	非居民区	25	16	16
低压线路	一般	35	16	16
	与铁路交叉跨越	35	16	16

表 5-19　　　　　　　　　　　　　　绝缘电缆的最小允许截面积

线路种类			导线最小截面积（mm²）		保护地线 PE 线和保护中性线 PEN 线（铜芯线）
			铜芯软线	铜芯线	
照明用灯头下引线		室内	0.5	1.0	有机械性保护时为 2.5，无机械性保护时为 4
		室外	1.0	1.0	
移动式设备线路		生活用	0.75	—	
		生产用	1.0	—	
敷设在绝缘子上的绝缘导线（L 为绝缘子间距）	室内	$L \leqslant 2\text{m}$	—	1.0	
	室外	$L \leqslant 2\text{m}$		1.0	
		$L \geqslant 2\text{m}$		1.5	
		$2\text{m} < L \leqslant 6\text{m}$		2.5	
		$6\text{m} < L \leqslant 12\text{m}$		4	
		$15\text{m} < L \leqslant 25\text{m}$		6	
穿管敷设的绝缘导线			1.0	1.0	
沿墙明敷的塑料护套线			—	1.0	

（2）口诀法。电工口诀，是电工在长期工作实践中总结出来的用于应急解决工程中的一些比较复杂问题的简便方法。

例如，利用下面的口诀介绍的方法，可直接求得导线截面积允许载流量的估算值。

记忆口诀

10 下五，100 上二；

25、35，四、三界；

70、95，两倍半；

穿管、温度，八、九折；

裸线加一半，铜线升级算。

这个口诀以铝芯绝缘导线明敷、环境温度为 25℃的条件为计算标准，对各种截面积导线的载流量（A）用"截面积（mm²）乘以一定的倍数"来表示。

首先，要熟悉导线芯线截面积排列，把口诀的截面积与倍数关系排列起来，表示为：

…10　　16～25　　36～50　　70～95　　100…以上

五倍　　四倍　　三倍　　二倍半　　二倍

其次，口诀中的"穿管、温度，八、九折"，是指导线不明敷，温度超过 25℃较多时才予以考虑。若两种条件都已改变，则载流量应打八折后再打九折，或者简单地一次以七折计算（即 $0.8 \times 0.9 = 0.72$）。

最后，口诀中的"裸线加一半"是指按一般计算得出的载流量再加一半（乘以 1.5）；口诀中的"铜线升级算"是指将铜线的截面积按截面积排列顺序提升一级，然后再按相应的铝线条件计算。

电工师傅在实践中总结出的经验口诀较多，虽然表述方式不同，但计算结果是基本一致的。只要记住其中的一二种口诀就可以了。

【特别提醒】

同一规格铝芯导线载流量约为铜芯的 0.7 倍，选用铝芯导线可比铜芯导线大一个规格，交联聚乙烯绝缘可选用小一档规格，耐火电线电缆则应选较大规格。

当环境温度较高或采用明敷方式等，其安全载流量都会下降，此时应选用较大规格。

6. 绝缘电缆电阻值的估算

根据电阻定律公式 $R = \rho \dfrac{L}{S}$，可以得出对绝缘电缆的电阻估算的口诀：

记忆口诀

电缆电阻速估算，先算铝线一平方。
百米长度三欧姆，多少百米可相乘。
同粗同长铜导线，铝线电阻六折算。

对于常用铝芯绝缘导线，只要知道它的长度（m）和标称截面积（mm²），就可以立即估算出它的电阻值。其基准数值是：每100m长的铝芯绝缘线，当标称截面积为1mm²时，电阻约为3Ω。这是根据电阻定律公式 $R = \rho \dfrac{L}{S}$，铝线的电阻率 $\rho \approx 0.03\Omega/m$ 算出来的。

例如200m、6mm²的铝芯绝缘线，其电阻则为 $3 \times 2 \div 6 = 1$（Ω）。

由于铜芯绝缘线的电阻率 $\rho = 0.018\Omega/m$，是铝线的电阻率的0.6倍。因此，可按铝芯绝缘线算出电阻后再乘以0.6。

上述例子若是铜芯绝缘线，其电阻则为 $(3 \times 2 \div 6) \times 0.6 = 1 \times 0.6 = 0.6$（Ω）。

《GB/T 3956—2008电缆的导体》对实心导体与非紧压绞合圆导体形式的不镀金属退火铜导体在20℃时最大电阻值的要求，如表5-20所示。

表5-20　　　　　　　　　　　　导 体 的 电 阻

标称截面积（mm²）	20℃最大直流电阻（Ω/km）
0.5	36.0
0.75	24.5
1	18.1
1.5	12.1
2.5	7.41
4	4.16
6	3.08
10	1.83
16	1.15
25	0.727
35	0.524
50	0.387
70	0.268
95	0.193
120	0.153
150	0.124
185	0.101
240	0.0775
300	0.0620
400	0.0465

7. 电力电缆的选用

电力电缆（导线）的选用应从电压损失条件、环境条件、机械强度和经济电流密度条件等多方面综合考虑。

（1）电压损失条件。导线和电缆在通过负荷电流时，由于线路存在阻抗，所以就会产生电压损失，对线路电压损失的规定见表5-21。

表5-21　　　　　　　　　　　线路电压损失的一般规定

用电线路	允许最大电压损失（%）
高压配电线路	5
变压器低压侧到用户用电设备受电端	5
视觉要求较高的照明电路	2～3

如果线路的电压损失超过了规定的允许值，则应选用更大截面积的电线或者减小配电半径。

（2）环境条件。电缆的使用环境条件包括周围的温差、潮湿情况、腐蚀性等因素，这些因素对电缆的绝缘层及芯线有较大影响。线路的敷设方式（明敷设、暗敷设）对电缆的性能要求也有所不同。因此，所选线材应能适应环境温度的要求。常用导线在正常和短路时的最高允许温度见表 5-22，电缆持续允许载流量的环境温度见表 5-23。

表 5-22 导线在正常和短路时的最高允许温度

导体种类和材料		最高允许温度（℃）	
		额定负荷时	短路时
母线或绞线	铜	70	300
	铝	70	200
500V 橡胶绝缘导线和电力电缆	铜芯	65	150
500V 聚氯乙烯绝缘导线和 1～6kV 电力电缆	铜芯	70	160
1～10kV 交联聚乙烯绝缘电力电缆、乙丙橡胶电力电缆	铜芯	90	250

表 5-23 电缆持续允许载流量的环境温度

电缆敷设场所	有无机械通风	选取的环境温度
土中直埋		埋深处的最热月平均地温
水下		最热月的日最高水温平均值
户外空气中、电缆沟		最热月的日最高温度平均值
热源设备的厂房	有	通风设计温度
	无	最热月的日最高温度平均值另加 5℃
一般性厂房、室内	有	通风设计温度
	无	最热月的日最高温度平均值
户内电缆沟	无	最热月的日最高温度平均值另加 5℃
隧道		
隧道	有	通风设计温度

（3）机械强度。机械强度是指导线承受重力、拉力和扭折的能力。

在选择导线时，应该充分考虑其机械强度，尤其是电力架空线路。只有足够的机械强度，才能满足使用环境对导线强度的要求。

（4）经济电流密度条件。导线截面积越大，电能损耗越小，但线路投资、维修管理费用要增加。因此，需要合理选用导线的截面积。现行经济电流密度的规定见表 5-24（用户电压 10kV 及以下线路，通常不按照此条件选择）。

表 5-24 导线和电缆的经济电流密度

线路类型	导线材质	年最大负荷利用小时（h）		
		≤3000	3000～5000	≥5000
架空线路（A/mm²）	铜	3.00	2.25	1.75
	铝	1.65	1.15	0.90
电缆线路（A/mm²）	铜	2.50	2.25	2.00
	铝	1.92	1.73	1.54

记忆口诀

选择电缆四方面，综合考虑来权衡。
电压等级要符合，过大过小均不可。
使用环境很重要，电缆也怕温度高。
机械强度应足够，电流密度符要求。

5.1.3 电力电缆质量检查

电力电缆的质量关系到企业的生产安全、经济效益等，要规范企业的管理也需要从此入手。严把产品入库关，从源头进行有效的控制，这就对质量检查提出了具体的、切实可行的要求。

1. 质检程序

（1）验证产品的外观质量、型号规格、电缆长度、盘具、标签等是否与实际相符。

（2）依据相应的产品标准，对产品逐盘进行检验，对满足标准要求产品详细记录试验数据，统一编号，办理入库手续。

（3）对采购电缆产品，按相关产品国家标准关于"抽样试验样品数量"的要求，进行取样检验。

（4）如检验项目不合格，应从同一批产品中再抽取两个附加试样就不合格项重新检验，仍不合格时，则判定该批电缆不合格。

对不符合标准要求的电缆电线产品，首先进行隔离，挂上不合格标签，出具不合格报告通知单，并及时通知销售处，由销售处办理退货手续或重新调换产品，并向质检处反馈不合格产品处理情况。

2. 产品质量缺陷级别判定

电力电缆产品质量缺陷级别判定方法可参考表5-25。

表 5-25 　　　　　　　　　　　电力电缆质量缺陷级别判定

涉及的方面 缺陷级别	安全性	运转或运行	寿命	可靠性	使用安装	外观
致命缺陷（A）	涉及安全诸缺陷	会引起难于纠正的非正常情况	会影响寿命	必然会造成产品故障	会造成产品安装的困难	不涉及
严重缺陷（B）	不涉及	可能引起易于纠正的异常情况	可能影响寿命	可能会引起易于修复的故障	可能会影响产品使用	产品外观难以接受
一般缺陷（C）	不涉及	不会影响运转或运行	不影响	不会成为故障的起因	不涉及	对产品外观影响较大

3. 外观检验

企业采购的所有电力电缆都应进行外观检查，见表5-26。

表 5-26 　　　　　　　　　　　电力电缆的外观检查

序号	受检项目	质量特性重要性级别	检测手段和方法	检验依据
1	外观、印字	C	目测	产品标准以及合同要求
2	盘具质量	C	目测	
3	排线	C	目测	
4	封头	C	目测	
5	包装	C	目测	

4. 450/750V 及以下聚氯乙烯电缆的质检

额定电压在450/750V及以下聚氯乙烯绝缘电缆的质检项目见表5-27。采购数量少于10盘的取一个样；多于10盘的，按每10盘取一个样。（下同）

表 5-27　　　　　　　　　　450/750V 及以下聚氯乙烯电缆的质检

序号	检验项目名称	不合格分类			检验方法
		A（致命）	B（重）	C（轻）	
1	导体根数		×		GB/T 3956
2	绝缘最薄厚度	×			GB/T 5023.2
3	绝缘平均厚度		×		GB/T 5023.2
4	护套平均厚度		×		GB/T 5023.2
5	护套最薄点		×		GB/T 5023.2
6	电缆平均外径上、下限			×	GB/T 5023.2
7	20℃的导体直流电阻试验	×			GB/T 5023.2
8	电压试验（浸水和不浸水）	×			GB/T 3048.8
9	70℃的绝缘电阻（浸水不少于 2h）	×			GB/T 3048.5
10	绝缘老化前抗拉强度		×		GB/T 2951.1
11	绝缘老化前断裂伸长率		×		GB/T 2951.1
12	印刷标志耐擦试验			×	GB/T 5023.2

5. 塑料绝缘控制电缆的质检

塑料绝缘控制电缆的质检项目见表 5-28。

表 5-28　　　　　　　　　　塑料绝缘控制电缆的质检

序号	检验项目名称	不合格分类			检验方法
		A（致命）	B（重）	C（轻）	
1	导体根数		×		GB/T 3956
2	绝缘标称厚度		×		GB/T 2951.1
3	绝缘最薄点厚度	×			GB/T 2951.1
4	护套标称厚度		×		GB/T 2951.1
5	护套最薄点厚度		×		GB 2951.1
6	F 值			×	GB 2951.1
7	20℃导体直流电阻	×			GB/T 3048.4
8	电压试验	×			GB 3048.8
9	绝缘电阻（电缆长期允许工作温度下）	×			GB 3048.5
10	绝缘老化前抗拉强度		×		GB 2951.1
11	绝缘老化前断裂伸长率		×		GB 2951.1
12	印刷标志耐擦试验			×	GB 9330.1

6. 1～3kV 聚氯乙烯绝缘电缆的质检

1～3kV 聚氯乙烯绝缘、聚氯乙烯护套电力电缆的质检项目见表 5-29。

表 5-29　　　　　　　1～3kV 聚氯乙烯绝缘、聚氯乙烯护套电力电缆的质检

序号	检验项目名称	不合格分类			检验方法
		A（致命）	B（重）	C（轻）	
1	导体根数		×		GB/T 3956
2	绝缘平均厚度		×		GB/T 2951.11
3	绝缘最薄点厚度	×			GB/T 2951.11
4	护套标称厚度		×		GB/T 2951.11
5	护套最薄点		×		GB/T 2951.11
6	电缆外径			×	GB/T 2951.11
7	交流电压试验	×			GB/T 12706.1
8	20℃导体直流电阻	×			GB/T 3956
9	金属铠装		×		GB/T 12706
10	金属屏蔽	×			GB/T 12706
11	绝缘老化前抗张强度		×		GB/T 2951.11
12	绝缘老化前伸长率		×		GB/T 2951.11
13	护套老化前抗张强度		×		GB/T 2951.11
14	护套老化前伸长率		×		GB/T 2951.11
15	印刷标志耐擦试验			×	GB/T 2951.11

7. 1～3kV 交联聚乙烯绝缘电缆的质检

1～3kV 交联聚乙烯绝缘电力电缆的质检见表 5-30。

表 5-30　　　　　　　　1～3kV 交联聚乙烯绝缘电缆的质检

序号	检验项目名称	不合格分类			检验方法
		A（致命）	B（重）	C（轻）	
1	导体根数		×		GB/T 3956
2	绝缘平均厚度		×		GB/T 2951.11
3	绝缘最薄点厚度	×			GB/T 2951.11
4	护套标称厚度		×		GB/T 2951.11
5	护套最薄点		×		GB/T 2951.11
6	电缆外径			×	GB/T 2951.11
7	交流电压试验	×			GB/T 12706.1
8	20℃导体直流电阻	×			GB/T 3956
9	金属铠装		×		GB/T 12706
10	金属屏蔽	×			GB/T 12706
11	绝缘载荷下最大伸长率		×		GB/T 2951.21
12	绝缘冷却后最大永久伸长率		×		GB/T 2951.21
13	绝缘老化前抗张强度		×		GB/T 2951.11
14	绝缘老化前伸长率		×		GB/T 2951.11
15	护套老化前抗张强度		×		GB/T 2951.11
16	护套老化前伸长率		×		GB/T 2951.11
17	印刷标志耐擦试验			×	GB/T 2951.11

8. 6～35kV 交联聚乙烯电缆的质检

6～35kV 交联聚乙烯绝缘电力电缆的质检见表 5-31。

表 5-31 6～35kV 交联聚乙烯电缆的质检

序号	检验项目名称	不合格分类			检验方法
		A（致命）	B（重）	C（轻）	
1	导体根数		×		GB/T 3956
2	绝缘平均厚度		×		GB/T 2951.11
3	绝缘最薄点厚度	×			GB/T 2951.11
4	护套标称厚度		×		GB/T 2951.11
5	护套最薄点		×		GB/T 2951.11
6	电缆外径			×	GB/T 2951.11
7	交流电压试验	×			GB/T 12706.1
8	20℃导体直流电阻	×			GB/T 3956
9	金属铠装		×		GB/T 12706
10	金属屏蔽	×			GB/T 12706
11	绝缘载荷下最大伸长率		×		GB/T 2951.21
12	绝缘冷却后最大永久伸长率		×		GB/T 2951.21
13	绝缘老化前抗张强度		×		GB/T 2951.11
14	绝缘老化前伸长率		×		GB/T 2951.11
15	护套老化前抗张强度		×		GB/T 2951.11
16	护套老化前伸长率		×		GB/T 2951.11
17	印刷标志耐擦试验			×	GB/T 2951.11

9. 1kV 及以下架空绝缘电缆的质检

额定电压 1kV 及以下架空绝缘电力电缆的质检见表 5-32。

表 5-32 1kV 及以下架空绝缘电缆的质检

序号	检验项目名称	不合格分类			检验方法
		A（致命）	B（重）	C（轻）	
1	导体结构尺寸			×	GB/T 4909.2
2	绝缘标称厚度		×		GB/T 2951.1
3	绝缘最薄点厚度	×			GB/T 2951.1
4	电缆外径			×	GB/T 2951.1
5	导体拉断力	×			GB/T 4909.3
6	20℃导体直流电阻	×			GB/T 3048.4
7	交流耐压试验	×			GB 3048.8
8	绝缘电阻（电缆工作温度，浸水不少于 2h）		×		GB 3048.5
9	绝缘载荷下最大伸长率		×		GB/T 2951.5
10	绝缘冷却后最大永久伸长率		×		GB/T 2951.5
11	绝缘吸水试验		×		GB/T 2951.5
12	绝缘收缩试验		×		GB/T 2951.3
13	印刷标志耐擦性能			×	GB 6995.3
14	交货长度			×	记米器

10. 10kV 架空绝缘电缆的质检

额定电压 10kV 架空绝缘电力电缆的质检见表 5-33。

表 5-33　　　　　　　　　　　　10kV 架空绝缘电缆的质检

序号	检验项目名称	不合格分类			检验方法
		A（致命）	B（重）	C（轻）	
1	导体结构尺寸			×	GB/T 4909.2
2	绝缘标称厚度		×		GB/T 2951.1
3	绝缘最薄点厚度	×			GB/T 2951.1
4	电缆外径			×	GB/T 2951.1
5	导体拉断力	×			GB/T 4909.3
6	20℃导体直流电阻	×			GB/T 3048.4
7	交流耐压试验	×			GB 3048.8
8	4h 交流耐压试验	×			GB 3048.8
9	绝缘电阻（常温下浸水不少于 1h）	×			GB 3048.5
10	绝缘载荷下最大伸长率	×			GB/T 2951.5
11	绝缘冷却后最大永久伸长率		×		GB/T 2951.5
12	导体屏蔽		×		GB 2951.1
13	印刷标志耐擦性能			×	GB 6995.3

11. 圆线同心绞架空导线的质检

圆线同心绞架空导线的质检见表 5-34。采购数量少于 10 盘的取一个样；多于 10 盘的，按每 10 盘取一个样。

表 5-34　　　　　　　　　　　　圆线同心绞架空导线的质检

序号	受检项目	质量特性重要性级别	检测手段和方法
1	导线结构	A	目测
2	表面质量	C	目测
3	铝单丝直径	B	外径千分尺
4	铝单丝抗拉强度※	A	拉力机
5	铝单丝 20℃直流电阻（率）	A	双臂电桥
6	铝线截面积	B	外径千分尺
7	钢丝直径	B	外径千分尺
8	钢丝根数	B	目测
9	钢线截面积	B	外径千分尺
10	综合节径比	B	卷尺
11	单位长度质量	C	称量法
12	绞线外径	C	外径千分尺
13	绞向	C	目测

5.2　电力电缆敷设施工

5.2.1　电力电缆敷设

1. 高压电缆的敷设方式

高压电缆的敷设方式主要有直埋式、管道式、隧道式和架空式，见表 5-35。

表 5-35　　　　　　　　　　　　　　　　高压电缆的敷设方式

敷设方式	说明	图示
直埋式	高压电缆直接敷设于地下，要求埋深不得低于 0.7m，穿越农田时不得小于 1m，在容易受重压的场所应在 1.2m 以下，并在电缆上下均匀铺设 100mm 厚的细砂或软土，并覆盖混凝土板等保护层，覆盖超出电缆两侧各 50mm；在寒冷地区，则应埋设在冻土层以下	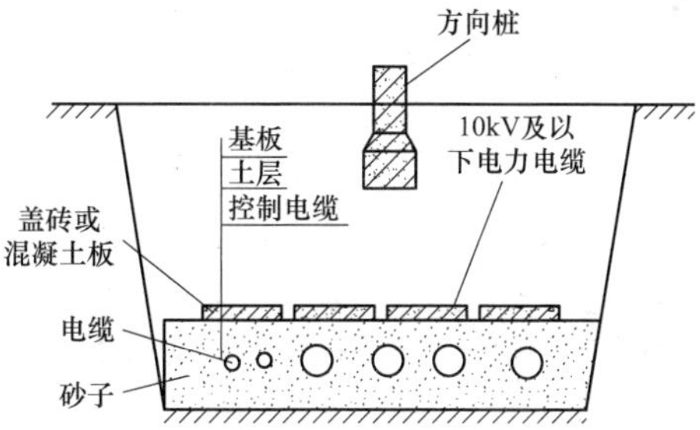
管道式	将高压电缆敷设于预制的管路（如混凝土管）中，要求每隔一定距离配有人孔，用于引入和连接电缆，如电缆为单芯电缆，为减少电力损失和防止输送容量的下降，引起电缆过热，管材应采用非磁性或不导电的	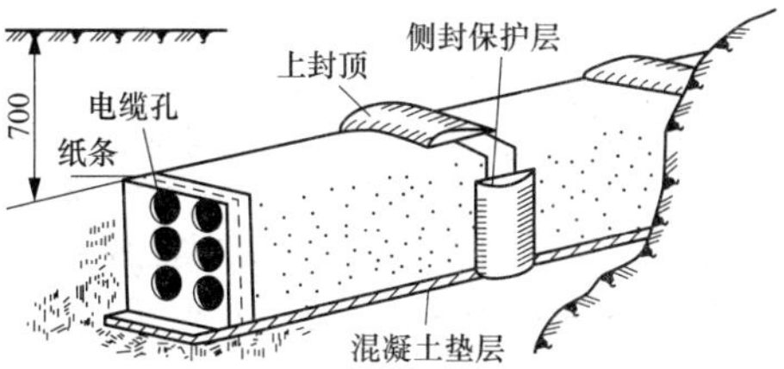
隧道式	电缆敷设于专门的电缆隧道内桥架或支架上，电缆隧道内可敷设大量电缆，散热性好，便于维护检修，但工程量较大，一般只在城市内使用	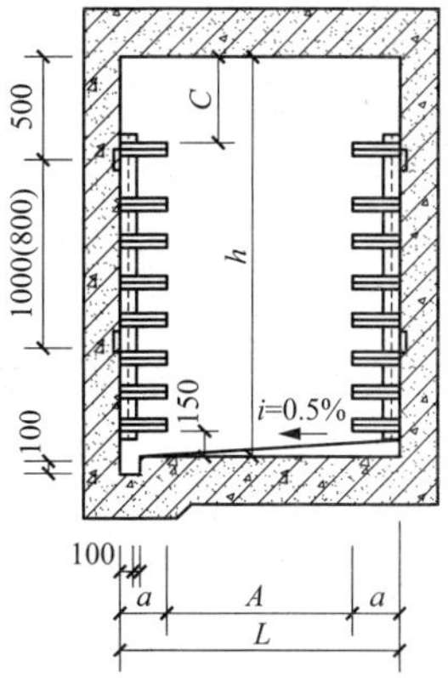
架空式	电缆架空敷设的路径选择余地大，配置灵活，与管道交叉容易处理。它不受地下水、地下腐蚀介质和比空气重的爆炸危险物质聚积等条件的影响，也不受地下管道和水沟的限制	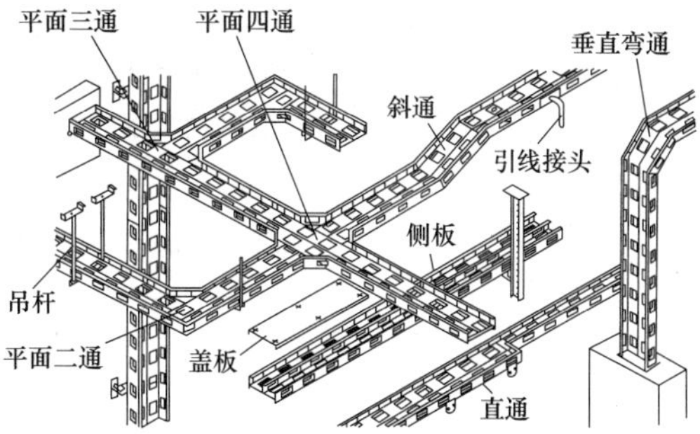

2. 敷设电缆的前期准备工作

（1）根据设计提供的图纸，熟悉掌握各个环节，首先审核电缆排列断面图是否有交叉，走向是否合理，在电缆支架上排列出每根电缆的位置，为敷设电缆时作为依据。

（2）为避免浪费，收集电缆到货情况，核实实际长度与设计长度是否合适，并测试绝缘是否合格，选择登记，在电缆盘上编号，使电缆敷设人员达到心中有数，忙而不乱，文明施工。

（3）制作临时电缆牌。

（4）工具与材料的准备根据需要配备。

（5）沿敷设路径安装充足的安全照明，在不便处搭设脚架。

（6）根据电缆敷设次序表规定的盘号，电缆应运到施工方便的地点。

（7）检查电缆沟、支架是否齐全、牢固，油漆是否符合要求，电缆管是否畅通，并已准备串入牵引线，清除敷设路径上的垃圾和障碍。

（8）在电缆隧道、沟道、竖井上下、电缆夹层及转变处、十字交叉处都应绘出断面图，并准备好电缆牌、扎带。

（9）将图纸清册和次序表交给施工负责人，便于熟悉路径，在重要转弯处，安排有经验人员把关，准备好通信用具，统一联络用语。

（10）在扩建工程中若涉及进入带电区域时，应事先与有关部门联系办理作业票。

3. 电缆准备

（1）电缆检查。电缆外观应无损伤，绝缘良好、电缆封端应严密；当对电缆外观有怀疑时，应进行潮湿判断或试验，直埋电缆与水底电缆应检验合格。

电缆结构质量检查一般是从整盘电缆的末端割下一段长约 1m、没有任何外伤的完整样品，从最外层开始至电缆线芯逐层剖验，分别检查电缆截面积、外被层、铠装层、内衬层、内护层、线芯，并做记录。

（2）电缆绝缘电阻测试。一般情况下，电力电缆应按下述要求进行，作为电缆开封或送电前绝缘状况的依据。电缆绝缘测试工序的流程如下：

芯线导通→线间绝缘测试→对地绝缘测试→整体记录

1）芯线导通情况测试。将电缆两端各剥开约 30mm，将 A 端所有芯线拧在一起，B 端用绝缘电阻表的 E 端子连接一根芯线作回线，用 L 端子依次连接 B 端的其他芯线，轻摇绝缘电阻表，当指针指零时，表示此芯线完好，否则该芯线为断线。如图 5-1 所示。

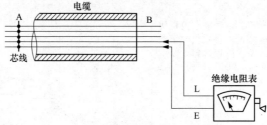

图 5-1　电缆芯线导通测试

2）线间绝缘电阻测试。将电缆的 A 端芯线全部开路，B 端芯线全部拧在一起，与绝缘电阻表的 E 端子连接，抽出其中任意一根芯线为 1 号线与绝缘电阻表的 L 端子相连，以每分钟 120 转速度摇表，当指针稳定后，其读数为 1 号芯线与其他芯线间的绝缘值。此后，E 端子不动，再抽出 2 号线接 L 端子用同样方法测试，依此类推，如图 5-2 所示。

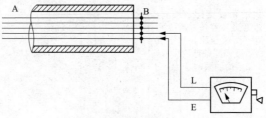

图 5-2　测试电缆线间绝缘电阻

3）对地绝缘电阻测试。将电缆两端全部开路，绝缘电阻表的 E 端子接地，L 端子依次连接各芯线进行测试，以每分钟 120 转速度绝缘电阻表，待指针稳定后，其读数即为每根芯线对地绝缘值，如图 5-3 所示。

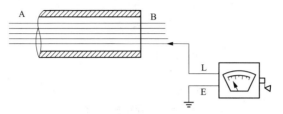

图 5-3　测试芯线对地绝缘电阻

4）整理记录。电缆进行"三测试"后，要求将数据填写"电缆单盘测试记录表"内，特别是电缆接续配线前的测试数据还要填入"隐蔽工程记录"内，作为竣工资料使用。

5）电缆绝缘电阻测试注意事项。当电缆较长情况下，摇动绝缘电阻表初期，其绝缘电阻值不能如实反映出来（数据偏小）这是由电缆芯线间电容存在的缘故，所以必须多摇一会儿，待电容充电饱和后，所测数据即为真实绝缘电阻值。电缆暴晒后测量所得的数据，不能作为电缆电气特性的结论。

4. 施工机械准备

在电缆敷设施工中用于牵引电缆到安装位置的机械称为牵引机械，用它替代人的体力劳动和确保敷设施工质量。常用牵引机械有卷扬机、输送机和电动滚轮。

（1）卷扬机。卷扬机又称牵引车，如图 5-4 所示。按牵引动力不同，有电动卷扬机、燃油机动卷扬机和汽车卷扬机等。电缆敷设牵引应选用与电缆最大允许牵引力相当的卷扬机，不宜选用过大动力的牵引设备，以避免由于操作不当而拉坏电缆。一般水平牵引力为 30kN 的卷扬机可以满足牵引各种常规电缆的需要。电缆敷设牵引常选用电动机功率为 7.5kW 的慢速电动卷扬机，牵引线速度为 7m/min。

（2）输送机。输送机又称履带牵引机，是以电动机驱动的中型电动机械，如图 5-5 所示。它用凹形橡胶带压紧电缆，通过预压弹簧调节对电缆的压力（以不超过电缆允许侧压力为限），使之对电缆产生一定推力。按水平推力大小输送机有 5kN、6～8kN 等品种供选用。

图 5-4　卷扬机

图 5-5　电缆输送机

（3）电动滚轮。电动滚轮是一种小型牵引机械，其滚筒由电动机同步驱动，给予电缆向牵引方向的一定推力，如图 5-6 所示。一般电动滚轮的牵引推力有 0.5～1.0kN。

5. 电缆敷设的质量控制

（1）电缆弯曲半径。在电缆路径上水平或垂直转向部位，电缆会受到弯曲。在电缆敷设施工过程中，必须对电缆的弯曲半径进行检测和控制。电缆最小允许弯曲半径与电缆外径、电缆绝缘材料和护层结构有关，通常规定以电缆外径的倍数表示的一个数，作为最小允许弯曲半径。

图 5-6   电动滚轮

1）35kV 及以下塑料绝缘电力电缆最小允许弯曲半径见表 5-36。

表 5-36 　　　　　　　**35kV 及以下塑料绝缘电力电缆最小允许弯曲半径**

项目	单芯电缆		三芯电缆	
	无铠装	有铠装	无铠装	有铠装
安装时的电缆最小弯曲半径（mm）	20D	15D	15D	12D
靠近连接合和终端的电缆的最小弯曲半径（mm）	15D	12D	12D	10D

注：D 为电缆外径

2）电缆桥架转弯处的弯曲半径，应不小于桥架内电缆最小允许弯曲半径，电缆最小允许弯曲半径见表 5-37。

表 5-37 　　　　　　　　　　**电缆最小允许弯曲半径**

序号	电缆种类	最小允许弯曲半径（mm）
1	无铅包钢铠护套的橡皮绝缘电力电缆	10D
2	有钢铠护套的橡皮绝缘电力电缆	20D
3	聚氯乙烯绝缘电力电缆	10D
4	交联聚氯乙烯绝缘电力电缆	15D
5	多芯控制电缆	10D

注：D 为电缆外径

3）电缆敷设的弯曲半径与电缆外径的比值见表 5-38。

表 5-38 　　　　　　　　　　**电缆弯曲半径与电缆外径比值**

电缆护套类型		电力电缆（mm）		其他多芯电缆（mm）
		单芯	多芯	
金属护套	铅	25D	15D	15D
	铝	30D	30D	30D
	纹铝套和纹钢套	20D	20D	20D
非金属护套		30D	15D	无铠装 10D，有铠装 15D

注：D 为电缆外径

（2）电缆敷设机械力控制。敷设电缆时，作用在电缆上的机械力有牵引力、侧压力和扭力。为防止敷设过程中作用在电缆上的机械力超过允许值而造成电缆机械损伤，敷设施工前必须按设计施工图对电缆敷设机械力进行计算。在敷设施工中，还应采用必要措施以确保各段电缆的敷设机械力在允许值范围内。通过敷设机械力的计算，可确定牵引机的容量和数量，并按最大允许机械力确定被牵引电缆的最大长度和最小弯曲半径。

1）牵引力是指作用在电缆被牵引方向上的拉力。如采用牵引端时，牵引力主要作用在电缆导体上，部分作用在金属护套和铠装上。而沿垂直方向敷设电缆时，例如竖井和水底电缆敷设，牵引力主要作用在铠装上。

牵引力计算方法：电缆敷设时的牵引力，应根据敷设路径分段进行计算，总牵引力等于各段牵引力之和。

电缆某受力部位的最大允许牵引力等于该部位材料的最大允许牵引力和受力面积的乘积。

2）垂直作用在电缆表面方向上的压力称为侧压力。侧压力主要发生在牵引电缆时的弯曲部位，例如电缆在转角滚轮或圆弧形滑板上以及海底电缆的入水槽处，当敷设牵引时电缆会受到侧压力。盘装电缆横置平放，或用简装、圈装的电缆，下层电缆会受到上层电缆的压力，也是侧压力。

侧压力的计算应考虑以下两种情况。一是在转弯处经圆弧形滑板电缆滑动时的侧压力，与牵引力成正比，与弯曲半径成反比；二是转弯处设置滚轮，电缆在滚轮上受到的侧压力，与各滚轮之间的平均夹角或滚轮间距有关。

电缆的允许侧压力包括滑动允许值和滚动允许值，可根据电缆制造厂提供的技术条件来确定。也可以按下述规定：在圆弧形滑板上，具有塑料外护套的电缆不论其金属护套种类，滑动允许侧压力为 3kN/m；在敷设路径弯曲部分有滚轮时，电缆在每只滚轮上所受的压力（滚动允许值）规定对无金属护套的挤包绝缘电缆为 1kN，对波纹铝护套电缆为 2kN，对铅护套电缆为 0.5kN。

3）扭力是作用在电缆上的旋转机械力。在电缆敷设过程中产生由于牵引钢丝绳和电缆铠装及加强层在受力时有退扭作用而产生扭力。敷设电缆时可采用防捻器消除电缆扭力。

（3）直埋电缆的保护措施见表 5-39。

表 5-39   直埋电缆的常用保护措施

序号	类型	保护措施
1	机械损伤	加电缆导管
2	化学作用	换土并隔离（加陶瓷管）
3	地下电流	加套陶瓷管或采取屏蔽
4	振动	用地下水泥桩固定
5	热影响	用隔热耐腐材料隔离
6	腐殖物质	采取换土或隔离
7	虫鼠危害	加保护管等

6. 电缆线路敷设方法及步骤

电力电缆的敷设施工方法，一般可分为人工敷设和机械敷设。

（1）人工敷设。人工敷设是指用人力来完成电缆的敷设工作，一般不考虑电缆受力问题，只需注意电缆扭曲和人身安全问题。人工敷设多用于山地、巷道、电缆竖井等无法使用机械的地方，这种方法费用小，不受地形限制，但效率较低并且容易损伤电缆。

人工敷设只适用于回路较少，每根只有几十米或 100～200m 的短途普通电缆的敷设。对于充油电缆，通常每米可达三十多千克，不易采用人工敷设。

电缆人工敷设方法的步骤是：

1）将电缆盘移动到现场最近处，安放好。

2）将电缆从电缆盘上倒下来，注意倒下的电缆必须以"8"字形放在地上，不能缠绕和挤压，转弯处的半径应符合要求。也可以从盘上直接敷设。

3）根据电缆的质量，每隔 2～5m 站一人，将电缆抬起，如图 5-7 所示。切记不要将电缆在地上拖拉，这样不仅会损坏电缆外护套，而且会使阻力过大损伤钢带铠装。

4）将电缆小心放入挖好的电缆沟内，然后填砂，盖保护板。

（2）机械敷设。机械敷设可分为电缆输送机牵引敷设和钢丝牵引敷设。

电缆输送机敷设，是将电缆输送机按一定间隔排列在隧道、沟道内。电缆端头用牵引钢丝牵引。机械敷设电缆时，最大牵引强度和牵引速度不能超出有关规定。使用电缆输送机敷设方法应注意以下几点：

1）在敷设路径落差较大或弯曲较多时，用机械敷设 35kV 及以上电缆时，即使已做过详细计算，也很有可能在施工中超过允许值，为此，要在牵引钢丝和牵引头之间串联一个测力仪，随时核实拉力。

2）当盘在卷扬机上的钢丝绳放开时，牵引绳本身会产生扭力，如果直接和牵引头或钢丝网套连接，会将此扭力传递到电缆上，使电缆受到不必要的附加应力，应在它们之间串联一个防捻器或采用无捻钢丝绳，如图 5-8 所示。

图 5-7　电缆人工敷设

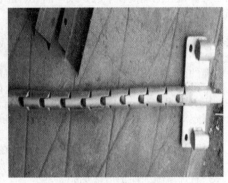

图 5-8　电缆防捻器

3）牵引速度应和电缆输送机速度保持一致。这两个速度的调整是保证电缆敷设质量的关键，两者的微小差别会通过输送机直接反映到电缆的外护层上。

4）当电缆敷设有弯曲路径的时，牵引和输送机的速度应适当放慢。过快的牵引或输送都会在电缆内侧或外侧产生过大的侧压力，会对外护层产生损伤。

钢丝牵引敷设法，如图 5-9 所示。具体做法是：首先选用 2 倍于电缆长的钢丝绳，将牵引用卷扬机放在电缆盘的对面位置，将滑轮按一定距离安放全线路，钢丝绳从电缆盘开始沿路线通过各滑轮，最后到达卷扬机上。然后将电缆按 2m 间距做一个绑扎，均匀绑在钢丝绳上，这时一边使卷扬机收钢丝，一边将电缆盘上放下的电缆绑在钢丝上。这种敷设方法由于牵引力全部作用在牵引钢丝上，而牵引电缆的力通过绑扎点均匀作用在全部电缆上，因而不会对电缆造成损伤，且费用较小，比较适用于长度较短或截面积小、电压等级低的电缆。钢丝绳牵引敷设电缆应注意以下问题：

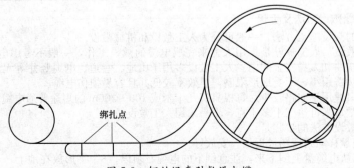

绑扎点

图 5-9　钢丝绳牵引敷设电缆

1）两绑扎点的距离取决于电缆自重，自重较轻的电缆可选用较大间距。

2）在电缆转弯处，由于钢丝和电缆的转弯半径不同，必须在此处设置各自转弯用滑轮组，当电缆开始进入转弯时，应解开绑扎，转弯完成后再扎紧。

3）绑扎时，用绳子一端首先在钢丝上绑扎牢，再用另一端将电缆扎牢。如果将电缆和钢丝扎在一起，很可能在牵引时钢丝和电缆护套之间形成相对滑动损伤外护层。

4）牵引速度应考虑电缆转弯处的侧压力问题。由于钢丝绳走小弯，它的速度在此处相对电缆要快一些，这样会在电缆上增加一个附加侧压力，只有降低速度方可使这个应力逐渐消失，否则会损伤电缆外护层。

【重要提醒】

在较为复杂的路线上敷设电缆时，以机械牵引为主，辅以人力配合牵引的方法。

7. 电缆线路敷设的技术标准

（1）电缆敷设时，最小允许弯曲半径为 $10D$（D 为电缆外径）。不得出现背扣、小弯现象。

（2）电缆沟底应平坦、无石块，电缆埋深距地面不得小于 700mm，农田中埋深不得小于 1200mm；石质地带电缆埋深不得小于 500mm。电缆通过铁路的股道、道口等处一般采用顶管法，其埋深应与电缆沟底相平。

（3）箱盒处的储备电缆最上层埋深应不少于 700mm。

（4）电缆与夹石、铁器以及带腐蚀性物体接触时，应在电缆上、下各垫盖 100mm 软土或细沙。

（5）在敷设电缆时，必须根据定测后的电缆径路布置图来敷设电缆，每根电缆两端必须拴上事先备好的写明电缆编号、长度、芯线规格的小铭牌。

（6）放电缆时应做到通信畅通，统一指挥，间距适当，匀速拉放，严禁骤拉硬拖，待电缆的首、尾位置适合后，再同时顺序缓缓将电缆放入沟内，使之保持自然弯曲度。

（7）待电缆全部放入沟内后，按图纸的排列，从头开始核对、整理电缆的根数、编号、规格及排列位置，最后按要求进行防护和回填土。

（8）电缆沟内敷设多条电缆时，应排列整齐，互不交叉，分层敷设时，其上下层间距不得小于 100mm。

（9）应在以下地点或附近设立电缆埋设标：电缆转向或分支处；当长度大于 200m 的电缆径路，中间无转向或分支电缆时，应每隔不到 100m 处；信号电缆地下接续处；电缆穿越障碍物处而需标明电缆实际径路的适当地点（路口、桥涵、隧、沟、管、建筑物等处）；根据埋设地点的不同，电缆埋设标上应标明埋深、直线、拐弯或分支等，地下接续处应标写"按续标"字样及接头编号。

（10）室外电缆每端储备长度不得小于 2m，20m 以下电缆不得小于 1m、室内储备长度不得小于 5m，电缆过桥在桥的两端的储备量为 2m，接续点每端电缆的储备量不得小于 1m。

电缆线路敷设的操作要领如下：

（1）开挖电缆沟时，要确保开挖深度符合技术标准要求，穿越铁路股道、公路的深度与引入电缆沟同深。

（2）电缆敷设前应将电缆沟清理，要求沟直，底平沟内无石渣或易伤电缆的杂物。

（3）电缆敷设时，电缆应缓和地敷设在沟内，使其有一定的自然弯曲。沟内敷设多根电缆时，应排列整齐，不交叉重叠，如分层敷设时，沟深应增加 100mm，其上下层间距不得小于 100mm，并使用沙土或软土隔开。

（4）电缆沟恢复填土时，应先填沙土或软土 10cm 然后再填其他回填物。

（5）电缆沟回填时，应及时按要求埋设电缆标。

（6）电缆敷设后，进行一次绝缘测试，并填好电缆隐蔽工程记录表，然后及时进行电缆封端。

电缆线路敷设的注意事项如下：

（1）电缆盘禁止平放。放电缆时一般先放干线电缆，后放支线电缆；敷设电缆时应指定对电缆路径较为熟悉的专职人员负责指挥。

（2）电缆敷设好之后，进行电缆的电气测试、封端和挂铭牌等项工作。电缆切割之后，必须在当天用 30 号胶或绝缘热缩帽进行临时封头防护，以免潮气侵入，致使绝缘降低。

（3）挖电缆沟前，首先应了解地下各种设施的情况，并对有关的线路设备采取必要的安全措施，挖沟时应设专人防护。

（4）安全防护员必须思想集中，严守岗位，及时传递防护信号，严禁擅离职守。

（5）施工前应认真检查、试验所使用的机具，包括安全帽、对讲机、喇叭、安全防护旗等，确认良好后方可施工。

（6）施工时，施工人员要戴好安全帽，穿好黄色防护服，禁止穿拖鞋、高跟鞋作业。

（7）在同一电缆径路上挖沟时，施工人员之间的相互距离应保持在 5m 以上，防止发生碰伤事故。

（8）坚石地带使用钢钎挖沟时，掌钎人应戴防护眼镜、防护手套及安全帽，打锤人不得戴手套，两人应保持在 90°～120°的角度，工作中选择有利地势，集中精力步调一致。

（9）电缆沟有塌方可能时，应用木板支撑，并根据情况做好必要的安全防护。

（10）开挖后的电缆沟，要在主要地段用木板或枕木将沟盖住，必要时应派专人看守，夜间可设照明灯防护。

（11）安全员在每天工作前向全体工作人员布置安全措施及注意事项。

8. 在桥架内敷设电缆

电缆桥架为槽式、托盘式和梯架式、网格式等结构，由支架、托臂和安装附件等组成。可以独立架设，也可以敷设在各种建（构）筑物和管廊支架上。电缆在桥架内敷设见表 5-40。

表 5-40　　　　　　　　　　　　电 缆 在 桥 架 内 敷 设

序号	项目	图示	说明
1	电缆桥架结构	无孔托盘电缆桥架 梯架电缆桥架	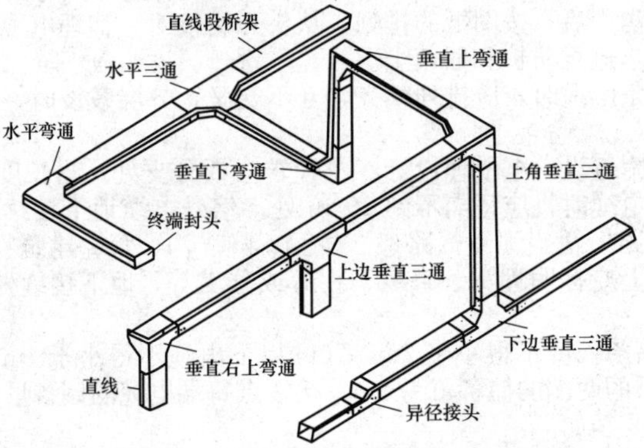 （1）电缆桥架布线适用于电缆数量较多或较集中的室内外及电气竖井内等场所。 （2）电缆桥架无论哪种结构类型，均是由直线段和弯通组成的。直线段是指一段不能改变方向或尺寸的用于直接承托电缆的刚性直线部件。弯通是指一段能改变方向或尺寸的用于直接承托电缆的刚性非直线部件

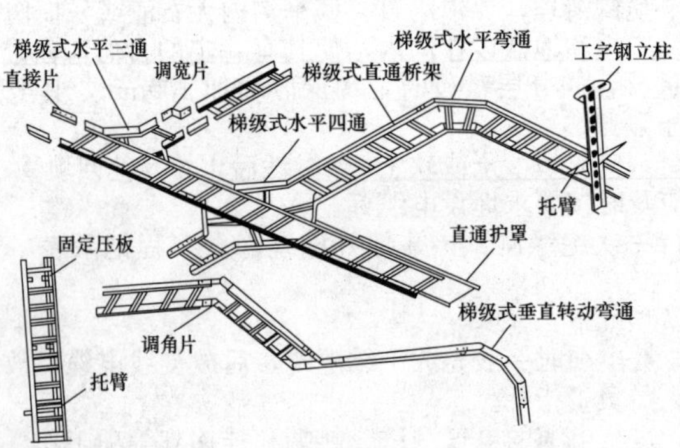

序号	项目		图示	说明
2	电缆桥架安装准备	线路复测	电缆桥架的型号和规格在施工图中已经确定，但敷设线路在施工图中只是示意性的，对于线路的准确长度、三通、四通等一般不做表示。这就需要经过复测，确定各部分的准确长度，配件数量、支（吊）架的制作尺寸等，只有经过复测才能提出备料计划	
		桥架宽度	设计选择电缆桥架时，应留有一定备用空位，以便今后增添电缆。一般按全部电缆横截面面积总和的实际值乘以 1.2～1.7 计算电缆的配置裕量	
		桥架盖板	（1）需要抑防电气干扰的电缆回路，或有防护外部影响（如油、腐蚀性液体、易燃粉尘等场所）要求时，宜采用有盖无孔型托盘桥架。在公共通道或户外跨越道路段，梯架的层宜加垫板或采用托盘桥架。 （2）盖板的固定方法有两种：一种是采用挂钩（由生产厂家焊接在桥架上）；另一种是在桥架和盖板上打 φ4mm 孔，用自攻螺钉固定	
		支架、吊架及其他附件	（1）支架和吊架是电缆桥架的主要支持件，常常需要现场加工，加工件应做防腐处理。 （2）桥架的连接件有外连接片和内连接片两种，采用桥架专用方颈螺栓加以固定，螺栓的螺母应向外，以免刮伤电缆	
3	电缆桥架的安装		连接衬板安装 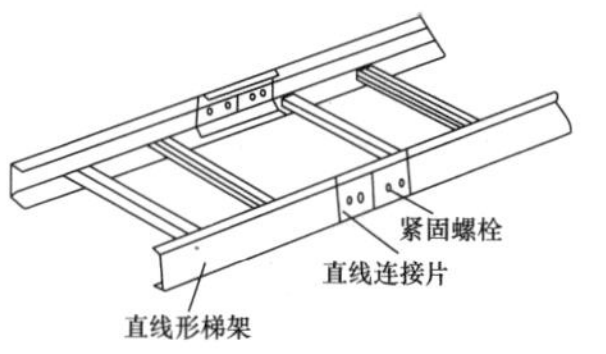	变宽（高）板安装 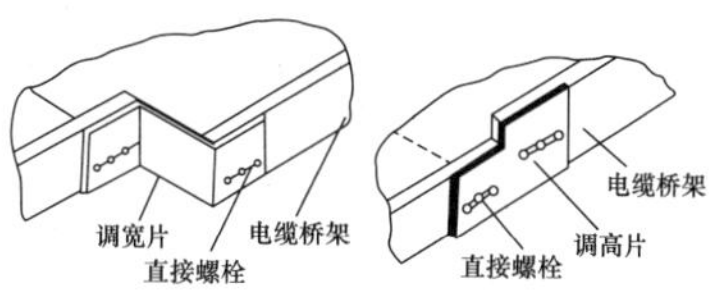
			隔板安装 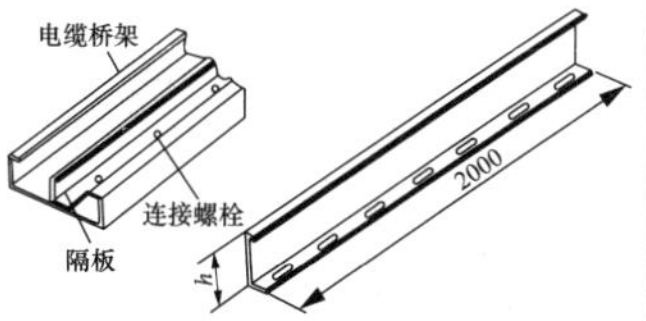	终端板安装 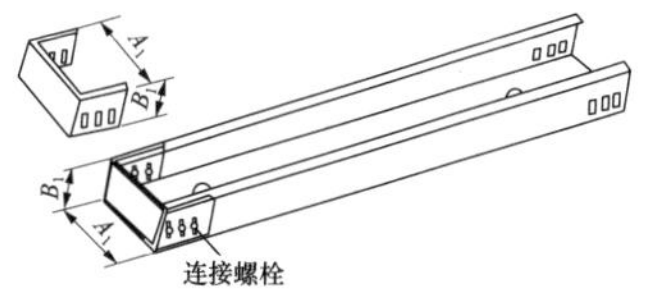
			引下装置安装 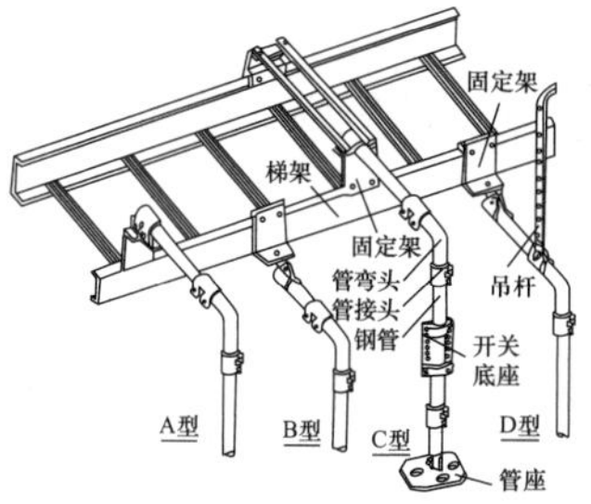	托臂安装 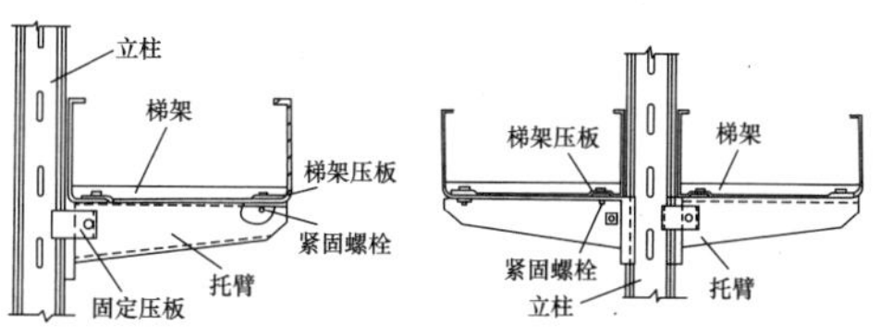

序号	项目	图示	说明
3	电缆桥架的安装	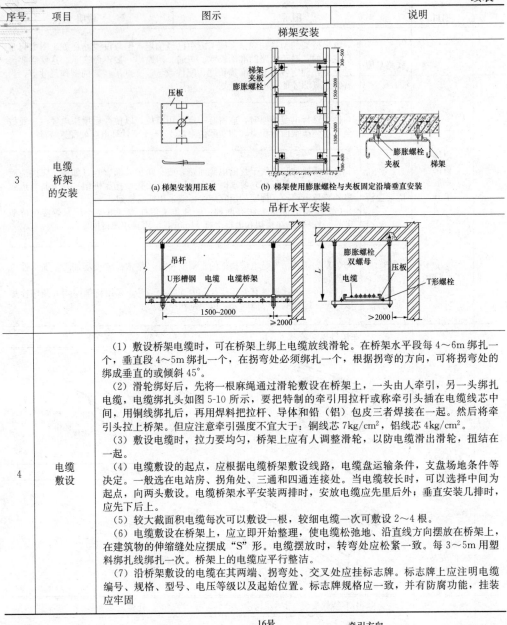	

(1) 敷设桥架电缆时，可在桥架上绑上电缆放线滑轮。在桥架水平段每 4～6m 绑扎一个，垂直段 4～5m 绑扎一个，在拐弯处必须绑扎一个，根据拐弯的方向，可将拐弯处的绑成垂直的或倾斜 45°。

(2) 滑轮绑好后，先将一根麻绳通过滑轮敷设在桥架上，一头由人牵引，另一头绑扎电缆，电缆绑扎头如图 5-10 所示，要把特制的牵引用拉杆或称牵引头插在电缆线芯中间，用铜线绑扎后，再用焊料把拉杆、导体和铅（铝）包皮三者焊接在一起。然后将牵引头拉上桥架。但应注意牵引强度不宜大于：铜线芯 7kg/cm²，铝线芯 4kg/cm²。

(3) 敷设电缆时，拉力要均匀，桥架上应有人调整滑轮，以防电缆滑出滑轮，扭结在一起。

(4) 电缆敷设的起点，应根据电缆桥架敷设线路，电缆盘运输条件，支盘场地条件等决定。一般选在电站房、拐角处、三通和四通连接处。当电缆较长时，可以选择中间为起点，向两头敷设。电缆桥架水平安装两排时，安放电缆应先里后外；垂直安装几排时，应先下后上。

(5) 较大截面积电缆每次可以敷设一根，较细电缆一次可敷设 2～4 根。

(6) 电缆敷设在桥架上，应立即开始整理，使电缆松弛地、沿直线方向摆放在桥架上，在建筑物的伸缩缝处应摆成"S"形。电缆摆放时，转弯处应松紧一致。每 3～5m 用塑料绑扎线绑扎一次。桥架上的电缆应平行整洁。

(7) 沿桥架敷设的电缆在其两端、拐弯处、交叉处应挂标志牌。标志牌上应注明电缆编号、规格、型号、电压等级以及起始位置。标志牌规格应一致，并有防腐功能，挂装应牢固

序号 4　电缆敷设

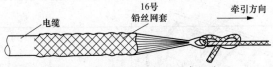

图 5-10　拖拉电缆用钢丝网套示意图

9. 电缆线在电气竖井内敷设

电气竖井就是在建筑物中从底层到顶层留出一定截面积的井道。竖井在每个楼层上设有配电小间，它是竖井的一部分，这种敷设配电主干线上升的电气竖井，每层都有楼板隔开，只留出一定的预留孔洞。电缆线在电气竖井内敷设见表 5-41。

表 5-41   电缆线在电气竖井内敷设

序号	项目	图示	说明
1	电缆敷设	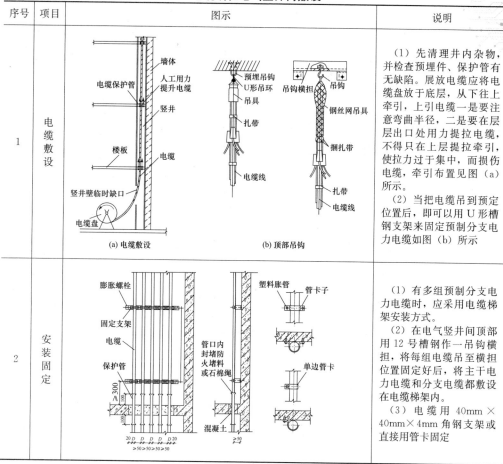	（1）先清理井内杂物，并检查预埋件、保护管有无缺陷。展放电缆应将电缆盘放在底层，从下往上牵引，上引电缆一是要注意弯曲半径，二是要在层层出口处用力提拉电缆，不得只在上层提拉牵引，使拉力过于集中，而损伤电缆，牵引布置见图（a）所示。 （2）当把电缆吊到预定位置后，即可以用 U 形槽钢支架来固定预制分支电力电缆如图（b）所示
2	安装固定		（1）有多组预制分支电力电缆时，应采用电缆梯架安装方式。 （2）在电气竖井间顶部用 12 号槽钢作一吊钩横担，将每组电缆吊至横担位置固定好后，将主干电力电缆和分支电缆都敷设在电缆梯架内。 （3）电缆用 40mm×40mm×4mm 角钢支架或直接用管卡固定

10. 电缆沿建筑物明敷设

在干燥、无腐蚀、不易受到机械损伤的场所，可将电缆直接沿建筑物明设。引入设备、穿越建筑物或楼板均应按前述要求设保护管。电缆的固定可根据电缆的多少固定在支架上或直接固定在墙上、顶板上，见表 5-42。

表 5-42   电缆线沿建筑物明敷设

序号	项目	图示	说明
1	电缆沿墙垂直敷设		（1）在墙上垂直敷设时，可使用 30mm×3mm 镀锌扁钢卡子固定；也可用卡子与Ⅱ形扁钢支架固定安装电缆；还可用木夹板沿墙固定电缆。 （2）电缆沿墙垂直敷设时，电力电缆支架间距为 1.5m，控制电缆支架间距为 1m

序号	项目	图示	说明
2	电缆水平吊挂敷设	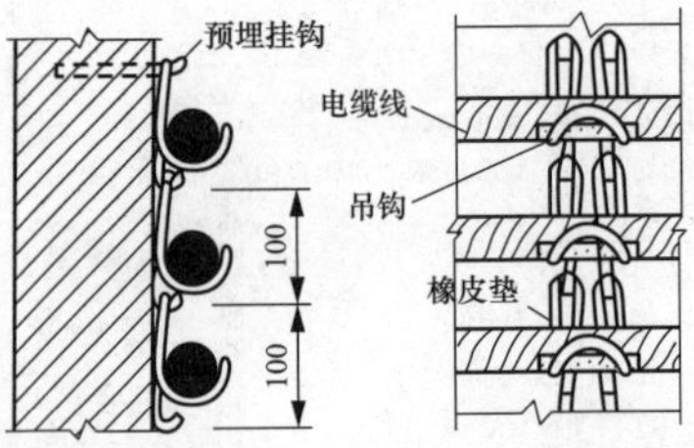	（1）电缆沿墙吊挂安装不应超过 3 层，使用挂钉和挂钩吊挂，吊挂安装电力电缆挂钉间距为 1m，吊挂控制电缆间距为 0.8m。 （2）吊挂零件应使用镀锌制品，沿墙水平敷设挂钉及挂钩
3	电缆在楼板下吊装	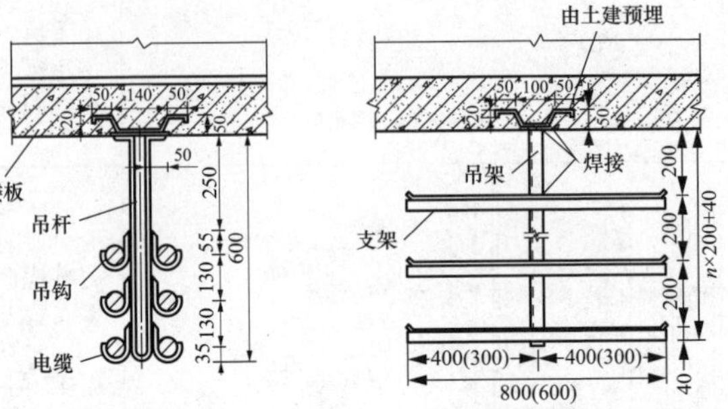 (a) 扁钢吊钩　(b) 角钢吊架	（1）扁钢吊钩数量依实际需要组装，但最多不应超过三层。 （2）电力电缆在楼板下吊挂时，吊架间距为 1m；控制电缆吊架间距为 0.8m
4	电缆沿梁水平吊装	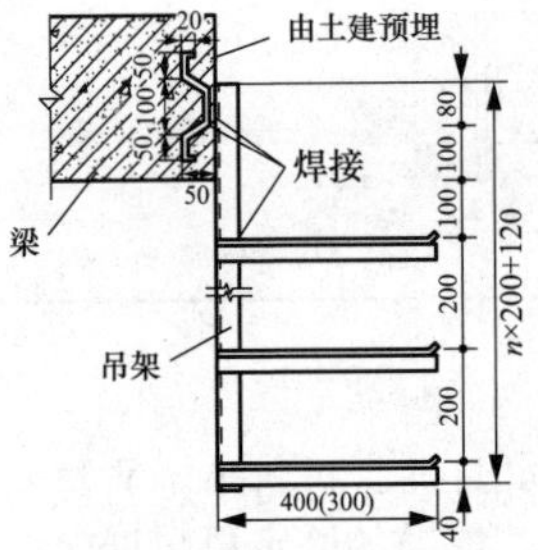	应使用角钢吊架安装，如图所示，其安装有关规定与电缆在楼板下吊装相一致
5	电缆沿柱垂直敷设	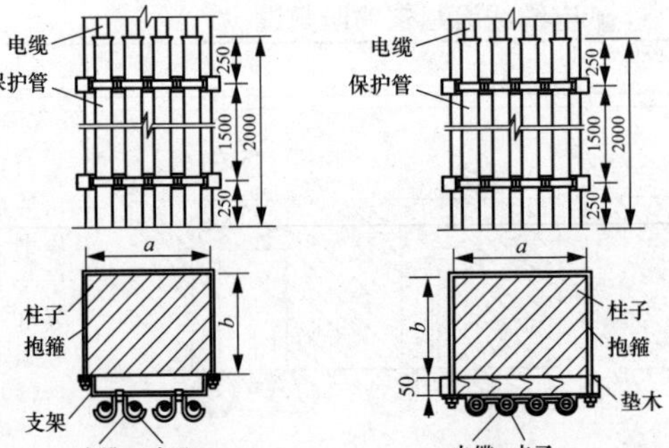 (a) 卡子固定在支架上　(b) 卡子固定在垫木上	电缆沿柱垂直敷设可使用抱箍固定支架，用卡子在 40mm×4mm 扁钢支架上固定电缆保护套管（图 a），或用木螺丝将卡子固定在 50mm×50mm 方垫木上（图 b）

5.2.2 电缆接头的制作

1. 制作电缆接头的基本要求

电缆接头又称电缆头。电缆铺设好后，为了使其成为一个连续的线路，各段线必须连接为一个整体，这些连接点就称为电缆接头。电缆线路中间部位的电缆接头称为中间接头，线路两末端的电缆接头称为终端头，如图 5-11 所示。

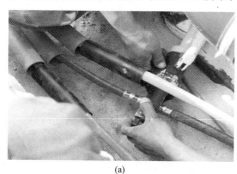
(a)

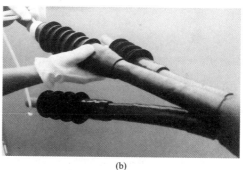
(b)

图 5-11 电缆接头

（a）中间接头；（b）终端头

电缆头的主要作用是使线路通畅，使电缆保持密封，并保证电缆接头处的绝缘等级，使其安全可靠地运行。若是密封不良，不仅会漏油造成油浸纸干枯，而且潮气也会侵入电缆内部，使纸绝缘性能下降。与电缆本体相比，电缆终端和中间接头是薄弱环节，大部分电缆线路故障发生在这里，也就是说电缆终端和中间接头质量的好坏直接影响到电缆线路的安全运行。为此，电缆终端和中间接头的基本要求见表 5-43。

表 5-43 电缆接头的基本要求

序号	基本要求	说明
1	导体连接良好	对于终端，电缆导线电芯线与出线杆、出线鼻子之间要连接良好；对于中间接头，电缆芯线要与连接管之间连接良好。 要求接触点的电阻要小且稳定，与同长度同截面积导线相比，对新装的电缆终端头和中间接头，其值要不大于 1；对已运行的电缆终端头和终端接头，其比值应不大于 1.2
2	绝缘可靠	要有能满足电缆线路在各种状态下长期安全运行的绝缘结构，所用绝缘材料不应在运行条件下加速老化而导致降低绝缘的电气强度
3	密封良好	结构上要能有效地防止外界水分和有害物质侵入到绝缘中去，并能防止绝缘内部的绝缘剂向外流失，避免"呼吸"现象发生，保持气密性
4	有足够的机械强度	能适应各种运行条件，能承受电缆线路上产生的机械应力
5	耐压合格	能够经受电气设备交接试验标准规定的直流（或交流）耐压试验
6	焊接好接地线	防止电缆线路流过较大故障电流时，在金属护套中产生的感应电压可能击穿电缆内衬层，引起电弧，甚至将电缆金属护套烧穿

2. 制作电缆头所需材料

（1）分支手套和雨罩。分支手套和雨罩（硬质聚氯乙烯塑料制成）是制作电缆终端头所必需的材料。分支手套由软聚氯乙烯塑料制成，如图 5-12 所示。雨罩是保证户外电缆终端头有足够的湿闪络电压，其顶部有四个阶梯，使用时可按电缆绝缘外径大小，将一部分阶梯切除。

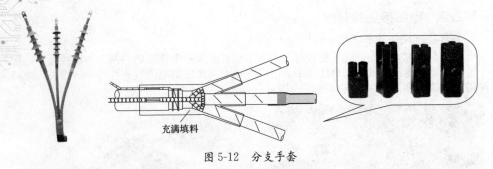

图 5-12　分支手套

（2）聚氯乙烯胶粘带。聚氯乙烯胶粘带用于电缆终端头和中间接头的一般密封，但不能依靠它作为长期密封用。

（3）自粘性橡胶带。自粘性橡胶带是一种以丁基橡胶和聚异丁烯为主的非硫化橡胶，有良好的绝缘性能和自粘性能，在包绕半小时后即能自粘成一整体，因而有良好的密封性能。但它机械强度低，不能光照，容易产生龟裂，因此在其外面还要包两层黑色聚氯乙烯带作为保护层。

（4）黑色聚氯乙烯带。黑色聚氯乙烯带比一般的聚氯乙烯带的耐老化性好，其本身无黏性且较厚，因而在其包绕的尾端，为防松散，还要用线扎紧。

3. 制作电缆终端头

制作电缆终端头的操作步骤及方法见表 5-44。

表 5-44　　　　　　　　　　制作电缆终端头的操作步骤及方法

序号	步骤	操作方法
1	剥除塑料外套	根据电缆终端的安装位置至联结设备之间的距离决定剥塑尺寸，一般从末端到剖塑口的距离不小于 900m
2	锯铠装层	在离剖塑口 20mm 处扎绑线，在绑线上侧将钢甲锯掉，在锯口处将统包带及相间填料切除
3	焊接地线	将 10～25mm^2 的多股软铜线分为三股，在每相的屏蔽上绕上几圈。若电缆屏蔽为铝屏蔽，要将接地铜线绑紧在屏蔽上；若为铜屏蔽，则应焊牢
4	套手套	用透明聚氯乙烯带包缠钢甲末端及电缆线芯，使手套套入，松紧要适度。套入手套后，在手套下端用透明聚氯乙烯带包紧。并用黑色聚氯乙烯带包缠两层扎紧
5	剥切屏蔽层	在距手指末端 20mm 处，用直径为 1.25mm 的镀锡铜丝绑扎几圈，将屏蔽层扎紧，然后将末端的屏蔽剥除。屏蔽层内的半导体布带应保留一段，将它临时剥开缠在手指上，以备包应力锥
6	包应力锥	（1）用汽油将线芯绝缘表面擦拭干净，主要擦除半导体布带黏附在绝缘表面上的炭黑粉）。 （2）用自粘胶带从距手指 20mm 处开始包锥。锥长 140mm，最大直径在锥的一半处。锥的最大直径为绝缘外径加 15mm。 （3）将半导体布带包至最大直径处，在其外面，从屏蔽切断处用 2mm 铅丝紧密缠绕至应力锥的最大直径处，用焊锡将铅丝焊牢，下端和绑线及铜屏蔽层焊在一起（铝屏蔽则只将铅丝和镀锡绑线焊牢）。 （4）在应力锥外包两层橡胶自粘带，并将手套的手指口扎紧封口

序号	步骤	操作方法
7	压接线鼻子	在线芯末端长度为线鼻子孔深加 5mm 处剥去线芯绝缘，然后进行压接。压好后用自粘橡胶带将压坑填平，并用自粘橡胶带绕包线鼻子和线芯，将鼻子下口封严，防止雨水渗入线芯
8	包保护层	从线鼻子到手套分岔处，包两层黑色聚氯乙烯带。包缠时，应从线鼻子开始，并在线鼻子处收尾
9	标明相色	在线鼻子上包相色塑料带两层，标明相色，长度为 80～100mm。也应从末端开始，末端收尾。为防止相色带松散，要在末端用绑线绑紧
10	套防雨罩	对户外电缆终端头还应在压接线鼻子前先套进防雨罩，并用自粘橡胶带固定，自粘带外面应包两层黑色聚氯乙烯带。从防雨罩固定处到应力锥接地处的距离要小于 400mm

4. 制作电缆中间接头

制作电缆中间接头的步骤及方法见表 5-45。

表 5-45　　　　　　　　　　　　制作电缆中间接头的步骤及方法

序号	步骤	操作方法
1	切割塑料外套	将需要连接的电缆两端头重叠，比好位置，切除塑料外套，一般从末端到剖塑口的距离为 600mm 左右
2	锯铠装层	从剖塑口处将钢甲锯掉，并从锯口处将包带及相间填充物切除
3	剥除电缆护套	在剥除电缆护套时，注意不要将布带（纸带）切断，而要将其卷回到电缆根部作为备用
4	剥除屏蔽层	将电缆屏蔽层外的塑料带和纸带剥去，在准备切断屏蔽的地方用金属线扎紧，然后将屏蔽层剥除并切断，并且要将切口尖角向外返折
5	剥离半导体布带	将线芯绝缘层上的半导体布带剥离，并卷回根部备用
6	压接导体	将电缆绝缘线芯的绝缘按连接套管的长度剥除，然后插入连接管压接，并用锉刀将连接管突起部分锉平、擦拭干净
7	清洁绝缘表面	将靠近连接管端头的绝缘削成圆锥形，用汽油润湿的布揩净绝缘表面
8	绕包绝缘	（1）等绝缘表面去污溶剂（汽油）完全挥发后，用半导体布带将线芯连接处的裸露导体包缠一层。 （2）用自粘橡胶带以半迭包的方法顺长包绕绝缘。 （3）用半导体布带绕包整个绝缘表面。 （4）用厚 0.1mm 的铝带卷绕在半导体布带上，并与电缆两端的屏蔽有 20mm 左右的重叠，再用多股镀锡铜线扎紧两端，然后用软铜线在屏蔽线上交叉绑扎，交叉处及两端与多股镀锡铜线焊接。 （5）用塑料胶粘带以半迭包法绕包一层。 （6）再用白纱带包绕一层
9	芯合拢	将已包好的线芯并拢，以布带填充并使之恢复原状，并用宽布带绕包扎紧
10	绕包防水层	用自粘橡胶带绕包密封防水层成两端锥形的长棒形状后，再用塑料胶粘带在其外绕包三层

5. 电缆头接地

单芯电缆在正常运行或者过电压时，电缆金属护套都会产生感应电压，这个感应电压有时会危及人身安全，同时还会击穿金属护套的外层。为了减少金属护套的感应电压，需要在电缆头处引接地线接地。电缆头处的接地方式有一端之间接地（另外一端保护接地）、两端之间接地、交叉互联接地。三芯电缆本身对护套产生的感应电压很小，所以三芯电缆只要有接头处直接接地即可。

如图 5-13 所示是电缆终端接头的接地线安装方法（中间接头也一样，只是接地线不用向后）。钢铠和铜屏蔽层两接地线要求分开焊接时，铜屏蔽层接地线要做好绝缘处理。

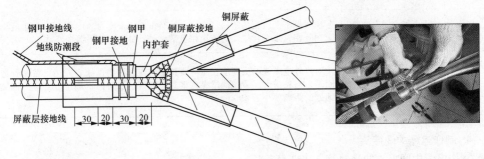

图 5-13　电缆终端接头接地

【特别提醒】

制作电缆接头时，提倡分开引出后接地。

5.2.3　电缆接续

1. 电缆接续工序流程

（1）开启式电缆地下接续工序流程如下：

准备工作→切割电缆→安装内外挡片→固定电缆→测试绝缘→电缆接续→屏蔽接续→密封接头盒→埋封接头盒

（2）电缆热缩套管型地下接续工序流程如下：

准备工作→切割电缆→固定电缆→电缆接续→埋设标桩→热缩套管→屏蔽接续

2. 电缆接续技术要求

（1）操作人员严格遵循操作程序和工艺。电缆地下接续材料的质量、型号、技术指标应符合有关规定。

（2）电缆剥头应按标准进行，芯线接续正确，无虚接、假焊、混线、无毛刺等现象。

（3）芯线热缩管热缩后，端口密封，铜芯不得外露。

（4）屏蔽连接线、铝衬套、铜带连通导体、安装、焊接牢固，接触良好。

（5）包绕芯线外缘的石棉带及热缩带时，用力要适当。

（6）电缆地下接续作业应按程序一次完成。

（7）屏蔽线在电缆钢管与铝护套上应焊接牢固、光滑，其焊接面积应大于 100mm。

（8）芯线焊接接头应错开、均匀分布。两芯线应扭绞，铜芯线端部应加焊，加焊长度不得小于 5mm。

（9）热缩套管应热缩均匀，封口益胶、密封良好，无气鼓。

（10）地下电缆接续盒应严格密封，相关密封带、密封条作用良好。

（11）芯线顺直，芯线线把粗细均匀。

3. 开启式电缆地下接续的操作要点

（1）准备工作。

1）整理操作场地：在接头坑口整理出长 1m、宽 0.5m 的操作平地，并用塑料布铺在地面，使用的工具、材料均放在塑料布上，不得污染。

2）根据接续电缆的外径，提前加工好内外挡片的孔，外挡片孔径比电缆外大 0.5mm，内挡片的孔径比电缆内护套大 0.5mm。

3）检查接头坑，应符合质量要求：接头坑挖在电缆沟地势较开阔的一侧，0.8m×1m 的方坑其深度与电缆的沟同深。

4）检查所有接续工具和材料，保证其清洁、干燥、无潮气，接头盒无损伤，无裂纹。

5）雨天及大风天不得进行接续工作。

6）综合扭绞电缆接续时，必须 A、B 端相接，相同的芯组内颜色相同的芯线相接。

（2）切剥电缆。

1）确定电缆 A、B 端准确无误，否则不得接续。

2）电缆接续头切剥，每端不得小于 300mm。

3）电缆接续后，余留储备量每端不得小于 1000mm。

4）外护套及钢带用钢锯齐切剥，内护套外露 50mm，钢带外露 10mm，切剥整齐。

（3）固定电缆。用电缆支架分别把接头电缆卡好，然后固定卡具，连接两支架，把支架平稳地放在塑料布上。

（4）安装内外挡片。将外挡片安装在电缆外护套上，内挡片安装在电缆内护套上，两挡片均距内外护套切口 15mm。

（5）测试电缆绝缘。

1）把电缆接头及手擦净，打开电缆芯组外最后绕包层塑料带，把芯组拢好，以防散乱，影响接续。

2）确认电缆所有芯线无断线、混线及接地障碍，并将绝缘情况填写测试记录卡片。

（6）电缆接续操作。

1）电缆接续在接头室的 1/4 和 3/4 处等分为两排接续，接续的顺序先内层芯组，然后由内到外接续外层各芯组。把各芯组色标线，按原绕距绕接到接续点，然后系在一起，为防止电缆接头改变电容、电感，接续时按原绕组状进行接续，将两端同芯组同颜色的芯线扭绞接续。

2）芯线按左压右顺时针方向扭绞，聚乙烯绝层绕接 15mm，裸铜线绕接 20mm，接头长短一致。

裸铜线从顶端焊接 5mm，焊接时不要时间过长，不得使用任何有腐蚀性焊剂，将硅橡胶严密均匀地涂抹在扭绞的聚乙烯绝缘层上，用热熔套管套至塑料绝缘层的根部，再套上热塑套管。

3）将接头保护挡板放在芯线接头处的下端，用焊笔对接头缩管加热，使之收缩、密封。待热熔管熔接，热熔缩管紧后，关闭焊笔。

4）逐一焊接每组芯线，并把接头整齐均匀地排成四排，用塑料带绕包固定。

（7）屏蔽电缆的屏蔽接续。有铝护套的电缆，应对铝护套连接，在铝护套切口处清理出 10mm×20mm 平面，打磨干净、光亮，用喷灯在铝护套平面镀一层铝焊底料，镀好后马上用石蜡降温。用两根 7mm×0.52mm 铜线焊接在铝护套上，焊接应牢固，并用塑料带将 7mm×0.52mm 铜线固定好。

（8）密封接头盒。打开 20mm×2mm 的密封胶带包装，将其缠绕在电缆两挡片间，缠满后高出挡片 2mm。将电缆及内外挡片嵌入接头盒的预留槽中，打开密封胶带，在盒体的凹槽内压入 ϕ7mm×35mm 密封橡胶条，使其整齐嵌入，不留空隙，并与密封胶带结合，使盒体密封。

电缆接头卡片一式两份，认真填写接续者、日期、天气、接头盒代号、电缆线间绝缘、对地绝缘。一份放入接头盒中，另一份存档备查。扣严盒盖，用螺栓紧固，紧固时盒体应受力均匀，以确保密封良好。

（9）埋设接头盒。将接头盒及电缆储备量做成"Ω"形弯埋入地下，有电缆防护地段应加相同防护，弯曲半径符合施规要求，回填土并埋设地下接头埋设标。

4. 电缆热缩套管型地下接续的操作要点

（1）电缆接续套装热缩套管时，接头两端 1m 范围内保持清洁和干燥。接续电缆做头长度，按所接电缆直径相适应的热缩材料的型号确定，剥切电缆严禁伤及芯线，钢带根部应用 1.6mm 铁线绑扎 3～5 匝。

（2）电缆芯线接头应采用大接头方式，扭绞部位应加焊，焊接时不得使用腐蚀性焊剂，电缆芯线接头长度宜为 10～15mm，相邻芯线的接头与接头之间错开 15～20mm，接续后的芯线长度应相等，并保持在 170mm 或 210mm，芯线接头的热缩管应热缩密贴，封端良好，铜芯严禁外露。电缆芯线接续工作完毕后，应分别用石棉带和热缩带将全部芯线以压绕方式包扎一层，并加温热缩，首尾处用 PVC 胶带粘住。

（3）接续铝护套电缆时，必须安装屏蔽连接线和铝衬套，并将接头两端的钢带用导体焊接连通，电缆内护套和外护套应分别加装热缩套管，电缆外护套在距剥头切口 80mm 外应包绕铝箔，电缆接续处，热缩套管与电缆护套的搭接长度不得小于 80mm，电缆护套的搭接部位应打毛，并用清洗条清洗。

（4）热缩套管加温热缩时，应先从热缩套管的中间位置开始均匀加温，待热缩后逐渐向两端推移，当套管示温涂料由蓝色变成褐色时，应立即停止该部位的加温。热缩管加温热缩后，应待套管冷却再进行下道工序。

5. 电缆绝缘灌胶

（1）技术标准。灌胶时，第一次使用热胶，第二次使用温胶，温度保持 80℃ 为宜，确保绝缘胶面光亮平整。

（2）准备工作。检查麻袋条是否已将保护管管口与钢带耳朵之间的空隙堵严，把箱盒准备灌注胶的地方清理干净，沾有油污的地方用汽油擦洗干净。

（3）熔胶。将绝缘胶敲碎，放入铁容器中，不要装满，用喷灯或其他炉火徐徐加热，并及时搅拌，以防壶底部分被熬焦。为了保证电缆绝缘性能良好，尽量降低绝缘胶灌注时的温度以减小对聚乙烯、聚氯乙烯塑料护套的热变形，一般使绝缘胶熔化时的温度不超过 150℃ 为宜。

（4）灌注操作。首先确定灌注胶液深度，并做记号，一般胶面保持在低于内护套高度 10～15mm 为好，根据具体情况分两到三次灌注完毕，保证绝缘胶面光亮、平整、无麻面皱纹及塌陷。

（5）注意事项。

1）熬绝缘胶时应注意不断搅拌，壶内不宜一次熬得过满，由于绝缘胶能燃烧，明火不能与已熔化的胶液接触，熬胶时不应火力太大，防止胶液燃烧炭化。

2）充分固定端头设备后方可灌注胶液。

3）灌注胶液时不可直接将胶液灌注在塑料护层上，以防烫伤芯线护层。

4）灌注时应注意风向，防止溅落到其他地方影响美观，灌注人员应站在上风处，防止烫伤。

5）灌注第一层胶液时，禁止用手握棉纱，抓在封端底部堵漏，以防被漏出的胶液烫伤。

6）禁止在雨、雪、雾的天气灌注绝缘胶。

6. 电缆接续操作注意事项

（1）电缆穿越铁路、公路及道口时，在距铁路钢轨、公路和道口的边缘 2m 的地方不得进行地下接续。

（2）电缆地下接续地点距热力、煤气、燃料管道不应小于 2m；当小于 2m 时，应有防护措施。

（3）电缆地下接续时，电缆的备用量每端长度不得小于 1m。

（4）电缆的地下接头应水平放置，接头两端各 300mm 内不得弯曲，并应设线槽防护，其长度不应小于 1m。

（5）屏蔽连接线、电缆芯线焊接时不得使用腐蚀性焊剂，严禁出现虚焊、假焊、有毛刺等现象。

（6）电缆地下接续前应进行电气特性测试，合格后方可接续，接续后也应进行电气特性测试。

（7）电缆地下接续时，电缆的储备量应集中一端，其长度不得小于 2m，埋深应符合规定。

（8）雨、雪、大风天气进行电缆地下接续时，应采取相应的防护措施，确保接续质量（一般情况下不接续）。

（9）电缆地下接续的工具、材料应保护清洁和干燥。

5.3 电力电缆工程竣工验收

电力电缆工程的竣工验收是整个电缆运行管理工作中至关重要的一环。除了竣工验收外，工程施工中的中间环节验收也是保证电力电缆安全可靠运行不可或缺的一环。因为电力电缆敷设于地下，是隐蔽工程，一旦施工完毕，施工过程中的很多步骤就看不到了，很难有效验收。单靠竣工验收达不到验收真正的效果和目的，且验收发现问题的返工工程量较大。

5.3.1 电缆线路土建工程验收

1. 验收项目

电缆线路土建工程的验收项目有：电缆沟、工井、排管、隧道、电缆夹层、桥架，设备基础。

2. 验收要求

（1）电缆沟、工井、隧道的深度、宽度及平整度应满足设计和《电气装置安装工程电缆线路施工及验收规范》要求，沟内清洁无杂物。盖板、井盖安装齐全，牢固、平稳、密封，强度满足设计要求。接地网符合设计和规范要求。

（2）隧道、电缆夹层的门、窗应齐全。照明、通风、排水、消防等辅助设施应满足设计及相关规范要求。

（3）电缆沟、工井、隧道、电缆夹层等处的地平及抹面工作结束。

（4）电缆排管的埋设深度符合规范要求，选用管材符合设计要求。排管管口应无毛刺和尖锐棱角，管口宜做成喇叭形。金属电缆管应在外表涂防腐漆或沥青，镀锌管锌层剥落处也应涂防腐漆。排管的数量及排列位置应符合设计要求。排管间距应符合设计要求。排管内应预先敷设牵引绳，以备电缆敷设时牵引钢丝绳使用。排管应经疏通检查合格，管道内不应有水泥结块及其他残留物。疏通检查方法按规范要求进行。

（5）电缆桥架应符合设计要求，桥架接地符合规范要求。

（6）电缆线路土建设施的转弯半径不得小于需敷设电缆的弯曲半径要求。

（7）设备基础及接地网应符合设计要求。

【特别提醒】

在进行电缆线路土建工程验收时，应重点复查以下内容：

电缆盖板、井盖；土建设施的转弯半径；电缆排管疏通检查报告；接地网；钢材、混凝土等材料证明资料及土建施工报告。

5.3.2 电缆敷设的验收

1. 验收项目

电缆出厂报告、支架安装质量验收、电缆敷设质量及固定验收、电缆防火阻燃措施验收。

2. 验收要求

（1）电缆型号、规格、长度应符合设计要求，附件应齐全；电缆外观不应受损。弯曲半径符合规范要求。

（2）充油电缆的压力油箱、油管、阀门和压力表应符合要求且完好无损。

（3）电缆敷设时应排列整齐，不宜交叉，加以固定，并及时装设标志牌；标志牌的装设应符合规程要求，名称符合设计和运行要求。排列间距符合设计和规范要求。

（4）电缆进入电缆沟、隧道、竖井、建筑物、盘（柜）以及穿入管子时，出入口应封闭，管口应密封。

（5）电缆与热力管道、热力设备之间的净距应符合施工及验收规范要求。

（6）电缆线路路径上有可能使电缆受到机械性损伤、化学作用、地下电流、振动、热影响、腐植物质、虫鼠等危害的地段，应采取保护措施。

（7）电缆埋置深度应符合规范要求。

（8）电缆路径上应有明显标志牌，表明电缆走向。标志桩放置应符合规范要求；直埋电缆回填土应分层夯实。

（9）电缆敷设路径或管孔如有变动，应提供设计变更。

（10）在经常受到震动的桥梁上敷设的电缆，应有防震措施。桥墩两端和伸缩缝处的电缆，应留有松弛部分。

（11）金属电缆支架必须进行防腐处理；应焊接牢固，无显著变形。金属电缆支架全长均应有良好的接地。

（12）电缆支架应安装牢固，横平竖直；托架支吊架的固定方式应按设计要求进行。

（13）电缆梯架（托盘）的支（吊）架、连接件和附件的质量应符合现行的有关技术标准；其规格、支吊跨距、防腐类型应符合设计要求。

（14）铝合金梯架在钢制支吊架上固定时，应有防电化腐蚀的措施。

（15）电缆固定应符合相关规范要求。

（16）对易受外部影响着火的电缆密集场所或可能着火蔓延而酿成严重事故的电缆线路，必须按设计要求的防火阻燃措施施工。

（17）在封堵电缆孔洞时，封堵应严实可靠，不应有明显的裂缝和可见的孔隙，孔洞较大者应加耐火衬板后再进行封堵。

（18）阻火墙上的防火门应严密，孔洞应封堵；阻火墙两侧电缆应施加防火包带或涂料。

【特别提醒】

在进行电缆本体、支架安装与固定、电缆敷设、电缆防火与阻燃等验收时，应重点复查以下内容：

电缆外观；电缆型号、规格、长度；电缆排列间距及交叉情况；电缆与热力管道、热力设备之间的净距；电缆支架安装及接地；电缆标志牌；孔洞封堵；防火措施；电缆本体的出厂资料、电缆敷设报告和电缆试验报告。

5.3.3 电缆附件验收

1. 验收项目

附件质量、附件安装质量。

2. 验收要求

（1）电缆终端与电气装置的连接，应符合规范要求。

（2）电缆终端和接头应采取加强绝缘、密封防潮、机械保护等措施。10kV 电力电缆的终端和接头应有改善电缆屏蔽端部电场集中的有效措施，并应确保外绝缘相间和对地距离。

（3）三芯电力电缆终端处的金属护层必须接地良好；塑料电缆每相铜屏蔽和钢铠应锡焊接地线。电缆通过零序电流互感器时，电缆金属护层和接地线应对地绝缘，电缆接地点在互感器以下时，接地线应直接接地；接地点在互感器以上时，接地线应穿过互感器接地。

（4）塑料电缆宜采用自粘带、粘胶带、胶粘剂（热熔胶）等方式密封；塑料护套表面应打毛，粘接表面应用溶剂除去油污，粘接应良好。电缆终端、接头及充油电缆供油管路均不应有渗漏。

（5）电缆终端上应有明显的相色标志，且应与系统的相位一致。

（6）分支箱内肘形头（是一种电缆连接附件）在验收过程中应重新拆装一次（抽检）。

【特别提醒】

对于电缆附件验收时应重点复查以下内容：安装记录报告；保护措施；相色标志及相位。

5.3.4 电缆工程试验与交接验收

1. 电缆工程的试验

出于安全运行的考虑，电缆工程安装敷设后必须经过试验。GB 50150—2006《电气装置安装工程电气设备交接试验标准》中规定，电力电缆的试验项目，包括下列内容：

（1）测量绝缘电阻。

（2）直流耐压试验及泄漏电流测量。

（3）交流耐压试验。

（4）测量金属屏蔽层电阻和导体电阻比。

（5）检查电缆线路两端的相位。

（6）充油电缆的绝缘油试验。

（7）交叉互联系统（是一种单芯高压电缆采用的接地方式）试验。

2. 验收应提交的资料和技术文件

（1）电缆线路路径的协议文件。

（2）设计资料和图纸、电缆清册、变更设计的证明文件及竣工图。

（3）制造厂提供的产品说明书、试验记录、合格证及安装图纸等技术文件。

（4）工程的技术记录（终端头、中间接头的位置及试验记录）。

（5）电缆的型号、规格及实际敷设总长度和分段长度，电缆终端头和中间接头的型式及安装日期。

（6）电缆终端头和中间接头中填充绝缘材料的名称、型号。

（7）试验记录（电缆交接试验记录、终端头、中间接头试验记录、相色记录）。

第6章 室内电气照明安装

6.1 室内电气布线

6.1.1 室内电气布线基本要求

室内电气布线方式主要有穿管布线、明布线等两种方式。无论哪种布线方式，都应满足安全可靠、经济合理、使用方便和便于维修的要求。

1. 室内穿管布线的技术要求

室内配电线路最常用的方式是穿管布线，就是把绝缘导线穿在电线管内进行暗敷设。

室内穿管布线技术要求口诀

室内布线，遵守规范。

回路足够，分别供电。

颜色区分，不同导线。

材料合格，管道通畅。

弯曲半径，大于六倍。

管内导线，不得接头。

中间接头，加装线盒。

位置适当，高低统一。

所有接线，必须规范。

整齐美观，横平竖直。

保持距离，尤其重要。

绝缘电阻，大于半兆。

2. 明敷设布线技术要求

明敷设布线是指室内没有装饰顶棚板，线路沿墙和楼层顶表面敷设，或室内有装饰顶棚板，而线路沿墙身和顶棚板外表面敷设，能直接看到线路走向的敷设方法。

明敷设布线技术要求口诀

相零并排走，横平又竖直。

相线进开关，零线进灯头。

开关控相线，接线看灯头。

螺口灯头和卡口灯头的接线不同。螺口灯头的相线应接在灯头中心电极片上。

【特别提醒】

室内布线一般为明暗混合布线。其特点是，一部分线路可见走向，另一部分线路不可见走向的敷设方法。如在一些室内装饰工程中，其电气设计，在墙身部分采取暗敷布线，进入装饰吊顶层部分则为明敷布线了。

3. 室内布线的一般技术要求操作说明

具体来说，按照国家有关标准及规范，结合工程施工实践经验，室内管道布线的一般技术要求操作说明见表6-1。

表 6-1　　　　　　　　　　　　室内管道布线操作说明

序号	操作说明
1	电路配管、配线施工及电器、灯具安装，应符合国家现行有关标准规范的规定，同时应符合场所环境的特征，符合建筑物和构筑物的特征

序号	操作说明
2	根据室内用电设备的不同功率分别配线供电；大功率家电设备应独立配线安装插座；一个空调回路最多带两部空调。所用导线截面积应满足该回路用电设备的最大输出功率（应适当留一定的富余量）
3	配线时，相线与中性线的颜色应不同；同一住宅配线颜色应统一，相线（L）宜用红色，中性线（N）宜用蓝色或黄色，保护线（PE）必须用黄绿双色线
4	导线敷设的位置，应便于检查和维修
5	所敷设暗管（穿线管）应采用钢管或阻燃硬质聚氯乙烯管（硬质 PVC 管）
6	为便于检查和维修，暗管必须弯曲敷设时，其路由长度应≤15m，且该段内不得有 S 弯。连续弯曲超过 2 次时，应加装过线盒。所有转弯处均用弯管器完成，为标准的转弯半径（暗管弯曲半径不得小于该管外径的 6～10 倍）。暗管直线敷设长度超过 30m 时，中间应加装过线盒。在暗管内不得有各种线缆接头或打结，不得采用国家明令禁止的三通四通等
7	为防止漏电，为导线之间和导线对地之间的电阻必须大于 0.5MΩ
8	电线与暖气、热水、煤气管之间的平行距离不应小于 300mm，交叉距离不应小于 100mm
9	安装插座、开关时，必须要按"火线进开关，零线进灯头"及"左零右火，接地在上"的规定接线
10	插座及开关，以及明敷设线路应横平竖直、整齐美观、合理便利

【特别提醒】

配电线路的敷设，应避免下列外部环境的影响。

(1) 应避免由外部热源产生热效应的影响；

(2) 应防止在使用过程中因水浸入或因进入固体物而带来的损害；

(3) 应防止外部的机械性损害而带来的影响；

(4) 在有大量灰尘的场所，应避免由于灰尘聚集在布线上所带来的影响；

(5) 应避免由于强烈日光辐射而带来的损害。

6.1.2　室内电气布线工序及规范

1. 室内电气布线的一般工序

室内布线工序口诀

熟悉图纸备好料，预埋管件先做好。

导线敷设重安全，美观适用也重要。

插座开关及灯具，土建结束后接线。

通电检查不可少，各种因素考虑到。

工程竣工要验收，保存详图及资料。

室内装饰电气安装工程主要是单相入户配电箱表后的室内电路布线及电器、开关、插座、灯具等的安装。具体来说，电线管布线施工的程序如下。

(1) 定位画线。按照设计要求，在墙面确定开关盒、插座盒以及配电箱的位置并定位弹线，标出尺寸。线路应尽量减少弯曲；美观整齐。

(2) 墙体内稳埋盒、箱。按照进场交底时定好的位置，对照设计图纸检查线盒、配电箱的准确位置，用水泥砂浆将盒、箱稳埋端正，等水泥砂浆凝固达到一定的强度后，接管入盒、箱。

(3) 敷设管路。采用管钳或钢锯断管时，管口断面应与中心线垂直，管路连接应该使用直接头。采用专用弯管弹簧进行冷弯，管路垂直或水平敷设时，每隔 1m 左右设置一个固定点；弯曲部位应在圆弧两端 300～500mm 处各设置一个固定点。管子进入盒、箱，要一管一孔，管、孔用配套的管端接头以及内锁母连接。管与管水平间距保留 10mm。

（4）管路穿线。首先检查各个管口的锁扣是否齐全，如有破损或遗漏，均应更换或补齐；管路较长、弯曲较多的线路可吹入适量的滑石粉以便于穿线；带线与导线绑扎好后，由两人在线路两端拉送导线，并保持相互联系，这样可使一拉一送时配合协调。

（5）土建结束后，测试导线绝缘。

（6）导线出线接头与设备（开关、插座、灯具等）连接。

（7）校验、自检、试通电。

（8）验收，并保留管线图和视频资料。

2. PVC 线管敷设的主要工序

PVC 线管敷设的主要工序是：断管→弯管→线管连接→线管敷设→穿线，见表 6-2。

表 6-2　　　　　　　　　　　　　**PVC 线管敷设的主要工序**

步骤	工序	主要方法
1	断管	根据实际需要的长度，用钢锯（或者特制剪刀）将线管锯（剪）断
2	弯管	根据实际需要，弯曲线管。弯管方法有热弯法和冷弯法
3	线管连接	将两节线管连接起来，连接方法有插接法和套接法
4	线管敷设	固定线管。敷设方法有明敷设和暗敷设
5	穿线	主要步骤有清管、穿引线、放线、穿线、剪余线、做标记

3. 预埋管路的有关规范

（1）敷设在多尘或潮湿场所的电线管，其管口及其连接处均应密封良好。

（2）电线管不宜穿过设备、建筑物及构筑物的基础。如必须穿过时，应有保护措施；暗配电线管时宜沿最近的线路敷设，并应尽量减少弯曲。埋入建筑物、构筑物内的电线管，与其表面的距离不应小于 15mm；进入落地式柜、箱的电线管，应排列整齐，管口一般宜高出柜箱基础面 50～80mm。

（3）电线管的弯曲处，不应有折皱、凹陷和裂缝，其弯扁程度不应大于管外径的 10％。电线管弯曲半径的规定见表 6-3。

表 6-3　　　　　　　　　　　　**电线管弯曲半径规定**

项目	规定说明
管路明设	一般情况下，弯曲半径不宜小于管外径的 6 倍
	当两个接线盒间只有一个弯曲时，其弯曲半径不宜小于管外径的 4 倍
管路暗设	一般情况下，弯曲半径不宜小于管外径的 6 倍
	当管路埋入地下或混凝土内时，其弯曲半径不应小于管外径的 10 倍，如图 6-1 所示

图 6-1　电线管的弯曲半径示例

（4）当电线管遇下列情况之一时，中间应增设接线盒或拉线盒，如图 6-2 所示，其位置应便于穿线。

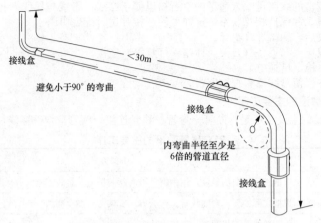

图 6-2　接线盒的设置

1）管路长度超过 30m，中间无弯曲。
2）管路长度超过 20m，中间有一个弯曲。
3）管路长度超过 15m，中间有两个弯曲。
4）管路长度超过 8m，中间有三个弯曲。
（5）电源线与弱电线不得穿在同一根线管内。强弱线路不得相互借道通过底盒。
（6）电源线及插座与弱电线及插座的水平间距不应小于 500mm。电源线与暖气、热水、燃气管之间的平行距离不应小于 300mm，交叉距离不应小于 100mm。
（7）同一室内的电源、电视、电话等插座面板应在同一水平标高上，高差应小于 5mm。

6.1.3　钢管布线

把电线穿在钢管内的敷设方法叫钢管布线，钢管布线适用于高温及易受机械损伤的环境，不适用于腐蚀性强的环境。一般工厂厂房里的动力设备的配电线路应使用钢管布线。

路径选择：暗敷时最短路径，少弯曲，管与管的表面距离大于 15mm，如图 6-3 所示；明敷时横平竖直。

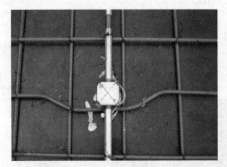

图 6-3　钢管暗敷设布线

配线用的钢管有厚壁和薄壁两种。对干燥环境，可用薄壁钢管明敷或暗敷。对潮湿、易燃、易爆场所和在地下埋设，则必须用厚壁钢管。

钢管的选择要注意不能有折扁、裂纹、砂眼；管内应无毛刺、铁屑，管内外不应有严重锈蚀。

为了便于穿线，应根据导线截面积和根数选择不同规格的钢管，使管内导线的总截面积（含绝缘层）不超过内径截面积的 40%。线管的选用通常由工程设计决定。

单芯绝缘导线穿管选择见表 6-4。

表 6-4 单芯绝缘导线穿管选择表

线管类别 线管内径（mm） 穿线根数 导线截面积（mm²）	厚壁钢管				薄壁钢管				PVC 塑料管		
	2	3	4	5	2	3	4	5	2	3	4
1.5	15	15	15	15	20	20	20	20	15	15	15
2.5	15	15	20	20	20	20	20	25	15	15	20
4	15	20	20	20	20	20	25	25	15	20	25
6	20	20	20	25	20	25	25	32	20	20	25
10	20	25	25	32	25	32	32	40	25	25	32
16	25	25	32	32	32	32	40	40	25	25	32
25	32	32	40	40	32	40	—	—	32	40	40
35	32	40	50	50	40	40	—	—	40	40	50

1. 钢管加工

钢管加工主要包括除锈与涂漆、锯割、套丝和弯管等工序，一般由管道工完成。在此过程中，电工起配合作用。

（1）钢管除锈。

1）工具选用：内壁除锈可用圆形钢丝刷，管子外壁可用钢丝刷或电动除锈机除锈。

2）操作方法：钢管的两端各绑一根钢丝，来回拉动钢丝刷，把管内铁锈清除干净。

3）质量要求：除锈应完全、不留死角。

【特别提醒】

手工除锈的方式只适用于处理比较小的一些轻质圆钢，但是采用人工进行除锈不仅除锈结果不彻底并且工作效率也比较低，因此比较大的施工工程建议采用钢管除锈机来除锈。在除锈工作过程中，要求操作人员要有细心且要有一定的耐心。

（2）防腐处理。应尽量使用镀锌钢管，以免去防腐工序。使用非镀锌钢管时，内壁均应涂防腐漆一道，操作方法如图 6-4 所示。把钢管倾斜在操作架上，用软管将管子串接成一体，涂漆前先抬高排漆处软管，在最上一层管口处灌入防腐漆，防腐漆充满钢管后，降低排漆管口让漆放入排漆桶内，防腐漆由最下一层管口排出，管内壁即已涂好漆。

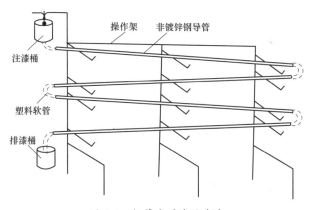

图 6-4 钢管内壁涂防腐漆

（3）钢管的切断。

1）工具选用：钢管切断可以用钢锯、管子切割机或割管器进行。严禁采用电、气焊切割钢管。

2）操作方法：将需要切断的管子量好尺寸，放在钳口内卡牢固进行切割。

3）质量要求：断口应与管轴线垂直，切口应锉平，管口应刮光。

（4）钢管套丝。

1）工具选用：电线管套丝可用圆丝板，水煤气管套丝可管子绞板。

2）操作方法：应根据管外径选择相应板牙，套丝过程中，要均匀用力。

3）质量要求：螺纹表面应光洁、无裂纹。

（5）钢管揻弯。钢管揻弯有两种方法，另一种是手工揻制，另一种是机械揻制。钢管揻弯的常用方法见表 6-5。

表 6-5	钢 管 常 用 揻 弯 方 法	
揻弯方法	适宜范围	说明
弯管器揻弯	适宜弯制管径 50mm 及以下的钢管	先将管子弯曲部位的前段放入弯管内，管子焊缝放在弯曲方向的侧面，然后用脚踩住管子，手扳弯管器柄，适当加力使管子略弯曲，再逐点移动弯管器，使管子弯成所需的弯曲半径，如图 6-5 所示
滑轮弯管器揻弯	适宜弯制的外观、形状要求较高，特别是弯制大量相同曲率半径的钢管	可在工作台上用滑轮弯管器揻弯，如图 6-6 所示
电动或液压弯管机揻弯	适宜弯制直径 80mm 及以上或批量较大的管子	所弯的管外径一定要与弯管模具配合贴紧，否则管子会产生凹瘪现象，如图 6-7 所示

(a)   (b)

图 6-5 弯管器揻弯
(a) 弯管器；(b) 操作方法

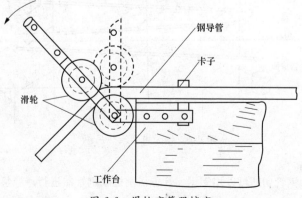

图 6-6 滑轮弯管器揻弯

图 6-7　电动液压弯管机

【特别提醒】

在揻弯钢管时，弯曲处不应有褶皱和裂缝现象，弯扁程度不得大于管外径的 10%，弯曲角度一般不宜小于 90°。

2. 钢管明敷设

（1）钢管明敷设的操作步骤及要点见表 6-6。

表 6-6　　　　　　　　　　钢管明敷设的操作步骤及要点

步骤	操作要点
1	按施工图确定电气设备的安装位置，画出管道走向中心线及交叉位置，并埋设支承钢管的紧固件
2	按线路敷设要求对钢管进行下料、清洁、弯曲、套丝等加工
3	在紧固件上固定并连接钢管
4	将钢管、接线盒、灯具或其他设备连接为一体，如图 6-8 所示，并将管路系统妥善接地

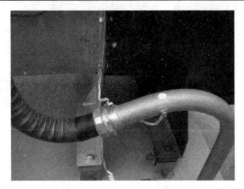

图 6-8　管路系统接地

（2）钢管与钢管的连接方式见表 6-7。

表 6-7　　　　　　　　　　钢管与钢管的连接方式

连接方式	基本要求
螺纹连接	管端螺纹长度不应小于管接头长度的 1/2，如图 6-9（a）所示；连接后，其螺纹外露宜为 2～3 扣、螺纹表面应光滑、无缺损
套管连接	套管长度一般为管外径的 1.5～3 倍，如图 6-9（b）所示，管与管的对接口应位于套管的中心。套管采用焊接连接时，焊缝应牢固严密；采用紧固螺钉连接时，螺钉应拧紧；在振动的场所，紧固螺钉应有防止松动的措施
套管紧固螺钉连接	薄壁钢管应采用套管紧固螺钉连接，如图 6-9（c）所示，螺钉应拧紧；在振动的场所，紧固螺钉应有防止松动的措施
焊接连接	焊缝应牢固严密，连接处的管内表面应平整、光滑

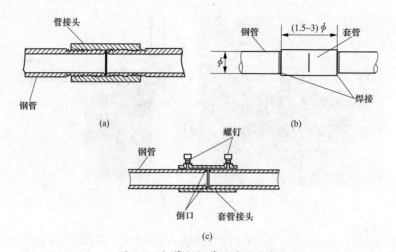

图 6-9　钢管与钢管的连接方式

（a）钢管的螺纹连接；（b）钢管的套管焊接；（c）钢管的套管紧固螺钉连接

　　（3）接线盒。管路敷设时，在安装电器或元件的部位应设置接线盒，如图 6-10 所示；接线盒的敷设方式与管路相同，即管路暗设，则盒应暗设；管路明设，盒也应明设。同一建筑物内，同类电气元件及其接线盒的标高必须一致，误差±1.0mm。

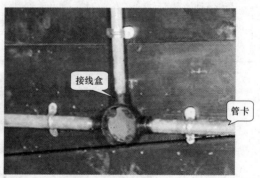

图 6-10　接线盒

　　（4）钢管与盒箱或设备的连接有焊接连接和螺纹连接两种方法，见表 6-8。

表 6-8　　　　　　　　　　　　　　钢管与盒箱或设备的连接

连接方法	操作要点及说明	图示
焊接连接	管口宜高出盒箱内壁 3～5mm，且焊后应补涂防腐漆；明配钢管或暗配镀锌钢管与盒箱连接应采用锁紧螺母或护圈帽固定，用锁紧螺母固定的管端螺纹宜外露锁紧母 2～3 扣	

续表

连接方法	操作要点及说明	图示
螺纹连接	明配或暗配钢管与盒（箱）连接应采用护圈帽或锁紧螺母固定，用锁紧螺母固定的管端螺纹宜外露 2～3 扣。可根据实际情况采用金属护圈帽连接或铜锁扣连接，也可直接用螺纹连接	

（5）钢管接地。

1）非镀锌钢管管与管之间及钢管与盒（箱）之间采用螺纹连接时，为了使管路系统接地（接零）良好可靠，要在管接头的两端管与盒（箱）的连接处，用相应圆钢或扁钢焊接好接地线，使整个管路可靠地连成一个导电的整体，以防止导线绝缘损伤而造成管子带电事故。非镀锌钢管管与管及管与盒（箱）接地连接的做法如图 6-11 所示。

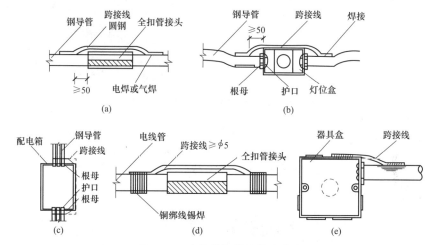

图 6-11　非镀锌钢管的接地连接

（a）钢管连接；（b）管与盒中间连接；（c）管与箱连接；（d）薄壁管连接；（e）管与盒终端连接

2）镀锌钢管或可挠金属电线保护管的跨接地线宜采用专用接地线卡跨接，如图 6-12 所示，不应采用熔焊连接。

图 6-12　镀锌钢管或可挠金属电线保护管跨接地线示例

【特别提醒】

钢管明敷设配线要求整齐美观、安全可靠。沿建筑物敷设要横平竖直，并用合适的管卡或管夹固定。固定点的直线距离应均匀，其固定点间的最大允许距离应符合规定。管卡距始端、终端、转角中点、接线盒边缘的距离和跨越电气器具的距离为150～500mm。

3. 钢管暗敷设

在工厂车间、各类办公场所，特别是现代城乡住宅，大量运用暗管在墙壁内、地坪内、天花板内敷线。各种灯具的灯头盒、线路接线盒、开关盒、电源插座盒等，都嵌入墙体或天花板内。这样，整个房间显得清爽、整洁。

钢管暗敷设步骤与明敷设基本一致，但钢管暗敷设必须与土建工程密切配合，钢管线管暗装示意图如图6-13所示。

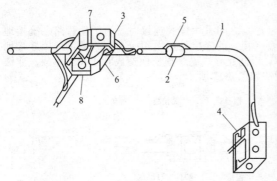

图6-13　钢管线管暗装示意图

1—线管；2—管箍；3—灯位盒；4—开关盒；5—跨接接地线；6—导线；7—接地导线；8—锁紧螺母

下面对几个主要步骤予以说明。

（1）按施工图确定接线盒、灯头盒、开关盒、插座盒等在墙体、楼板或天花板的具体位置。测出线路和管道敷设长度。这时不必像明管敷设那样讲究横平竖直，可尽量走捷径，尽量减少弯头，如图6-14所示。

钢管在现浇混凝土中的布置如图6-15所示。

图6-14　线管敷设尽量走捷径　　　　图6-15　钢管在现浇混凝土中的布置

（2）对管道加工、连接并在确定位置接好接线盒、灯头盒、开关盒、插座盒等。随后在管道中穿入引线铁丝。然后在管口堵上木塞，在上述盒体内填满废纸或木屑，以免水泥砂浆和其他杂物进入。

（3）将管道和连接好的各种盒体固定在墙体、地坪、天花板内或现浇混凝土模板内。

（4）对金属管、盒、箱，应在管与管、管与盒、管与箱之间焊好跨接地线，让管路系统的金属体连成一个可靠的接地整体。

（5）通过伸缩缝、沉降缝安装，要用两个接线盒。暗管与明管过渡应采用接线盒。

综上所述，钢管布线的注意事项如下：

（1）在进行钢管布线安装时，应注意不能在严重腐蚀的场所使用。钢管和其支持物等附件，应做防腐处理，管内用铁丝来回抽动圆形钢丝刷除锈，埋在混凝土中钢管外表不应涂漆。

（2）明敷在潮湿环境和暗敷管路时，应采用厚壁管。明敷干燥环境可采用薄壁钢管，管路敷设应沿最短路线，并尽量减少弯曲次数。

（3）钢管在敷设前，管口应打磨光滑。管子引出地面时，距地面需大于200mm，室外管口应做防水弯头，室内管口应包扎严密。

（4）管路垂直敷设时，导线在接线盒内应固定。

（5）除36V以下电压、同一设备和同一流水线的动力控制回路、三相四线制照明电路外，不同电压、不同回路、不同频率的导线，不应穿在同一管内。

（6）钢管与钢管、钢管与接线盒之间，一般采用螺纹（管箍）连接，并用跨接线连成一体。

6.1.4 PVC电线管布线

1. 电气安装配管中常用的塑料管

近年来，在电气安装配管中用塑料管替代金属管已成为大势所趋，使用相当广泛，具体见表6-9。

表6-9　　　　　　　　　　　　　电气安装配管中常用的塑料管

种类	特性说明	管材连接	图示
硬质PVC管	由聚乙烯树脂加入稳定剂、润滑剂等助剂经捏合、滚压、塑化、切粒、挤出成型加工而成，加热煨弯、冷却定型才可用。主要用于电线、电缆的套管等。管材长度一般4m/根，颜色一般为灰色	加热承插式连接和塑料热风焊，弯曲必须加热进行	
刚性PVC管（PVC冷弯电线管）	管材长度4m/根，颜色有白、纯白，弯曲要专用弯曲弹簧	接头插入法连接，连接处结合面涂专用胶合剂，接口密封	
半硬质PVC管	由聚氯乙烯树脂加入增塑剂、稳定剂及阻燃剂等经挤出成型而得，用于电线保护，一般颜色为黄、红、白等，成捆供应，每捆1000m	采用专用接头抹塑料胶扁粘接，管道弯曲自如，无须加热	
PVC波纹管	质料为PVC，可折叠、伸缩，用于保护电缆	有类似于三通的专门的连接配件，也可以直接用胶圈插接	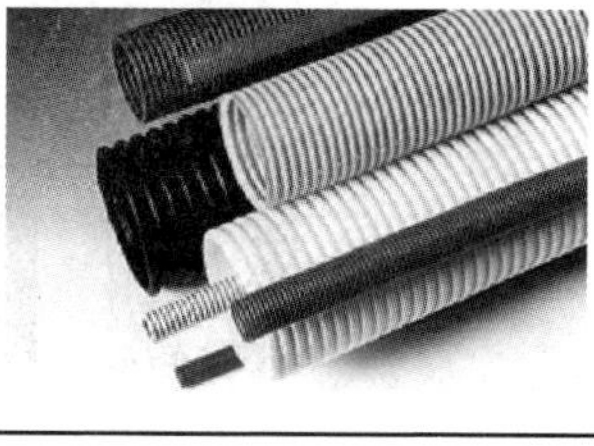

硬质塑料管布线一般适用于室内和有酸碱腐蚀性的场所，但在易受机械损伤的场所和高温场所不宜采用明敷设。

为保证电气线路符合防火规范要求，在施工中所采用的塑料管均为阻燃型材质，凡敷设在现浇混凝土墙内的塑料电线管，其抗压强度应大于 $750N/mm^2$。

目前，在工程线路敷设中使用比较多的是 PVC 管，它具有抗压力强、防潮、耐酸碱、防鼠咬、阻燃、绝缘等优点，可浇筑于混凝土内，也可明装于室内及吊顶等场所。

PVC 电线管根据施工的不同可分圆管、槽管和波形管；根据管壁的薄厚可分为轻型管（主要用于挂顶）、中型管（用于明装或暗装）和重型管（主要用于埋藏混凝土中）。

电线管的常规尺寸：直径 16mm、直径 20mm 和直径 25mm。

由于 PVC 电线管管径的不同，因此配件的口径也不同，应选择同口径的与之配套。根据布线的要求，管件的种类有：三通、弯头、入盒接头、接头、管卡、变径接头、明装三通、明装弯头、分线盒等。硬质塑料管的各种组件如图 6-16 所示，各种组件在布线时的应用如图 6-17 所示。

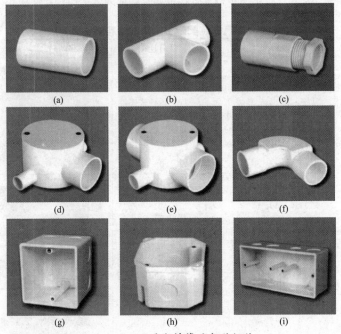

图 6-16　硬质塑料管的各种组件
（a）管直通；（b）管三通；（c）管接头；（d）线盒异径三通；（e）线盒异径四通；（f）管有盖弯头；（g）暗装线管低盒（带活动盖）；（h）八角线盒；（i）暗装线管孖盒（带活动脚）

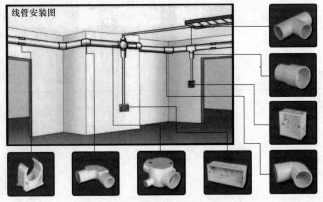

图 6-17　各种组件在布线时的应用

210

2. 刚性 PVC 管加工

（1）刚性 PVC 管的切断。采用钢锯切断 PVC 管，适用于所有管径的管材，管材锯断后，应将管口修理平齐、光滑。

管径 32mm 及以下的小管径管材可采用专用截管器（或专用剪刀）切断管材。截断后要用截管器的刀背切口倒角。用专用剪刀剪断刚性 PVC 管如图 6-18 所示，操作时先打开 PVC 管剪刀手柄，把 PVC 管放入刀口内，握紧手柄，边转动管子边进行裁剪，刀口切入管壁后，应停止转动，继续裁剪，直至管子被剪断。

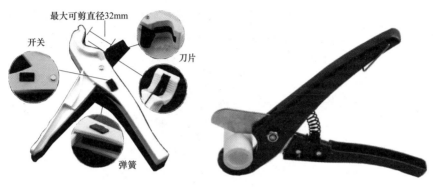

图 6-18　用专用剪刀剪断 PVC 管

（2）弯管。管径 32mm 以下采用冷弯，冷弯方式有弹簧弯管和弯管器弯管，见表 6-10。弯管弹簧属于螺旋弹簧形状工具，如图 6-19 所示，是电工排线布管所用工具，用于电线管的折弯排管。

表 6 10　　　　　　　　　　刚性 PVC 管冷弯的方法

弯曲方法	操作说明	图示
弹簧弯管	将型号合适的弹簧插入需要折弯的 PVC 管材内，手握管材两端慢慢用力折弯到需要打到的角度然后抽出弹簧即可。考虑到管子的回弹，弯曲角度要稍大一些。 当弹簧不易取出时，可逆时针转动弯管，使弹簧外径收缩，同时往外拉弹簧即可取出	
弯管器弯管	将已插好弯管弹簧的管子插入配套的弯管器中，手扳一次即可弯出所需管子	

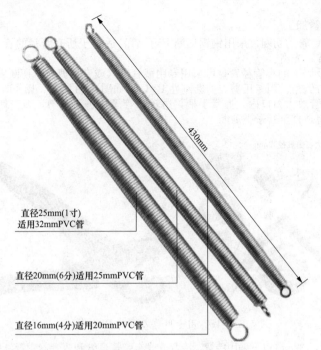

直径25mm(1寸)
适用32mmPVC管

直径20mm(6分)适用25mmPVC管

直径16mm(4分)适用20mmPVC管

430mm

图 6-19　弯管弹簧

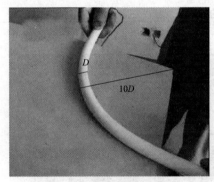

D

$10D$

图 6-20　PVC 管弯曲半径示例

【特别提醒】

对于管径 32mm 以上的 PVC 管，宜用热弯。但在室内装修中一般不会遇到这种情况。

PVC 管宜采用整管弯曲，弯曲半径可做如下选择：明敷不能小于管径的 6 倍，暗敷不能小于管径的 10 倍，如图 6-20 所示。无论哪种情形，弯曲角度都应该大于 90°。只能在迫不得已的情况下才能采用 90°弯头。

（3）电线管与电线管的连接。PVC 电线管一般采用管接头（或套管）连接。其方法是：将管接头或套管（可用比连接管管径大一级的同类管料做套管）及管子清理干净，在管子接头表面均匀刷一层 PVC 胶水后，立即将刷好胶水的管头插入接头内，不要扭转，保持约 15s 不动，即可贴牢，如图 6-21 所示。

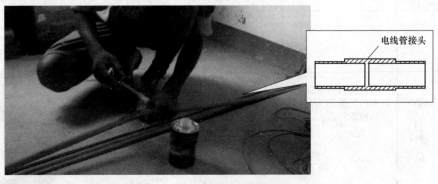

电线管接头

图 6-21　PVC 电线管的连接

【特别提醒】

连接前，注意保持粘接面清洁。

预埋电线管连接时，禁止采用三通，否则后期无法维护，如图 6-22 所示。

图 6-22　电线管连接禁止采用三通

（4）PVC 电线管与接线盒的连接。电气安装工程中常用电气盒包括配电盒、配电箱、插座盒等，PVC 管与电气盒的连接方法见表 6-11。如图 6-23 所示为 PVC 管与电气盒连接实例。

表 6-11　　　　　　　　　　　　PVC 管与电气盒的连接

步骤	操作方法
1	将入盒接头和入盒锁扣紧固定在盒（箱）壁上
2	将入盒接头及管子插入段擦干净
3	在插入段外壁周围涂抹专用 PVC 胶水
4	用力将管子插入接头（插入后不得随意转动，待约 15s 后即完成）

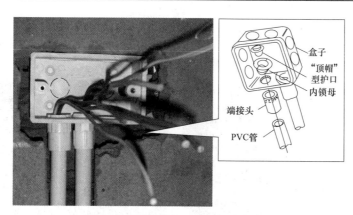

图 6-23　PVC 管与开关、插座盒连接

（5）PVC 电线管的管卡固定。明敷硬塑料 PVC 管应排列整齐，固定点间距应均匀，在 PVC 管的始端、终端、转角以及与接线盒的边缘处均应安装管卡，如图 6-24 所示。管卡间最大距离见表 6-12，管卡与终端、转弯中点、电气器具或盒（箱）边缘的距离为 150～500mm。

图 6-24　PVC 电线管管卡固定

表 6-12　　　　　　　　　　　　PVC 管敷设管卡之间的距离

硬塑料管表称内径（mm）	13～19	25～50	50 以上
管壁厚度小于 2.5mm 时管卡最大距离（m）	1.0	1.5	2.0

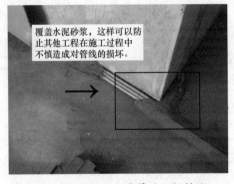

覆盖水泥砂浆，这样可以防止其他工程在施工过程中不慎造成对管线的损坏。

图 6-25　地面上电线管的保护措施

3. PVC 电线管暗敷设

（1）在地面敷设 PVC 电线管。电线管在地面上敷设时，如果地面比较平整，垫层厚度足够，电线管可直接放在地面上。为了防止地面上的线管在其他工种施工过程中被损坏，在垫层内的线管可用水泥沙浆进行保护，如图 6-25 所示。

为了防止线管移位，也可以在地面上用管卡来固定 PVC 电线管。

【特别提醒】

在敷设电线管时，电工一定要充分理解设计意图，按图施工，合理优化组合线路，关键部位必须预留备用管线，出现堵塞情况时可以"曲线救急"。

（2）在墙面敷设 PVC 电线管。在墙面上暗敷设 PVC 电线管时，需要先在墙面上开槽。开槽完成后，将 PVC 电线管敷设在线槽中。PVC 电线管可用管卡固定，也可用木榫进行固定，再封上水泥使线管固定，如图 6-26 所示。

图 6-26　墙面上敷设 PVC 电线管

【特别提醒】

敷设 PVC 电线管时，操作要细心，不能出现如图 6-27 所示的"弯头"。

图 6-27　电线管不能有死弯头

（3）在吊顶内敷设 PVC 电线管。建筑物顶棚内可采用难燃型刚性塑料导管或线槽布线。吊顶内的电线管一般采用明管敷设方式，但不得将电线管固定在平顶的吊架或龙骨上，接线盒的位置正好和龙骨错开，这样便于日后检修，如图 6-28 所示。

图 6-28　在吊顶内敷设 PVC 电线管

吊顶内的接头有预留，要用软管保护，软管的长度不能超过 1m，如图 6-29 所示。

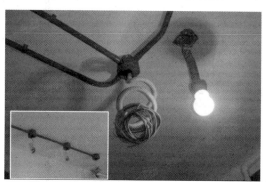

图 6-29　预留接头要用软管保护

固定电线管时，如为木龙骨可在管的两侧钉钉，用铅丝绑扎后再用钉钉牢。如为轻钢龙骨，可采用配套管卡和螺丝固定，或用拉铆固定。

在卫生间、厨房的吊顶敷设电线管时，要遵循"电路在上，水路在其下"的原则，如图 6-30 所示。这样做可确保如果日后有漏水事件发生，不会殃及电路，出现更大的损失。安全性得到了保障。

图 6-30　电路在上，水路在其下

【特别提醒】
PVC 电线管敷设固定要求如下：
(1) 地面 PVC 管要求每间隔 1m 必须固定。
(2) 地槽 PVC 管要求每间隔 2m 必须固定。
(3) 墙槽 PVC 管要求每间隔 1m 必须固定。

4. 底盒预埋

(1) 开关插座底盒预埋。底盒（暗盒）是用来固定开关面板和插座面板的，是装在墙里面的暗工程。常用底盒（暗盒）的型号有 86 型、118 型和 120 型，同时有单盒、多联盒（由二个及二个以上单盒组合）之分。为了达到优良的观感，暗线底盒预埋位置必须准确整齐。开关插座和必须按照测定的位置进行安装固定。

开关插座底盒的平面位置必须以轴线为基准来测定。

1) 先将水泥、细砂以 1：2 比例混合，放水，再一次混合。不能太湿，也不能太干。把水泥砂浆铲到灰桶里，备用。

2) 用灰刀把水泥砂浆放到槽内后，将暗盒进电线管方向的敲落孔敲下，再把暗盒按到槽内，按平，目视暗盒水平放正后，等待半个小时左右（时间长短与天气温度有关），水泥砂浆处于半干的状态时，就可以用木批把浆磨平，底盒预埋的方法如图 6-31 所示。

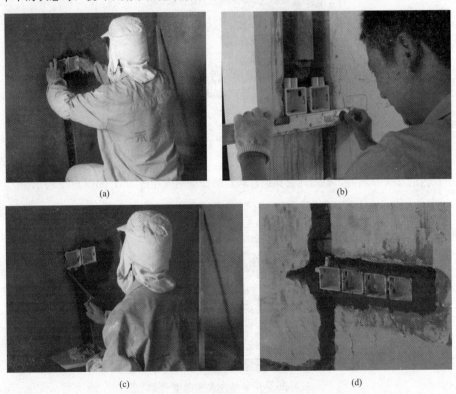

(a)

(b)

(c)

(d)

图 6-31　开关插座底盒的预埋
(a) 将底盒装在墙上；(b) 位置矫正；(c) 用水泥固定；(d) 完工

(2) 电箱底盒预埋。室内电箱有强电箱和弱电箱两种。强电箱和弱电箱底盒的预埋步骤及方法相同，下面介绍弱电箱底盒的安装步骤及方法。

1) 考虑到入户线缆的位置和管理上的方便，弱电箱一般安装在住宅入口或门厅等处。按

照施工规范，箱体底部离地面高应为 300～500mm。（强电箱底部离地面高应不少于 180cm）

2）在确定箱体的安装位置后，在墙体上按箱体的长宽深留出预埋洞口。

3）在装饰开始的第一道水电安装工序时，预埋箱体和管线，将箱体的敲落孔敲开（若没有敲落孔的位置，可使用开孔器开孔），尽可能从箱体上下两侧进出线，将进出箱体的各种穿线管与箱体连接牢固，并建议将箱体接地。

4）把箱体放入墙体预留的洞口内用木楔、碎砖卡牢，用水平尺找平，使箱体的正端面与墙壁平齐，然后用水泥填充缝隙后与墙壁抹平，如图 6-32 所示。

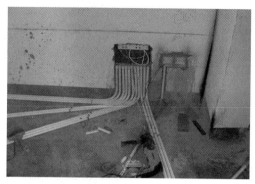

图 6-32　弱电箱的安装

5）墙面粉刷完成后，即可将门和门框安装到箱体上，将门框和门与箱体用螺钉固定，并注意门框的安装保持水平。

5. 穿线

管内穿线安装施工工艺流程如下：

选择导线→扫管→穿带线→放线及断线→导线与带线的绑扎→带护口→穿线→导线接头→接头包扎→绝缘测试

（1）选择导线。

1）应根据设计图纸要求，正确选择导线规格，型号及数量。

2）相线、中性线及保护地线的颜色应加以区分。要求在同一套住宅内不得改变导线的颜色。

3）穿在管内绝缘导线的额定电压不低于 450V。

（2）扫管和穿带线。清扫管路的目的是清除管路中的灰尘、泥水。

清扫管路的方法：将布条两端牢固地绑扎在带线上，两人来回拉动带线，将管内杂物清净。

所谓带线，其实就是用于检查管路是否通畅和作为电线的牵引线的钢丝线。带线采用 ϕ2mm 的钢丝制成。下面介绍穿带线的使用方法。

1）先将钢丝的一端弯成不封口的圆圈，再利用穿线器将带线穿入管路内，在管路的两端应留有 100～150mm 的余量（在管路较长或转弯多时，可以在敷设管路的同时将带线一并穿好），如图 6-33 所示。

图 6-33　穿带线

2）当穿带线受阻时，可用两根钢丝分别穿入管路的两端，同时搅动，使两根钢丝的端头互相钩绞在一起，然后将带线拉出。

【特别提醒】

在管路较长或转弯较多时，可以在敷设管路的同时将带线穿好。

（3）放线及断线。

1）放线前应根据施工图对导线的规格、型号颜色进行再一次确认。

2）放线时，导线应置于放线架上进行放线，如图6-34（a）所示。如果没有放线架，也可以将成盘导线打开后从外圈开始放线，如图6-34（b）所示。

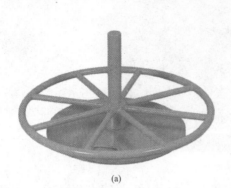

(a) (b)

图 6-34　放线

(a) 放线架；(b) 成盘导线放线

3）放线时，应边放边整理，不应出现挤压背扣、扭结、损伤绝缘等现象，并将导线按回路绑扎成束，绑扎时要采用尼龙绑扎带，不允许使用导线绑扎，如图6-35所示。

4）剪断导线时，导线的预留长度应按以下4种情况考虑：

1）接线盒、开关盒、插销盒及灯头盒内导线的预留长度应为12～15cm；

2）强电箱和弱电箱内导线的预留长度应为配电箱体周长的1/2；

3）出户导线的预留长度应为150cm；

4）公用导线在分支处，不可剪断导线而直接穿过。

（4）导线与带线的绑扎。

1）导线根数较少，例如2～3根，可将导线前端绝缘层削去，然后将线芯直接插入带线的盘圈内并折回压实，绑扎牢固，使绑扎处形成一个平滑的锥形过渡部位，如图6-36所示。

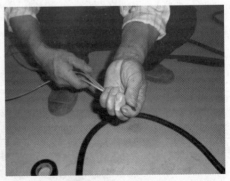

图 6-35　边放线边整理　　　　图 6-36　导线与带线的绑扎

2）导线根数较多或导线截面积较大时，可将导线端部的绝缘层削去，然后将线芯斜错排列在带线上，用绑线缠绕绑扎牢固，使绑扎接头处形成一个平滑的锥形过渡部位，便于穿线。

（5）带护口和穿线。

1）电线管（特别是钢管）在穿线前，应首先检查各个管口的护口是否齐全，如有遗漏或破损，应补齐和更换。

2）管路较长或转弯较多时，要在穿线的同时往管内吹入适量的滑石粉。

3）两人穿线时，应配合协调，在管子两端口各有一人，一人负责将导线束慢慢送入管内，另一人负责慢慢抽出引线钢丝，要求步调一致，如图 6-37 所示。PVC 电线管线线路一般使用单股硬导线，单股硬导线有一定的硬度，距离较短时可直接穿入管内。

图 6-37 两人配合穿线

多根导线在穿线过程中不能有绞合，不能有死弯。

【特别提醒】

以上介绍的穿线方法是比较常用的传统的方法，近年来许多装修工程采用如图 6-38 所示全自动穿线机穿线，省时省力，一个人就可以进行穿线操作。可大大提高工作效率，

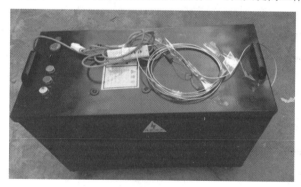

图 6-38 全自动穿线机

6.1.5 线槽布线

线槽又名走线槽、配线槽、行线槽（因地方而异），根据材质区分，线槽（槽板）可分为金属线槽、塑料线槽和木线槽。比较常用的是金属线槽和塑料线槽。金属线槽适用于室内干燥和不易受机械损伤的场所明敷，但对金属线槽有严重腐蚀的场所不应采用。工业和民用建筑干燥室内的电气照明可采用塑料线槽布线。

线槽的规格，通常宽度小于 50mm 的，就按宽度的毫米数来定义，大于 50mm 的，按宽度×厚度的毫米级来定义。

线槽布线一般为明敷设，可将线槽固定在墙上、天花板上。在地面布线时也可以采用暗敷设，如图 6-39 所示。

塑料线槽由槽底、槽盖及附件组成，它是由难燃型硬聚氯乙烯工程塑料挤压成型。选用塑料线槽时，应根据设计要求选择相应型号、规格的定型产品。

图 6-39　暗敷设金属线槽布线

塑料线槽明安装的组件见表 6-13，这些线槽组件在布线时的应用如图 6-40 所示。

表 6-13　　　　　　　　　　　　塑料线槽明安装的组件

产品名称	图例	产品名称	图例	产品名称	图例
阳角		平三通		连接头	
阴角		顶三通		终端头	
直转角		左三通		接线盒插口	
		右三通		灯头盒插口	

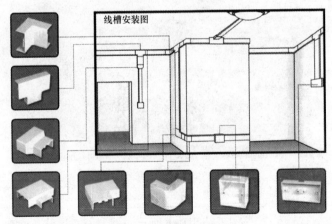

图 6-40　线槽组件的应用

线槽布线的工艺流程如下：

弹线定位→线槽固定→线槽连接→槽内放线。

1. 弹线定位

按设计图确定进户线、盘、箱等电气器具固定点的位置，从始端至终端（先干线后支线）找好水平或垂直线，用粉线袋在线路中心弹线，分均档，用笔画出加档位置。在固定点位置进行钻孔，埋入塑料胀管或伞形螺栓。

注意，弹线时不应弄脏建筑物表面。

【特别提醒】

(1) 线槽配线在穿过楼板或墙壁时，应用保护管，而且穿楼板处必须用钢管保护，其保护高度距地面不应低于1.8m；装设开关的地方可引至开关的位置。

(2) 过变形缝时应做补偿处理。

2. 线槽固定

(1) 混凝土墙、砖墙一般采用塑料胀管固定线槽，如图6-41所示。

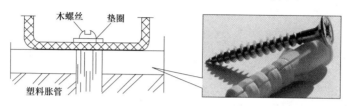

图6-41　塑料胀管固定线槽

根据胀管直径和长度选择钻头。在标出的固定点位置上钻孔，不应歪斜、豁口，垂直钻好孔后，将孔内残存的杂物清净，用木锤把塑料胀管垂直敲入孔中，并与建筑物表面平齐为准，再用石膏将缝隙填实抹平。

用半圆头木螺丝加垫圈将线槽底板固定在塑料胀管上，紧贴建筑物表面。应先固定两端，再固定中间，同时找正线槽底板，线槽要横平竖直，并沿建筑物形状表面进行敷设。

(2) 在石膏板墙或其他护板墙上，可用伞形螺栓固定线槽。

根据弹线定位的标记，找出固定点位置，把线槽的底板横平竖直地紧贴建筑物的表面，钻好孔后将伞形螺栓的两个叶卡紧合拢插入孔中，待合拢伞叶自行张开后，再用螺母紧固。

固定线槽时，应先固定两端再固定中间，如图6-42所示。

图6-42　固定线槽

3. 线槽连接

(1) 槽底和槽盖直线段对接。固定点的间距为：槽底不小于500mm，盖板不小于300mm。底板离终点50mm及盖板距终端点30mm处均应固定。三线槽的槽底应用双钉固定。槽底对接缝与槽盖对接缝应错开并不小于100mm。

(2) 线槽分支接头，线槽附件如直通、三通转角、接头、插口、盒、箱应采用相同材质的定型产品。槽底、槽盖与各种附件相对接时，接缝处应严实平整，固定牢固。

4. 槽内放线

当线槽安装敷设完毕后，即可进行敷设电线工作，基本上也是从线路末端往线路头方向敷设。做好电线回路记号，并在线槽接线盒内把有关线头接扎好后，经检查测试线路无误后方可盖上线槽盖。

线槽敷线的各灯具导线可从线槽接线盒中引出，也可直接在线槽侧壁或槽底上钻孔，通过金属软管接头引出。

5. 线槽布线注意事项

（1）线槽内若有灰尘和杂物，配线前应先将线槽内的灰尘和杂物清净。

（2）操作时应仔细地将线槽的盖板接口对好，避免有错位。

（3）线槽内配线时，应将导线理顺。

（4）操作时，应按照图纸及规范要求将不同电压等级的线路分开敷设。同一电压等级的导线可放在同一线槽内。

（5）线槽内导线截面积和根数不能超出线槽的允许规定。

6.2 开关、插座的安装

6.2.1 开关的安装

1. 开关安装技术要求

开关是用来控制灯具等电器的电源通断的电工器件，开关安装的技术要求如下。

（1）照明开关或暗装开关一般安装在便于操作的地方如门边，开关位置与灯具相对应。所有开关扳把接通或断开的上下位置应一致。

（2）成排安装的开关高度应一致，高低差不应大于 2mm。

（3）拨动（又称扳把）开关距地面高度一般为 1.2～1.4m，距门框为 150～200mm，如图 6-43 所示。

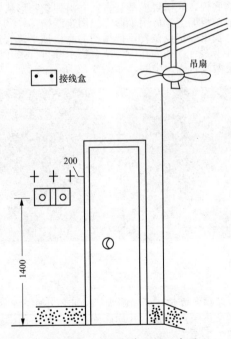

图 6-43 开关安装位置示意图

（4）暗装开关的盖板应端正、严密并与墙面平。

（5）明线敷设的开关应安装在厚度不小于 15mm 的木台上。

（6）多尘潮湿场所（如浴室）应用防水瓷质拉线开关或加装保护箱。

（7）电器、灯具的相线应经开关控制，民用住宅严禁装设床头开关。

2. 开关的安装方式

开关有明装和暗装之分。暗装开关一般要配合土建施工过程预埋开关盒，待土建施工结束后再安装开关。明装开关一般在土建完工后安装。

常用照明灯具接线原理如图 6-44 所示。

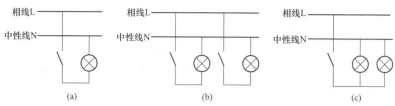

图 6-44 常用照明灯具接线原理图

(a) 1 只单联开关控制 1 盏灯；(b) 2 只单联开关分别控制 2 盏灯；(c) 1 只单联开关同时控制 2 盏灯

3. 单控开关的接线

单控开关接线比较简单。每个单控开关上有两个针孔式接线柱，如图 6-45 所示，分别任意接相线和回相线即可。

图 6-45 单控开关

(1) 墙壁暗装开关在安装接线前，应清理接线盒内的污物，检查盒体无变形、破裂、水渍等易引起安装困难及事故的遗留物，如图 6-46 所示。

(2) 先把接线盒中留好的导线理好，留出足够操作的长度，长出盒沿 100～150mm。注意不要留得过短，否则很难接线；也不要留得过长，否则很难将开关装进接线盒；用剥线钳把导线的绝缘层剥去 10mm，如图 6-47 所示。

(3) 把线头插入接线孔，用螺丝刀把压线螺钉旋紧。注意线头不得裸露，如图 6-48 所示。

4. 开关面板的安装

照明开关的面板分为两种类型，一种单层面板，面板两边有螺钉孔；另一种是双层面板，把下层面板固定好后，再盖上第二层面板。

图 6-46 底盒清洁

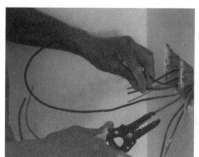
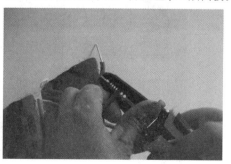

图 6-47 导线线头的处理

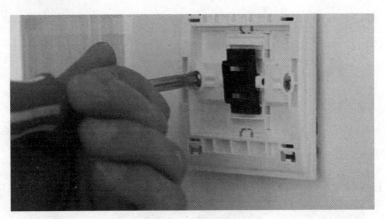

图 6-48　固定开关

（1）单层开关面板安装。先将开关面板后面固定好的导线理顺盘好，把开关面板压入接线盒。压入前要先检查开关跷板的操作方向，一般按跷板的下部，跷板上部凸出时，为开关接通灯亮的状态。按跷板上部，跷板下部凸出时，为开关断开灯灭的状态。再把螺钉插入螺钉孔，对准接线盒上的螺母旋入。在螺钉旋紧前注意检查面板是否平齐，旋紧后面板上边要水平，不能倾斜。

（2）双层开关面板安装。双层开关面板的外边框是可以拆掉的，安装前先用小螺钉旋具把外边框撬下来，可靠连接导线并用螺钉将底层面板固定在底盒上，再把外边框卡上去，如图 6-49 所示。

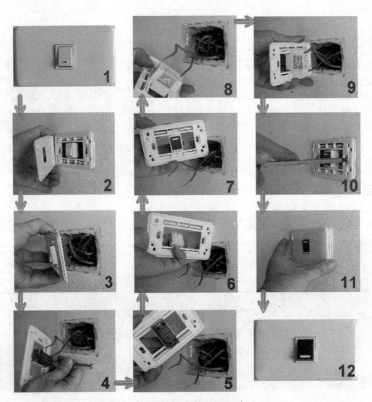

图 6-49　双层开关面板安装过程

224

5. 两个开关异地控制一盏灯的安装

单联双控开关有 3 个接线端，把中间一个接线端编号为"L"，两边接线端分别编号为"L1""L2"，如图 6-50（a）所示。接线端"L1""L2"之间在任何状态下都是不通的，可用万用表电阻挡进行检测。双控开关的动片可以绕"L"转动，使"L"与"L1"接通，也可以使"L"与"L2"接通。

当开关 SA1 的触点 L 与 L1 接通时，电路断开，灯灭；当开关 SA1 的触点 L 与 L2 接通时，电路接通，灯亮；在另一处关灯时扳动开关 SA2 将 L、L1 接通，电路断开，灯灭；再扳动开关 SA2 将 L、L2 接通，电路接通，灯亮；同样再扳动开关 SA1 将 L、L1 接通，电路断开，灯灭。这样就实现了两地控制一盏灯。两个双控开关控制一盏灯的工作原理及接线如图 6-50（b）所示。

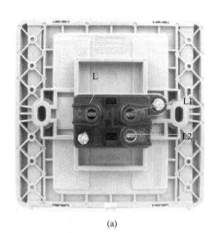

(a)

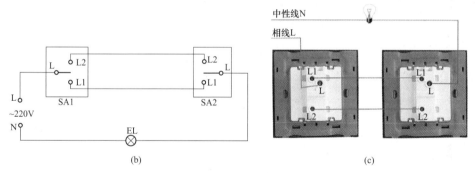

(b)   (c)

图 6-50 双控开关控制一盏灯
（a）开关的背板；（b）接线原理图；（c）实物接线图

两个开关可以放在楼梯的上下两端，或走廊的两端，这样可以在进入走廊前开灯，通过走廊后在另一端关灯，既能照明，又能避免人走灯不灭而浪费电。

接线方法：安装时，中性线 N 可直接敷设到灯头接线柱。两个开关盒之间的电线管内要穿三根控制电线（相线），三根电线要用不同的颜色区分开。相线 L 先与开关 SA1 的接线柱"L"相接，再从 SA1 的接线柱"L2"出来导线与 SA2 的"L2"相接；又从 SA1 的"L1"接线柱出来的导线与 SA2 的"L1"相接；最后由 SA2 的"L"引出线到灯头，如图 6-50（c）所示。

6.2.2 插座的安装

1. 插座安装主要技术要求

（1）接地要求。220V 单相供电设备使用用的三眼插座、380V 三相供电设备使用的四眼插

225

座，其接地孔应与接地线或零件接牢。

（2）安装高度要求。

1）明装插座离地面的高度应不低于 1.3m，一般为 1.3～1.8m。

2）暗装插座允许低装，但距地面高度的插座高度不低于 0.3m。

3）托儿所、幼儿园及小学校等儿童活动场所的插座应用安全插座，若采用普通插座时，安全高度不应低于 1.8m。

4）车间及试验室的明、暗插座一般距地面高度不得低于 0.3m，特殊场所暗装插座一般应低于 0.5m。

5）同一室内安装插座的高度差不应大于 5mm，在一个地方成排安装插座的高度差不应大于 2mm。

（3）接线要求。安装单相插座时，两眼插座的左边插孔接线柱接电源的中性线，右边插孔接线柱接电源的相线，即"左零右相"。三眼插座的上方插孔接线柱接地线，左边插孔接线柱接电源的中性线，右边插孔接线柱接电源的相线，即"左零右相上接地"，如图 6-51 所示。

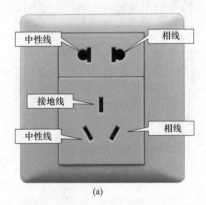

(a)

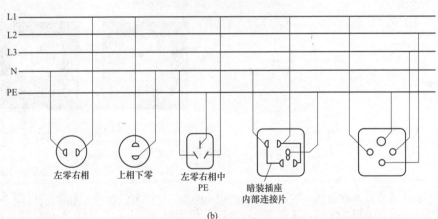

(b)

图 6-51 单相插座接线

(a) 实物图；(b) 原理图

接线规定要遵守，同一场所安装的三相插座，接线相序应一致。

根据上述要求，为了帮助大家记忆，总结出单相插座接线口诀。

单相插座接线口诀

单相插座种类多，常用两孔和三孔。

两孔并排分左右，三孔组成品字形。

接线孔旁标字母，L 为相线 N 为零。
三孔之中还有 E，表示此孔是接地。
面对插座定方向，各孔接线有规定。
左零右相上接地，接线不能乱排序。
两孔插座左右排，左零右相是规定。
两孔插座上下排，上相下零是规定。

（4）禁忌要求。

1）在特别潮湿的场所，不应安装插座。若工作需要，只能安装密封型并带保护接地线触头的保护型防水防潮插座，且安装高度不低于 1.5m。

2）当不同种类或不同电压等级的插座安装在同一位置或场所时，应有明显的标志区别，且其插头与插座配套，不能相互代用，如图 6-52 所示。

图 6-52 并排安装不同用途插座应有明显区别

3）当插座上方有暖气管时，其间距应大于 0.2m；若下方有暖气管时，其间距应大于 0.3m。

4）电气插座所接的负荷基本上都是人手可触及的移动电器（吸尘器、打蜡机、落地或台式风扇）或固定电器（电冰箱、微波炉、电加热淋浴器和洗衣机等）。当这些电器设备的导线受损（尤其是移动电器的导线）或人手可触及电器设备的带电外壳时，就有电击危险。为此，除挂壁式空调电源插座外，其他电源插座均应设置漏电保护装置。

2. 暗装电源插座安装

暗装电源插座的安装步骤及方法见表 6-14。

表 6-14　　　　　　　　　　暗装电源插座安装步骤及方法

步骤	操作方法	图示
1	用一字形螺丝刀插入插座边沿的缺口，撬开边框，分离面板和底座	
2	将盒内甩出的导线留足够的维修长度，剥削出线芯，注意不要碰伤线芯	

步骤	操作方法	图示
3	将导线按顺时针方向盘绕在插座对应的接线柱上，然后旋紧压头。如果是单芯导线，可将线头直接插入接线孔内，再用螺钉将其压紧，注意线芯不得外露	
4	将插座面板推入暗盒内，对正盒眼，用螺丝固定牢固。固定时要使面板端正，并与墙面平齐	
5	把面板放在底座上，用力按下即可	

【特别提醒】

　　安装时，注意插座的面板应平整、紧贴墙壁的表面，插座面板不得倾斜，相邻插座的间距及高度应保持一致，如图 6-53 所示。

紧贴墙壁，排列整齐，不得倾斜，间距一致，高度一致，接线正确

图 6-53　暗装电源插座安装示例

3. 插座接线的检查

插座接线是否正确，可用双功能漏电相位检测仪检查，如图 6-54 所示。

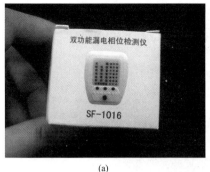
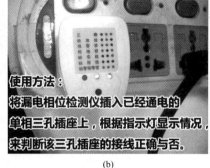

(a)   (b)

● □ □	（按黑钮）
漏保器动作	正确
漏保器不动作	坏、地零错
□ □ ●	相零错
□ ● □	相地错
● □ ●	缺地线
● ● □	缺零线
● ● ●	缺相线

备注：□圈为灯亮   ●圈为灯灭

(c)

图 6-54 插座接线检查

（a）检测仪；（b）使用方法；（c）判定方法

4. 电源插座安装的注意事项

（1）插座必须按照规定接线，对照导线的颜色对号入座。

（2）接线一定要牢靠，相邻接线柱上的电线要保持一定的距离，接头处不能有毛刺，以防短路。导线与插座（开关）接线柱的连接方法主要有不断头插入法、断头绞接接法和断头焊接接法，如图 6-55 所示。为了保证接触牢靠，多芯铜芯软线最好是采用焊接接法。

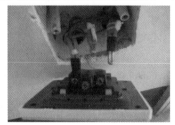

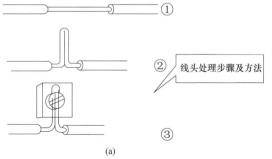

(a)

图 6-55 导线与插座（开关）接线柱的连接方法（一）

（a）不断头插入法

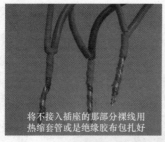

将不接入插座的那部分裸线用
热缩套管或是绝缘胶布包扎好

(b)

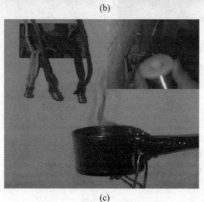

(c)

图 6-55　导线与插座（开关）接线柱的连接方法（二）
(b) 断头绞接接法；(c) 断头焊接接法

　　断头插入法又可分为直接插入法、U 形插入法，如图 6-56 所示。为了增加导线与插座接线端子的接触面积，导线截面积较小时建议采用 U 形插入法；导线截面积较大时，可采用直接插入法，例如空调插座接线时通常采用直接插入法。

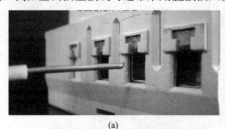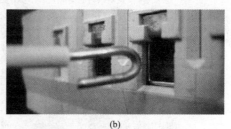

(a) 　　　　　　　　　　　　　　(b)

图 6-56　导线与接线柱断头插入法
(a) 直接插入法；(b) U 形插入法

　　（3）单相三孔插座不得倒装。必须是接地线孔装在上方，相线、中性线孔在下方。
　　（4）卫生间等潮湿场所，应安装防溅水插座盒，不宜安装普通型插座，如图 6-57 所示。

厨卫插座必须有保护盖

图 6-57　防溅水插座

（5）为了室内装饰美观，插座（包括开关）不能安装在瓷砖的花片或腰线上，安装插座（开关）的位置不能有两块瓷砖之间，并且尽可能使其安装在瓷砖的正中间。

6.3 照明灯具的安装

6.3.1 照明灯具安装技术要求

1. 灯具安装一般要求

（1）安装前，灯具及其配件应齐全，并须无机械损伤、变形、油漆剥落和灯罩破裂等缺陷。

（2）根据灯具的安装场所及用途，引向每个灯具的导线线芯最小截面积应符合有关规程规范的规定。

（3）在砖石结构中安装电气照明装置时，应采用预埋吊钩、螺栓、螺钉、膨胀螺栓、尼龙塞或塑料塞固定；严禁使用木楔。当设计无规定时，上述固定件的承载能力应与电气照明装置的重量相匹配。

（4）在危险性较大及特殊危险场所，当灯具距地面高度小于 2.4m 时，应使用额定电压为 36V 及以下的照明灯具或采取保护措施。灯具不得直接安装在可燃物件上；当灯具表面高温部位靠近可燃物时，应采取隔热、散热措施。

（5）在变电所内，高、低压配电设备及母线的正上方，不应安装灯具。

（6）室外安装的灯具，距地面的高度不宜小于 3m；当在墙上安装时，距地面的高度不应小于 2.5m。

2. 螺口灯头接线要求

（1）相线应接在中心触点的端子上，中性线应接在螺纹的端子上，如图 6-58 所示。

(a)　　　　　　　　　　　　　　(b)

图 6-58　螺口灯座和灯泡
(a) 螺口灯座；(b) 灯泡

（2）灯头的绝缘外壳不应有破损或漏电。

（3）对带开关的灯头，开关手柄不应有裸露的金属部分。

（4）对吸顶灯具，灯泡不应紧贴灯罩；当灯泡与绝缘台之间的距离小于 5mm 时，灯泡与绝缘台之间应采取隔热措施。

3. 几种灯具安装的特殊要求

（1）采用钢管做灯具的吊杆时，钢管内径不应小于 10mm，钢管壁厚度不应小于 1.5mm。

（2）吊链灯具的灯线不应受拉力，灯线应顺着吊链编缠在一起，如图 6-59 所示。

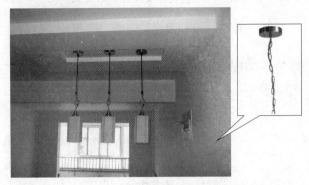

图 6-59　灯线顺着吊链编缠在一起

（3）软线吊灯的软线两端应制作保护结，打结的方法如图 6-60 所示。

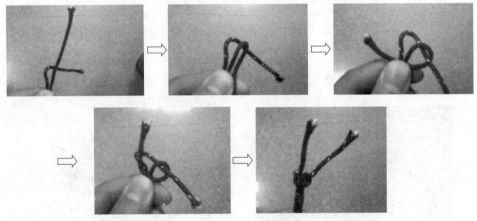

图 6-60　吊灯线打结的方法

（4）同一室内或场所成排安装的灯具，其中心线偏差不应大于 5mm。

（5）日光灯和高压汞灯及其附件应配套使用，安装位置应便于检查和维修。

（6）灯具固定应牢固可靠。每个灯具固定用的螺钉或螺栓不应少于 2 个；当绝缘台直径为75mm 及以下时，可采用 1 个螺钉或螺栓固定。

（7）无专人管理的公共场所照明灯具宜装设自动节能开关。

4. 灯具安装工艺流程

灯具安装的工艺流程如下：

灯具检查→组装灯具→灯具安装→通电试运行

6.3.2　吸顶灯安装

1. 吸顶灯种类

吸顶灯因其灯具上方较平，安装时底部能安全贴在屋顶上而得名。吸顶灯可直接装在天花板上，安装简易，款式简单大方，赋予空间清朗明快的感觉。常用的吸顶灯有方罩吸顶灯、圆球吸顶灯、尖扁圆吸顶灯、半圆球吸顶灯、半扁球吸顶灯、小长方罩吸顶灯等，如图 6-61 所示，其安装方法基本相同。

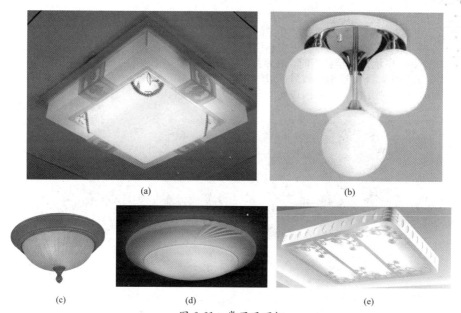

图 6-61　常用吸顶灯

（a）方罩吸顶灯；（b）圆球吸顶灯；（c）尖扁圆吸顶灯；（d）半扁球吸顶灯；（e）小长方罩吸顶灯

2. 吸顶灯的附件

不同类型吸顶灯的附件可能有所不同，例如螺丝、膨胀管、灯罩、吸顶盘、光源、驱动器、连接线等，下面介绍吸顶灯的两个重要附件，见表6-15。

表 6-15　　　　　　　　　　　　　吸 顶 灯 的 附 件

附件	说明	图示
吸顶盘	与墙壁直接接触的圆、半圆、方形金属盘，是墙壁和灯具主体连接的桥梁	
挂板	连接吸顶盘和墙面的桥梁，出厂时挂板一般固定在吸顶盘上，通常形状为：一字、工字、十字形	

3. 吸顶灯安装步骤

（1）选好位置。安装吸顶灯首先要做的就是确定吸顶灯的安装位置。例如客厅、饭厅、厨房的吸顶灯最好安装在正中间，这样各位置光线较为平均。而卧室内，考虑到蚊帐和光线对睡眠的影响，所以吸顶灯尽量不要安装在床的上方。

（2）安装底座。对现浇的混凝土实心楼板，可直接用电锤钻孔，打入膨胀螺栓，用来固定挂板，如图6-62所示。固定挂板时，在木螺丝往膨胀螺栓里面安装的时候，不要一边完全插进去了才固定另一边，那样容易导致另一边的孔位置对不齐，正确的方法是粗略固定好一边，使其不会偏移，然后固定另一边，两边要同时进行，交替进行。

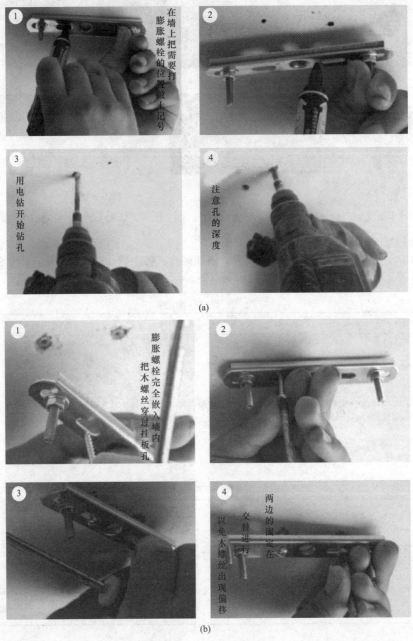

图 6-62　钻孔和固定挂板
(a) 钻孔；(b) 固定挂板

注意：为了保证使用安全，当在砖石结构中安装吸顶灯时，应采用预埋吊钩、螺栓、螺钉、膨胀螺栓、尼龙塞或塑料塞固定。严禁使用木楔。

（3）拆吸顶灯面罩。一般情况下，吸顶灯面罩有旋转和卡扣卡住两种固定的方式，拆的时候要注意，以免将吸顶灯弄坏，把面罩取下来之后顺便将灯管也取下，防止在安装时打碎灯管，如图 6-63 所示。

（4）接线。固定好底座后，就可以将电源线与吸顶灯的接线座进行连接。将 220V 的相线（从开关引出）和中性线连接在接线柱上，与灯具引出线相接，如图 6-64 所示。

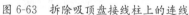

图 6-63　拆除吸顶盘接线柱上的连线　　　图 6-64　在接线柱上接线

有的吸顶灯的吸顶盘上没有设计接线柱，可将电源线与灯具引出线连接，并用黄腊带包紧，外加包黑胶布。需注意的是，与吸顶灯电源线连接的两个线头，电气接触应良好，还要分别用黑胶布包好，并保持一定的距离，如果有可能尽量不将两线头放在同一块金属片下，以免产生短路，发生危险。

【特别提醒】

接好电线后，可装上灯光源试通电。如一切正常，便可关闭电源，再完成以下操作步骤。

（5）固定吸顶盘和灯座。将吸顶盘的孔对准吊板的螺丝，将吸顶盘及灯座固定在天花板上。如图 6-65 所示。

（6）安装面罩和装饰物。安装好面罩后，有的吸顶灯还需要装上一系列的吊饰，因为每一款吸顶灯吊饰都不一样，所以具体安装方法可参考产品说明书。吊饰一般都会剩余，安装后可存放好，日后有需要时也能换上，如图 6-66 所示。

图 6-65　固定吸顶盘和灯体　　　图 6-66　安装灯罩

4. 嵌入式吸顶灯安装

嵌入式吸顶灯在外观上大气时尚，空间占用极少，光照柔和，一般在厨房、卫生间、阳台等场所的吊顶上安装嵌入式吸顶灯。

家庭常用的吊顶有扣板吊顶、石膏板吊顶和木质吊顶，应先在工程板上开好与吸顶灯面积相同的孔，接好电源线后，直接将嵌入式吸顶灯安装上即可。嵌入式吸顶灯的安装步骤及方法见表 6-16。

表 6-16   嵌入式吸顶灯的安装步骤及方法

步骤	安装方法	图示
1	在需要安装嵌入式吸顶灯的地方开一个孔（方孔或者圆孔，视灯罩的形状而定），开孔前，要确定好吊顶灯的位置，孔的大小。 一般来说，一块铝扣板的面积刚好安装一盏方形的嵌入式吸顶灯，因此，取下一块扣板即可，不必再开孔	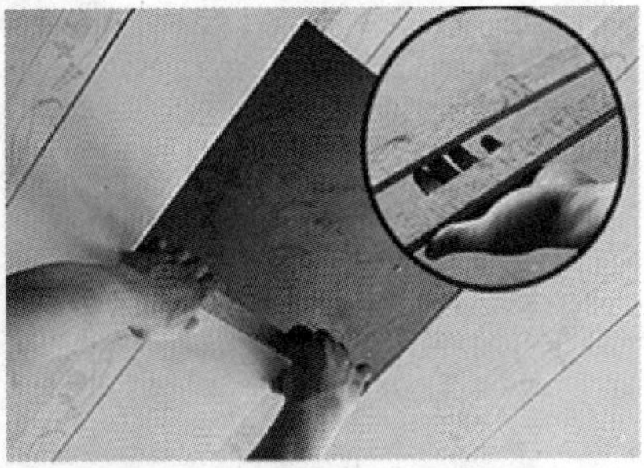
2	在孔边沿的上方垫上木条，安装好四周边条框	
3	接上电源线，盖好接线盖用螺钉拧紧。准备将灯具放入开孔中	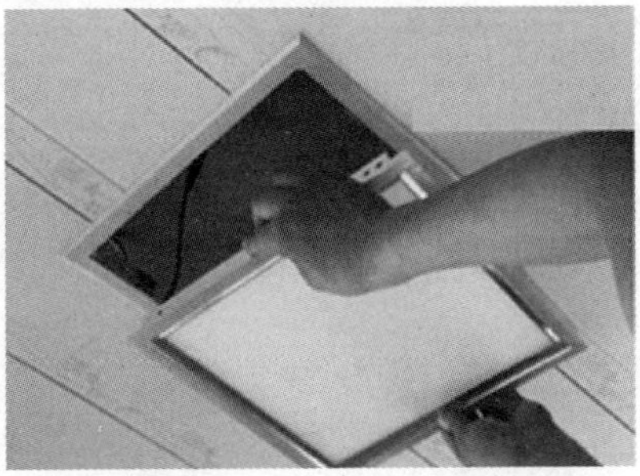
4	双手按住灯具两边的卡簧，灯具放入天花板开孔内，内侧的卡簧顶住天花板，用手按住面罩，稍用力往上推入卡紧即可固定好灯具	

【特别提醒】

在嵌入式吸顶灯安装时必须采取隔热措施，这样才可以保证用电安全。

安装时，要注意处理好吸顶灯与吊顶面板的交接处，一般吸顶灯的边缘应盖住吊顶面板，否则影响美观。

5. 吸顶灯安装注意事项

（1）吸顶灯不可直接安装在可燃的物件上，有的家庭为了美观用油漆后的三层板衬在吸顶灯的背后，实际上这很危险，必须采取隔热措施；如果灯具表面高温部位靠近可燃物时，也要采取隔热或散热措施。

（2）吸顶灯每个灯具的导线线芯的铜芯软线截面积不小于 $0.4mm^2$，否则引线必须更换。导线与灯头的连接、灯头间并联导线的连接要牢固，电气接触应良好，以免由于接触不良，出现导线与接线端之间产生火花，发生危险。

（3）如果吸顶灯中使用的是螺口灯头，则其相线应接在灯座中心触点的端子上，中性线应接在螺纹的端子上。灯座的绝缘外壳不应有破损和漏电，以防更换灯泡时触电。

（4）与吸顶灯电源进线连接的两个线头，电气接触应良好，还要分别用黑胶布包好，并保持一定的距离，如果有可能尽量不将两线头放在同一块金属片下，以免产生短路，发生危险。

（5）固定灯座螺栓的数量不应少于灯具底座上的固定孔数，且螺栓直径应与孔径相配，如图 6-67 所示；底座上无固定装置孔的灯具（装置时自行打孔），每个灯具用于固定的螺栓或螺钉不应少于 2 个，且灯具的重心要与螺栓或螺钉的重心相吻合；只要当绝缘台的直径在75mm 及以下时，才可采用 1 个螺栓或螺钉固定。

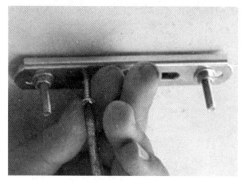

图 6-67　底座固定

6.3.3　组合吊灯安装

在安装灯具时，大型的吊灯都安装在结构层上，因为吊顶无法承受大型吊灯的重量，而小型吊灯的安装则随意许多，搁栅上或补强搁栅上都可以安装。吊灯的安装难易根据吊灯的大小及结构组成而定，普通小型的吊灯安装十分简便，而大型组合吊灯的安装就要复杂很多。

吊灯的安装一般分为三个大的步骤：材料工具准备，吊杆、吊索与结构层的连接，吊杆、吊索与格栅、灯箱连接。

1. 准备工作

（1）在安装大型组合吊灯时要准备支撑构件材料、装饰构件材料、其他配件材料，见表 6-17。

表 6-17　　　　　　　　　　　　大型组合吊灯的材料准备

序号	材料类别	材料名称
1	支撑构件材料	木材：不同规格的水方、木条、水板 铝合金：板材、型材 钢材：型钢、扁钢、钢板
2	装饰构件材料	铜板、外装饰贴面和散热板、塑料、有机玻璃板、玻璃作为隔片
3	其他配件材料	螺丝、铁钉、铆钉、成品灯具、胶黏剂等

（2）在吊灯安装过程中需要使用到的如钳子、电动曲线锯、螺丝刀、直尺、锤子、电锤、手锯、漆刷等，都应提前准备好，如图 6-68 所示。

2. 将吊杆和吊索与结构层连接

在结构层中预埋铁件。由于组合吊灯较重，需要在楼板上预埋吊钩，在吊钩上安装过渡件，然后进行灯具组装。灯具较小，重量较轻，也可用带钩膨胀螺栓固定过渡件，如图 6-69 所示。注意，每颗膨胀螺栓的理论重量限制应该在 8kg 左右，20kg 的灯具最少应该用 3 颗膨胀螺栓。

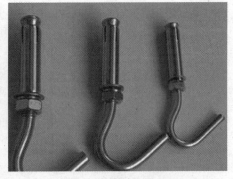

图 6-68　大型组合吊灯安装工具准备　　　　图 6-69　带钩膨胀螺栓

（1）挑选直径 6mm 的电钻，安装固定好钻头，如图 6-70 所示。

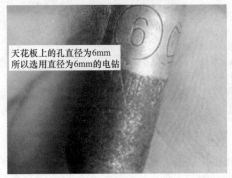

天花板上的孔直径为6mm
所以选用直径为6mm的电钻

固定好钻头

图 6-70　安装固定钻头

（2）找吸盘顶盘上的孔位。把挂板从吸盘上拿下来，对准吸顶盘，上螺钉，如图 6-71 所示。如果孔位一直没对准，可以调整一下螺钉的位置。

把挂板从吸顶盘上拆下来

校准孔位

孔位对好了
上紧螺丝

图 6-71　找吸盘顶盘上的孔位上螺钉

（3）钻孔在天花板做上记号，钻孔，如图 6-72 所示。天花板上的孔一般钻 6mm 深即可。

图 6-72　做记号和钻孔

（4）把膨胀螺栓插到孔内，用锤子敲进去，如图 6-73 所示。

图 6-73　打入膨胀螺栓

（5）把膨胀螺丝完全嵌入墙内，然后固定挂板，如图 6-74 所示。一定要安装牢固。

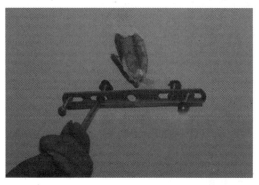

图 6-74　固定挂板

（6）固定吸顶盘和灯体。把挂板和吸顶盘用螺钉连起来，拧好螺钉，固定好吸顶盘，如图 6-75 所示。

图 6-75　固定吸顶盘

3. 组装吊灯的灯臂与灯体

（1）根据如图 6-76 所示吊灯组装示意图进行灯具组装。使用扳手将吊灯灯臂固定，而且要将灯臂均匀分布，否则安装后的吊灯就会倾斜，如图 6-77 所示。

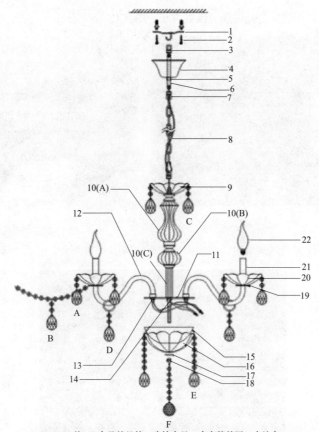

注：B水晶的另外一头挂在另一支弯管的同一个地方。

图 6-76　吊灯组装示意图

1—挂板；2—自攻螺丝；3—挂钩；4—吸顶盖；5—螺丝；6—带牙衬管；7—吊链；8—电源线；9—玻璃碟子；
10A—灯柱、10B—玻璃球、10C—梅花管；11—圆铁片；12—弯管；13—螺母；14—出线螺母；15—铁碗；
16—大玻璃碟；17—圆盖；18—内牙美的；19—挂环；20—玻璃碟；21—管子；22—蜡烛灯泡

图 6-77　固定灯臂

（2）将吊灯灯臂内各种电线正确连接，如图 6-78 所示，把每一条弯管里的线分成两条，主线也分成两条。将其中的一条线（弯管、主线）连接成一束，另外的线再接成一束线。最后将主线的另外两条与天花板处预留的相线、中性线连接起来即可。这一步非常的重要，必须要细心加耐心，否则安装后不亮则需要拆下来重新检查。

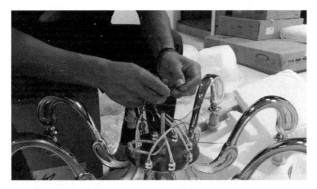

图 6-78　正确连接电线

（3）安装吊灯吊链与布套，如图 6-79 所示。

（4）连接主电源，如图 6-80 所示。

图 6-79　安装吊链与布套　　图 6-80　连接主电源

（5）调整吊灯吊链的高度，安装吊灯灯臂的玻璃碗与套管等配件，如图 6-81 所示。

（6）安装吊灯光源与灯罩，如图 6-82 所示。

图 6-81　调整吊链的高度　　图 6-82　安装光源与灯罩

4. 吊灯安装注意事项

（1）注意吊灯不能安装过低。使用吊灯要求房子有足够的层高，吊灯无论安装在客厅还是餐厅，都不能吊得太矮，以不出现阻碍人正常的视线或令人觉得刺眼为宜，一般吊杆都可调节高度。如果房屋较低，使用吸顶灯更显得房屋明亮大方。

（2）注意底盘固定牢固安全。灯具安装最基本的要求是必须牢固。由于组合式吊灯比较重，且体积较大，因此应采用预埋吊钩或从屋顶用膨胀螺栓直接固定支吊架安装。安装灯具时，应按灯具安装说明的要求进行安装。

（3）检查吊杆连接牢固。一般吊灯的吊杆有一定长度的螺纹，可备调节高低使用。除了认真检查安装后底盘的固定是否牢固，吊索吊杆下面悬吊的灯箱，应注意连接的可靠性。

6.3.4 小型吊灯安装

小型吊灯的组合形式多样，单盏、三个一排、多个小灯嵌在玻璃板上，还有由多个灯球排列而成的，体积大小各异，如图6-83所示。在选择餐厅吊灯时，要根据餐桌的尺寸来确定灯具的大小。餐桌较长，宜选用一排由多个小吊灯组成的款式，而且每个小灯分别由开关控制，这样就可依用餐需要开启相应的吊灯盏数。如果是折叠式餐桌，则可选择可伸缩的不锈钢圆形吊灯来随时依需要扩大光照空间。单盏吊灯或风铃形的吊灯就比较适合与方形餐桌或圆形餐桌搭配。

图 6-83　各种样式的小型吊灯

1. 安装要求

餐厅通常安装小型吊灯，一般根据房间的层高、餐桌的高度、餐厅的面积来确定吊灯的悬挂高度。大多数吊灯的悬垂铁丝是固定的，只能在安装前调节好长短，一般吊灯应与餐桌相距55～60cm。若想适时地调整吊灯高度，则选择具有随意升降装置的灯具。需要注意的是，吊灯的悬挂高度直接影响着光的照射范围，过高显得空间单调，过低又会造成压迫感，因此，只需保证吊灯在用膳者的视平线上即可。另外，为避免饭菜在灯光的投射下产生阴影，吊灯应安装在餐桌的正上方。

由多个灯球组成的吊灯，在安装时要注意把它排列成等边三角形，使灯球受力均匀而不易破碎。

2. 安装方法

餐厅吊灯的安装与本节前面介绍的吸顶灯的安装方法基本一致。

（1）选择好吊灯安装的位置，先用电锤钻孔，把膨胀螺栓敲入天花板内。钻孔时要避开吊灯或天花板中埋的暗线。

（2）把天花板内的电源线拉出，从挂板靠中的位置穿过，接着用扳手把垫片、螺母以顺时针方向拧紧，把挂板紧固在天花板上，方能进行试拉测试，确保挂板能够承受灯具的重量。

（3）把灯体挂在挂板上的挂钩上，拉起灯体内电线，与挂板内的电线相应极性对接拧紧，用扎线带固定后缠上电工胶布防止漏电。

（4）确定电线部分对接安全后，锁紧保险螺钉。

【特别提醒】

餐厅吊灯安装或高或低，都会影响就餐体验。一般吊灯的最低点到地面的距离约为 2m，而餐桌一般高度为 75cm 左右，那么吊灯的最低点到餐桌表面的距离为 55~75cm 左右，这样既不会影响照明亮度，也不会被人碰撞。

6.3.5 水晶吊灯安装

水晶吊灯光芒璀璨夺目，常常作为复式等户型装饰挑空客厅的首选。但由于水晶吊灯本身重量较大，安装成为关键环节，如果安装不牢固，它就可能成为居室里的"杀手"。

水晶灯一般分为吸顶灯、吊灯、壁灯和台灯几大类，需要电工安装的主要是吊灯和吸顶灯，虽然各个款式品种不同，但安装方法基本相似。

目前，水晶灯的电光源主要有节能灯、LED 或者是节能灯与 LED 的组合。

1. 灯具检查

（1）打开包装，取出包装中的所有配件，检查各个配件是否齐全，有无破损，如图 6-84 所示。

图 6-84　打开包装，检查配件

（2）接上主灯线通电检查，测试灯具是否有损坏，如图 6-85 所示。如果有通电不亮灯等情况，应及时检查线路（大部分是运输中线路松动）；如果不能检查出原因，应及时同商家联系。这步骤很重要，否则配件全部挂上后才发现灯具部分不亮，又要拆下，徒劳无功。

图 6-85　通电试灯，测试灯具是否有损坏

2. 地面组装灯具部件

由于水晶灯的配件及挂件比较多，通常是在地面把这些部件组装好之后，再进行吊装。

（1）铝棒、八角珠及钻石水晶的组装。铝棒、八角珠、钻石水晶等配件的数量很多，其组装过程见表 6-18。

表 6-18 铝棒、八角珠及钻石水晶的组装

序号	配件组装	图示
1	用配件中的小圆圈扣在铝棒的孔中	
2	将丝杆拧入 4 颗螺杆中	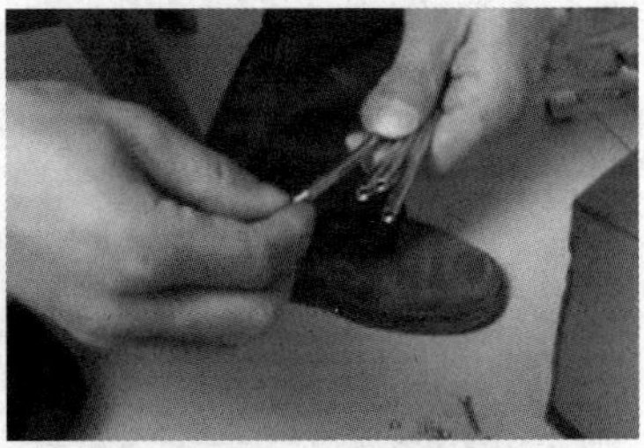
3	把八角珠和钻石水晶扣在一起	

（2）底板上组件的安装。底板上的组件比较多，其安装方法见表 6-19。

表 6-19 底板上组件的安装步骤

步骤	方法	图示
1	把扣好小圆圈的铝棒扣到底板的固定架上	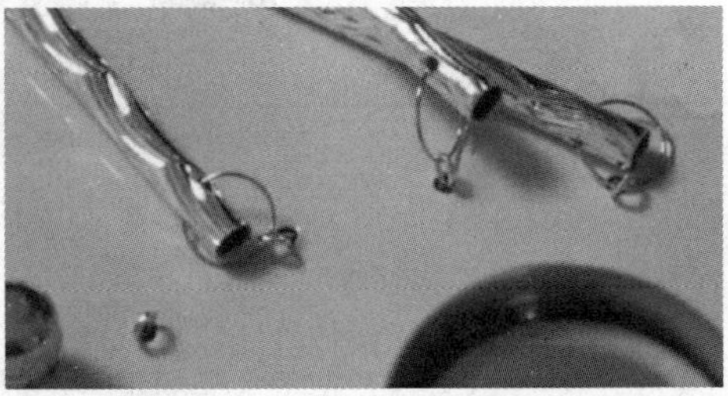

续表

步骤	方法	图示
2	把钻石水晶扣在底板中央的固定扣上	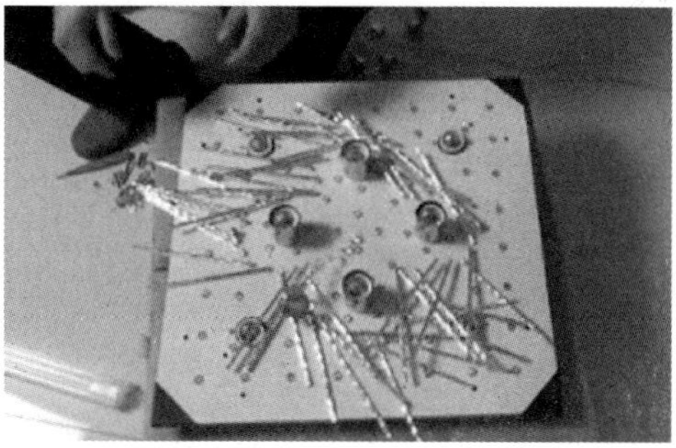
3	把装好螺杆的亚克力脚固定在底板上，一共 8 只	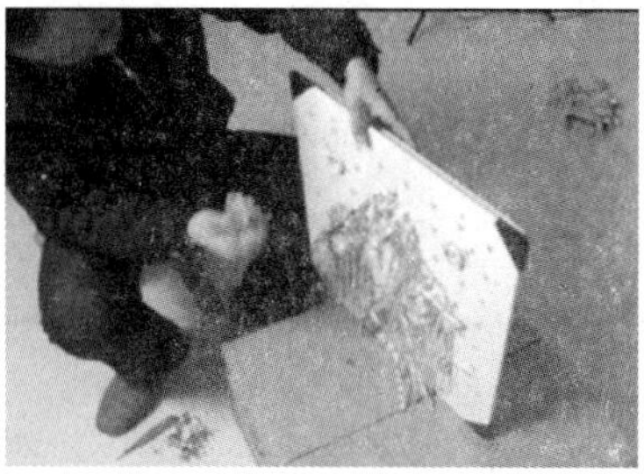
4	把装好螺牙的螺杆也固定在底板上	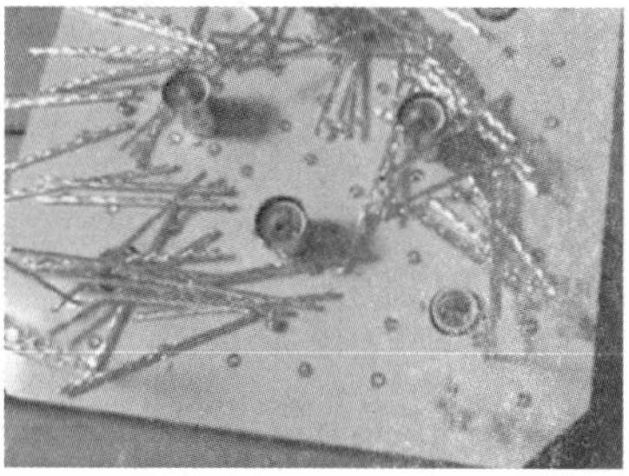
5	装好光源（灯泡）	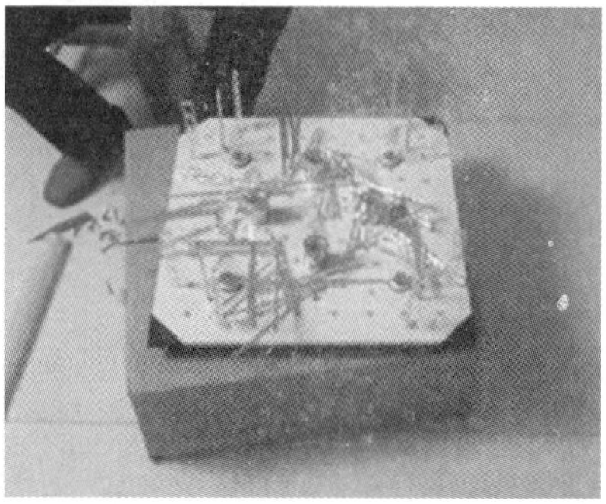

续表

步骤	方法	图示
6	卸下十字挂板上的螺丝	
7	按照固定孔的位置锁紧挂板上的螺钉	

3. 安装挂板和地板

水晶灯底座挂板的安装方法与本节介绍的吸顶灯底座挂板安装方法基本相同，这里仅简要说明。

（1）将十字挂板固定到天花板上，如图 6-86 所示。

图 6-86　将十字挂板固定到天花板上

（2）将底板固定在天花板上，如图 6-87 所示。

图 6-87　将底板固定在天花板上

4. 安装其他配件

灯具其他配件的安装方法见表 6-20。

表 6-20　　　　　　　　　　　　　灯具其他配件的安装

步骤	方法	图示
1	用螺杆将灯罩固定到灯头上，每个灯头 3 个螺杆	
2	用螺杆将钢化玻璃固定	
3	将玻璃棒插入到固定好了的亚克力脚中	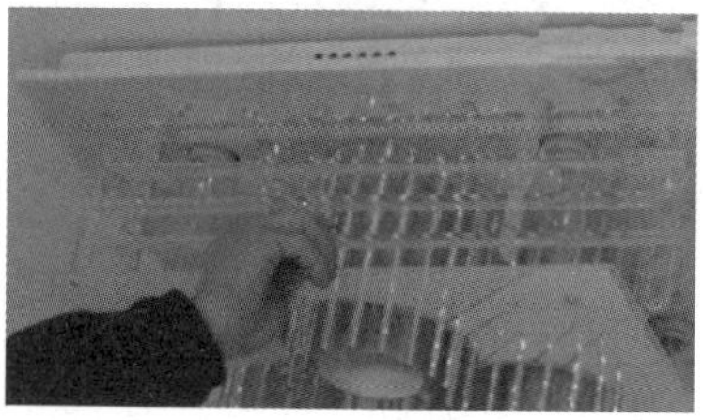
4	试灯	

5. 安装水晶灯的注意事项

（1）打开包装后，先对照图纸的外形，看看什么配件需要组装，如图 6-88 所示为某型号水晶灯盘的配件。

正面效果　　　　　　　　　　　背面效果

图 6-88　某型号水晶灯盘的配件

（2）安装灯具时，如果装有遥控装置的灯具，必须分清相线与中性线。

（3）固定灯时，需要 2～3 人配合。

（4）如果灯体比较大，接线较困难，可以把灯体的电源连接线加长，一般加长到能够接触到地上为宜，这样就容易安装很多。装上后把电源线收藏于灯体内部，只要不影响美观和正常使用即可。

（5）为了避免水晶上印有指纹和汗渍，在安装时操作者应戴上白色手套。

6.3.6　LED 灯带安装

1. LED 带灯简介

LED 灯带是指把 LED 组装在带状的 FPC（柔性线路板）或 PCB 硬板上，因其产品形状像一条带子一样而得名。

随着生活水平的提高，人们对物质文明的追求开始从以前的豪华奢侈转向舒适、环保，LED 灯带以颜色逼真、多样、环保、长寿命等特点走进了人们的视线。现在的家居装饰，除了讲究文化内涵之外，还要讲光、色的搭配和节能、环保的要求，LED 灯带正好满足了这一条件。LED 灯带的发光亮度有普通、高亮、超高亮等，可以满足不同人的需求；发光颜色有红、绿、蓝、黄、黄绿、紫、七彩、白等，适合不同的环境、不同的场合需求；功率低到一颗 LED 只有 0.06W，还有的只有 0.03W，电压采用直流 12V 供电，既安全，有环保（直流无频闪，可以保护眼睛）。另外，LED 灯带柔软，可以任意弯曲造型，适合不同地方的装饰需求；再加上体积小、轻、薄，不占地方，也满足于人们对空间的追求。

在木龙骨加石膏板的吊顶，预留有 100mm 宽灯槽，在灯槽中安装 LED 灯作为附助装饰光源是近年来家庭室内装修的一种潮流，如图 6-89 所示。

黄光效果图　　　　　蓝光/绿光　　　　　白光效果图　　　　　白光效果图

图 6-89　LED 灯带在室内装修中的应用

LED 灯带因为采用串并联电路，可以每 3 个一组任意剪断而不影响其他组的正常使用。对于装修时的因地制宜有好处，而且还不浪费，多余的仍然可以用于其他地方。

防水型 LED 灯带还可以放在鱼缸之中，让灯带的光芒在水底闪耀，对于家居装饰来说也是一个极大的亮点。

2. LLED 灯带的配件

安装 LED 灯带所需要的配件主要整流电源线、中间接头、尾塞和固定夹，如图 6-90 所示，各配件的作用见表 6-21。

LED 灯带

整流电源线

尾塞

固定夹

中间接头

图 6-90　LED 灯带及配件

表 6-21　　　　　　　　　　　　　　LED 灯带配件的作用

序号	配件名称	作用
1	整流电源线	用于将 220V 电源转换为低压直流电压（一般为直流 12V 电压），为灯带供电。有的产品还有灯光变换控制功能
2	中间接头	用于灯带长度不够时将两段灯带连接起来安装
3	尾塞	用于封闭和保护 LED 灯带的尾部端头
4	固定夹	安装时配合钉子用于固定灯带

3. LED 灯带安装的步骤及方法

（1）估算灯带的米数及配件。现场测量尺寸，确定所需灯带的米数及配件。如图 6-91 所示为某客厅 LED 灯带米数及配件确定的方法。

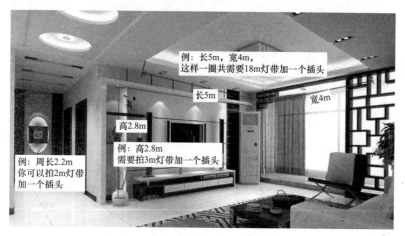

图 6-91　确定 LED 灯带米数及配件数量

（2）剪断灯带。根据测量后的计算结果，进行加工截取相匹配的长度。市场上常见的 12V LED 灯带，每 3 个灯珠为一组，组与组之间有个"剪刀"的标志，剪断距离一般是 50mm。24V 电压的 LED 灯带，每组 6 颗灯珠，剪断距离一般是 100mm。220V 电压的 LED 灯带，每组有各种灯珠数量：72 颗、96 颗、144 颗等，可剪断距离长达 1m 甚至 2m。灯带的剪断方法如图 6-92 所示。

【特别提醒】

只有从剪口截断，才不会影响电路工作。如果随意剪断，会造成一个单元不亮。彩色灯带一般为整米剪断，如果需要安装的长度是 7.5m，则灯带就要剪 8m。

（3）灯带电源线的连接。LED 灯带一般为直流 12V 或者直流 24V 电压供电，因此需要使用专用的开关电源，电源的大小根据 LED 带灯的功率和连接长度来定。如果不希望每条 LED 灯带都用一个电源来控制，可以购买一个功率比较大的开关电源作为总电源，然后把所有的 LED 灯带的输入电源全部并联起来，统一由总开关电源供电，如图 6-93 所示。这样的好处是可以集中控制，缺点是不能实现单个 LED 灯带的点亮效果和开关控制。具体采用哪种方式，可以由用户自己去决定。

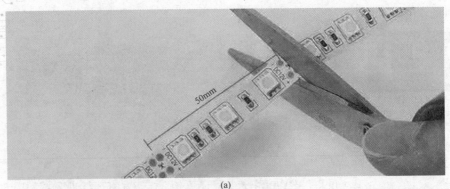

(a)

裁剪方法
本产品为整米裁剪，如需剪断请依照如图位
置准确裁剪，剪错、剪偏将导致灯带不亮
注：2m灯带之间有一段空白距离可以在此
垂直裁剪，严禁在灯珠之间裁剪！

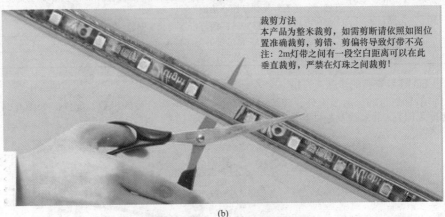

(b)

图 6-92　根据计算长度剪断灯带
(a) 间隔 50mm 剪断；(b) 整米剪断

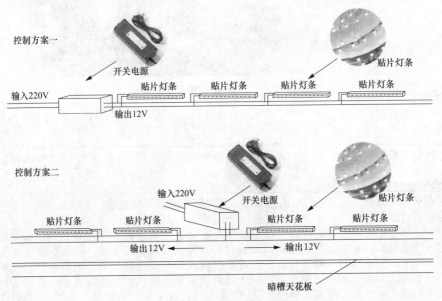

图 6-93　LED 灯带电源控制方案

每条 LED 带灯必须配一个专用电源，LED 灯带与电源线的连接方法见表 6-22。

表 6-22 LED 灯带与电源线的连接

步骤	连接方法	图示
1	将插针对准导线	
2	向前推，让插针与导线良好接触	
3	在灯带的尾部，盖上尾塞	

【特别提醒】

LED 灯带本身是二极管构成的，采用直流电驱动，所以灯带线是有正负极的。安装时，如果电源线的正负极接反了，则灯带不亮。安装测试时如果发现通电不亮，就需要重新按照 LED 的极性正确接线。

（4）在灯槽里摆放灯带。在吊顶的灯槽里，把 LED 灯带摆直。灯带是盘装包装，新拆开的灯带会扭曲，不好安装，可以先将灯带整理平整，再放进灯槽内，用专用灯带卡子（固定夹）固定好灯带，也可以用细绳或细铁丝固定。现在市场上有一种专门用于灯槽灯带安装的卡子，叫"灯带伴侣"，使用之后会大大提高安装速度和效果，如图 6-94 所示。

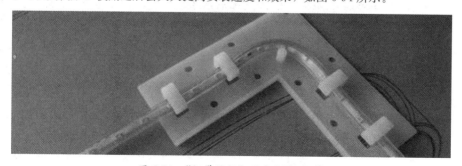

图 6-94 "灯带伴侣"固定 LED 灯带

灯带是单面发光，安装时如果摆放不平整，就会出现明暗不均匀的现象，特别是拐角处最容易出现这种现象，如图 6-95（a）所示。在拐角处用"灯带伴侣"来固定灯带，就可以完全消除发光不均匀的现象，如图 6-95（b）所示。

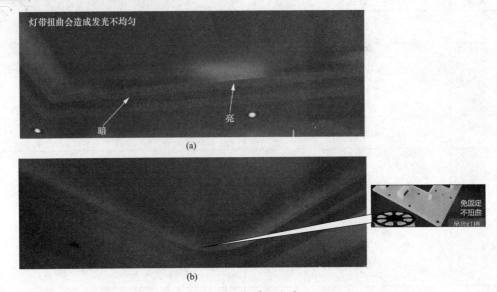

图 6-95　灯带发光情况

（a）灯带摆放不平；发光不均匀；（b）灯带摆放平整；发光均匀

4. 安装 LED 灯带的注意事项

（1）LED 灯带只能在标记得剪断，剪错或剪偏会导致一米不亮！在剪之前应仔细看清楚标记处位置。

（2）注意 LED 灯带的连接距离。LED 跑马灯带和 RGB 全彩灯带需要使用控制器来实现变幻效果，而每个控制器的控制距离不一样。一般而言，简易型控制器的控制距离为 10～15m，遥控型控制器的控制距离为 15～20m，最长可以控制到 30m 距离。如果 LED 灯带的连接距离较长，而控制器不能控制那么长的灯带，那么就需要使用功率放大器来进行分接。

如果超出了上述连接距离，则 LED 灯带很容易发热，使用过程中会影响 LED 灯带的使用寿命。因此，安装的时候一定要按照厂家的要求进行安装，切忌让 LED 灯带过负荷运行。

（3）如果不是 220V 灯带，请勿直接用 AC220V 电压去点亮灯带。

（4）灯带与电源线连接时，正、负极不能接反。

（5）在整卷灯带未拆离包装物或堆成一团的情况下，切勿通电点亮 LED 灯带。

（6）灯带相互串接时，每连接一段，即试点亮一段，以便及时发现正负极是否接错和每段灯带的光线射出方向是否一致。

（7）灯带的末端必须套上尾塞，用夹带扎紧后，再用中性玻璃胶封住接口四周，以确保安全使用。

6.3.7　嵌入式筒灯安装

相对于普通明装的灯具，筒灯是一种更具有聚光性的灯具，一般都被安装在天花吊顶内（因为要有一定的顶部空间，一般吊顶需要在 150mm 以上才可以装）。嵌入式筒灯的最大特点就是能保持建筑装饰的整体统一与完美，不会因为灯具的设置而破坏吊顶艺术的完美统一。筒灯通常用于普通照明或辅助照明，在无顶或吊灯的区域安装筒灯，光线相对于射灯要柔和。一般来说，筒灯可以装白炽灯泡，也可以装节能灯。

1. 筒灯介绍

依据安装方式不同，筒灯可分为竖装筒灯、横装筒灯和明装筒灯，其主要规格见表 6-23。常用筒灯的主要参数见表 6-24。

表 6-23   筒 灯 的 规 格

序号	种类	图示	主要规格
1	竖装筒灯		2 英寸（约 51mm）、2.5 寸（约 64mm）、3 英寸（约 76mm）、3.5 英寸（约 89mm）、4 英寸（约 102mm）、5 英寸（127mm）、6 英寸（约 152mm）
2	横装筒灯		4 英寸（约 102mm）、5 英寸（127mm）、6 英寸（约 152mm）、8 英寸（约 203mm）、9 英寸（约 229mm）、10 英寸（254mm）、12 英寸（约 305mm）
3	明装筒灯		2.5 英寸（约 64mm）、3 英寸（约 76mm）、4 英寸（约 89mm）、5 英寸（约 127mm）、6 英寸（约 152mm）

表 6-24   常用筒灯的主要参数

规格（英寸）	灯直径（mm）	开孔直径（mm）	功率（W）
2.5	100	80	5
3	110	90	7
3.5	120	100	9
4	14.20	120	13
5	17.80	150	18
6	190	165	26

2. 筒灯安装步骤及方法

一般家庭安装的筒灯采用嵌入式的安装方式，这样可以保证天花吊顶的统一与完美，增加空间的柔和气氛。安装嵌入式筒灯的步骤及方法见表 6-25。

表 6-25   安装嵌入式筒灯步骤及方法

步骤	方法	图示
1	按开孔尺寸在天花板上开圆孔	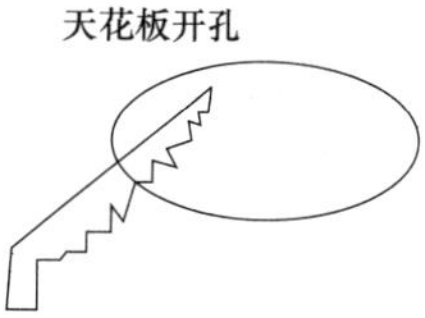 天花板开孔

步骤	方法	图示
2	拉出供电电源线，与灯具电源线配接，注意接线须牢固，且不易松脱	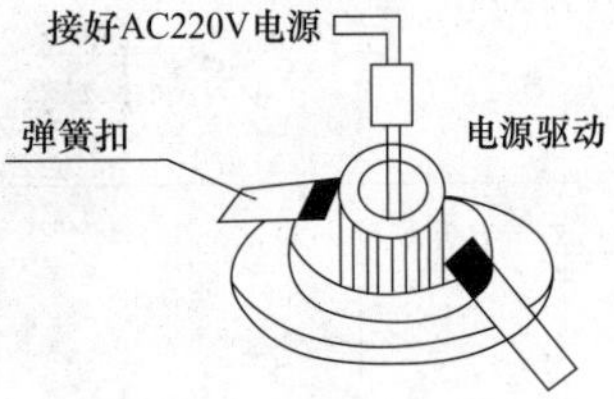
3	把灯筒两侧的固定弹簧向上扳直，插入顶棚上的圆孔中	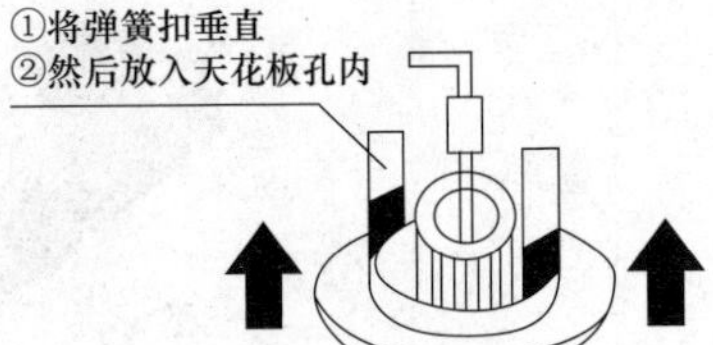
4	把灯筒推入圆孔直至推平，让扳直的弹簧会向下弹回，撑住顶板，筒灯会牢固地卡在顶棚上	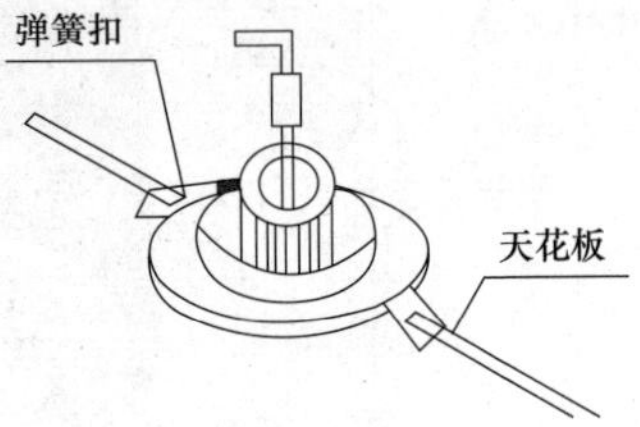

【特别提醒】

如果需要拆筒灯时，先关闭电源，用手抓住灯具灯口，按住面盖，用力下拉即可。

嵌入式射灯与嵌入式筒灯的安装方法基本相同。

6.3.8 壁灯安装

壁灯可将照明灯具艺术化，达到亦灯亦饰的双重效果。壁灯能对建筑物起画龙点睛的作用。它能渲染气氛、调动情感，给人一种华丽高雅的感觉。一般来说，人们对壁灯亮度的要求不太高，但对造型美观与装饰效果要求较高。有的壁灯造型格调与吊灯是配套的，使室内达到协调统一的装饰效果。

1. 适合安装壁灯的场所

（1）壁灯安装位置：床头。由于是辅助照明，因此卧室床头头正需要壁灯的帮助，因为卧室一般都需要有辅助照明装饰，在床头安装的壁灯，最好选择灯头能调节方向的，灯的亮度也应该能满足阅读的要求，壁灯的风格应该考虑和床上用品或者窗帘有一定呼应，才能达到比较好的装饰效果。

（2）壁灯安装位置：走廊或客厅。除了卧室需要辅助照明之外，一般客厅门厅或者过道等空间也是需要壁灯来进行辅助照明的，这些地方的壁灯一般灯光应该柔和，安装高度应该略高于视平线，使用时最好再搭配一些别的装饰物，比如：一幅油画、装饰有插花的花瓶或者一个陈列艺术品的壁框等，这样装饰出来的效果更加微妙。

（3）壁灯安装位置：镜前。卫浴空间中的镜前灯也可以选择壁灯进行安装，卫浴镜前安装的壁灯一般安装在卫生间镜子的上方，最好选择灯头朝下的，灯的风格可以考虑与水龙头或者浴室柜的拉手有一定的呼应。

（4）壁灯安装位置：餐厅。小户型的餐厅，如果选择一盏吊灯装饰，可能光线会太过于明亮刺眼，而且垂吊的吊灯会令本来就紧凑的空间更加的拥挤，而选择一盏或都两盏餐厅墙壁风格与色调相搭配的壁灯进行装饰则会是令一番装饰风景。

2. 壁灯安装步骤及方法

壁灯的安装高度一般要稍微高过视平线，大概在 1.8m。壁灯的高度距离工作面一般为 1440～1850mm，距离地面则为 2240～2650mm。但是卧室的壁灯离地面的距离可以近一些，大概在 1400～1700mm。而壁灯挑出墙面的距离一般在 95～400mm。

壁灯的安装比较简单，其安装步骤及方法如下：

（1）取出壁灯里面的支架在墙上做个记号。

（2）在墙上打孔，再塞进膨胀管用螺丝固定支架。

（3）连接灯线。

（4）固定好支架，安装后效果如图 6-96 所示。

图 6-96   壁灯安装后的效果

3. 壁灯的控制方式

卧室灯具最好采用两地控制，安装在门口的开关和安装在床头的开关均可控制顶灯和壁灯即顶灯和壁灯两地开关控制，使用非常方便。

第7章

电力设备故障检测与处理

7.1　电力设备故障检测法

7.1.1　直观检测法

1. 根据声音和振动发现故障

任何电气设备在运行中都会发生各种声音和振动。例如变压器中的励磁电流引起硅钢片磁致伸缩而发出振动的声音；旋转电机轴承处产生的机械振动声音等。这些声音和振动是运行中设备所特有的，也可以说这是表示设备运行状态的一种特征。如果仔细地注意观察这种声音和振动，就能通过检测声音的高低、音色的变化和振动的强弱来判断设备的故障。

（1）检测声音或振动的简便方法。利用人的感觉来检测声音或振动的方法有下列几种。

1）用耳听。与电力设备接触时间长了，它们什么状态下会发出什么声音，一旦有异样，就能及时发现。耳听声音就能对常见的电力设备运行情况进行辨别，这主要是由于设备运行中产生的振动或者噪声是发生一些不正常情况的病症。因此，通过听声音，就可以对一些动设备的情况进行体检，辨别是否发生故障。

2）利用听音棒检测。如图7-1所示，采用听音棒（或者木柄螺丝刀）靠听觉可以听到电动机的各种杂音，其中包括电磁噪声、通风噪声、机械摩擦声、轴承杂音等，从而可判断出电动机的故障原因。引起噪声大的原因，在机械方面有轴承故障、机械不平衡、紧固螺钉松动、联轴器连接不符合要求、定转子铁心相擦等；在电气方面有电压不平衡、单相运行、绕组有断路或击穿故障、启动性能不好、加速性能不好等。

图7-1　利用听音棒检测电动机故障

3）用检查锤检测。这是用检查锤敲打被检部位，根据所发出声音进行检查的方法。常用于检查有机械运动的设备。

4）用手摸凭触觉检测。通过手摸能发现的故障有电动机的温度过高和振动异常现象（如轴承损坏、轴承缺油造成的振动）。

用手摸电动机表面估计温度高低时，由于每个人的感觉不同，带有主观性，因此要由经验来决定。

（2）通过声音、振动能发现的故障。

1）电动机的异常声音和振动。运行中的电动机本来就发出各种声音和振动，但在巡视检查中如发现有叩击声，滑动声，金属声等，即与平时运行中比较感到有差异时，就有必要调查一下是什么原因。这时应调查分析异常声音是由电动机本身的异常而产生的，还是由于外因而产生。但在不能作出判断时，解开联轴器将电动机单独试运转就可以弄清楚了。

电动机振动的原因很多，但大致可归纳三种，见表7-1。

表7-1　　　　　　　　　　　　　电动机振动的原因

振动的原因	说明	处理办法
地基或安装状态不良	这是由于地基下沉或其他长期变化的因素使相连接设备的安装中心线发生偏移、联轴器螺栓发生松动和摩擦等，从而引起振动	进行仔细检查后调整中心线，使其一致

振动的原因	说明	处理办法
轴承损坏 （电动机及负载侧）	轴承破损，轴瓦金属磨损和润滑油不足等会引起振动。在电动机的故障原因中由轴承而引起的故障最多（约占 1/3），特别在能听到叩击声时尤其应该注意。电动机滚动轴承损坏的原因和滑动轴承的略有差异	若滚动轴承用于中小型电动机而有异常声音时，一般采用上润滑油来抑制异常声音的方法。在适当的间隙内，补充适量的润滑油是必要的，但不宜过多
负载侧传来的振动	如鼓风机叶片根部附着有异物而使负载失去平衡，皮带传动机的皮带没有调整好等原因引起的振动	调整，设法消除振动源

2）变压器的异常声音和振动。变压器虽属于静止设备，变压器正常运行时，应发出均匀的"嗡嗡"声，这是由于交流电通过变压器线圈时产生的电磁力吸引硅钢片及变压器自身的振动而发出的响声。如果产生不均匀或其他异音，都属不正常的，见表 7-2。

表 7-2 　　　　　　　　　　　变压器异常声音的原因

异常声音	产生原因
声音比平时增大，声音均匀	电网发生过电压。电网发生单相接地或产生谐振过电压时，都会使变压器的声音增大，出现这种情况时，可结合电压表计的指示进行综合判断。 变压器过负荷时，将会使变压器发出沉重的"嗡嗡"声，若发现变压器的负荷超过允许的正常过负荷值时，应根据现场规程的规定降低变压器负荷
有杂音	有可能是由于变压器上的某些零部件松动而引起的振动。如果伴有变压器声音明显增大，且电流电压无明显异常时，则可能是内部夹件或压紧铁芯的螺钉松动，使硅钢片振动增大所造成的
有放电声	变压器有"噼啪"的放电声，若在夜间或阴雨天气下，看到变压器套管附近有蓝色的电晕或火花，则说明瓷件污秽严重或设备线卡接触不良。若是变压器内部放电则是不接地的部件静电放电或线圈匝间放电，或由于分接开关接触不良放电，这时应对变压器做进一步检测或停用
有爆裂声	说明变压器内部或表面绝缘击穿，应立即将变压器停用检查
有水沸腾声	变压器有水沸腾声，且温度急剧变化，油位升高，则应判断为变压器绕组发生短路或分接开关接触不良引起的严重过热，应立即将变压器停用检查

3）继电器盘或电磁接触器盘有声音和振动。即使在正常情况下，继电器或电磁接触器盘内也会发出一定的声音和振动，但有特殊的不正常声音，其原因见表 7-3。

表 7-3 　　　　　　　　　继电器盘或电磁接触器盘有声音和振动的原因

可能原因	说明
电磁接触器的老化和污损	使用着的接触器接近使用寿命终止时，在接触器本身构　件松动的情况下，灰尘积聚在可动铁芯和固定铁芯之间，使铁芯之间出现间隙而产生了"响声"。而当接触器的工作电源是交流电时，甚至会发展到线圈烧毁。解决的措施是在粉尘严重的地方最好定期用压缩空气猛吹进行清扫
电磁接触器不正常	对某一特定的接触器，如果发出比平时高得多的异常声音，就有必要拆下这个接触器调整一下
接触器安装不良和配线接头处松动	在长年累月工作中由于经常有各种微微地振动，使电磁接触器的安装螺丝松动而跳出配电盘壳体，以及配线接头处松动等而引起接触器振动。为了防止因配线接头松开而引起接触不良等，可以每隔 2 年对各部分检查和旋紧一次。特别是装在外界振动较多部位的配电盘，更需定期检查旋紧

2. 根据温度变化发现故障

各种电气设备和器材，不管是静止的还是旋转的，只要通过电流总会产生热量。另外，在旋转设备中还会因可动部分的与固定部分的摩擦而发热，使温度上升。但这种温升通常总是在额定温度以下的一定温度时达到饱和，使设备能连续运行。

但是无论发生任何电气方面或机械方面的不正常情况，就会通过温度的变化表现出来，即温度升高至额定温度以上。

（1）检测温度变化的简单方法。

1）用手摸凭感觉来检测温度变化情况。

2）用贴示温片（带）或涂示温涂料来检测温度变化情况。示温片（带）直接粘贴在导电母排接头、隔离开关、变压器外壳等各种设备表面，一旦超温度，示温片的颜色会发生显著变化，如图 7-2 所示。

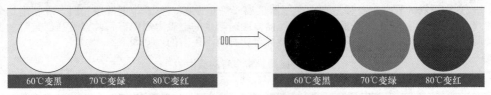

图 7-2 示温片

3）用固定安装的温度传感器或温度计检测温度变化情况。

4）电阻法检测温度变化情况。绕组的温升也可用电阻法测量。导体电阻随着温度升高而增大。电阻的测量可用伏安法或电桥法测量。在切断电源后测定，则测得的温升要比断电瞬间的实际温度低。据统计，对于一般中小型电动机，如果电阻值在断电后 20s 左右测得，则计算出的温升比实际的温升低 3℃ 左右。

（2）电动机通过检测温度能够发现的故障。通过手摸和观察温度显示仪表，就可知道温度有否变化，但检测部位不同其故障类型也不相同，通常能够检测到的温度升高有：外壳及内部绕组的温度过高；轴承温度过高；进、排风温度不正常；整流子表面温度过高等，见表 7-4。

表 7-4 电动机温度升高的检查

温升部位	原因及分析
外壳及内部绕组	温度升高的原因可能是过负荷，单相运行，绕组性能不好和进风量不足等。 电动机的最高允许温度因所用的绝缘材料而不同。正常状态下绝缘耐温等级为 Y 级的电动机外壳温度与 F 级电动机的外壳温度差相当大。因此，判断温度正常与否，单凭温度高低是不够的，必须了解其耐温等级作综合判断。对于中型电机，其外壳温度通常比内部线圈温度要低 30～40℃，所以从外壳温度可以大致推算出其内部温度
轴承	如果是滚动轴承，温度过高的原因可能是轴承破损、润滑油不足。 如果是滑动轴承，则原因可能是金属磨损、供油量不足、油冷却器不良、冷却水断水等。 另外，由于轴承的最大允许温升（在环境温度为 40℃ 时轴承的表面温升）规定为 40℃，所以可认为在轴承外壳温度达到 80℃ 时使用应无问题。滚动轴承中使用耐热润滑油时，预计还可允许比 80℃ 高出 10～20℃
排风处	电动机采用强迫冷却时（单元冷却方式、通风阀送风方式），排气温度是重要的监视数据。排气温度高的原因可能是过负荷、环境温度太高，冷却风量不足、冷却器不正常（过滤网孔堵塞造成断水、冷却能力低）等。 特别是在水冷式冷却器中，内部生锈、积沉水垢等会显著降低冷却效果，必须隔一定的时间打开清洗
整流子	直流电动机和转子异步电动机的整流子及滑环温度如果高于所规定的限度，就应尽快进行详细的检查。造成整流子及集电环温度过高的原因可能是电刷压力不正常、异常振动、电流不平衡、冷却风量不足等

（3）电气接触部分温度升高。这种故障在电气事故中非常多，而电气接头在电力设备中又

是很多的。例如：刀开关设备的可动接触处；断路器、电磁接触器的触点部位；电线与电器的接头（连接端子）等。

这一类故障多数是由于振动、绝缘材料干枯或老化使连接螺丝在长年累月之中发生松动，引起这部分的接触电阻增大，不少情况下会因接头处局部发热而发展成设备烧毁事故。所以对预计温度可能会过高的部位应定期采取紧固的措施，特别对于新装上的设备，应在一年内重新检查并紧固一次。

（4）配电间室内温度过高。配电间室内温度过高往往是被忽视的重要的迹象。在装有大量采用半导体的控制柜的房间里，特别应注意由于室内温度升高而产生故障。当发生原因不明的控制失常时适当调整一下空调系统就能恢复正常，这种例子是很多的。对于安装有大量采用半导体元件的控制柜等装置的配电间，必须采用空调，空调温度一般设定在 28℃ 左右。

3. 根据气味变化发现故障

当电器设备有故障时通常会伴有异味，如发热严重时有焦臭味等。对气味的感觉因人而异、千差万别。例如对电气产品，有的人在安装运行的开始阶段就会感到有异样的气味，有的人则在其他阶段也不会嗅到。不过，当电工产品（主要是绝缘材料）烧起来时产生的气味（刺鼻的臭）却是大家都能嗅到而能辨别的气味。

从某种意义上说，嗅气味是很重要的检测项目，但是单凭气味尚不能确定故障，只有综合对外观和变色的检查结果后才比较完善。

4. 根据外观目测检查发现故障

在电气设备的故障中，通过检查外观和变色情况可以发现的故障非常多，这些统称为通过目测检查能发现的异常现象判断。

目测检查能发现的现，例如，破损（断线、带伤、粗糙）；变形（膨胀、收缩）；松动；漏油、漏水、漏气；污秽；腐蚀；磨损；变色（烧焦、吸潮）；冒烟；产生火花；有无杂质异物；动作不正常。

（1）直流电动机的外观检测。

1）整流子表面的颜色。由于直流电动机的整流子表面的变色与整流电流现象有关，所以这是能根据变色做出情况判断的最常见的例子。整流子表面的颜色虽然随所用的电刷材料略有差别，但习惯上制成统一形状颜色为棕色。当一片整流子表面颜色出现不同时，把颜色特别明显不同的称为"黑色带"，这时应该怀疑转子绕组及整流子竖片是否存在一些不正常。特别是像下面叙述的产生整流火花时，必须进行仔细地检查。不正常的形状有条状凹痕、局部磨损、云母外凸等，如果产生条状凹痕，轻度时可用干净的布擦除整流子面及沟痕内的灰尘及碳粒，再用金钢砂纸把表面磨平。

2）电刷变粗糙。能顺利进行整流的电刷底部表面应是不光滑的细粒状，或是均匀地发出暗色的光泽。如有烧伤痕迹或底面有横向的变色面就认为是不正常。另外，缺损痕迹偏于一只电刷时，也可能是电气中心点偏移等引起，必须进行仔细地检查。

3）电刷引接线连接部位变色。铜引接线的颜色从铜的本色变为紫红色时，可以认为是过负荷或电流不平衡引起大电流使其过热变色。

4）整流子表面发出火花。在直流电动机中，完全看不到发生火花的优良产品虽然很多，实际上，允许少量对使用没有害的火花，这样有可能设法降低设备的价格并降低惯性力矩而提高其性能。如果在正常负荷时火花较小，在实际使用中不成问题。当火花程度较大时，必须及早进行仔细检查。特别是当恶化进度和恶化速度有强烈加速进展的趋势时，更应引起注意。

5）整流子竖片变色。检查直流电动机的外表时，不仅必须检查整流子表面，且也应检查整流子竖片和竖片与转子绕组的接头，查看是否变色。

（2）变压器的外观检测。对于油浸变压器通过外观和变色能检查出来的故障如下。

1）漏油。变压器外面沾着黑色的液体或者闪闪发光的时候，首先应该怀疑是漏油。大中型变压器装有油位计，可以通过油面水平线的降低而发现漏油。但小型变压器装在配电柜中时必须加以注意，因为漏出的油流入配电柜下部的坑内而不流到外面来，所以不易及时被发现。等到从外面弄清发生漏油时，漏掉的油就非常多。检查配电柜内部时万一发现漏油，必须寻找漏油部位及早进行再次焊接修理。

2）变压器油温。当变压器内部的油不与外界空气直接接触时，普通变压器的最大允许温升为 55℃。超过这个数值时就应怀疑有过负荷或冷却不良、绕组有故障等。

变压器油的温度用安装在外面的油温计测知。由于油温升高是促进油老化的重要因素，所以对负荷较大、平时油温较高的变压器，必须定期进行绝缘油试验。绝缘油品质的大致控制指标是击穿电压大于 25kV，pH 低于 0.3。

3）呼吸器的吸湿剂严重变色。吸湿剂严重变色的原因是过度的吸潮、垫圈损坏、呼吸器破损、进入油杯的油太多等。通常用的吸湿剂是活性氧化铝（矾土）、硅胶等，并着色成蓝色。然后当吸湿量达到吸湿剂重量的 20%～25%以上时，吸湿剂就从蓝色变为粉红色，此时就应进行再生处理。

吸湿剂再生处理应加热至 100～140℃直至恢复到蓝色。对呼吸器如果管理不善，就会加速油的老化。

4）干式变压器的温升限值，见表 7-5。

表 7-5　　　　　　　　　　干式变压器的温升限值

序号	绝缘等级	极限工作温度（℃）	最高温升极限（℃）
1	A	105	60
2	E	120	75
3	B	130	80
4	F	155	100
5	H	180	125
6	C	220	150

（3）电缆线路的外观检查。固定敷设在配线槽架上的电缆线路，电缆本体的故障是很少的。但对于移动使用的橡套电缆或是垂直敷设的电缆，通过外观检查能推测出故障的机会却不少。

1）电缆变形。电缆护套上可明显发现损伤痕迹时，可根据损伤的深度而决定是否更换或紧急修理。但如果仅仅是护套起皱时，要判断内部有否异常时是较难的。

护套产生起皱的原因虽然也有是制造中的缺陷，但有的是在长期运行中因老化而逐步发展的。如果护套起皱过大必须及早更换电缆。

2）电缆夹子松动。检查电缆卡子是否松动是外观检查的要点之一。卡子松动的原因是卡子部位的绝缘材料干枯或施工不良等，由此引起发展成故障的例子很多。例如，某电缆垂直敷设的中间夹板处卡子松动，使电缆受到下面的拉力，在某部位护套损坏，发生了接地故障。总之，因绝缘材料干枯使本来应该固定的地方发生松动而引起故障的例子占有不小的比例。

7.1.2　专用仪器检查法

在日常巡视过程中，当发现和初步确定有不正常情况时，为确定故障原因，就需要用专用仪器进行检查。在科学技术迅猛发展的今天，各种高精度、高可靠性、使用安全方便的新产品不断面世。电气工作人员应经常关注市场供应，尽可能采用新产品，在提高工作效率的同时，提高故障检测的准确率，保障生产的顺利进行。

1. 绝缘检测

电气设备在运行过程中会因热的、环境的和机械的等各种应力的作用而引起绝缘老化，直至最后不能发挥其在运行所必须具有的功能而寿命终止。

电气线路及设备中的各部分，除了电气设备技术规程中规定的接地部位外都必须绝缘，规程中还明文规定了相应的指标数值。如对低压线路规定了必须保持的绝缘电阻最低值，对中压和高压线路规定了必须具有的绝缘耐压水平和施加电压的时间。

规定这些试验项目不仅是为了每年定期进行检测，也不能说只要通过试验就算行了。这些试验的主要目的是规定了电气设备在任何时候、包括在运行状态下应该保持的某一限度的绝缘水平。为此有必要对电气线路中各种设备的绝缘状态进行定期或连续地监测。

电力设备所发生的各类事故中，有 80%以上的故障是由于绝缘的原因而引起。尤其是在低压电力设备中，由绝缘不良而引起的漏电火灾、触电事故很多，而且低压电器等一般是不从事电气工作的人也会直接接触，因此其绝缘情况不能忽视。

作为现场运行维护人员来说，重要的是在了解电力设备构造和使用方法的同时，应建立一套完整的绝缘检测方法（包括带电检测在内），以提高运行的可靠性。

测量绝缘的仪器和方法，大家熟知的有绝缘电阻表法、直流实验法、介质损耗角正切实验法、交流电流试验法和局部放电测试法等非破坏实验法。现在市场供应的还有用于检测输电线路绝缘子性能的"远距离绝缘子故障侦测器"，带背光功能、便于夜间操作的"绝缘测试仪"，用于测量绝缘油性能的"智能绝缘油击穿测试仪"等，如图 7-3 所示。

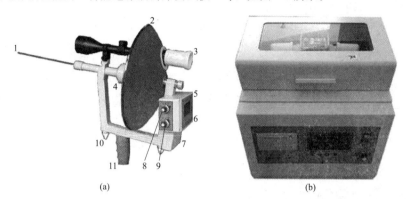

（a）　　　　　　　　　　　　　　　　　（b）

图 7-3　远距离绝缘子故障侦测器和智能绝缘油击穿测试仪
（a）远距离绝缘子故障侦测器；（b）智能绝缘油击穿测试仪
1—激光源；2—集波器；3—瞄准镜；4—高频传感器；5—耳机插孔；6—主机；
7—电源盒；8—灵敏度；9—对比度；10—背带扣；11—手柄

【特别提醒】
每一种绝缘结构的老化特性是各具特点的，操作者在日常工作中应注意积累各种绝缘结构的老化数据。

2. 绝缘带电检测

电力设备是昼夜不停连续工作的，除规定的定期停电检修外必须正常地运行。各种设备的负荷情况是不同的，如电力容器一直保持满负荷，而变压器在工厂开工时负荷一般为 80%，到了夜间或节假日就降至 10% 及以下。但是不管负荷多少，电力系统中的所有设备总是一刻不停地连续运行着。因此，假如在轻负荷时设备就存在着可能引起短路，接地等事故的潜伏因素的话，那么到了带负荷运行时就会成为产生过负荷、三相设备单相运行和热击穿之类事故的危险的起因。

固然有的故障只有在停止工作后才能找到，但是也有的故障必须在运行中才能确定，还有不少故障只有通过试送电才能查明原因。因此对电气设备的绝缘进行带电检测是非常必要的。

（1）检测因绝缘不良、接地等在回路中产生的各种故障现象的方法。
1）测定零序电流。
2）测定零序电压。
3）分析接地线上流过的电流。
4）测定局部放电现象。
5）测定局部放电的超声波现象。
6）测定电压分配和电场分布情况。
7）测出不正常的振动。
（2）从外部输入直流或交流信号进行测定的方法。
1）被测试回路上输入直流信号的方法。
2）被测试回路上输入交流信号的方法。

3. 温度检测

电气事故中，由于绝缘物受热产生热老化而引起的事故占相当大的比例。即使其他原因引起的事故，也有很多同时伴随温度的变化。

（1）带电测温仪。带电测温仪有接触式和非接触式两种。非接触式因其安全、可实现远距离测量和使用方便等优点，被广泛使用。

（2）示温记录标签。示温记录标签又称为变色测温贴片，是一种新颖的测温技术。

变色测温贴片具有许多测温仪器不具有的功能和优点；无需电源及连线、体积小、有温度记忆功能、易操作、成本低等。

（3）温度检测元件测温。温度检测元件（如热电阻等检测元件）测温，用于连续检测并带温度显示和控制的场合。

【特别提醒】

电力设备的故障诊断方法可谓多种多样，维修人员想要快速准确地对其故障进行维修，必须对各种电力设备的故障现象及其成因有一个充分的了解，只有在问题中分析、实践中总结，在不同环境下灵活运用所掌握的知识，才能不断完善技能，进而达到能够快速准确地诊断出故障并且对其进行维修的目的。

7.2　电力变压器故障检测与处理

电力变压器是电力系统中的主要设备，它是否正常运行直接影响电能的转换和控制，也直接影响系统的安全运行。在运行中，怎样准确检测变压器的潜伏性故障，为变压器的检修及故障处理提供科学的依据，对保证变压器安全运行具有重要意义。本节以常用的油浸风冷式变压器为例，介绍电力变压器故障检测方法。

7.2.1　故障原因及种类

1. 变压器故障的原因

（1）选用规格不当。

1）变压器绝缘等级选择错误。

2）所选的电压等级、电压分接头不当。

3）容量太小。

4）所选规格不能满足环境条件要求（盐雾、有害气体，温度、湿度）。

5）存在有未预计到的特殊使用条件（例如有脉冲状异常电压或短路频度高等）。

（2）制造质量不良。

1）材料不好（导电材料、磁性材料，绝缘材料）。

2）设计和工艺质量不好。

（3）安装不良和保护设备选用不当。

1）安装不良。

2）避雷器选用不当。

3）保护继电器、断路器不完善。

（4）运行、维护不当。

1）绝缘油老化。

2）过负荷运行，接线错误。

3）与外部导体连接处松动，发热。

4）对各种附件、继电器之类维护检查不当。

（5）异常电压。

（6）长期自然老化。

（7）自然灾害或外界物件的影响。

2. 变压器故障的种类

变压器故障的种类是多种多样的，它包括附件（如温度计，油位计）的质量问题，以及变压器内绕组的绝缘击穿等，下面列举变压器常见故障的分类方法。

（1）按故障发生的部位分类。

1）变压器的内部故障：

① 绕组：绝缘击穿，断线，变形；

② 铁芯：铁芯叠片之间绝缘不好，接地不好，铁芯的穿芯螺栓绝缘击穿；

③ 内部的装配金具发生故障；

④ 电压分接开关，引接线的故障；

⑤ 绝缘油老化。

2) 变压器的外部故障：

① 油箱：焊接质量不好，密封填圈不好；

② 电压分接开关传动装置：机械操动部分，控制设备；

③ 冷却装置：风扇、输油泵、控制设备；

④ 附件：绝缘套管、温度计、油位计、各种继电器。

(2) 按故障的发生过程分类。

1) 突发性故障：

① 由异常电压（外过电压、内过电压）引起的绝缘击穿；

② 外部短路事故引起绕组变形、层间短路；

③ 自然灾害：地震，火灾等；

④ 电源停电。

2) 长年累月逐渐扩展而形成的故障：

① 铁芯的绝缘不良，铁芯叠片之间绝缘不良，铁芯穿芯螺栓的绝缘不良；

② 由外界的反复短路引起绕组的变形；

③ 过负荷运行引起的绝缘老化；

④ 由于吸潮、游离放电引起绝缘材料，绝缘油老化。

7.2.2 异常现象及对策

变压器突然发生的事故，大多是由于外界的原因，一般不能预测。除了突发性事故以外的其他故障，只要日常认真检查，就能够发现各种异常现象，很多是能在初期阶段采取对策的。在日常检查中，能够发现的异常现象主要有变压器温度升高、油位不正常、过负荷、轻瓦斯保护动作、冷却系统故障等，其原因分析及采取的相应措施见表7-6。

表 7-6 　　　　　　　　　变压器日常检查发现的异常现象分析与对策

异常现象	异常现象判断	原因分析	对策
温度	(1) 温度计上读数值超过标准中规定的允许限度时； (2) 即使温度在允许限度内，但从负荷率和环境温度来判断，认为温度值不正常	(1) 过负荷	降低负荷或按油浸变压器运行导则的限度调整负荷
		(2) 环境温度超过 40℃	降低负荷； 设置冷却风扇之类的设备强迫冷却
		(3) 冷却风扇，输油泵出现故障	降低负荷； 修理或更换有故障的设备
		(4) 散热器阀门忘记打开	打开阀门
		(5) 漏油引起油量不足	参见后面"漏油"一项
		(6) 温度计损坏	装有两种温度计时可相互比较。可把棒状温度计贴在变压器外壁上校核是否正常；更换不好的温度计
		(7) 变压器内部异常。当上述 (1)～(6) 项的现象不存在时，可推测是内部故障	在本节后面介绍的检测方法修理
响声，振动	(1) 记住正常时的励磁声音和振动情况，当发现有与正常状态不同的异常声音或振动时（例如，励磁声音很高）； (2) 听到变压器内部有不正常的声音时	(1) 过电压或频率波动	把电压分接开关转换到与负荷电压相适应的电压挡
		(2) 紧固部件有松动现象	查清发生振动及声音的部位，加以紧固
		(3) 接地不良，或未接地的金属部分静电放电	检查外部的接地情况，如外部无异常则停电进行内部检查

异常现象	异常现象判断	原因分析	对策
响声，振动	（1）记住正常时的励磁声音和振动情况，当发现有与正常状态不同的异常声音或振动时（例如，励磁声音很高）； （2）听到变压器内部有不正常的声音时	（4）铁芯紧固不好而引起微震等	吊出铁芯，检查紧固情况
		（5）因晶闸管负荷而引起高次谐波（控制相位时）	按高次谐波的程度，有的可照常使用，有的不准使用，要与制造厂商量； 从根本上来说，选用变压器的规格时有必要考虑承受一些高次谐波
		（6）偏磁（例如直流偏磁）	改变使用方法，使其不产生偏磁； 选用偏磁小的变压器品种，进行更换
		（7）冷却风扇，输油泵的轴承磨损，滚珠轴承有裂纹	根据振动情况，电流数值等判断可否运行； 修理或换上好的备品； 当不能运行时降低负荷
		（8）油箱、散热器等附件共振，共鸣	紧固部位松动后在一定负荷电流下会引起共振，需重新紧固； 电源频率波动引起共振，共鸣，检查频率
		（9）分接开关的动作机构不正常	修理分接开关的故障
	（3）电晕闪络放电声	瓷件，瓷套管表面粘附的灰尘，盐分而引起污损	带电清洗或者停电清洗和清扫
臭气；变色	（1）导电部位（瓷套管端子）的过热引起变色、异常气味	（1）紧固部分松动； （2）接触面氧化	重新紧固； 研磨接触面
	（2）油箱各部分的局部过热引起油漆变色	（1）漏磁通； （2）涡流	及早进行内部仔细检查
	（3）异常气味	（1）冷却风扇，输油泵烧毁； （2）瓷套管污损产生电晕，闪络而引起臭氧味	换上备品； 参见前面有电晕、闪络放电声一项
	（4）温升过高	过负荷	降低负荷
	（5）吸潮剂变色（变成粉红色）	受潮	换上新的吸潮剂或者加热至100～140℃再生
漏油	油位计的指示大大低于正常位置	（1）漏油（阀类、密封填圈，焊接不好）	检查漏油的部位并予修理
		（2）因为内部故障引起喷油	见本节后面介绍的检测方法
		（3）当不是（1）、（2）两项时，就是油位计损坏	换上备品或修理

异常现象	异常现象判断	原因分析	对策
漏气	与油温有关的气压比正常值低	（1）各部分密封填圈老化； （2）紧固部分松动； （3）焊接不好	用肥皂水法检漏，进行修理
异常气体	（1）气体继电器的气体室内有无气体； （2）气体继电器轻瓦斯动作	（1）有害的游离放电引起绝缘材料老化； （2）铁芯有不正常； （3）导电部分局部过热； （4）误动作	采集气体，进行分析。根据气体分析结果须停止运行时，按本节后面介绍的检测方法检测
漆层损坏，生锈	漆膜龟裂，起泡，剥离	因紫外线，温度和湿度或周围空气中含有酸，盐分等引起漆膜老化	刮落锈蚀涂层，进行清扫重新涂上漆
呼吸器不能正常动作	即使油温有变化，呼吸器油杯内的二个小室也不产生油位差	变压器本体有漏气现象	查清漏气部位，进行修理
瓷件、瓷套表面损伤	瓷件、瓷套管表面龟裂，有放电痕迹	因外过电压，内过电压等引起的异常电压	根据龟裂程度，有时要更换套管； 安装避雷器时，首先应校核其起始放电电压
防爆装置不正常	防爆板龟裂、破损	内部故障：当气体继电器、压力继电器，差动继电器等有动作时，可推测是内部故障	这种情况下停电，则按本节后面介绍的检测方法检测
		由于呼吸器不灵，不能正常呼吸使内部压力升高引起防爆板损坏（仅是防爆装置动作，其他无异常时）	疏通呼吸器孔道

7.2.3 内部故障的检测

1. 检测装置动作的原因

变压器的内部故障，可以用各种检测装置来进行诊断和检测。机械类的检测装置有气体继电器、压力继电器、油流量继电器、压差装置等；电气类的有差动继电器、过电流继电器、短路接地继电器等。常用检测装置动作的原因见表 7-7。

表 7-7　　　　　　　　　　常用检测装置动作的原因

名称	检测类型	动作起因（事故内容）	用途
差动继电器	电气检测	因绕组层间短路，端子部分产生短路而引起的短路电流	跳闸用
过电流继电器	电气检测	除上述情况以外，由于变压器外部短路而引起的短路电流及过负荷电流	跳闸用
接地过电流继电器	电气检测	变压器外部的接地短路电流，因绕组和铁芯之间的绝缘击穿引起的接地短路电流	跳闸用
气体继电器	机械检测	由于异常过热和油中电弧使气压，油流量增大或油位降低	轻瓦斯报警用重瓦斯跳闸用
冲击压力继电器	机械检测	由于异常过热，油中电弧使油压，气压剧烈上升	跳闸用

续表

名称	检测类型	动作起因（事故内容）	用途
油位继电器 （带触点的油位计）	机械检测	漏油使油位降低	报警用
温度继电器 （带触点的温度计）	机械检测	油温异常升高	报警用
油流量继电器	机械检测	油流循环停止	报警用
防爆装置	机械检测	异常过热和油中电弧引起内部压力升高而喷油	报警用

2. 机械类检测装置的故障

（1）气体继电器。气体继电器是广泛应用于带储油柜的变压器。第 1 段触点供轻故障报警用，它是由于变压器中绝缘材料的结构件中的有机材料烧毁时，油的热分解而产生的气体进入气体继电器的气室，当气体积聚到一定量时，气体继电器轻瓦斯触点动作。第 2 段触点用于重故障，它是在变压器内部因绝缘击穿、断线等而引起油中闪络放电电弧，使发热更严重（二次发热），使固态绝缘材料和变压器油发生热分解而产生气体，变压器内部压力剧增，油急速流向储油柜时继电器重瓦斯触点动作。

气体继电器的特点是除了可用重瓦斯动作检测绕组事故之类大事故之外，例如接触不良，铁芯叠片之间绝缘不良，油位降低等初期的局部轻微事故，也可在事故的早期由轻瓦斯动作检查出来。

此外，根据积聚在气体室中的气体量和成分，可在某种程度上推测故障的部位及程度。根据产生气体的特征判断故障性质见表 7-8，气体继电器的动作情况和推测的事故原因见表 7-9。

表 7-8　　　　　　　　气体的特征与故障性质的判断

气体颜色	气体特征	故障性质
无色	无味，且不可燃	空气
灰色	带强烈气味，可燃	油过热分解或油中出现过闪络
微黄色	不易燃	撑条之类木材烧损
白色	可燃	绝缘纸损伤

表 7-9　　　　　　　气体继电器的动作情况和推测的事故原因

序号	气体的实质	推测事故原因	动作起因	动作种类
1	没有气体	由于接地事故、短路事故，大量的金属被加热到 260～400℃，此时绝缘材料尚未损坏	温度在 260～400℃下，油产生气化	重瓦斯动作
2	仅有空气或惰性气体	（1）变压器的油箱、配管、气体继电器容器等的破损，输油泵的故障	由于机械故障，漏气故障大	轻瓦斯动作。放去气体后，又立即重复动作（A）
			由于机械故障，漏气故障中等	轻瓦斯动作。放去气体后几分钟至几小时内再次重复动作（B）
			由于机械故障，漏气故障小	轻瓦斯动作。放去气体后，可长时间保持不动作（C）
		（2）虽有上述故障但很轻微，或气体继电器的玻璃破损，油未充满	由于机械故障，漏气故障轻微	轻瓦斯动作或气体继电器中有少量气体（D）

序号	气体的实质	推测事故原因	动作起因	动作种类
3	仅有氢气而无一氧化碳	（1）因局部过电流使端子之间及端子对地之间发生闪络，但没有固体绝缘材料的烧坏	只有油的热分解，400℃以上	轻瓦斯动作，重瓦斯动作
		（2）同3中（1），但电流小些。即如早期的接触不良，铁芯穿芯部分烧坏，电抗器的空隙受热，铁芯接触不良等		轻瓦斯动作（A或B）
		（3）与3中（2）情况相似，但极轻微，或高电场下油的气化		轻瓦斯动作（C）
4	氢气和一氧化碳	（1）因局部过电流引起包括固体绝缘材料在内的绝缘破坏，即绝缘导线对地短路，绕组之间短路	油及固体绝缘材料热分解	轻瓦斯动作，重瓦斯动作
		（2）同4中（1），但电流小些。即是绝缘导线对地之间高阻故障，电弧引起的绝缘破坏，绕组间的高阻短路以及铁芯烧毁，接头故障等事故的早期阶段		轻瓦斯动作（A或B）
		（3）与4中（2）情况相似，但极轻微，或绝缘材料的氧化		轻瓦斯动作

注 表中的A、B、C、D是指气体继电器动作的类型。

事实上，气体继电器偶尔也会发生误动作。引起轻瓦斯误动作的原因是油中吸收的气体在运行初期析出，以及溶解于绝缘油中的气体因温度上升而变成过饱和而析出，这些气体积聚在继电器气室中而误动作。引起重瓦斯误动作一般是因地震或输油泵启动时的冲击油压而造成。

为了防止地震引起重瓦斯误动作，可以在重瓦斯的触点回路内串入一个地震仪，在地震仪与继电器同时动作时，使重瓦斯的跳闸回路不能形成通路。

另外，为了防止输油泵启动时误动作，可在油泵启动的瞬间采取将重瓦斯跳闸回路闭锁的方法，但又存在着不能保证闭锁时变压器不发生事故的问题。

（2）冲击压力继电器、油流量继电器。变压器发生内部事故一定伴有分解气体产生，造成冲击性异常压力的升高。冲击压力继电器就是瞬时检查出这种压力升高并动作的继电器。油流量继电器是压力升高后油从油箱本体流向储油柜的流速超过某一定值时动作的继电器。这两种继电器动作与变压器故障的关系，与气体继电器重瓦斯的动作大致相同。

（3）防爆装置。防爆装置是当内部压力升高至一定的数值时发生动作，使油箱内部压力向外部释放的装置，用于保护油箱和散热器。其动作与变压器故障的关系，可认为与气体继电器重瓦斯动作大致相同。

3. 电气类检测装置的故障

差动继电器、过电流继电器、接地继电器等都是用电气的原理来检测故障的，它们的动作与变压器内部事故的关系与机械类继电器相同。适用于检测绕组短路事故，对地短路事故。

对于大容量变压器，多数是机械类继电器和电气类继电器并用的。

（1）差动继电器。差动继电器的动作原理是：在变压器的一次侧和二次侧分别安装了按变压器匝数比选定的电流互感器，利用变压器产生匝间短路之类事故时所引起的电流差值，使继电器动作。因此，变压器运行中如果差动继电器发生动作，一般都是匝间短路等内部故障引起的。

（2）过电流继电器。过电流继电器用于电力设备或线路免于过电流和欠电流的一种保护电器器件，例如在发生短路事故，或者过负荷时进行保护。如果设备外部线路没有相间短路，也没有过负荷，就应考虑是变压器内部短路。

（3）接地过电流继电器。接地过电流继电器，简称 GCR，是一种高压线路接地保护继电器，用于接地变压器的过热保护。若变压器外部的接地，或内部绕组对铁芯之间绝缘击穿而产生接地电流，接地过电流继电器会动作。

4. 检查变压器内部故障的其他方法

（1）听。正常运行时，由于交流电通过变压器绕组，在铁芯里产生周期性的交变磁通，引起电工钢片的磁致伸缩，铁心的接缝与叠层之间的磁力作用及绕组的导线之间的电磁力作用引起振动，发出均匀的"嗡嗡"响声。如果产生不均匀响声或其他响声，都属不正常现象。不同的声响预示着不同的故障现象。

1）若声响比平常响声增大且尖锐，一种可能是电网发生过电压，例如中性点不接地、电网有单相接地或铁磁共振时，会使变压器过励磁；另一种可能是变压器过负荷，如大动力设备（大型电动机、电弧炉等）负载变化较大，因谐波作用，变压器内会发出低沉的如重载飞机的"嗡嗡"声。此时，再参考电压与电流表的指示，即可判断故障的性质。然后，根据具体情况，改变电网的运行方式与减少变压器的负荷，或停止变压器的运行等。

2）若变压器发出较大的"啾啾"响声，并造成高压熔丝熔断，则是分接开关不到位；若产生轻微的"吱吱"火花放电声，则是分接开关接触不良。出现该故障时，当变压器投入运行后一旦负荷加大，就有可能烧坏分接开关的触头。遇到这种情况，要及时停电修理。

3）变压器发出"叮叮当当"的敲击声或"呼呼"的吹风声以及"吱啦吱啦"的像磁铁吸动小垫片的响声，声响较大而嘈杂时，可能是变压器铁心有问题。例如，夹件或压紧铁心的螺钉松动，铁心上遗留有螺帽零件或变压器中掉入小金属物件。出现该故障时，仪表的指示一般正常；绝缘油的颜色、温度与油位也无大变化，这类情况不影响变压器的正常运行，可等到停电时处理。

4）声响中夹有放电的"嘶嘶"或"噼啪"的响声，晚上可以看到火花时，可能是变压器器身或套管发生表面局部放电。如果是套管的问题，在气候恶劣或夜间时，还可见到电晕辉光或蓝色、紫色的小火花，此时，应清除套管表面的脏污，再涂上硅油或硅脂等涂料。如果是器身的问题，把耳朵贴近变压器油箱，则会听到变压器内部由于有局部放电或电接触不良而发出的"吱吱"声或"噼啪"声，若站在变压器跟前就可听到"噼啪"声音，有可能接地不良或未接地的金属部分静电放电。此时，要停止变压器运行，检查铁芯接地与各带电部位对地的距离是否符合要求。

5）变压器发出"咕嘟咕嘟"的开水沸腾声，可能是变压器绕组发生层间或匝间短路而烧坏，使其附近的零件严重发热。分接开关的接触不良和局部点有严重过热，必会出现这种声音。此时，应立即停止变压器的运行，进行检修。

6）当声响中夹有爆裂声，既大又不均匀时，可能是变压器本身绝缘有击穿现象。导电引线通过空气对变压器外壳的放电声；如果听到通过液体沉闷的"噼啪"声，则是导体通过变压器油面对外壳的放电声。如属绝缘距离不够，则应停电吊心检查，加强绝缘或增设绝缘隔板。声响中夹有连续的、有规律的撞击或摩擦声时，可能是变压器的某些部件因铁心振动而造成机械接触。如果发生在油箱外壁上的油管或电线处，可用增加其间距或增强固定来解决。

（2）测。依据声音、颜色及其他现象对变压器事故的判断，只能作为现场的初步判断，因为变压器的内部故障不仅是单一方面的直观反映，它涉及诸多因素，有时甚至出现假象。因此必须进行测量并作综合分析，才能准确可靠地找出故障原因及判明事故性质，提出较完备合理的处理办法。

1）绝缘电阻的测量。测量绝缘电阻是判断绕组绝缘状况的比较简单而有效的方法。测量绝缘电阻通常采用绝缘电阻表，3kV 以上的高压变压器一般采用 2500V 的绝缘电阻表。

测量绕组的绝缘电阻应测量高压绕组对低压绕组及地、低压绕组对高压绕组及地、高压绕组对低压绕组等三个项目。

绝缘电阻与变压器的容量、电压等级有关，与绝缘受潮情况等多种因素有关。所测结果通常不低于前次测量数值的 70% 即认为合格。根据 GBT 6451—2015《油浸式电力变压器技术参数和要求》列出电力变压器绝缘电阻参考值及温度换算系数，见表 7-10、表 7-11。

表 7-10 油浸式电力变压器绝缘电阻参考值（MΩ）

线圈电压等级（kV）	测量温度（℃）							
	10	20	30	40	50	60	70	80
0.4	220	130	65	35	18			
3～10	450	300	200	130	90	60	40	25
20～35	600	400	270	180	120	80	50	35
60～220	1200	800	540	360	240	160	100	70

表 7-11 油浸式电力变压器绝缘电阻的温度换算系数

温度差（℃）	5	10	15	20	25	30	35	40	45	50	55	60
系数 K	1.2	1.5	1.8	2.3	2.8	3.4	4.1	5.1	6.2	7.5	9.2	11.2

2）吸收比的测量。通过测量吸收比可以进一步检查变压器绕组的绝缘良好程度，尤其是绝缘材料的受潮程度。吸收比的测量要用秒表计时间，当绝缘电阻表摇到额定转速（120r/min）时，将绝缘电阻表接入（可用开关控制）并开始计时，15s 时读取一数值 R_{15}，继续摇至 60s 时读取另一数值 R_{60}。R_{60}/R_{15} 就是测量的吸收比。吸收比的标准是 $R_{60}/R_{15} \geq 1.3$，说明变压器没有受潮，绝缘良好；若 $R_{60}/R_{15} \leq 1.2$，说明变压器有受潮现象，绝缘有缺陷，需要进一步检查。

3）直流电阻的测量。变压器绕组是发生故障较多的部件之一，当变压器在遭受短路冲击后，往往可能造成绕组扭曲变形，而累积效应会使变形进一步发展；另外由于绕组绝缘损坏，会造成匝间短路甚至是相间短路。变压器绕组可看作是由电阻、电感、电容组成无源线性网络，其故障必然导致绕组上相应部分的分布参数发生变化。绕组发生故障时，由于整体或局部的拉伸和压缩造成匝间距离改变时，突出反映的是绕组的感性变化，当轻微匝间短路时电阻也会有变化。测量时，应分别测量变压器高、低压绕组的直流电阻。对于三相电力变压器，由于高压绕组上装有分接开关，因而要测量分接开关处于不同挡位时的高压绕组电阻值。

5. 变压器内部故障分析与检修流程

变压器故障的种类多种多样，变压器投运时间各异，所经历的过电压、过电流以及维护使用情况都不尽相同，故障发生的趋势也不同。由故障到损坏，常会有一个渐变的过程，只有充分了解变压器的实际运行状态，综合应用各种在线及历史数据，并运用各种诊断技术，才能及时发现故障隐患，提高检测和诊断故障的准确性。变压器内部故障分析与检修流程如图 7-4 所示。

7.2.4 变压器常见故障的处理

1. 自动跳闸故障的处理

当变压器发生跳闸时，则需要根据导致变压器跳闸的原因来进行具体的检查，然后再根据检查出来的原因进行有效的解决。如果跳闸是由于人员违规操作所导致的，则不需要对变压器内部进行全面的检查，可以直接进行送电操作。对于外部原因导致跳闸发生的，则也不需要对内部进行检查；但当发生差动保护动作时，则要全面、彻底的对保护范围内的设备进行检查。而对于变压器内部原因所导致自动化跳闸故障时，则要给予充分的重视，以免导致爆炸或是火灾的发生。变压器内部出现故障时，散热器不能正常的运转，这样变压器内部温度必须会升高，导致火灾隐患的发生。而部分故障发生时，变压器内部的油会发生燃烧并流出来，这种情况极危险，易导致爆炸的发生。变压器在这些故障发生时，则会自发的产生保护动作，从而自动断开断路器。

（1）当变压器各侧断路器自动跳闸后，将跳闸断路器的控制开关操作至跳闸后的位置，并迅速投入备用变压器，调整运行方式和负荷分配，维持运行系统及其设备处于正常状态。

（2）检查掉牌属何种保护动作及动作是否正确。

（3）了解系统有无故障及故障性质。

（4）若属以下情况并经领导同意，可不经检查试送电：人为误碰保护使断路器跳闸；保护明显误动作跳闸；变压器仅低压过流或限时过流保护动作，同时跳闸变压器下一级设备故障而其保护却未动作，且故障已切除，但试送电只允许一次。

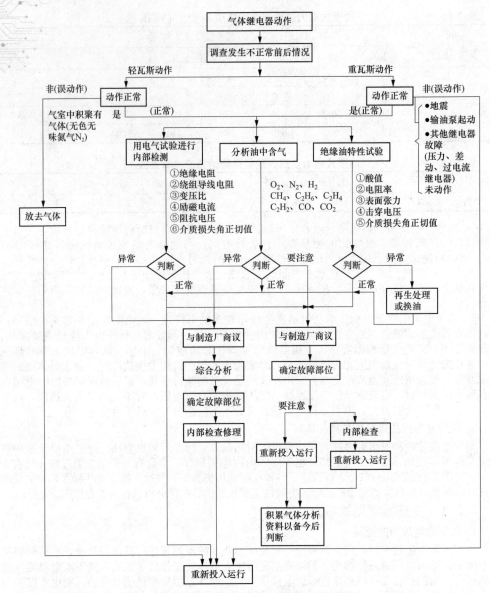

图 7-4　变压器内部故障分析与检修流程

　　（5）如属差动、重瓦斯或电流速断等主保护动作，故障时有冲击现象，则需对变压器及其系统进行详细检查，停电并测量绝缘。在未查清原因之前，禁止将变压器投入运行。必须指出，不管系统有无备用电源，也绝对不准强送变压器。

2. 变压器油质变坏的处理

　　变压器内的油是不能进行经常性更换的，但其在变压器运行过程中不可避免地会受到不同程度的污染，湿气和雨水都可能进入到变压器油中，从而对油质带来影响；变压器运行过程中油温会不断升高，在这样反复加热过程中，也会导致油质变坏。一旦变压器油质变坏，则会影响变压器的绝缘性能，同时也会导致一些经常性的故障发生。另外变压器内的油质量会随着使用时间的增加而变为黑色，对于黑色油质则需要进一步对其进行化验，看其是否符合使用的标准，达不到标准的油质则不能再继续进行使用。

3. 变压器油温突增的处理

变压器运行过程中油温突然升高，导致此种情况发生的原因较多，而变压器的油温是影响其稳定运行的关键，特别是上部油温，则需要将其控制在 85℃ 以下，从而确保变压器的正常运转。一旦变压器内部紧固螺丝接头松动、冷却装置运行状况不正常、变压器过负荷运行以及内部短路闪络放电等原因产生时，都会导致油温突增，影响变压器的正常运行，因此必须及时对症处理。

4. 变压器油位过高或过低的处理

对于正常运行中的变压器，其定油位应该控制在油位计的 1/3～1/4 处，如果油位过高，则会可能导致溢出，而油位过低时，极易引发瓦斯保护及误动作产生，甚至导致引线功是线圈露出油面，导致绝缘被击穿。

当变压器由于零部件出现故障而导致漏油情况发生时，不能及时进行处理时，则会在长期漏油过程中导致油位下降。变压器在运行过程中油位受到较多因素的影响，如温度高低、油管、呼吸管及防爆管通气孔堵塞等情况都会导致油位发生变化。所以需要在实际工作中进行特别注意。

7.3　断路器故障检测与处理

7.3.1　断路器的故障情况

常用的断路器有多油式油断路器、少油式油断路器、压缩空气断路器和磁吹式断路器。据有关统计资料分析，这些断路器容易发生故障的部位如图 7-5 所示。下面对各种断路器的故障倾向性进行简要分析。

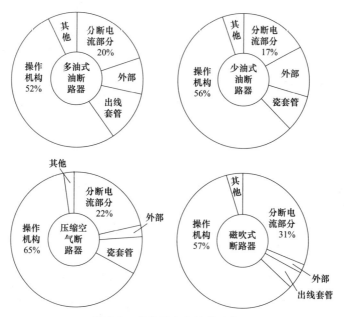

图 7-5　断路器发生故障的部位

1. 多油式油断路器

多油式油断路器是油断路器发展过程中采用最早的一种断路器，随着技术的发展，多油式油断路器基本上趋于淘汰，目前我国只保留 35KV 电压等级少数型号的产品，以满足特殊情况的需求。

多油式油断路器故障发生在操作机构部分的占绝对多数，其次是触头系统。发现操作机构部分有故障的时机，最多是在"操作"时，其次是在"检修"时。发现触头系统有故障的时机，最多是在"检修"时。

从发现故障的时机这一观点来看，通过"检修"发现故障的主要部位是触头系统和操作机构。通过"巡视、监视"发现故障的主要部位是外部、出线套管，瓷套管和操作机构。通过"操作"发现故障的主要部位是操作机构。

2. 少油式油断路器

少油式油断路器出现故障的部位大体上与多油式油断路器有相同的倾向。漏油和分、合闸不好等故障现象，极大部分出现在操作机构部分。

发现故障的时机，在"操作"时发现的故障所占的比例比多油式油断路器要多得多，而通过"巡视，监视"发现操作机构的故障所占的比例非常小。

此外，回路电阻偏大也是少油式油断路器容易出现的故障。

3. 压缩空气断路器

由于灭弧介质和操作机构都使用压缩空气，所以故障以漏气为最多，其次是操作机构动作不良。

故障部位绝大多数发生在操作机构，其次是触头系统。这一情况与油断路器相同，但发现操作机构有故障的时机以在"巡视、监视"中为最多，这一点与其他类型断路器不同。占第二位的是在"检修"时发现，这是因为漏气的故障占大多数的缘故。

触头系统的故障最多是在"检修"中发现。

从发现故障的时机来看，通过"检修"发现的主要故障部位是操作机构和触头系统，通过"巡视、监视"发现的主要故障部位是操作机构。

4. 磁吹断路器

这是作为无油式交流断路器得到普及的品种，其特点是少担心发生火灾，容易维护检修，但检修周期比油断路器长。

故障部位以操作机构和触头系统占多数，这与其他类型断路器相同。

操作机构有故障以"检修"时发现占多数，其次是在"操作"时。发现触头系统故障的时机以"检修"时占最多。

7.3.2　断路器日常检查

断路器在运行中的巡视检查和进行定期检查维修时发现的故障较多。因而以目测进行日常检查时需要特别细心注意。

1. 外部检查

巡视检查和运行监视时，应检查下列部位。

（1）瓷套管。检查瓷套管的污损、积雪情况。由于瓷套管污损会引起电晕放电，小雨、浓雾、雪融化时容易发生闪络事故，所以应加注意。发现瓷套管有破损、龟裂时应该检查损伤程度，决定是否可以继续使用。

（2）接线部分。检查有无异常过热，异常过热时多数会产生变色或有异常气味。

（3）通断位置指示灯。要注意灯泡有否断丝，指示灯的玻璃罩有否破损。

（4）油位计。目测检查油面的位置、油的颜色。油面的位置显著低于正常位置时应停电并补充油。油的颜色显著碳化或变色时应进行详细检查。

（5）压力表。检查压力表的读数是否符合规定的值，如果不符合规定时应该检查是减压阀不正常、还是压力表不正常。

（6）操作机构箱。检查有无雨水侵入，尘埃附着情况，线圈发热是否不正常等情况。

（7）漏油。断路器容易漏油的部位和原因见表7-12。

表7-12　　　　　　　　　　断路器容易发生漏油的部位和原因

容易漏油部位	漏油原因
油箱焊接部位	因焊接部位有气泡等微小缺陷，经长时间后发生
管道，接头、密封滑动部分	装配不完善，振动，密封件失去弹性
阀门类的连接部分，阀座	螺栓、法兰的密封不完善，有损伤，磨损或嵌入杂物

续表

容易漏油部位	漏油原因
油位计	密封件使用多年老化，玻璃制品耐气候性不好
油箱的人孔部分	密封件使用多年老化
法兰部分	密封件老化，瓷套管破损，浇注连接部分有裂纹
油缓冲器	由于使用多年的磨损，隙缝增大。隔油构件破损

（8）漏气。断路器容易漏气的部位和原因见表 7-13。

表 7-13 断路器容易漏气的部位和原因

容易漏气部位	漏气原因
阀门的连接部位，阀座	螺栓密封部位的密封不完善，密封件使用多年老化
法兰连接面	密封件老化
单向阀，电磁阀	阀座的密封件失去弹性，因积水而动作不灵活
空气管道接头	装配不完善，端面变形，因振动而松动
管道	紧固处未夹紧，因振动而松动

2. 部件检查

断路器中结构部件的材质和强度是经过充分试验研究后才采用的，通常不会考虑到部件的破损。但是在极少的情况下也会出现因使用多年而老化，材质不均匀，制造管理上的问题而引起破损的情况。下面介绍通过目测可以检查的项目。

（1）连接各构件的销子、开口销、挡圈等折断、脱落。

（2）各种弹簧的变形、折断。

（3）瓷套管等发生破损、龟裂。

（4）辅助开关中的绝缘材料、结构部件的碎裂。

（5）传动机构的联板，联杆类的变形，损坏。

（6）铸件，锻件发生裂纹，损坏。

（7）阀和阀的密封面变形、发生裂纹。

（8）断路器的绝缘结构件损坏，外包绝缘层损坏。

（9）灭弧室、触头发生裂纹、损坏。

7.3.3 断路器动作不良原因分析

断路器大部分的故障集中在操作机构，主要的故障是动作不良。动作不良的故障包括拒合、合闸不良、拒分等多种故障形式。

1. 拒合

这种故障是发出合闸指令后不动作，其故障原因见表 7-14。

表 7-14 断路器拒合的原因

检查部位	拒合的原因
压力开关	因没有整定好而触头断开，或触头接触不好
辅助开关限位开关继电器类	触头接触不好，或动作不良
线圈类	断线，或因连续励磁使线圈烧坏
控制回路接线端子	引线接入处端子松动

2. 合闸不良

即使进行了合闸动作，却没有全部完成合闸动作，或者是触头停在中间位置，或者返倒到分闸位置而不再动作，都是断路器没有合好闸，其故障原因见表 7-15。

表 7-15　　　　　　　　　　　　　　　断路器没有合好闸的原因

检查部位	没有合好闸的原因
脱扣机构的锁扣部分	为了达到快速动作，将锁扣部分的扣入深度调整到很小，随着滑动、摩擦、变形等使其不能稳定扣住。也有因合闸时的振动，扣入部分滑脱
传动机构	由于各部件生锈，黏附尘埃使机构不灵活。由于许多次数操作造成变形、磨损
合闸机构	汽缸，活塞，活塞联杆等由于滑动面卡住、生锈而动作迟钝
压缩空气操作系统	压缩空气管道中的电磁阀，控制阀等阀门，阀座的密封失灵，以及材质恶化造成动作不灵，活塞之类卡滞
电气操作系统	合闸电磁铁的动铁芯在导向管内动作卡滞
缓冲装置	油缓冲器的衬垫间隙增大，缓冲材料（橡皮等）失去弹性

3. 拒分

在发出脱扣指令后完全不动作。它可能是操作回路的故障所引起的，也可能是由于表 7-16 的原因所引起的。如果由于操作回路发生故障不能分闸，与检查合闸不动作所采用的方法相同。

表 7-16　　　　　　　　　　　　　　　断路器拒分的原因

检查部位	拒分的原因
脱扣机构的锁扣部分	为了达到快速动作，将锁扣部分的扣入深度调整到很小，随着长年使用的变化，因锁扣部分磨损变形，使脱扣的动作力增大。还有，长期不动作时，锁扣部分会生锈而卡滞
分闸弹簧	弹簧类变形、折断等
传动机构	传动机构变形，联接销生锈，损坏等

7.3.4　断路器常见故障的处理

1. 断路器误动作的处理

断路器误跳闸的主要原因有人员误操作、操动机构自行脱扣、电气二次回路问题，可以按照以下思路进行处理。

(1) 在断路器误跳闸时，首先应检查是否属于人员误操作。人员误操作有两种情况：一是操作失误；二是继电保护回路上因防护措施不当而造成误动。

(2) 如果不是误操作，则应检查操动机构是否有故障。比如断路器的跳闸脱扣机构是否有故障，或是否由于外界振动而造成断路器自动跳闸。

(3) 如经检查操动机构正常，则可能是操作回路中发生两点接地而造成断路器自动跳闸，或操作回路短路，或操作回路中某些元件如防跳跃继电器等性能不良而造成断路器误跳闸。如果经检查操作回路的绝缘状态良好，则应对继电保护装置进行检查，检查保护装置是否误动作而使断路器自动跳闸。

【特别提醒】

为了保证对用户的供电，在线路断路器自动跳闸后，可用手动或自动重合闸装置进行合闸。

2. 断路器拒合闸故障的处理

断路器拒绝合闸主要有 4 个方面的原因：线路上有故障；操作不当；操作、合闸电源问题或电气二次回路故障；断路器本体传动机构和操动机构的机械故障。处理断路器拒绝合闸故障，必须善于区分故障范围，可以按照以下思路进行处理。

(1) 先判定是否断路器合于故障线路上引起跳闸，可从合闸操作时有无短路电流引起的表计指示冲击摆动及有无照明灯突然变暗，电压表指示突然下降来判断。如判明线路有故障，隔离故障区域后再投断路器。

(2) 判明是否属于操作不当，应检查有无装合闸保险，控制开关是否复位过快或未到位以及转换开关是否位置正确等。

(3) 检查操作合闸电源电压是否过高或过低，检查操作合闸保险是否熔断或接触不良，检查控制开关及辅助触头是否接触不良，回路是否断线或接线错误。

(4) 检查操动机构是否卡死，辅助触头和机构调整是否不当。一般是操作机构连接部件的间隙不合格造成的，需要检查并更换新的高硬度的合格零件。

3. 断路器欠压脱扣器有噪声的处理

欠压脱扣器工作一段时间后常会产生异常噪声，如不及时处理则烧毁线圈，所以要定期清除铁芯工作表面的油污和尘埃，发现短路环断裂的要更换。还应调整欠压脱扣器的弹簧拉力，至铁芯和衔铁气隙符合要求为止。

4. 其他常见故障的处理

(1) 断路器机构储能后，储能电机不停，此时应调整行程开关安装位置，使得摇臂在最高位置时能将行程开关常闭接点打开。

(2) 断路器直流电阻增大，此时需要调整灭弧室的触头开距和超行程。

(3) 断路器合闸弹跳时间增大，可以适当增大触头弹簧的初压力或更换触头弹簧。若拐臂、轴销间隙超过 0.3mm，可更换拐臂、轴销。调整传动机构，利用机构在合闸位置超过主动臂死点时传动比很小的特点，将机构向靠近死点方向调整，可减小触头合闸弹跳。

(4) 断路器灭弧室不能断开，通常是由于灭弧室真空度下降，灭弧室内绝缘下降，耐压不合格所造成的。

7.4 高压隔离开关和负荷开关的故障检测与处理

7.4.1 维修与检查的类别及周期

高压负荷开关是可以带负荷分断的，有自灭弧功能，但它的开断容量很小很有限。高压隔离开关一般是不能带负荷分断的，结构上没有灭弧罩（也有能分段负荷的隔离开关，只是结构上与负荷开关不同，相对来说简单一些）。负荷开关和隔离开关都可以形成明显断开点。隔离开关不具备保护功能，负荷开关的保护一般是加熔断器保护。

不同种类或不同使用条件下的隔离开关、高压负荷开关，它们的维修、检查的内容和周期是不同的，见表 7-17。

表 7-17　　　　　　　　　　维修检查的内容及周期

类别	周期	说明
巡视检查	—	在隔离开关、高压负荷开关运行状态下巡视整个设备，从外部监视有无不正常
定期检修	小修每三年一次，大修（拆开检查）每六年一次	为了经常保持隔离开关、高压负荷开关的正常工作性能，应该定期进行检修。具体而言，包括根据结构零部件的形态，从外部检查直到拆开检查，使其恢复功能
临时检修	—	符合下述状态应停止运行，按照定期检修的准则进行临时检修： (1) 巡视检查中发现有异常。 (2) 在日常分合闸操作时发现有异常。 (3) 根据大气状况，附着的盐分或尘埃十分严重或冬季积雪时等。 (4) 认为有不合理操作的情况下。 (5) 通断电流超过额定值的情况下。 (6) 遭受到地震，电磁力等异常力构情况下

注　表中所列检查周期是一般的标准，具体应根据隔离开关、高压负荷开关的品种，使用环境或实际使用效果等情况而定。

7.4.2 维修和检查的要点

隔离开关和高压负荷开关维修和检查的项目有很多是相同的，故一并加以叙述。

1. 巡视检查

巡视检查就是由巡视者对电器进行外观判断，为此，最好能把隔离开关、高压负荷开关的共性检查项目和各自的特有检查项目排列成表，以便按检查项目表进行。巡视检查的一般共性项目，见表7-18。

表 7-18 隔离开关和高压负荷开关巡视检查要点

检查部位	现象	原因	处理
导电部分	接触部分表面毛糙，触头、刀片显著变色	接触表面因有害气体侵袭而腐蚀，附着尘埃，镀银接触部分因磨损使触头的接触压力降低	立即停止使用，更换维修损坏的零部件或部位
	有发光部分电晕放电声音响	分合电流时引起的电弧痕迹，黏着尘埃等的凸出物质	根据情况，停止使用，进行修整
	合闸后触头接触不好	接触面的接触电阻异常增加，或者由于电弧痕迹等发生卡住，底座部分螺栓类紧固件松动，调整失常	接触电阻增加超过容许值时应立即停止使用，重新调整和修整
	触头部件上筑有鸟巢	麻雀等鸟巢	如对通电没有妨害，定期检查时清除掉
灭弧室（高压负荷开关）	出现龟裂，翘曲	分合不正常电流，使用年久	进行临时检修，更换
绝缘子	出现伤痕，破损附着污垢，盐分严重	环境条件	尽快更换或清理
底座	连接轴销上的开口销断裂，脱落。螺栓类紧固件松动	使用年久	进行临时检修，更换
操作机构	有漏气声音（管道连接部分，关闭阀，电磁阀等）	紧固螺母松动密封垫圈劣化管道内，异物附着在阀座上	拧紧；进行大修，更换
	有雨水渗入的痕迹	密封垫圈劣化门没有关紧	更换；关紧
	受潮引起严重生锈	从电缆进口处等侵入潮气	防止潮气从电缆进口处侵入
	出现螺栓类紧固件松动，开口销等折断，脱落	使用年久	进行临时检修，整修相应部位

2. 故障处理措施

即使不在巡视检查期间，而在平常运行期间发现有不正常情况，这时必须迅速进行临时检修，采取措施予以修复。下面通过具体实例来阐明在不能进行正常通断操作时应采取的主要措施，具体见表7-19、表7-20。

表 7-19   隔 离 开 关 故 障 处 理

故障现象		调查事项	原因	措施
不能远距离操作	电磁阀不动作	（1）电源有否接到操作机构接线端子座； （2）是否接到远处发来的脱扣指令； （3）门开关有否闭合； （4）刀开关有否合闸； （5）操作压力有否达到额定值； （6）各连接导线的接线螺栓是否松动，连接导线有否脱落、断线； （7）检查电磁阀的断线	电缆中途断线 忘记把门开关闭合 忘记把刀开关合闸 忘记打开贮气罐的进气阀	把导线接上或把接线螺栓拧紧； 更换不好使用的线圈
	电磁阀动作	（1）调查管道系统是否漏气； （2）现场锁扣装置有否卡住	螺母松动 螺母变形	拧紧或更换螺母
	电磁阀线圈的励磁在动作过程中失效	调查动作过程中限位开关或自保持开关的触头有否断开	开关的安装螺栓松 触头不能导通电流	拧紧 清理或更换触头
操作机构虽正常，但隔离开关不动作		管形联接杆的连接轴销等脱落	使用年久	装上脱落部件。平常要检查有否零部件； 脱落
动作时间不正常		用手操纵操作手柄，检查隔离开关的操作力	使用年久	按照定期检修的项目进行检修

表 7-20   高压负荷开关故障处理

故障现象		调查事项	原因	措施
不能远距离操作	电动机不转	（1）电源有否接到操作机构接线端子座； （2）是否接到远处发来的脱扣指令； （3）配电用断路器有否合闸； （4）操作电压是否达到额定值； （5）各连接导线的接线螺栓是否松动，连接导线有否脱落、断线； （6）是否电器设备动作不正常，接触不良，线圈断线	电缆中途断线 忘记合闸 电源不正常	更换电缆； 将此断路器合闸； 检查电源； 把导线接上或把接线螺栓拧紧； 更换电器设备
	电动机旋转时	（1）检查齿轮的磨损，啮合； （2）由于离合器摩擦板的磨损或油浸入，结果有否打滑	由于磨损，没有调整好，使齿轮没有啮合好 离合器的寿命到了，或误注入油	更换零部件； 调整好齿轮啮合； 更换零部件； 拆开进行清理

续表

故障现象	调查事项	原因	措施
操作装置正常，但高压负荷开关不动作	管形连接杆的连接轴销类脱落 绝缘杆折断	使用年久	安装脱落的零部件； 更换折断零部件
动作时间不正常	手动操作手柄来调查不正常部位调查弹簧储能操作机构部分的动作	使用年久	按照定期检查的项目进行检修

3. 定期检查

（1）导电部分的检查。导电部分检查中最重要的部位是触头，触头的接触部分出现局部银层磨掉和露出铜底材时，如果继续使用会使触头部件过热，因此必须及时更换触头。

铜底材的露出量与导电性能的关系随电器的品种或使用条件而不同，不能统一规定，最好根据铜底材露出量的程度询问制造厂。

当铜底材露出程度微小，并且该电器的容量稍大于额定容量，在这种情况下，假如暂时使用该部分触头，则应使用示温带等进行监视，并有计划地更换触头。

另外，双柱式水平旋转单断口隔离开关的转动式出线座中，连接在接线端子上的导线若被微风吹得摇动，转动式出线座内部的导电滚柱就会出现像分合操作那样的异常磨损和温升过高的现象。

对于被认为容易受到微风吹拂而摇动的隔离开关应根据需要提前解体检修，并采取措施防止接线端子摇动或设置引线绝缘子等措施。

导电部分的检查要点见表 7-21。

表 7-21　　　　　导电部分的检查要点

检查部位	检查部位的现象	处理
触头部件的刀片	（1）接触面脏污。 （2）接触面烧损，熔接。 （3）弹簧上有瑕疵。 （4）导电部分的紧固螺栓，螺母等松动。 （5）零部件生锈，受伤。 （6）闸刀的自转力沉重	接触面的脏污用布片或尼龙丝拭掉，拭干净后涂润滑剂； 因分合电流等使接触面上铜底材露出时应更换这部分的触头。对分合电流的触头部件没有弧触头时，最好每分合一次电流，检修一次； 弹簧上有裂纹和生锈时都要更换； 用布擦拭干净接触面后充分拧紧螺栓，螺母； 进行防锈处理。更换生锈，受伤严重的零部件； 拆开轴承组件，清理干净，滚珠轴承部分涂润滑剂
转动式出线座（双柱式水平旋转单断口隔离开关） （注）列出拆开检查时的检查要点	（1）接触面脏污。 （2）轴承生锈。 （3）端子接线螺栓。 （4）零部件生锈，受伤	接触面的脏污用片或尼龙丝擦拭，擦拭干净后涂润滑剂。露出铜底材时同制造厂商量更换； 除锈，涂润滑剂，旋转不灵活时把整个转动式出线座更换掉； 用布片擦干净接触面后充分拧紧螺栓； 进行防锈处理，更换掉生锈，受伤严重的零部件

续表

检查部位	检查部位的现象	处理
灭弧室（高压负荷开关）	（1）灭弧室有否出现龟裂翘曲； （2）是否达到规定分合次数； （3）灭弧室的狭缝间隔是否正常	弧触头分断电流后有可能产生，此时应更换灭弧室； 达到规定分合次数时应予更换； 超过制造厂规定尺寸时应予更换

（2）绝缘子的检查。绝缘子的检查要点见表 7-22。

表 7-22　　　　　　　绝缘子的检查要点

检查部位	检查部位的现象	处理
绝缘子	（1）测量绝缘电阻； （2）绝缘子破损； （3）污损； （4）绝缘子安装螺栓、螺母等松动	绝缘电阻的测定在检修前、后进行，有必要预先调查好绝缘子的污损特性； 绝缘子已破损、受伤、龟裂和粘结部分不正常时，根据其程度决定更换； 在带电情况下注水冲洗。没有注水冲洗设备的场合，停电后清洗绝缘子表面。在严重附着尘埃或盐分的地方应定期地进行注水冲洗或清扫 检查螺栓、螺母类的紧固情况，若有松动的，将其拧紧

（3）底座的检查。底座产生旋转动作的轴承，一般采用滚珠轴承或毋需加油的轴瓦构成密封结构。如果操作轻便，没有不正常的声音，就没有必要拆开检查。底座的检查要点见表 7-23。

表 7-23　　　　　　　底座的检查要点

检查部位	检查部位的现象	处理
旋转轴承部分	（1）用手动操作手柄进行合闸和合到完全闭合前的来回操作，判明是否轻快灵活地动作； （2）检查零部件发现有生锈、脱落和受伤	（1）如果动作灵活，继续使用；如果操作沉重，把第一相的传动杆脱开，转动绝缘子，如果动作灵活可继续使用，如果操作仍旧沉重，旋转不灵活（有偏斜等），更换底座或止推轴承座； （2）更换不良的零部件或进行防锈处理
操作杆类的轴销	（1）检查轴销的弯曲情况； （2）检查轴销的磨损	如果轴销不是笔直，如图 $a-b>0.5$mm 时更换 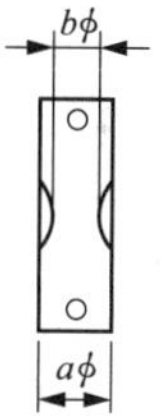 另外，各种轴销，开口销如果折弯，脱落也要更换
传动装置用操作轴承	脱开操作杆、传动杆，转动试试看	如果转动灵活则继续使用；如果旋转沉重，不灵活侧更换轴承

（4）操作机构。操作机构的电缆进口处容易吸入管道内的潮气，应用绝缘胶等密封。从电缆进口处侵入潮气是使电器元件绝缘老化、生锈、腐蚀的原因，造成电器不能使用的例子较多。

压缩空气操作装置的压缩空气系统中操作缸和电磁阀，由于阀门本体，密封垫圈等使用年久要劣化，必须在使用了一段时期后，把它拆开来清理，并更换密封垫圈。操作机构的检查要点见表 7-24。解体检修的要点见表 7-25。

另外，对于压缩空气是用没有过滤的气体供给设备或者是在易受有害气体等影响的场合下使用的电器，最好提前解体检修，规定适合使用条件的检修周期。

表 7-24　　　　　　　　　　操作机构的检查要点

检查部位	检查部位的现象	处理	备注
一般事项	(1) 螺栓类松动。 (2) 开口销弯坏，脱落。 (3) 有雨水渗入的痕迹。 (4) 铁表面生锈。 (5) 导电部分生锈。 (6) 机构部分断油。 (7) 漏气	拧紧 更换 拧紧螺栓，密封垫圈劣化则更换 用含锌涂料修补 用布轻轻地把锈擦干净 在机构的轴承，齿轮部分涂油 拧紧或者更换密封垫圈类	不可用砂纸擦掉锈 用肥皂水检查
操作缸	(1) 动作沉重。 (2) 活塞漏气多	解体检查，更换不良零部件（如果没有备件，解体检修前与制造厂协商）	参照表 7-18
电磁阀	阀门部分漏气		
缓冲机构 (油缓冲器)	(1) 动作沉重，发出不正常声音。 (2) 漏油	用手动操作核实动作灵活性； 拧紧或更换劣化的密封垫圈等零件	现场检修有困难的电器，同制造厂协商对策
电器设备	(1) 端子部分污损。 (2) 测定试验。 (3) 开关类触头部件受损伤。 (4) 加热器。 (5) 继电器类触点损伤	检查布线，端子部分有否松动，引接线有否受伤等并进行维修； 测定整个控制回路和大地间的绝缘电阻； 接触面的接触情况，更换因电弧磨损厉害的部件； 检查导通与否，如果断线要更换； 与开关类触头部件同样处理	使用 500V 绝缘电阻表测量，绝缘电阻值应在 2MΩ 以上

表 7-25　　　　　　　　　　解体检修的要点

被检查部件	检查部位	检修要点	备注
操作缸	(1) 活塞。 (2) 操作缸。 (3) 活塞杆	检查滑动接触面有否伤痕，严重的要更换活塞，把活塞清理干净后再涂润滑剂 清理干净操作缸内表面，操作缸内表面的伤痕用砂纸研磨修整好后再涂润滑剂 滑动面的刮伤要用细砂纸研磨修整好后再涂润滑剂	使用制造厂指定的润滑剂 已被拆开部分的密封垫圈一定要换上新的 清理时使用乙醇，不可使用汽油，三氯乙烯
电磁阀	(1) 阀体。 (2) 密封垫圈类	清理阀门本体内表面 更换阀座和密封垫圈类	已被拆开部分的密封垫圈一定要换上新的 手一定要清洁，在无尘埃的场所检修

4. 分合试验

使用未满一年的电器，实际分合操作应按照表 7-26 的规定进行一年一次的分合试验，验证分合特性。分合试验时，发现合闸位置的接触状态有不正常，采取的修整方法随电器的品种不同，调整部位等也不同，应该按照相应品种的使用说明书处理。

表 7-26　　　　　　　　　　分合试验的检查要点

名称	试验项目	检查部分	检查内容
动力操作分合试验	在额定压力或额定电压下进行试验	导电部分	(1) 用目测来鉴定动作； (2) 判明没有不正常声音； (3) 测定动作时间，判明是正常的； (4) 判明在合闸位置的接触状态没有不正常
		底座和传动装置	(1) 判明无变形； (2) 判明没有不正常声音； (3) 判明是否已构成死点
	在额定压力或额定电压下进行试验	隔离开关，操作机构箱内	(1) 鉴定辅助开关的动作； (2) 判明电磁阀和管道系统无漏气声音； (3) 判明联锁装置的动作是否正常
	最低动作压力（电压）试验	—	读出完全合闸或完全分闸的最低动作压力-（电压）测定值，判明同安装时的测定值无很大的差别
手操作分合试验	手动操作力的测定	—	使用操作手柄测定合闸或分闸需要的操作力，判明同安装时的测定值无很大的差别
	合闸操作	导电部分	(1) 用中等速度合闸，判明接触状态无不正常； (2) 判明触头刚刚接触时三相同步

7.5　互感器的维护检测与故障处理

互感器的主要职能在于保护用力设备和输配电系统，为此必须与配套使用的仪表、继电器相协调，保持高度可靠性才能充分发挥其作用。互感器的事故也必然会波及仪表、继电器，甚至可能会扩展成系统停电。

互感器可分为电压互感器和电流互感器两大类。电压互感器可在高压和超高压的电力系统中用于电压和功率的测量等；电流互感器可用在交换电流的测量、交换电度的测量和电力拖动线路中的保护。互感器的外形各异，从低压回路用的小型干式结构，到高压、超高压系统用的铁壳式、绝缘套管式和电容式仪用变压器等。因此对各种不同结构、用途的互感器检查、维护和故障处理等，应能采用适当的方法。

7.5.1　互感器常见故障分析

1. 互感器的故障原因

互感器中可能发生的故障其原因大致分类如下：

(1) 因雷电袭击、系统短路、接地等产生的异常电压，电流引起的故障，以及由于沿海台风引起的盐雾害之类气象因素引起的故障。主要发生在一次回路上。

(2) 二次回路中的短路、断路及因一次回路上冲击电压等引起二次回路上发生故障。

(3) 因吸潮或漏气，漏油等设备方面的缺陷而引起的故障。

2. 电压互感器常见故障及原因分析

电压互感器作为一条母线上所有元件的电压、电能、功率测量及继电保护、信号装置和自动化设备的供电电源，发生故障后将严重影响电力设备的正常运行。因此，值班人员要熟悉电压互感器的原理、结构和运行条件，正确掌握处理电压互感器故障的方法和要领，在故障或异常后能在最短时间内处理完毕，保障电网安全、可靠运行。电压互感器常见故障及原因分析见表 7-27。

表 7-27　　　　　　　　　　　电压互感器常见故障及原因

序号	故障	故障现象	可能原因
1	铁芯片间绝缘损坏	运行中温度升高	铁芯片间绝缘不良，使用环境条件恶劣或长期在高温下运行，促使铁芯片间绝缘老化
2	接地片与铁芯接触不良	运行中铁芯与油箱之间有放电声	接地片没插紧，安装螺丝没拧紧
3	铁芯松动	运行时有不正常的振动或噪声	铁芯夹件未夹紧，铁芯片间松动
4	绕组匝间短路	运行时，温度升高，有放电声，高压熔断器熔断，二次侧电压表指示不稳定，忽高忽低	系统过电压，长期过载运行，绝缘老化，制造工艺不良
5	绕组断线	运行时，断线处可能产生电弧，有放电响声，断线相的电压表指示降低或为零	焊接工艺不良，机械强度不够或引出线不合格，而造成绕组引线断线
6	绕组对地绝缘击穿	高压侧熔断器连续熔断，可能有放电响声	绕组绝缘老化或绕组内有导电杂物，绝缘油受潮，过电压击穿，严重缺油等
7	绕组相间短路	高压侧熔断器熔断，油温剧增，甚至有喷油冒烟现象	绕组绝缘老化，绝缘油受潮，严重缺油
8	套管间放电闪络	高压侧熔断器熔断，套管闪络放电	套管受外力作用发生机械损伤，套管间有异物或小动物进入，套管严重污染，绝缘不良

3. 电流互感器常见故障及原因

电流互感器串接在高压线之间，能够将系统电流转换为各种电流信号，是保证电网可靠运行的关键。根据调查统计，电流互感器故障是引发电网运行故障的主要原因。电流互感器常见故障及原因分析见表 7-28。

表 7-28　　　　　　　　　　　电流互感器常见故障及原因

序号	故障	故障现象	可能原因
1	过热现象	电流互感器发生过热、冒烟、流胶等现象	一次侧接线接触不良，二次侧接线板表面氧化严重，电流互感器内匝线间短路或一、二次侧绝缘击穿引起
2	放电现象	内部有放电声或放电现象	若电流互感器表面有放电现象，可能是互感器表面过脏使得绝缘降低。内部放电声是电流互感内部绝缘降低，造成一次侧绕组对二次侧绕组以及对铁芯击穿放电
3	声音异常	电流互感器发出异常声音	电流互感器铁芯紧固螺丝松动、铁芯松动，硅钢片振动增大，发出不随一次负荷变化的异常声；某些铁芯因硅钢片组装工艺不良，造成在空负荷或停负荷时有一定的"嗡嗡"声；二次侧开路时因磁饱和及磁通的非正弦性，使硅钢片振荡且振荡不均匀发出较大的噪声；电流互感器严重过负荷，使得铁芯振动声增大
4	漏油	充油式电流互感器严重漏油	密封老化或损坏

7.5.2 互感器检查维护要点

如前所述，互感器的结构和绝缘方式种类很多，虽各有特征而各有不同的检查标准，但是，检查维护的基本要点是相同的。

1. 日常检查

日常检查一般是在每天一次至每周一次的巡视检查中进行的。除了肉眼检查外，还可用耳听或手摸等即以人们直感为主的方法来检查有否异常的声音、气味或发热等。这些日常检查有可能事先防止发展成为重大的事故，确是不可缺少的。因此日常检查应是一项十分重要的工作内容。

(1) 外观检查。用肉眼检查有无污损，龟裂和变形，油及浸渍剂有无渗漏；连接处有否松动等。对于不同结构的设备，其检查部位不同。

(2) 声音异常。互感器中产生的有游离放电、静电放电等电气的原因引起的声音和铁芯磁致伸缩引起的机械振动等声音。

有一种放电声音是由于瓷套表面附着有异物而产生的，在电极部位被污染的情况下，就会发生可以听得见的"噼啪、噼啪""咝、咝、咝"之类声音。

此外，机械性振动的声音有下列几种情况：设备在额定频率 2 倍的频率下振动，与机座一起共振发出"砰砰"的声音，因螺栓、螺帽等的松动引起共振而能听到大的声音，安装场所的外部环境发生共鸣而能听到很大的声音等。在这些情况下，重要的是迅速查明发出异常声音的原因和及时进行处理。

(3) 异常气味。对于气味也应经常留意，这对事先防止电力设备的重大事故是有价值的。

分辨异常气味时应弄清是哪一类设备发出的，如干式互感器在绝缘物老化发出烧焦的气味，油浸式设备是发出所漏出油的气味。同时，重要的是立刻查明原因，进行相应处理。

2. 定期检查

定期检查应力求每年进行一次，对于无人值班的变电所等无法实行平时检查的设备，定期检查就更为重要。另外，长期积累的检查资料，是作出判断重要的参考资料。

(1) 外观检查。与平时检查相同。

(2) 测量绝缘电阻。应分别测量设备本身和二次回路的绝缘电阻。设备本身绝缘电阻的判断标准，会因设备结构和一、二次回路的不同而有所差异，同时受到湿度、灰尘附着情况等外部环境的影响，所以仅根据电阻的标准值来判断是不充分的，最好以测量数据为基础作如下判断：

1) 把绝缘电阻的标准值作为大致目标。

2) 在记录定期测量的电阻值的同时，要记下温度、湿度，要求这两项没有比前次测量值有显著降低。

3) 测量值应与在同一场所、同一时间测量的相同型号的其他设备相比较，应肯定没有显著的差异。

4) 把瓷管、绝缘套管，出线端子等部位弄干净并达到一定要求后才可测定。

在上述情况下，如确定绝缘电阻有异常，则分析绝缘老化的可能性最大，所以可通过测定 $\tan\delta$ 等来判断绝缘是否老化。

(3) $\tan\delta$ 的测量。测量介质损耗（用损耗角正切值 $\tan\delta$ 来表示）是判断绝缘老化程度及吸潮程度的常用方法。

定期测量，记录 $\tan\delta$ 虽然对判断绝缘老化有作用，但因 $\tan\delta$ 具有随温度而变的特性，而且也随测量仪器的不同而不同，所以必须用同一仪器进行测量，还必须换算到同一温度。而且，测量 $\tan\delta$ 的方法是在测量绝缘电阻或因其他故障而怀疑有绝缘老化时，通过测量 $\tan\delta$ 电压特性而做出判断。如图 7-6 所示是 $\tan\delta$ 电压特性曲线实例。常温下几种材料的介质损耗角正切值见表 7-29。

表 7-29　　　　常温下几种材料的介质损耗角正切值

绝缘方式	$\tan\delta$（%）
环氧树脂模铸	0.5～1.5
乙丙橡胶模铸	2～4
油纸绝缘	0.2～0.5

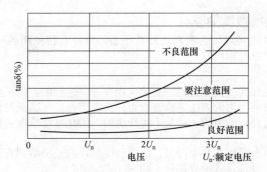

图 7-6　互感器的 tanδ 电压特性曲线

　　测量 tanδ 电压特性是较难的，但是测量在 100V 电压时的 tanδ，只要使用普通的简易式西林电桥或 tanδ 仪就能很容易地在现场测试。

　　3. 检查标准

　　互感器的检查标准随设备的不同结构大致可分为干式和油浸式两大类。确定绝缘电阻的标准值或检查周期等是困难的，干式互感器的检查标准见表 7-30，油浸式互感器的检查标准见表 7-31。

表 7-30　　　　　　　　　　　　干式互感器的检查标准

检查对象	周期	检查项目	检查方法	检查器材	判断标准	备注
外壳，本体	D D D	污损，尘埃 温度升高 嗡嗡声 浸渍剂，模铸件 表面龟裂 生锈，涂料剥落 漏雨，杂质浸入	目测 目测，嗅觉 耳听 目测 目测 目测 目测			
绝缘套管	D，Y	污损，破损	目测			电晕声音，胶装处破损
接线端子	D	过热，变色	目测	示温带	65～75℃	
保险丝	D	接线端子过热，变色	目测			电压互感器有此现象
绝缘电阻	Y	一次侧对地 一次侧对二次、三次侧 二次侧对三次侧，对地	测试	额定电压大于 1kV 时用 1000V 绝缘电阻表；额定电压在 1kV 以下时用 500V 绝缘电阻表	高压：100MΩ 兆欧以上；中压：30MΩ 以上；低压：10MΩ 以上	
接地线及接地电阻	Y D Y Y	接地线腐蚀 接地线断线 接地端子松动 接地电阻	目测 目测 手摸 测试	接地电阻测定器	中高压：10Ω 以下；低压：100Ω 以下	

　　注　D—1 次/日～1 次/周；Y—1 次/年。

表 7-31   油浸式互感器的检查标准

检查对象	周期	检查项目	检查方法	检查器材	判断标准	备注
外壳，本体	D D D D	油量，有否漏油、污损 温度上升 嗡嗡响声 生锈，涂料剥落	目测 嗅觉 耳听 目测	听棒	油面应处在上下刻度红线范围内	阀门，焊接部位，填圈
绝缘套管	D，Y	污损，破损，漏油	目测			电晕声，胶装处破损，盐雾危害
接线端子	D，Y	过热，变色	目测	示温带		
保险丝	D	端子过热，变色	目测			发生在电压互感器上
阀门，油面计	Y	损伤	目测			
绝缘电阻	Y	一次侧对地 一次侧对二次、三次侧	用 1000V 绝缘电阻表		高压：100MΩ 以上 中压：30MΩ 以上	
		二次侧对三次侧、对地	用 500V 绝缘电阻表		低压：10MΩ 以上	
$\tan\delta$	Y		测试	$\tan\delta$ 仪		高压时用
接地线及接地电阻	Y Y，D Y Y	接地线腐蚀 接地线断线 接地线端子松动 接地电阻	目测 目测 手摸 测试	接地电阻测定器	中高压：10Ω 以下 低压：100Ω 以下	
绝缘油耐压试验	Y			油试验器	用直径 12.5mm，间隙 2.5mm 的球状电极做试验：高于 30kV 以上时，良好；25～300kV，应注意；25kV 以下时，不及格	
				油酸值测定	小于 0.2 时：良好；0.2～0.3 时，应注意；大于 0.3 时，不及格	

注　D—1次/日～1次/周；Y—1次/年。

4. 互感器发生事故时的检查

由于互感器与二次回路的配合协调不当，或电压互感器、电容分压器的二次侧短路等，使实际发生的事故中互感器引起的问题仍不少。而且，对于在维护检查中发现的异常现象，虽然基本上可按前述的维护检查标准或判断要点进行，但在发生事故时，有必要确切地查明事故的现象。

互感器发生的事故现象一般可分为下列几种：

（1）系统上的异常电压、电流侵入互感器或绝缘老化等引起的接地事故。

（2）由二次回路引起的异常现象。

（3）由上述第（1）点中的现象对二次回路引起的影响。

发生上述事故现象时进行检查的要点见表 7-32，参考此表时要采用与事故现象相适应的方法进行检查。

表 7-32　　　　　　　　　　互感器发生事故时的检查要点

事故现象	检查项目	备注
由绝缘击穿等引起的接地事故	（1）外观检查； （2）测定绝缘电阻； （3）测定电流互感器二次侧的励磁电流； （4）测定电压互感器的变压比； （5）绝缘油特性试验； （6）拆开检查	主要是找到击穿的部位 与正常产品比较 与设计值比较 与设计值比较 与绝缘油标准比较 检查击穿部位的情况及击穿路径
二次回路中发生的异常现象	（1）掌握异常现象的情况。 （2）检查二次回路的接线部分。 1）测定绝缘电阻； 2）测定二次引出线的电阻； 3）测定二次侧的负荷值； 4）调查负荷的内容； （3）测定互感器的绝缘电阻。 （4）测定绕组电阻。 （5）测定电流互感器的二次励磁电流。 （6）测定电压互感器，电容分压器的负荷特性。 （7）检查电容分压器外壳。 1）熔丝； 2）二次短路保护回路的保护间隙、R_0、C_0、警报继电器； 3）耦合滤波器； （8）测定接在分压器上的辅助电压互感器的励磁特性	用示波器等仪器检查二次回路上发生的现象，将二次回路从互换器上拆下进行检查 与设计值比较 与设计值比较 测定空载，满载时的电压特性 检查是否松动，断线 要求在额定电压下磁通密度低于 3000Gs

7.5.3　互感器常见故障处理

1. 电压互感器回路断线及处理

当运行中的电压互感器回路断线时，有如下现象显示："电压回路断线"光字牌亮、警铃响；电压表指示为零或三相电压不一致，有功功率表指示失常，电能表停转；低电压继电器动作，同期鉴定继电器可能有响声；可能有接地信号发出（高压熔断器熔断时）；绝缘监视电压表较正常值偏低，正常相电压表指示正常。

电压回路断线的可能原因是：高、低压熔断器熔断或接触不良；电压互感器二次回路切换开关及重动继电器辅助触点接触不良。因电压互感器高压侧隔离开关的辅助开关触点串接在二次侧，与隔离开关辅助触点联动的重动继电器触点也串接在二次侧，由于这些触点接触不良，而使二次回路断；二次侧快速自动空气开关脱扣跳闸或因二次侧短路自动跳闸；二次回路接线头松动或断线。

电压互感器回路断线的处理方法如下：

（1）停用所带的继电保护与自动装置，以防止误动。

（2）如因二次回路故障，使仪表指示不正确时，可根据其他仪表指示，监视设备的运行，且不可改变设备的运行方式，以免发生误操作。

（3）检查高、低压熔断器是否熔断。若高压熔断器熔断，应查明原因予以更换，若低压熔断器熔断，应立即更换。

（4）检查二次电压回路的接点有无松动、有无断线现象，切换回路有无接触不良，二次侧自动空气开关是否脱扣。可试送一次，试送不成功再处理。

【特别提醒】

在停用电压互感器时，若电压互感器内部有异常响声、冒烟、跑油等故障，且高压熔断器又未熔断，则应该用断路器将故障的电压互感器切断，禁止使用隔离开关或取下熔断器的方法停用故障的电压互感器。

2. 电压互感器二次熔断器熔断的处理

当互感器二次熔丝熔断时，会出现下列现象：有预告音响；"电压回路断线"光字牌会亮；电压表、有功和无功功率表的指示值会降低或到零；故障相的绝缘监视表计的电压会降低或到零；"备用电源消失"光字牌会亮；在变压器、发电机严重过流时，互感器熔丝熔断，低压过流保护可能误动。

处理方法：首先根据现象判断是什么设备的互感器发生故障，退出可能误动的保护装置。如低电压保护、备用电源自投装置、发电机强行励磁装置、低压过流保护等。然后判断是互感器二次熔丝的哪一相熔断，在互感器二次熔丝上下端，用万用表分别测量两相之间二次电压是否都为100V。如果上端是100V，下端没有100V，则是二次熔丝熔断，通过对两相之间上下端交叉测量判断是哪一相熔丝熔断，进行更换。如果测量熔丝上端电压没有100V，有可能是互感器隔离开关辅助接点接触不良或一次熔丝熔断，通过对互感器隔离开关辅助接点两相之间，上下端交叉测量判断是互感器隔离开关辅助接点接触不良还是互感器一次熔丝熔断。如果是互感器隔离开关辅助接点接触不良，进行调整处理。如果是互感器一次熔丝熔断，则拉开互感器隔离开关进行更换。

3. 电压互感器一次熔断器熔断的处理

故障现象与二次熔丝熔断一样，但有可能"接地"光字牌会亮。因为互感器一相一次熔断器熔断时，在开口三角处电压有33V，而开口三角处电压整定值为30V，所以会发"接地"光字会亮。

处理方法：与二次熔丝熔断一样。要注意互感器一次熔断器座在装上高压熔断器后，弹片是否有松动现象。

4. 电压互感器击穿熔断器熔断的处理

凡采用B相接地的互感器二次侧中性点都有一个击穿互感器的击穿熔断器，熔断器的主要作用是在B相二次熔丝熔断的时候，即使高压窜入低压，仍能使击穿熔丝熔断而使互感器二次有保护接地，保护人身和设备的安全，其击穿熔断器电压约500V。

故障现象与互感器二次熔丝熔断一样，此时更换B相二次熔丝，一换上好的熔丝就会熔断。不要盲目将熔丝容量加大，要查清原因，是否互感器击穿熔丝已熔断。只有将击穿熔丝更换了，B相二次熔丝才能够换上。

互感器一、二次熔断器熔断及击穿熔断器熔断，在现象上基本一致，查找时一般是先查二次熔断器及辅助接点，再查一次熔断器，最后查击穿熔断器、互感器内部是否有故障。如果发电机在开机时，发电机互感器一次熔断器经常熔断又找不出原因，则有可能是由互感器铁磁谐振引起。

5. 电压互感器冒烟损坏的处理

电压互感器冒烟损坏时，本体会冒烟，并有较浓的臭味；绝缘监视表计的电压有可能会降低，电压表，有功、无功功率表的指示有可能降低，发电机互感器冒烟，可能有"定子接地"光字牌亮，母线互感器冒烟，可能有"电压回路断线"，"备用电源消失"等光字牌亮。

处理方法：如果在互感器冒烟前一次熔断器从未熔断，而二次熔断器多次熔断，且冒烟不严重无一次绝缘损伤象征，在冒烟时一次熔断器也未熔断，则应判断为互感器二次绕组间短路引起冒烟，在二次绕组冒烟而没有影响到一次绝缘损坏之前，立即退出有关保护、自动装置，取下二次熔断器，拉开一次隔离开关，停用互感器。

6. 铁磁谐振的处理

所谓铁磁谐振，就是由于铁心饱和而引起的一种跃变过程，系统中发生的铁磁谐振分为并联铁磁谐振和串联铁磁谐振。产生铁磁谐振的情况有：电源对只带互感器的空母线突然合闸，单相接地；合闸时，开关三相不同期。所以，谐振的产生是在进行操作或系统发生故障时出现。

中性点不接地系统中，互感器的非线性电感往往与该系统的对地电容构成铁磁谐振，使系统中性点位移产生零序电压，从而使接互感器的一相对地产生过电压，这时发出接地信号，很容易将这种虚幻接地误判别为单相接地。在合空母线或切除部分线路或单相接地故障消失时，也有可能激发铁磁谐振。此时，中性点电压（零序电压）可能是基波（50Hz）、也可能是分频（25Hz）或高频（100~150Hz）。经常发生的是基波谐振和分频谐振。

根据运行经验，当电源向只带互感器的空母线突然合闸时易产生基波谐振；当发生单相接地时，两相电压瞬时升高，三相铁心受到不同的激励而呈现不同程度的饱和，易产生分频谐振。

从技术上考虑，为了消除铁磁谐振，可以采取以下措施：选择励磁特性好的电压互感器或改用电容式电压互感器；在同一个10kV配电系统中，应尽量减少电压互感器的台数；在三相电压互感器一次侧中性点串接单相电压互感器或在电压互感器二次开口三角处接入阻尼电阻；在母线上接入一定大小的电容器，使容抗与感抗的比值小于0.01，避免谐振；系统中性点装设消弧线圈；采用自动调谐原理的接地补偿装置，通过过补偿、全补偿和欠补偿的运行方式，来较好地解决此类问题。

7. 电流互感器二次开路故障的处理

（1）故障现象。

1）电流互感器本体发出"嗡嗡"声，严重者冒烟起火。

2）开路处发生火花放电。

3）在运行中发生二次回路开路时，会使三相电流表指示不一致、功率表指示降低、计量表计速率缓慢或不转。若是连接螺丝松动还可能有打火现象。

4）电流表指示降为零，有功功率表、无功功率表的指示降低或有摆动，电能表转慢或停转。

5）差动断线光字牌示警。

（2）故障处理。

1）发现二次开路，要先分清是哪一组电流回路故障、开路的相别、对保护有无影响，汇报调度，解除有可能误动的保护。

2）在发现有二次回路开路时，应根据现象判断是属于测量回路还是保护回路。在处理时要尽量减小一次负荷电流以降低二次回路电压。操作时要站在绝缘垫上，戴好绝缘手套，使用绝缘工具。

3）处理前应解除可能引起误动的保护，并尽快在互感器就近的电流端子上用良好的短接线将其二次侧短路后检查处理开路点。在短接时发现有火花，那么短接应该是有效的，故障点就在短接点以下回路中；否则可能短接无效，故障点仍在短接点以前回路中。

4）电流互感器二次回路开路引起着火时，应先切断电源后，可用干燥石棉布或干式灭火器进行灭火。

5）在故障范围内，应检查容易发生故障的端子和元件。对检查出的故障，能自行处理的，如接线端子等外部元件松动、接触不良等，立即处理后投入所退出的保护。若开路点在电流互感器本体的接线端子上，则应停电处理。

6）若外部检查无问题，本体仍有"嗡嗡"声，说明内部开路，应停电处理。

7.6　避雷器的检测与试验及故障处理

避雷器能释放雷电或兼能释放电力系统操作过电压能量，保护电工设备免受瞬时过电压危害，又能截断续流，不致引起接地短路。避雷器通常接于带电导线与地之间，与被保护设备并联。当过电压值达到规定的动作电压时，避雷器立即动作，流过电荷，限制过电压幅值，保护设备绝缘；电压值正常后，避雷器又迅速恢复原状，以保护系统正常供电。

由于避雷器制成气密结构，因此无法检查内部。如果不小心弄坏了气密部分的螺栓等气密结构，此避雷器就不能再使用。因此在避雷器维护检查及试验时，必须注意采取正确的操作步骤及方法（具体的注意事项可参见制造厂规定的操作说明）。

好的避雷器具备的特性有：通流能力大、保护特性优异、密封性能良好、良好的解污秽性能、高运行可靠性、工频耐受能力强。这也可用于检测避雷器的好坏。

7.6.1 避雷器的维护检测与处理

避雷器维护检查的项目见表 7-33。可以按此进行定期检查和雷过电压前后的临时检查。对普通阀型避雷器，仅用外观检查来判断避雷器的好坏是困难的。阀型避雷器由于是制成特性元件可从瓷管中取出来的结构，所以能用肉眼检查来判断其特性元件的劣化状态和避雷器的好坏。

表 7-33　　　　　　　　　　**避雷器外观检查的检查项目及原因分析**

检查部位	发生故障的可能原因	处理方法
避雷器的安装是否充分牢固	假如支架或固定避雷器不稳固，会影响避雷器的结构及特性，可能引起事故发生	用工具对避雷器的安装螺栓等固定部件进行紧固
在避雷器线路侧和接地侧的所有端子安装情况是否良好	当端子的紧固不良时，因风力或积雪等会使电线脱落；或加上雷击过电压产生电火花，有时会造成电线熔断	用工具对所有端子进行紧固
瓷套管有否裂缝	由于是密封结构，如果瓷套管上发生裂缝则外部的潮气会侵入瓷套管内部，引起绝缘降低，造成事故	当灌浇水泥，密封部分或瓷件表面有裂缝时，应拆除避雷器
瓷套管表面的污损情况	(1) 瓷套表面有污损时，会使避雷器的放电特性降低，严重的情况下，避雷器会击穿。(2) 污损会成为瓷套表面闪络的原因	清扫瓷套表面，对安装在有盐雾及严重污秽地区的避雷器应定期清扫。另外，用于盐雾地区的瓷表面可涂敷硅脂，并定期水洗。在进行带电清洗的情况下，如是高压避雷器，其间隙制成多层的，在清洗时会使电压分布进一步恶化。这会降低起始放电电压，从而引起避雷器放电或者引起外部闪络事故等危险，所以必须注意
在线路侧和接地侧的端子上，以及密封结构金属件上有没有不正常变色和熔孔	是过电压超过避雷器性能时而动作或由某种原因使避雷器绝缘降低而造成，可能会引起系统的停电事故	(1) 如密封结构的金属上有熔孔时应将避雷器拆除。(2) 在有不正常的变色时最好还是拆除避雷器
带有均压环的避雷器，均压环有无变形	由于均压环会影响避雷器的放电性能，操作时必须十分注意	仔细地修整均压环，使其恢复到投入运行时相同的形状
均压装置有无腐蚀和变色	均压装置长年累月使用老化后。外部潮气侵入瓷套管内部时会发生绝缘老化，引起事故	均压装置经长年累月运行后，其金属等发生了老化时，应首先与制造厂联系
均压装置已破坏时	当有高于避雷器性能指标以上的过电压波或有某种原因使内部绝缘降低时均压装置动作，所以均压装置是一种安全装置，均压装置损坏时，即使系统上没有发生事故，也会因外部潮气沿均压装置损坏处侵入而引起事故	将避雷器拆除
安装在阀型避雷器下部的黄色标志筒露出时	虽可维持一个急需期，但特性元件应未损坏而放电特性略有升高	要换新的特性元件
阀型避雷器的特性元件上产生爬电痕迹时	不经检修长年累月地运行会引起事故	将避雷器拆除

7.6.2　避雷器的预防性试验

对避雷器进行预防性试验，必须在避雷器高低压侧全部停电的情况下并采取必要的安全措施下方可进行。试验前应将避雷器各侧引线全部拆除。拆接引线时应使用合适的工具，以免损坏设备。拆除的引线必须与试验加压部位保证足够的安全距离。

1. 绝缘电阻测定

绝缘电阻的测定在避雷器的维护检查中是被普遍采用的一种方法。通常是用绝缘电阻（绝缘电阻计）测定避雷器线路侧端子和接地侧端子之间的绝缘电阻，或者测定其中每一单元的绝缘电阻。应检查测得的值是否在制造厂家规定的范围内，绝缘部分时，可以把串联间隙的并联电阻值看作避雷器的绝缘电阻。

避雷器为两节时的试验方法：当拆除一次连接线时，可以分别对上、下两节避雷器进行试验，接线如图 7-7 所示。

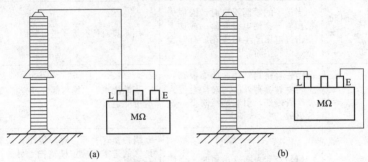

图 7-7　测量多元件组成的避雷器绝缘电阻接线图
(a) 测量上节；(b) 测量下节

测得的绝缘电阻值对各种避雷器是不同的。例如，串联间隙上有并联电阻的避雷器的绝缘电阻是几十兆欧至几百兆欧，额定电压高的避雷器的绝缘电阻却是一百兆欧至几十兆欧的范围。而串联间隙没有并联电阻的避雷器一般至少都在 $1000M\Omega$ 以上。

串联间隙有并联电阻的避雷器应该注意的是相对于出厂时绝缘电阻的变化情况，而不是绝缘电阻的绝对值，因此，至少应每年定期测几次并做记录，可作为维护中发现判断绝缘老化的资料。

绝缘电阻如果高于初始值，应考虑串联间隙上的并联电阻是否发生故障。而绝缘电阻比原始值低时，则除了并联的电阻老化之外，还有下列一些原因。

(1) 潮气的侵入。因密封部分的漏气而使串联间隙的电极间隔中，瓷套管内受潮而引起。

(2) 串联间隙的电极间隔或消弧室被污损。在串联间隙内放电时从电极产生的金属蒸发物会附着在绝缘物上而使绝缘老化。

(3) 对于瓷套管内部，可考虑是特性元件的沿面闪络等。

总之，测定绝缘电阻应选择在晴天进行，并擦净避雷器瓷套管的外表面。不然的话，测得的很有可能是外表的泄漏电阻，而不是避雷器内部的绝缘电阻。另外，在避雷器与线路的引线连接时测定避雷器绝缘电阻这些引线连着的支持绝缘子的漏电阻会与避雷器的绝缘电阻并联。这样就测不到避雷器的绝缘电阻值，因此必须十分注意。

【特别提醒】

测量绝缘电阻前后，应将避雷器对地放电数次，并短路接地，以免人员触电。

2. 泄漏电流的测定

为了判断使用中的避雷器好与不好，用上述方法测得的绝缘电阻虽能做出大致的判断，但绝缘电阻通常的工作电压是 1000V，而测定泄漏电流却是在避雷器上加实际使用时的电压，因而就不易知道其实际性能，因此还要测定其泄漏电流。

对串联间隙上带有并联电阻的避雷器，有关标准中规定，要测量在加上避雷器额定电压的 100%、60% 及 40% 时各个电压下的泄漏电流。其中 60% 的额定电压大致相当于系统有效接地时正常的对地电压，而 40% 的额定电压大致相当于系统未有效接地时的正常对地电压。

测定泄漏电流时，采用高压直流发生器进行试验接线，电流表串联在接地线上进行，因此在停电之后要对被试避雷器充分放电，再接上电流表。测定泄漏电流如图 7-8 所示。

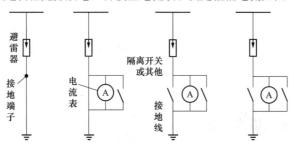

图 7-8　测定避雷器的泄漏电流的接线

由于泄漏电流的大小也是与绝缘电阻一样的随额定电压和制造厂而不同，因此当测出的数据与原始值有很大差别时，必须询问制造厂。另外测泄漏电流时的注意事项也如测绝缘电阻一样，应对瓷套管表面进行清扫等，使所测得的仅仅是避雷器内部的泄漏电流。

【特别提醒】

在解开避雷器的接地线之前，要设法把测试电路接成并联，接好之后再解开接地线并进行测定。

直流发生器的倍压筒应尽可能远离被测试避雷器，高压引线应尽量缩短，必要时用绝缘物支持牢固且高压引线与被测试避雷器的夹角尽可能接近 90°。

3. 其他特性试验

对避雷器进行维护管理，必须了解在现场使用中的性能优劣情况，前述的绝缘电阻和泄漏电流的测定就是这个目的。但如起始放电电压等特性值在运行中究竟变化到什么数值，在很多情况下也是希望知道的性能。在现场测试工频或雷电过电压的起始放电电压时，必须有相应的试验设备。假如用现场现有的试验变压器测试时，应使避雷器的泄漏电流及放电时的过电流不流过变压器，而且必须装上能迅速遮断电流的装置。

总之，当流过比规定值大的电流时，对串联间隙有并联电阻的避雷器会使电阻老化损坏；对无并联电阻的避雷器也会引起特性元件老化。因此，因进行这些试验而造成避雷器损伤的例子很多。这里推荐采用湖北仪天成电力设备有限公司生产的 YTC620D 氧化锌避雷器特性测试仪进行检测，该仪器面板如图 7-9 所示。

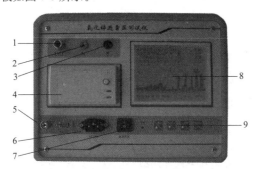

图 7-9　YTC620D 氧化锌避雷器特性测试仪

1—参考电压输入端；2—泄漏电流输入端；3—测量接地端；4—微型打印机；5—安全接地端；
6—充电插座；7—电源开关；8—大屏幕液晶显示器；9—触摸键盘区

▲增大　▼减小　▼功能　↙确定

该仪器操作简单、使用方便，测量全过程由单片机控制，可测量氧化锌避雷器的全电流、阻性电流及其谐波、工频参考电压及其谐波、有功功率和相位差，大屏幕可显示电压和电流的真实波形。仪器运用数字波形分析技术，采用谐波分析和数字滤波等软件抗干扰方法使测量结果准确、稳定，可准确分析出基波和 3～7 次谐波的含量，并能克服相间干扰影响，正确测量边相避雷器的阻性电流。该仪器配有高速面板式打印机，可充电电池，试验人员在现场使用十分方便。仪器采用独特的高速磁隔离数字传感器直接采集输入的电压、电流信号，保证了数据的可靠性和安全性。

4. 放电计数器的测试

（1）试验时避雷器恢复为正常运行时的接线，记录放电器的原始数值。

（2）放电器的接地端接地，打开电源，待放电器充足电后，将放电器的高压端子与放电记录器的进线端子相接触，检查记录器是否动作，连续试验3～5次，记录试验后放电记录器的数值。

（3）试验结束关闭电源后，应将放电器的高压端子与接地线短接，使放电器充分放电。

7.6.3　避雷器常见故障处理

1. 氧化锌避雷器密封不良

（1）原因分析。避雷器密封不良主要产生于产品的生产过程中。如避雷器阀片烘干不彻底，含水分。或者装配时，避雷器的密封垫圈安放位置不当甚至没有安装。有些厂家使用的材料不合格，如使用的瓷瓶质量差，带有看不见的小孔也会造成水分渗入，使其内部受潮。

（2）故障处理。为了防范避雷器密封不良，用户在使用前，应进行严格的密封性测试。另外，在避雷器运行维护过程中，特别是在雷雨后，要加强对避雷器的巡视以便及时发现异常情况。在对避雷器进行定期预防性试验时，试验人员要认真仔细分析试验数据。因为避雷器受潮时，可能外观上看不出任何问题，但是只有通过试验数据才能发现内部的缺陷。

2. 氧化锌避雷器内部阀片老化

（1）原因分析。阀片老化一般产生于运行过程中。由于避雷器阀片的均一性差，其老化程度不尽相同，就会使得阀片电位分布不均匀。运行一段时间后，部分阀片首先劣化，造成避雷器泄漏电流和功率损耗增加。

由于电网电压不变，避雷器内其余正常阀片负担加重，导致其老化速度加快。这样就形成了一个恶性循环，最终导致该避雷器发生内部击穿发生单相接地或者避雷器本体爆炸事故。

造成氧化锌避雷器阀片老化加速的另外一个原因是避雷器持续运行电压偏低。这将导致运行过程中，特别是系统发生单相接地时，大大加重避雷器负荷，造成阀片快速老化。

（2）故障处理。针对避雷器阀片老化问题，除了要求厂家改进生产工艺，提高阀片的均一性外，还要在设计选型时选择具有足够的额定电压和持续运行电压的避雷器。另外，在巡视时，不仅要查看避雷器的外观是否有破损闪络等现象，还要抄取避雷器的泄漏电流值并将其与初始值进行对比，如果数值偏大应及时上报缺陷，并给予处理。

3. 阀型避雷器的故障处理

阀型避雷器在运行中常发生异常现象和故障，应对异常现象进行分析判断，并及时采取措施进行故障处理。

（1）天气正常而发现避雷器瓷套有裂纹，应立即停止运行，即将故障相避雷器退出运行，更换合格的避雷器。雷雨中发现瓷套有裂纹，应维持其运行，待雷雨过后再进行处理。若因避雷器瓷套裂纹而造成闪络，但未引起系统接地时，在可能条件下应将故障相避雷器停用。

（2）避雷器内部异常或套管炸裂。这种现象可能会引起系统接地故障，处理时，人员不得靠近避雷器，可用断路器或人工接地转移的方法，断开故障避雷器。

（3）避雷器在运行中突然爆炸。这种情况下，若尚未造成系统永久性接地，可在雷雨过后，拉开故障相的隔离开关将避雷器停用，并及时更换合格的避雷器。若烧炸后已引起系统永久性接地，则禁止使用操作隔离开关来停用故障的避雷器。

（4）避雷器动作指示器内部烧黑或烧毁，接地引下线连接点烧断，避雷器阀片电阻失效，火花间隙灭弧特性变坏，工频续流增大，若有以上这些异常现象，应及时对避雷器做电气试验或解体检查。

7.7　绝缘子和绝缘套管故障检测与处理

7.7.1　绝缘子和绝缘套管的异常现象与原因

通常绝缘材料的老化大多是因为电击、机械损伤、温度过高，环境方面等各种主要因素复杂地交叉作用而引起的，因此呈现的老化现象也是多种多样的。下面将叙述绝缘子、绝缘套管上所能见到的有关异常现象的典型例子及其发生的原因。这些异常现象都是能在维护检查时发现的，为了事先预防事故而应列为检查的重要项目。

1. 龟裂

在发现瓷绝缘子、绝缘瓷套管及环氧树脂制品上有龟裂的情况，无论从电气性能还是机械性能方面说来都是危险的，必须尽快更换。局部的裙边缺损或凸缘缺损虽然不一定会引起事故，但由于以后会扩展成龟裂，所以早日更换为好。

对于瓷制的和高分子材料制的绝缘子和绝缘套管来说，发生龟裂的原因有下列几方面。

（1）瓷绝缘子、绝缘套管龟裂的原因。

1）瓷件表面和内部存在着制造过程中产生的微小缺陷，因反复承受外力等使其受到机械应力、然后发展成出现龟裂、裙边断裂等。

2）过电压或污损引起的闪络使瓷件受到电弧、局部过热而引起破坏。

3）绝缘子上涂敷硅脂一般是作为防污损的措施；当长时间不重涂硅脂而继续使用时，会因硅脂的老化产生漏电流和局部放电以及发生瓷绝缘子表面釉剂的剥落，裙边缺损和裂缝。

4）由于紧固金具过分紧，使瓷件的某些部位上受到过大的应力。

5）由于操作时的疏忽，使绝缘子受到意外的外力打击或投石等外力破坏等原因引起的损伤。

6）使用在设备上的瓷套，如内部设备配合不好，有时会引起瓷套管间接性的破坏。

（2）高分子材料的绝缘子、套管龟裂的原因。

1）制造过程中材料固化收缩时产生的残留内应力会引起龟裂。

2）设备在反复运行、停运的过程中造成的热循环，会因不同材料热膨胀系数的差别而使制品受到循环热应力，从而引起埋入树脂中的金属剥离和发生龟裂。

3）由于长期运行中绝缘材料机械强度下降或是反复应力引起的疲劳，也会引起龟裂。

4）紧固部位过分紧而产生机械应力过大引起龟裂。

2. 爬电痕迹

当有机绝缘材料表面被污损而且湿润时，表面流过漏泄电流会形成局部的、绝缘电阻较高的干燥带，使加在这一部分上的电压升高，从而产生微小放电。其结果，绝缘表面被炭化形成了导电通路，这就是爬电痕迹。如果对已产生爬电痕迹的绝缘子不采取处理措施，任其逐渐发展，最后会因闪络而引起接地短路事故。

在更换产生有爬电痕迹的绝缘子的同时，必须设法加强对污损及受潮之类问题的管理，设法采用耐爬电痕迹性能优良的材料等，力求防止爬电痕迹再次发生。

3. 漏油

内部装有绝缘油的绝缘套管，会由于瓷管龟裂，过大的弯曲负载引起瓷管错位，或因密封材料老化等引起漏油。当漏油严重时，不仅会引起套管绝缘击穿，而且还可能对装有套管的设备本身如变压器、电抗器、油断路器等造成很大的损失。因此，在万一发现有漏油时，应立即调查其严重程度，根据情况采用必要的措施，如停止运行或更换等。

通过观察油面位置及检查套管安装部位四周的情况，就能监视漏油。当油面低于油位计的可见范围时应引起注意。

此外，套管的密封材料是采用丁腈共聚物软木和合成橡胶等有机材料，所以不可避免地会发生随使用时间增长而老化。因此必须定期检查，每隔适当的期限要更换密封材料。

4. 电晕声音

端子金具上凸出部分的电晕放电，被污损的绝缘表面产生的沿面放电会发出可听得见的声音。但是绝缘子、套管的龟裂和内部缺陷等也会成为发出电晕声音的原因。听到电晕声音时，必须及早查明其原因，采取适当的措施。另外，此类电晕放电产生的杂散电波会对无线电、电视产生干扰。

5. 端子过热

绝缘套管的中心部位贯穿着通电流的导体，此导体经过套管头部的端子金具与母线等相连接。当这种端子的连接不良时，就会发生过热而造成端子变色，绝缘物的寿命缩短等故障。

因此，在用示温涂料或示温片等对导体连接部位进行温度监视的同时，应定期地检查此处各种螺栓的紧固状态。

7.7.2 绝缘子和绝缘套管的维护检查

在对绝缘子，绝缘套管维护检查的过程中，必须注意下列各点。

1. 目测检查

以上所说的异常现象都是目测检查时应该重点检查的项目，下面还列出了其他一些应配合进行的监视项目。

(1) 绝缘子龟裂、裙边缺损、凸缘缺损。

(2) 金具的腐蚀，磨损、变形。

(3) 螺栓、螺帽松动。

(4) 绝缘物及金具的电弧痕迹。

(5) 爬电痕迹及变色的痕迹。

(6) 观察通电端子接头处是否变色及用示温片、示温涂料或红外线温度计等进行温度监视。

(7) 绝缘套管的油位位置及漏油。

2. 污损监督和绝缘子、绝缘套管的带电清洗

当绝缘子、绝缘套管表面被污损时，绝缘性能就会显著下降，会引起闪络，产生爬电，所以必须按下面所列方法进行彻底的污损监督。

(1) 测定污损度。方法是对作为监视用的绝缘子、绝缘套管上的盐分附着量进行定期地测定。应注意不要超过允许量。

(2) 清洗绝缘子、绝缘套管。防止绝缘子、绝缘套管受污损的措施，主要采用增强绝缘和隐蔽化等方法。但是带电状态下清洗绝缘子的方法也是广泛采用的一种措施。

所用的带电清洗装置有固定喷雾式、水幕式、喷气式等几种，具体见表 7-34。在带电清洗过程中必须达到污损监督所规定清洗的限度，因此经常掌握绝缘子、绝缘套管的污损情况是必要的。

表 7-34   清洗方法种类与简介

清洗方法	简介
固定喷雾清洗	应根据被测试绝缘子，绝缘套管的形状和大小决定所使用的喷嘴形状，个数和排列位置。应使喷嘴中喷出的水能均匀地清洗全部绝缘子。 另外，在设计过程中必须考虑到因变电所内设备数量很多，故不能同时清洗全部设备，所以在考虑排列位置时应将这些设备分成好几个组。在清洗时，从下风头到上风头，从低位置的设备到高位置的依次进行清洗
水幕式清洗	在沿海等地区，用固定喷雾装置不能充分适应有台风的情况。考虑到有雨有台风时盐害事故较少，所以在变电所的上风头采用人工降雨，造成水幕，使变电所内的设备同时进行清洗
喷气式清洗	喷气式清洗采用放射式喷嘴，有固定喷嘴位置和人工移动喷嘴位置两种方式。 由于喷气式清洗时操作者是对绝缘子一个一个地进行清洗，故必须设法使喷气喷射时发生的反作用力不会作用到人体上。另外，必须要有一个喷嘴的安装架，使喷嘴的操作可自由进行。 喷气用的喷嘴，一般采用消防用的放射形喷嘴，或类似结构。一般采用的口径是 $6 \sim 18mm$，使用的水压约为 $4 \sim 15kg/cm^2$，水量约为 $100 \sim 400L/min$。 另外，此种方式通常适用于带电清洗 $20 \sim 140kV$ 级的母线绝缘子、支持绝缘子。优点是设备费用较少，但由于要一个一个地清洗绝缘子，所以花费时间较多，还须用大量的水，清洗全需人工进行，因此不适用于要求那些清洗周期短的情况。在 $70kV$ 及以下的污损度较低的变电所进行清洗时采用移动式的方法

另外，平时必须注意绝缘子清洗装置在清洗时的压力表指示和是否漏水，以备紧急清洗的需要。

(3) 涂敷硅脂。将硅脂涂敷在绝缘子和绝缘套管上也是一种防止污损的措施。在这种情况下，必须考虑硅脂的有效时间，定期进行重涂。

3. 绝缘电阻的测定

方法是用 $1000V$ 绝缘电阻表测定绝缘电阻。正常的绝缘套管虽然一般都大于 $2000M\Omega$，但

当绝缘套管的表面被污损而且湿润时，就会显示出极低的数值。所以在测定时，关键的是要让绝缘物表面保持十分清洁干燥。另外应注意，这个方法必须要在线路停电时进行。

4. 介质损耗角正切值（tan δ）的测定

当测量绝缘套管的 tanδ，并发现其值有显著的增加、绝缘电阻降低的情况，这有可能是密封被破坏而浸入水分，所以必须做仔细测量。此外，局部放电也会引起 tanδ 升高。

测量时，应该注意到会出现因瓷管表面污秽而不能得到正确测试值的可能性。另外，由于 tanδ 通常具有温度特性，即会随温度略有变化，假如并没有显著的变化，则没有必要再做仔细测量。

5. 绝缘油的特性

由于开启式套管必然会发生油老化，所以必须定期地检查绝缘油的击穿电压，绝缘电阻、含水量等性能。另外，近年来对变压器正在采用通过分析油中含气的方法来检查内部绝缘的老化。这种方法的原理是在变压器内产生局部的过热、电晕放电等情况下，绝缘油和绝缘纸会受热分解，用气体色谱分析法定量分析出此时产生的分解气体，根据分解气体的成份和数量就可判断故障部位和绝缘老化部位。这种方法现在也已部分地用来判断油浸纸套管的绝缘老化。

6. 局部放电试验

这个在带电状态下能正确地测定发生局部放电的试验方法，是当前绝缘套管和其他设备的非破坏性试验中最可靠的绝缘检查试验法。试验是通过测出在试验电路上检测阻抗两端所出现的脉冲游离电压，从而测出游离起始电压，游离熄灭电压，发生游离的频度、放电电荷量等，由此判断绝缘状态。

此种测试方法的缺点是在安装现场测试时，因受杂散电波和其他设备的影响而比较困难。如在电磁屏蔽室内检测时则可检出 1～3PC 的游离放电。

7. 超声波探伤试验

所谓超声波探伤就是把 1～5MHz 的超声波脉冲，从探头送入被试品，当内部有缺陷时在该处就会有一部分超声波反射，利用接收触头上得到的信号现象就可知道缺陷存在的位置和缺陷的大小。这种方法的优点是可用于检出瓷管式绝缘套管金具内的龟裂等故障，但还有下列缺点：

（1）测定时要求触头与瓷管表面始终紧密贴紧，但因瓷绝缘子的表面半径不是固定的，因此实现紧贴的要求有困难。

（2）在现场测量时要花费时间。

（3）要检出缺陷并进行判断需要相当熟练的技术。

8. 浸透探伤试验

绝缘子、绝缘套管的龟裂开始时发生在表面的占多数，但是微小的龟裂要通过目测检查来发现是很难的。当怀疑有龟裂的情况下，用浸透探伤法是有效的。

浸透探伤试验是把微小的缝隙，通过浸入黄绿色的辉光浸透液或红色的着色浸透液而使缝隙鲜明可见。因此通过浸透在裂缝中的颜色清晰度可做出判断。

7.8 电力电容器的故障检测与处理

电力电容器（以下简称电容器）作为一种无功补偿装置，是电力系统中重要的电气设备，使用中可靠性极高，事故很少。正常运行时，可以向电力系统提供无功功率，进而改善电能的质量。但是，除了电容器本身的缺陷会引起事故外，人为因素和用电环境因素（过电压、高次谐波、脉冲波的侵入、环境温度升高）等各方面的影响，也容易引起事故的出现。

7.8.1 电容器损坏的原因

1. 电容器本身的质量缺陷造成电容器损坏

电容器质量缺陷造成其运行过程中损坏通常表现为损坏率增长较快或损坏率较高，甚至批量损坏。而损坏的现象基本一致，有特定的损坏特征，有一定的规律可循。造成电容器质量缺陷的原因，一般有不合理的设计、不恰当的材料、甚至误用以及制造过程不恰当（例如卷制、引线连接、装配、真空处理等关键工序出现问题）。

电容器损坏一般分三个不同的区段：早期损坏区，偶然损坏区，老化损坏区。上述三个区段的年损坏率符合浴盆曲线的特征，如图 7-10 所示。

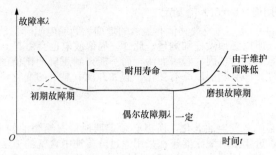

图 7-10　电容器年损坏率的浴盆曲线

电容器存在一个与固有缺陷有关的早期损坏区，主要由材料和制造过程的不可控因素造成的，年损坏率一般应小于 1％，且随时间呈下降的趋势，早期损坏区的时间为 0～2 年左右。由于绝缘试验只是一种预防性试验，而且绝缘的耐受电压服从威布尔分布，不管将试验电压值提高到多少，都有刚刚能通过试验的产品，但盲目提高试验电，可能会对电容器造成损伤，也是不可取的，因此电容器早期损坏是不可避免的。

在以后的 10～15 年时间内，电容器的年损坏率较低且损坏方式不固定，其原因主要是电介质材料存在弱点，当材料受电场和热的作用时，缺陷在弱点处发展的缘故。由于绝缘经过早期运行的老炼处理，在这一区间，损坏率低且稳定，其年损坏率一般应小于 0.5％，时间区间通常为 15 年左右。

在老化损坏区，指电容器在温度和电场作用下，介质发生老化，电容器的各项性能逐渐劣化，从而导致电容器损坏，其年损坏率一般会大于 1％ 且随时间在不断增大，进入老化损坏区的时间应为 15 年以上。

由于在实际电容器中的介质是不均匀的，介质的老化程度也是不均匀的，而寿命取决于最薄弱的部位，所以电容器寿命在时间上存在分散性，因此研究电容器的寿命要采用统计的方法。绝大多数电容器的寿命以其运行到临近失效的时间来估算，最小寿命指电容器开始出现批量损坏的时间（在此以前只发生电容器的个别击穿）。通过对以往设备运行状况的研究，并综合考虑电容器经济上和技术上各因素之间的配合关系，在工频电网中用来提高功率因数的 90％ 的电容器最佳寿命通常应为 20 年，即在额定运行条件下运行 20 年后至少有 90％ 的产品不发生损坏。

由于电容器的特殊性（工作场强高、极板面积大，在电网使用的量大、面广，以及要综合考虑其经济技术等方面的因素），不发生损坏是不现实的，一定的损坏率也是允许的，这种损坏一般被认为是正常损坏，但这种正常损坏的年损坏率必须在可接受的合理范围内。如果损坏率超出正常水平，说明产品存在明显的质量缺陷或者运行条件不符合要求。

正常损坏通常表现为：对于无内熔丝的电容器，元件击穿、电流增大、外熔断器正常动作使故障电容器退出运行。更换新的熔断器和电容器后，装置继续投入运行。对于内熔丝的电容器，个别元件击穿、内熔丝熔断、电容器电容量稍微下降（通常情况下，电容量减少不会超过额定电容 5％），完好元件继续运行。由于电容下降流过电容器电流会减少，因此，电容器单元正常损坏情况下，外熔断器不会动作。如果发生套管表面闪络放电、引线间短路、对壳击穿放电或者内熔丝失效电容器单元发生多串短路等故障，内熔丝对此不能发挥作用，此时外熔断器正常动作，使故障电容器退出运行。

2. 过电压和涌流造成电容器损坏

熔断器不正常开断产生过电压，出现熔断器群爆的现象，说明外熔断器动作的过程中，其开断性能不良。由于外熔断器的灭弧结构比较简单，且较容易受气候、安装、运行等状况的影响，其开断电容器故障电流的性能很难得到保证。在外熔断器动作的过程中，如果其开断性能不良，就不能尽快地切除故障电流，会出现重燃。熔断器重燃就相当于在电容器的剩余电压较高的情况下再次合闸，产生重燃过电压（熔断器重燃就相当于在电容器的剩余电压较高的情况下再次合闸，必定会产生过电压，这种过电压通常称为重燃过电压），多次重燃过电压的幅值可达 3~7 倍额定电压，使电容器在过电压冲击下受到伤害，而且故障电容器的注入能量过多，会造成电容器和熔断器爆炸。

从产品解剖情况来看，元件显然受到较高过电压作用，元件击穿，注入能量超出正常允许的范围，使电容器受到较大损坏。特别是带故障电容器单元在合闸过程中，由于熔断器的性能和质量分散性造成熔断器不正常开断，出现重燃，产生重燃过电压，造成电容器更大的损坏。

电容器在投入过程中，除产生过电压还会同时产生涌流。一般情况下涌流峰值不超过 100 倍额定电流。背靠背切投，涌流更大。但一般电容器组都装有 6% 以上的电抗器，涌流不会太大。如果电容器内部连接不牢，在涌流的作用下，会造成损坏。同样，如果外熔断器质量不良，涌流也会使其误动。

从电容器装置故障情况可看到：部分故障都发生在装置合闸期间，说明故障与操作过程有一定的关系。一种情况是合闸过程中的涌流加大了熔断器误动作的概率，熔断器误动作，熔断器动作的过程中，其开断性能不良，重燃，产生重燃过电压，不但损坏电容器（这个过程即使没有损坏产品，也会损伤产品），而且会造成熔断器群爆。另一种情况是带故障电容器单元合闸，合闸过电压使电容器单元进一步击穿短路放电，相邻完好的多个电容的大量储能（此时电容器的电压为合闸过电压比额定电压高许多其储能更大）通过其串接的熔断器及串接在故障电容器的熔断器迅速注入故障电容器，产生巨大的放电电流，熔断器动作的过程中，其开断性能不良，不能迅速切除故障电流，造成熔断器群爆，巨大的能量使熔断器炸飞、到处闪络放电、巨大的电动力造成母线弯折、瓷瓶烧伤炸坏，使故障扩大，甚至造成电容器爆炸。

7.8.2　电容器内部保护及事故检出

1. 电容器内部故障保护的几种类型

对电容器内部发生的事故必须有效地检出并进行保护，其目的：一是尽量限制系统的停电范围；二是防止引起系统上的二次诱发事故；三是防止电容器装置的健全部分受到波及。

电容器的内部故障包括内部元件故障、内部极间短路故障、内部或外部极对壳（外壳）短路故障。从保护的类型来看，主要有以熔断器为主保护和以继电保护为主保护两大类，具体形式大致有熔断器（外熔丝）＋继电保护、内熔丝＋继电保护、外熔丝＋内熔丝＋继电保护、单独继电保护等 4 种。

继电保护（不平衡保护）又根据电容器组的不同接线方式有不同的型式，主要有开口三角零序电压保护、电压差动保护、桥式差电流保护、中性线不平衡电流保护或中性点不平衡电压保护。

2. 短路事故的检出

一般采用过电流继电器检出电力电容器装置内的短路事故。在高压电路的小容量电容器中也有采用限流式熔丝兼作电容器本身内部事故的保护。

不管在上述哪种情况下，为了避免电容器电路特有的高次谐波电流及接入电容器时脉冲电流引起的误动作，在选定继电器的整定值及电流时必须考虑到这些因素。

3. 过负荷（过电流）保护

一般是兼用上述的过电流继电器，但在预计可能有大大超过表 7-35 中所列的高次谐波电流流过时，应安装高次谐波的过电流继电器。

表 7-35　　　　　　　　　　　　　电力电容器装置的适用范围

技术条件	说明
耐电压	在线路端子间，加上近似正弦波的工频电压为额定电压的 2 倍，1min
最大使用电压	高压用电容器必须能在额定频率，最高电压为额定电压的 110% 下长期安全地使用；中压用电容器必须能在额定频率，最高电压为额定电压的 115%；要求在 24 小时内电压的平均值为额定电压的 110% 下长期安全地使用
最大工作电流	电容器的充电电流中含有高次谐波时，在合成电流的有效值不越过额定电流的 135% 的范围内应能安全地连续工作。 在电抗器的回路中含有 5 次谐波的情况下，高次谐波电流所占有的百分率低于基波的 35%，以及其合成电流不大于额定值的 120% 以下时，应能正常地安全使用

4. 接地事故的检出

由于接地事故的情况随系统的中性点接地方式、对地分布电容及故障点的接地电阻等不同而不同，所以不能一般地决定其保护方式，但是仍可采用与一般设备相同的接地保护（选择接地继电器、接地方向继电器或接地过电流继电器来保护）。此外，对于检出电容器装置的接地，也可借检出设备内部故障用的继电器来作为部分弥补。

5. 装置内部事故的检出

电容器装置的内部事故，大部分是单元电容器的内部元件故障、串联电抗器及放电线圈的层间绝缘击穿等。这些事故以故障相的电抗变化或者三相电流出现不平衡为标志。另外，在故障部位会产生因电弧使绝缘油加热分解的气体。这种分解气体引起内部压力升高，使外壳及油量调整装置膨胀。

由此，检出设备内部事故主要采用下列两种方法。

（1）电气检测法：检出电抗的变化或三相不平衡电流，见表 7-36。

表 7-36　　　　　　　　　　电气检测方法的种类与特征

名称	电气图	系统不正常时有无影响			特征
		高次谐波电流	电压不平衡（包括短路）	单相接地	
电压差动方式		无	无	无	是具有高检出灵敏度的很好的方式，普通大容量的中压重要设备以及11kV 及以上的几乎所有设备都广泛采用
开口三角形方式		无	无	无	适用于一般的中压重要设备及一部分的高压设备
电流差动方式		有	有	无	有部分设备采用这种方式
中性点电压检出方式		有	无	有	仅有极少数采用这种方式

名称	电气图	系统不正常时有无影响			特征
		高次谐波电流	电压不平衡（包括短路）	单相接地	
中性点电流检出方式	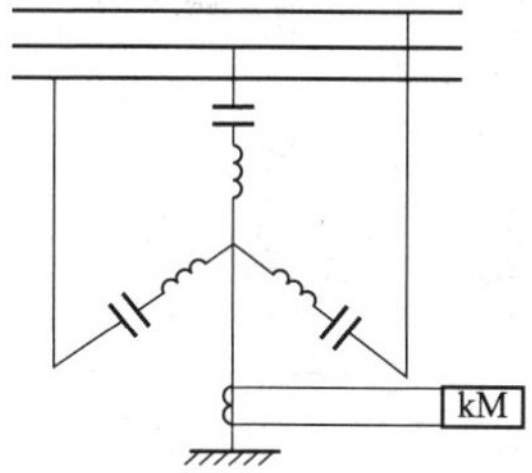	有	有	有	仅有极少数采用这种方式
双重星形中性点间电流检出方式	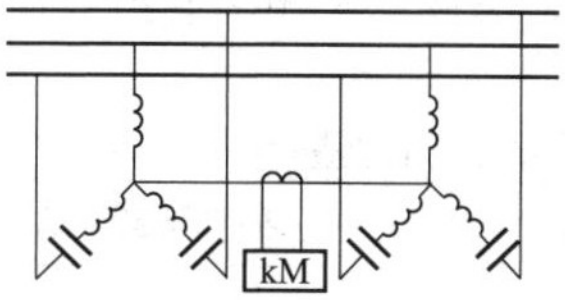	无	无	无	适用于大量普通中压罐形电容器组合成的电容器组的场合
双重星形中性点间电压检出方式	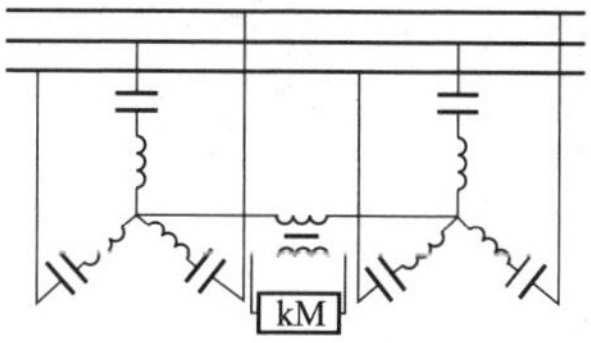	无	无	无	

（2）机械检测法：检出内部压力上升或外壳及油量调整装置的膨胀，见表 7-37。

但是在电压等级较高的回路中所用的单元电容器内部元件有故障时，由于电抗变化较小，必须采用高灵敏度的检测方法（电压差动方式）。另外，在这些电气检测方法中，由于会受到系统不正常因素（如电压不平衡、一线接地，高次谐波电流）的种种影响，在选择保护方式时还必须考虑到这些因素。

表 7-37　　　　　机械检出方法的种类与特性

方式	油量调节装置上接点方式	保护用接点方式	检出外壳膨胀方式
接线	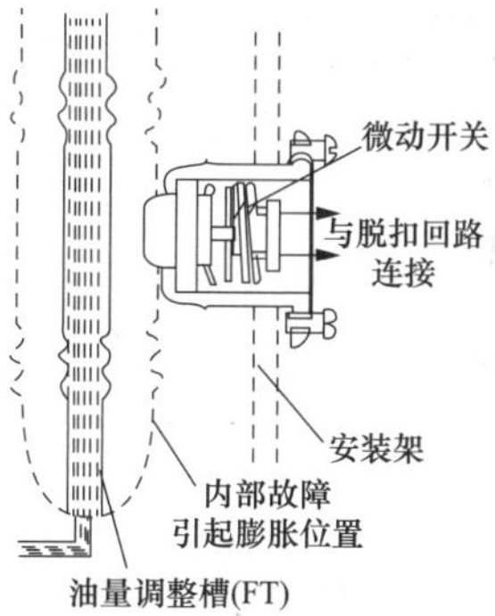	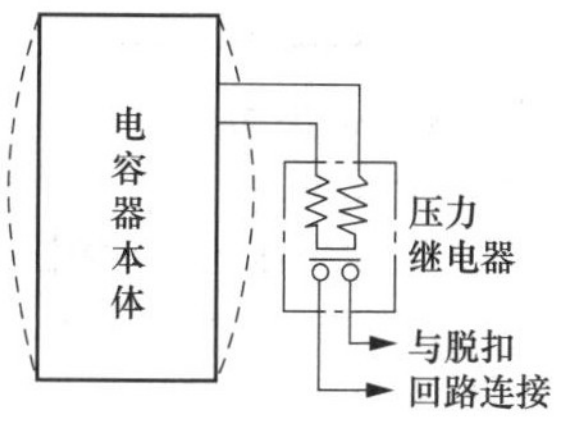	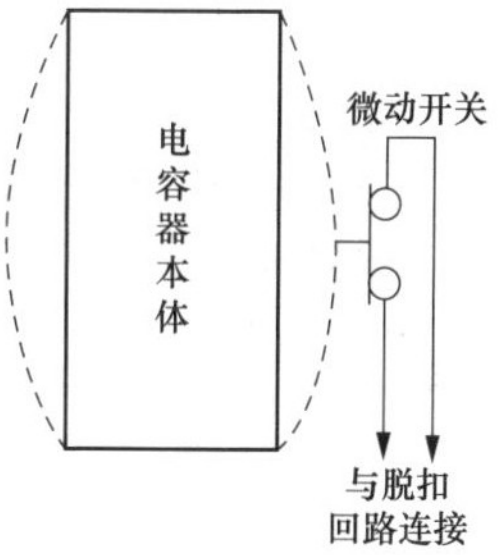

续表

方式	油量调节装置上接点方式	保护用接点方式	检出外壳膨胀方式
原理	在电容器的击穿部位，因电弧使绝缘油产生分解气体，引起容器内压升高，油量调节装置膨胀。本方法是通过安装在油量调节装置上的微动开关检出此种膨胀	电容器击穿的电弧使绝缘油分解出气体，而引起容器内压力的升高，通过压力继电器检出	电容器内部击穿绝缘油分解出的气体所引起的容器膨胀，通过容器外部的微动开关检出
特点	是箱形电容器采用的方便、经济的保护方式	是罐形电容器采用的方便、经济的保护方式，特别适合于小电流范围内的保护	

此外，在高压回路用中小容量电容器中（见表7-38），是采用限流式熔断器方式或过电流继电器方式来检出故障，同时也可兼作短路保护。此外，在罐形电容器的情况下，由于仅用过电流继电器保护，要与外壳的保护取得协调是困难的，因此要采用与其他方法（如限流熔断器，保护接点方式）并用的方式。

表 7-38　　　　　　　高压回路用中小容量电容器的检测方法

方式	过电流继电器方式	外部熔断器方式
接线		
原理	用与一般电力设备用同样的过电流继电器检出事故	用熔断器来限制或切断回路上流过的短路电流
特点	由于从事故发生到继电器和断路器动作要0.4s以上的时间，所以在使用罐形电容器的情况下，要注意不使容器在这段时间内破坏	对短路电流的保护来说是动作时间较快，最好的一种方式。但是不能用来保护小电流范围内的移相电容器。还必须注意合闸时的冲击电流会使熔断器老化。 在使用罐形电容器的情况下，从考虑保护电容器不破损的角度出发，这种方法比过电流继电器方式更优越

7.8.3　电容器常见故障的预防处理

长期的运行经验表明，电容器在运行过程中会因本身缺陷或者系统工况运行等原因出现漏油、膨胀变形、甚至"群爆"等故障，因此，使用中的电容器，应定期进行检查，根据检查中发现的问题，采取适当的方法进行处理。

1. 电容器渗、漏油的预防处理

（1）安装电容器时，每台电容器的接线最好采用单独的软线与母线相连，不要采用硬母线连接，以防止装配应力造成电容器套管损坏，破坏密封而引起漏油。

（2）搬运电容器时应直立放置，严禁搬拿套管；接线时，拧螺丝不能用力过大并要注意保护好套管。

（3）电容器箱壳和套管焊缝处渗油，可对渗、漏处进行除锈，然后用锡钎焊料修补。修补套管焊缝处时，应注意烙铁不能过热以免银层脱落，修补后进行涂漆。

渗、漏油严重的要更换电容器。

2. 电容器外壳变形的预防处理

经常对运行的电容器组进行外观检查，如发现电容器外壳膨胀变形应及时采取措施，膨胀严重者（100kvar 以下每面膨胀量应不大于 10mm；100kvar 及以上每面膨胀量应不大于 20mm）应立即停止使用，并查明原因，更换电容器。

外壳膨胀不严重的电容器，要采取通风措施，加强运行检查工作。

3. 电容器保护装置动作的预防处理

（1）定期测量电容器电容值，电容值偏差不超过额定值的 $-5\%\sim+10\%$ 范围，电容值不应小于出厂值的 95%。

（2）电容器组安装之前，要分配一次电容量，使其三相容量平衡，其误差不应超过一相总容量的 5%；当装有继电保护装置时还应满足运行时平衡电流误差不超过继电保护动作电流的要求；保护装置动作后，应测量电容器极对外壳绝缘电阻不低于 2000MΩ。

（3）为了限制涌流和高次谐波的流入，电容器组应加装串联电抗器。

（4）电容器应在额定电压下使用，如电网上电压过低，则电容器达不到额定出力，长期过电压运行使电容器发热，加速绝缘老化，容易造成电容器损坏。根据规定，当电网电压长期超过电容器额定电压 10% 时，应将电容器退出运行。

（5）采用熔断器作电容器保护时，熔断器的选择要适当，一般熔体的额定电流不应大于电容器额定电流的 1.3 倍。

（6）测量电容器极对外壳绝缘电阻应不低于 2000MΩ。

4. 电容器瓷套表面闪络放电的预防处理

运行中的电容器组应定期检查、清扫；按防污等级采取相应防污措施，在污秽严重地区，电容器不宜安装在室外。

5. 电容器爆炸的预防处理

为了防止电容器发生爆裂事故，除要求加强运行中的巡视检查外，最主要的是安装电容器的保护装置，将电容器酿成爆裂事故前及时切除。在运行时，如发现电容器发出"咕咕"声，是电容器内部绝缘崩溃的先兆，因此应停止运行，查找故障电容器。

电容器发生爆裂后，应更换电容器。

6. 电容器温度升高的预防处理

运行中应严格监视和控制电容器室的环境温度，为了便于监视运行中的环境温度，应选择散热条件最差处（电容器高度的 2/3 处）装设温度计，要使温度计的装设位置便于观察。为了监视电容器的外壳温度，可在电容器外壳上（铭牌附近）粘贴示温蜡片。如室温过高，应采取必要的通风、降温措施，如果采取措施后仍然不能满足室温控制在 40℃ 以下的要求时，应立即停止运行。如系电容器问题应更换电容器。

参 考 文 献

[1] 杨清德. 电工必备手册 [M]，北京：中国电力出版社，2016.
[2] 杨清德. 电工入门要诀 [M]，北京：中国电力出版社，2016.